高等学校规划教材

功能陶瓷材料概论

裴立宅 编

化学工业出版社

·北京·

内 容 简 介

《功能陶瓷材料概论》共分13章，系统介绍了介电陶瓷材料，铁电陶瓷材料，热释电陶瓷材料，压电陶瓷材料，透明陶瓷材料，光电陶瓷材料，超导陶瓷材料，磁性陶瓷材料，生物陶瓷材料及热敏、湿敏、气敏、压敏陶瓷材料等功能陶瓷材料的基础知识、种类及应用，并加入了国内外关于功能陶瓷材料研究与应用的最新进展情况的介绍。本书叙述深入浅出，信息量大，实践性强。

《功能陶瓷材料概论》可以作为高等学校无机非金属材料工程、材料科学与工程、材料化学及材料物理相关专业的本科生、研究生教材，也可供从事陶瓷材料及相关材料研究、生产应用的工程技术研究人员和大专院校相关专业的师生阅读参考。

图书在版编目（CIP）数据

功能陶瓷材料概论/裴立宅编．—北京：化学工业出版社，2021.7（2025.5重印）

ISBN 978-7-122-39248-0

Ⅰ.①功… Ⅱ.①裴… Ⅲ.①陶瓷-功能材料-高等学校-教材 Ⅳ.①TQ174.75

中国版本图书馆CIP数据核字（2021）第103304号

责任编辑：陶艳玲　　文字编辑：王　琪

责任校对：宋　玮　　装帧设计：史利平

出版发行：化学工业出版社（北京市东城区青年湖南街13号　邮政编码100011）

印　　装：北京印刷集团有限责任公司

787mm×1092mm　1/16　印张17　字数416千字　2025年5月北京第1版第4次印刷

购书咨询：010-64518888　　售后服务：010-64518899

网　　址：http://www.cip.com.cn

凡购买本书，如有缺损质量问题，本社销售中心负责调换。

定　　价：59.00元

前言

功能陶瓷材料是具有电、磁、光、声、热、敏感、催化、力学、化学和生物等功能的新型材料，是微电子技术、磁性器件、光学器件、激光技术、光纤技术、敏感技术、能源技术以及空间技术等现代高技术发展不可替代的重要基础性材料，在通信电子、自动控制、集成电路、能源、计算机、信息处理等领域具有广泛的应用。随着现代新技术的发展，功能陶瓷材料及其应用正向着高可靠性、微型化、薄膜化、精细化、多功能、智能化、集成化、高功能和复合结构方向发展。

多年来，笔者在进行陶瓷材料的研究及教学过程中认识到，由于新型陶瓷科学与技术的飞速发展，功能陶瓷材料的发展日新月异，在高等学校的学生中普及功能陶瓷材料的基本知识及最新进展，将会有利于推动功能陶瓷材料的研究、应用以及陶瓷专业人才的培养，为此，笔者编写了本书。书中内容涉及介电陶瓷材料、铁电陶瓷材料、热释电陶瓷材料、压电陶瓷材料、透明陶瓷材料、光电陶瓷材料、超导陶瓷材料、磁性陶瓷材料、生物陶瓷材料及敏感陶瓷材料等重要的功能陶瓷材料的基础知识、种类及应用情况，并较详细地列举了功能陶瓷材料的应用实例，目的是为了让读者对功能陶瓷材料这一领域有比较系统的了解。本书叙述深入浅出，信息量大，可读性强，可作为高等学校无机非金属材料工程、材料科学与工程、材料化学及材料物理相关专业的本科生、研究生教材，也可供从事陶瓷材料及相关材料研究、生产应用的工程技术研究人员和大中专院校相关专业的师生阅读参考。书中引用了大量国内外最新的科学研究数据，并附有相应的参考文献供读者查阅。

全书由安徽工业大学材料科学与工程学院裴立宅教授编写完成。本书的撰写过程中参考了国内外学者的著作和文献，特向相关作者致谢。本书是安徽工业大学规划教材及安徽省“十三五”省级规划教材（批号：2017ghjc092）。在此，特向在本书编写、出版过程中给予帮助和支持的所有人员及其单位表示谢意。

由于笔者水平有限，书中难免会存在一些不当之处，敬请同行、读者批评指正。

编　者

2021 年 3 月于马鞍山

目录

绪论

功能陶瓷材料指的是以电、磁、光、力学、化学和生物等信息的检测、转换、耦合、传输、处理和存储等功能为其特征的陶瓷材料。功能陶瓷材料种类繁多，用途广泛，主要包括介电、铁电、压电、热释电、半导体、光电、气敏、湿敏、压敏、磁性和生物陶瓷材料等功能各异的新型陶瓷材料。功能陶瓷材料是电子信息、集成电路、移动通信、能源技术、激光技术、传感技术、空间技术和国防军工等现代高新技术领域的重要基础材料，对高技术产业的发展和我国综合国力的增强具有重要的战略意义。

0.1 功能陶瓷材料的种类

(1) 介电陶瓷材料

介电陶瓷材料是指具有高的介电常数、低的介质损耗的一类功能陶瓷材料，主要包括 $MgTiO_3$-$CaTiO_3$ 系、BaO-MgO-Ta_2O_5 系、BaO-ZnO-Ta_2O_5 系、BaO-MgO-Nb_2O_5 系、BaO-ZnO-Nb_2O_5 系或其复合体系、$BaTi_4O_9$、$Ba_2Ti_9O_{20}$、(Zr,Sn)TiO_4、BaO-TiO_2 系、BaO-Ln_2O_3-$nTiO_2$（Ln=La、Sm、Nd 等稀土元素）、CaO-Li_2O-Ln_2O_3-TiO_2、铅基钙钛矿（$Pb_{1-x}Ca_x$）ZrO_3 系、$BiNbO_4$ 系、Bi_2O_3-ZnO-Nb_2O_5 系、ZnO-TiO_2 系、Li_2O-Nb_2O_5-TiO_2 系、$CaTiO_3$ 系、$SrTiO_3$ 系、$MgTiO_3$ 系、$CaSnO_3$ 系等陶瓷材料。介电陶瓷材料广泛应用于微波介电陶瓷、卫星通信、导弹遥控、介电润湿器件及陶瓷电容器等领域。

(2) 铁电陶瓷材料

铁电陶瓷材料指的是在一定温度条件下发生自发极化，并且自发极化能够随着外电场的变化而变化的陶瓷材料。铁电陶瓷材料主要包括钛酸钡、铌酸锂、铌酸钠、铌酸钾、石墨烯、二维Ⅳ-Ⅵ族材料等，具有高的直流电阻率、低的电介质损耗角正切（0.001～0.07）以及中等介电击穿强度（100～120kV/cm），与普通绝缘材料（介电常数 5～100）相比，铁电陶瓷材料具有高的介电常数（200～10000）等特性，在高介电常数电容器、压电声呐和超声传感器、无线电与信息过滤器、热释电装置、医疗诊断传感器、正温度系数传感器、光波导、滤波器、共振器以及电光光阀等方面具有广泛的应用。

(3) 热释电陶瓷材料

陶瓷材料随着温度变化而产生电荷的现象称为热释电效应。热释电陶瓷材料主要包括 CdS、$LiTaO_3$、$LiNbO_3$、铌酸锶钡、锗酸铅、钽铌酸钾及热释电陶瓷薄膜材料［如 ZnO、$BaTiO_3$、镁铌酸铅、钽钪酸铅、钛酸锶钡、$PbTiO_3$、钛酸铅镧、锆钛酸铅、$PbZrO_3$-Pb(NbFe)O_3-$PbTiO_3$、锆钛酸铅镧等］。此类陶瓷材料作为热释电探测器材料，现已广泛应用于火焰探测、环境污染监测、非接触式温度测量、夜视仪、红外测厚计与水分计、医疗诊断仪、红外光谱测量、激光参数测量、家电自动控制、工业过程自动监控、安全警戒、红外摄像、军事、遥感、航空航天空间技术等领域。

（4）压电陶瓷材料

压电陶瓷材料是指具有压电效应的功能陶瓷材料，能够实现机械能与电能之间的互相转换。压电陶瓷材料主要包括钛酸铅、锆钛酸铅、铌镁锆钛酸铅、铌锰锆钛酸铅、锑锰锆钛酸铅、铌锌锆钛酸铅、铌酸钾钠等，在水声换能器、超声换能器、压电点火器、压电变压器、滤波器、扬声器、蜂鸣器、压电驱动器、腰压电双晶片致动器、压电电机、压电钻探机、高温压电传感器、压电陀螺等方面具有广泛应用。

（5）透明陶瓷材料

透明陶瓷材料主要包括氧化物透明陶瓷、氮化物等非氧化物透明陶瓷、复合透明陶瓷等，在照明、激光、医学等领域具有广泛应用。透明陶瓷如果具有高度透光性能，需要具有如下条件：①透明陶瓷的密度接近理论密度；②透明陶瓷的晶界处无气孔和空洞，或其尺寸比入射的可见光波长小得多，即使发生散射现象，因其所引起的损失也很轻微；③晶界无杂质和玻璃相；④晶粒细小、尺寸均一，晶粒内无气泡封入。为了保证透明陶瓷的透光性，可以采用如下措施：①采用高纯原料，例如制备透明氧化铝陶瓷，原料中氧化铝的含量不得低于99.9%；②应充分排除气孔；③细晶粒化处理，加入适当的添加剂抑制晶粒生长；④采用热压烧结技术，可以获得高致密度的透明陶瓷。

（6）光电陶瓷材料

光电陶瓷材料是指能把光能转变为电能的一类能量转换功能陶瓷材料。光电陶瓷材料主要包括光电子发射材料、光电导材料及光电动势材料。当光照射到材料上，光被材料吸收产生发射电子的现象称为光电子发射现象，具有这种现象的材料称为光电子发射材料，主要包括正电子亲和阴极材料（例如单碱-锑、多碱-锑等）和负电子亲和阴极材料（例如硅、磷化镓等陶瓷材料），主要用于光电转换器、微光管、光电倍增管、高灵敏电视摄像管、变像夜视仪等。受光照射电导急剧上升的现象称为光电导现象，具有此种现象的材料称为光电导材料，主要包括硅、锗、氧化物、硫化物等，通常用于光探测器中的光敏感元件及半导体光电二极管、光敏晶体三极管、高阻抗元件等。在光照下，半导体 p-n 结的两端产生电位差的现象称为光生伏特效应，具有此种效应的材料称为光电动势材料，主要应用于太阳能电池。

（7）超导陶瓷材料

超导陶瓷材料指的是在一定温度条件下电阻突然消失的功能陶瓷材料。超导陶瓷材料包括铜基氧化物和铋基氧化物。铜基超导陶瓷材料主要包括 $YBa_2Cu_3O_{6+\delta}$、$Bi_2Sr_2Ca_{n-1}Cu_nO_{2n+2+\delta}$、$Tl(Hg)Ba_2Ca_{n-1}Cu_nO_{2n+2+\delta}$；铋基超导陶瓷材料主要包括 $Bi_2Sr_2CuO_{6+y}$、$Bi_2Sr_2CaCu_2O_{8+y}$ 和 $Bi_2Sr_2Ca_2Cu_3O_{10+y}$。超导陶瓷材料在超导磁体、约瑟夫森结、磁悬浮、超导限流器、超导直流感应加热设备、超导变压器、超导电机等方面具有广泛的应用。

（8）磁性陶瓷材料

磁性陶瓷材料是以氧和铁为主的一种或多种金属元素组成的复合氧化物，又称为铁氧体，典型的铁氧体是以 MFe_2O_4（尖晶石型）、$M_3Fe_5O_{12}$（石榴石型）、$MFeO_3$（钙钛矿型）、$MFe_{12}O_{19}$（磁铅石型）表示的化合物，其中 M 代表金属。磁性陶瓷材料主要包括软磁铁氧体、永磁铁磁体、微波铁氧体、磁致伸缩铁氧体、矩磁铁氧体，在无线电电子学、自动控制、微波技术、电子计算机、信息储存、激光调制等领域具有广泛的应用。

（9）生物陶瓷材料

生物陶瓷材料是指植入生物体内并具有一定功能作用的陶瓷材料。生物陶瓷材料主要包括羟基磷灰石、β-磷酸三钙、硫酸钙、氧化锆、氧化铝等。生物陶瓷材料无毒副作用，具有良好的亲水性，与生物体内的生物组织和细胞保持良好的亲和性和生物相容性，在生物诊断和生物检测、基因和药物传递及免疫治疗、骨组织工程、穿皮器件及软组织修复领域具有广泛的应用。

(10) 热敏陶瓷材料

热敏陶瓷材料指的是材料的电阻随着温度而发生变化的功能陶瓷材料。电阻随着温度的升高而增大的陶瓷材料称为正温度系数（PCT）热敏陶瓷材料；电阻随着温度的升高而减小的陶瓷材料称为负温度系数（NTC）热敏陶瓷材料；电阻在某特定温度范围内急剧变化的陶瓷材料称为临界温度电阻（CTR）热敏陶瓷材料。PTC 热敏陶瓷材料主要包括 $BaTiO_3$ 基陶瓷材料和氧化钒基陶瓷材料，在温度传感器、气流传感器和限流器、发热体等方面具有广泛应用；NTC 热敏陶瓷材料主要分为低温型、中温型及高温型热敏陶瓷材料，在温度检测、热反应器等方面应用广泛；V_2O_5 基半导体陶瓷材料是常见的 CTR 热敏陶瓷材料，在火灾传感器等方面具有广泛应用。

(11) 湿敏陶瓷材料

湿敏陶瓷材料指的是对空气或其他气体、液体和固体物质中水分含量敏感的陶瓷材料。空气中湿度的变化或物质中水分含量的变化，能够引起陶瓷材料的某些物理化学性质（例如电阻率、相对介电常数等）明显的变化，这种变化具有良好的规律性、稳定性、重复性和可逆性，因而可以利用这种变化规律精确测量和控制空气中的湿度或物质中的水分含量。湿敏陶瓷材料主要包括 TiO_2 基、SnO_2 基、石墨烯类、钛酸盐、钨酸盐等，在磁头、控制空气状态、呼吸器系统等方面具有广泛的应用。

(12) 气敏陶瓷材料

气敏陶瓷材料主要是半导体陶瓷材料，是利用半导体陶瓷与气体接触时电阻的变化来检测低浓度的气体。半导体陶瓷表面吸附气体分子时，其电导率将随着半导体类型和气体分子种类的不同而变化。SnO_2、ZnO、Co_2O_3、CuO、TiO_2、In_2O_3 和 WO_3 是常见的乙醇气敏陶瓷材料；SnO_2、ZnO、$Pd\text{-}SnO_2$、$Pt\text{-}SnO_2$、Co_3O_4、$NiO\text{-}NiMoO_4$ 等属于常见的苯气敏陶瓷材料；甲烷气敏陶瓷材料主要包括半导体金属氧化物薄膜及其复合材料、贵金属掺杂金属氧化物气敏膜、碳纳米材料修饰的金属氧化物复合膜；氨气检测气敏陶瓷材料主要包括金属氧化物、金属硫化物、碳材料。

(13) 压敏陶瓷材料

压敏陶瓷材料是指在某一特定电压范围内具有非线性 $V\text{-}I$ 特性，其电阻值随电压的增加而急剧减小的一种半导体陶瓷材料。压敏陶瓷材料主要包括 ZnO 基、TiO_2 基、$BaTiO_3$ 基材料等。根据非线性 $V\text{-}I$ 特性制成的压敏电阻器，广泛用于抑制电压浪涌、过电压保护领域。由于压敏电阻器在保护电力设备安全、保障电子设备正常稳定工作方面具有重要作用，具有成本低、制作方便的特点，在航空、航天、电力、邮电、铁路、汽车和家用电器等领域获得了广泛应用。

0.2 功能陶瓷材料的发展

随着现代新技术的发展，功能陶瓷材料及其应用正向着高可靠、微型化、薄膜化、精细化、多功能、智能化、集成化、高性能、高功能和复合结构方向发展。作为一类新型无机非金属材料，功能陶瓷材料的发展方兴未艾，具有鲜明的学科交叉特点。功能陶瓷的复合化和集成化是功能陶瓷向片式化、模块化、多功能化发展的必然趋势。例如智能化敏感陶瓷材料及其传感器，具有高转换率、高可靠性、低损耗、大功率的压电陶瓷材料及其换能器；超高速大容量超导计算机用光纤陶瓷材料；多层封装立体布线用的高导热、低介电常数的陶瓷基板材料；量大面广、高比容、高稳定性的多层陶瓷电容器材料等。

单一陶瓷材料的特性和功能通常难以满足新技术对材料综合性能的要求，可以通过离子掺杂（置换）、材料复合等技术开发出综合的功能材料，材料的离子掺杂（置换）技术、复合化技术可以通过加和效应与耦合乘积效应获得单一陶瓷材料并不存在的新的功能效应，或获得远高于单一陶瓷材料的综合功能效应。功能性与结构性结合的陶瓷材料或者具有多种良好功能性的陶瓷材料，为提高功能陶瓷产品的性能和可靠性，促使功能陶瓷产品向薄、轻、小等方面的发展提供了基础，这就要求功能陶瓷材料的尺寸、损耗必须越来越小，当材料尺寸达到纳米级，表面效应、量子效应会显著加强，会产生光、热、电等特性，从而使陶瓷材料产生新的功能。

第1章 介电陶瓷材料

学习目标

通过本章的学习，掌握以下内容：(1) 介电陶瓷材料的介电性能及指标参数；(2) 微波介电陶瓷材料的性能要求及其种类；(3) 陶瓷电容器材料的性能要求及其种类；(4) 钛酸铜钙巨介电材料的巨介电机制及改性方法；(5) 介电陶瓷材料的应用。

学习指南

(1) 介质极化的定义、介电常数公式及指标，介质损耗包括电导损耗、极化损耗、电离损耗、结构损耗；(2) 微波介电陶瓷材料包括低 ε_r、中等 ε_r 及高 ε_r 微波介电陶瓷材料；(3) 陶瓷电容器材料包括温度补偿电容器陶瓷材料、半导体电容器陶瓷材料、高介电常数电容器陶瓷材料；(4) 钛酸铜钙巨介电机制模型主要包括应力模型、经典理论模型及内部阻隔层电容模型；(5) 介电陶瓷材料在微流控芯片、显示元件以及可变焦液体透镜方面具有广泛应用。

章首引言

介电陶瓷是一种重要的功能陶瓷，通过控制陶瓷材料的介电性能，使其具有高的介电常数、低的介质损耗和适当的介电常数温度系数的一类陶瓷[1]。随着微电子器件微型化、智能化的发展，对陶瓷电容器、微波介质元件等介电陶瓷材料的要求也越来越高。介电常数是表征介电材料储存电荷能力的性能参数，介电材料在没有外场作用下，其正负电荷的中心通常为重合状态，对外不会呈现出极性状态，在外电场作用下，正负中心离开平衡位置，产生相对位移，电荷中心不再重合，形成感生偶极矩，此过程称为介质极化。介电陶瓷材料在电导和极化过程中存在能量损耗，一部分电场能转化为热能，单位时间内消耗的能量称为介质损耗。介电常数与介质损耗是表征介电陶瓷材料的主要性能指标，气孔、玻璃相的含量是介电陶瓷材料的主要影响因素。本章系统阐述了介电陶瓷材料的介电性能、介电陶瓷材料的种类及其应用。

1.1 介质极化与介电常数

在电场作用下，可以产生极化的物质称为电介质。介电陶瓷在电子工业中主要用作集成电路的电容器以及微波介电元件等。将电介质放入一平行电场内，由于电介质内部质点（原子、分子、离子）在电场作用下正负电荷中心的分离，变成电偶极子，从而在介质表面感应产生电荷，正极板附近的电介质感应产生负电荷，负极板附近的介质表面感应产生正电荷，如图 1.1 所示，此种电介质在电场作用下感应产生电荷的现象，称为电介质的极化。

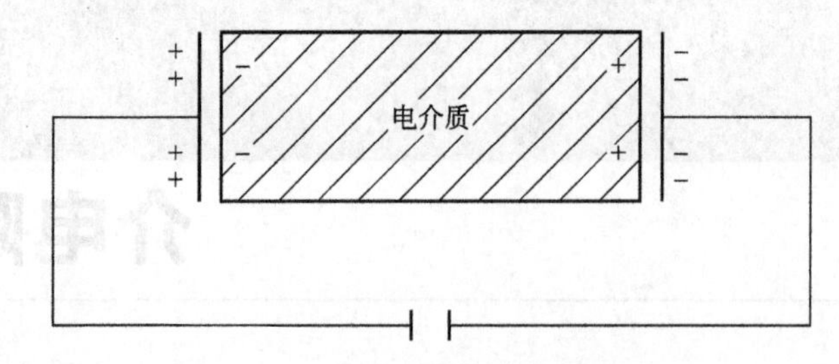

图 1.1 电介质极化示意图

在电场作用下，电介质由于介质的原子（或离子）中的电子壳层发生畸变，分子中的不对称性所引起的固有电矩，以及正、负离子的相对位移而产生感应电矩。电极化是电介质的基本性质，介电常数是综合反映介质内部电极化行为的主要物理量。功能陶瓷材料作为多晶多相介质材料，其极化机制通常为电子位移极化和离子位移极化，如果陶瓷中存在缺陷，则也存在松弛极化。

在平行板电容器中，如果两板间存在固体电介质，则在外加电场作用下，固体电介质中原子的正、负电荷产生位移形成电矩，从而使介质表面产生束缚电荷。极板上的电荷量增加，使得电荷量增加。当平行板电容器的极板之间为真空状态时，电容器的电容 C 和极板面积 S、极板间的距离 d 之间的关系如式(1.1) 所示：

$$C=\varepsilon_0\left(\frac{S}{d}\right) \tag{1.1}$$

式中，ε_0 为真空介电常数，$\varepsilon_0=8.85\times10^{-12}$ F/cm。假设 Q_0 为真空条件下的电荷量，而同一电场和电极系统中，在非真空条件下电极的电荷量为 Q，则在非真空条件下介电材料的相对介电常数如式(1.2) 所示：

$$\varepsilon_r=\frac{Q}{Q_0} \tag{1.2}$$

非真空条件下介电材料的实际介电常数如式(1.3) 所示：

$$\varepsilon=\varepsilon_0\varepsilon_r \tag{1.3}$$

但是在实际应用中，通常采用相对介电常数来描述某种材料的极化行为或储存电荷的能力，所以本书中的介电常数如果没有特殊说明，指的都是材料的相对介电常数。极化强度 P 与宏观实际有效电场 E 的相互关系如式(1.4) 所示：

$$P=\varepsilon_0\chi_e E \tag{1.4}$$

式中，ε_0 为真空介电常数；χ_e 为电介质的极化系数，在数值上等于束缚电荷与自由电荷的比值。宏观实际有效电场 E 与外加电场、电介质极化电荷所产生的电场有密切关系。电介质在电场 E 中极化后产生的电场可以采用电感应强度 D 来表示：

$$D=\varepsilon_0E+P=\varepsilon_0E+\varepsilon_0\chi_eE=\varepsilon_0(1+\chi_e)E=\varepsilon_0\varepsilon_rE=\varepsilon E \tag{1.5}$$

式中，ε 为电介质的绝对介电常数；ε_r 为电介质的相对介电常数。因此，电介质的相对介电常数与相对电极化率 χ_e 存在如下关系：

$$\varepsilon_r=1+\chi_e \tag{1.6}$$

不同种类介电陶瓷的介电常数要求不同，例如电阻陶瓷及电真空陶瓷的介电常数为 2～12，高频电路中使用的Ⅰ类电容器陶瓷的介电常数为 12～900，高频电路中使用的Ⅱ类电容器陶瓷的介电常数为 200～30000，主要用于制造汽车、计算机等电路中要求的小体积Ⅲ类电容器陶瓷的介电常数为 7000 到数十万[2]。

1.2 介质损耗

陶瓷材料在电场作用下能够存储电能，电导和极化过程也会消耗能量，将部分电能转变为热能及光能，这是导致电介质发生热击穿的根本原因。电介质在单位时间内消耗的能量称为电介质损耗功率，简称为介质损耗。介质损耗与介质内部的松弛极化、离子变形和振动、电导具有密切关系，其损耗形式主要有以下数种。

(1) 电导损耗

在电场作用下，介质中漏导电流通过，此电流与自由电荷有关，引起的损耗称为电导损耗。由于材料结构中存在弱联系的带电质点，这些带电质点的电子在外电场作用下，能够沿着与电场平行的方向作贯穿于电极之间的运动，从而产生漏导电流。电导损耗实质相当于交流、直流电流流过电阻做功引起的损耗，绝缘性好时，电介质在工作电压下的电导损耗低，电导损耗随着温度的增加而急剧增加。

(2) 极化损耗

在缓慢极化过程中会引起能量损耗，例如偶极子的极化损耗。在交流电场作用下，如果陶瓷介质的极化缓慢，电偶极子的取向落后于电场方向的改变，在交变电场改变半周期后，介质中还存在剩余极化，当下一个半周期电场方向改变时，为了克服这部分的剩余极化就会消耗能量。极化损耗与温度及电场频率有关，采用介质损耗正切值（$\tan\delta$）来表征电介质在交流电场下的损耗性能。

(3) 电离损耗

陶瓷材料中存在气孔，在外电场强度超过了气孔内气体电离所需要的电场强度时，由于气体电离吸收能量造成的损耗，称为电离损耗，其损耗功率可以用下式表示：

$$P_{\mathrm{w}}=A\omega(U-U_0)^2 \tag{1.7}$$

式中，A 为常数；ω 为频率；U 为外加电压；U_0 为气体的电离电压，上式在 $U>U_0$ 时适用。固体电介质内气孔引起的电离损耗可能会导致介质的热破坏和化学破坏，应尽量避免。

(4) 结构损耗

结构损耗是在高频、低温条件下，与介质内部结构的紧密程度密切相关的介质损耗，其损耗机制尚不清楚，可能与结构的紧密程度有关系，结构损耗与温度没有明显关系，损耗功率随着频率的升高而增加。结构紧密的晶体或玻璃体的结构损耗很低，但是当材料内掺入杂质，或者经淬火急冷的热处理，使其内部结构变松散，会显著提高材料的结构损耗。对于普通的材料，在高温、低频条件下，主要为电导损耗，在常温、高频条件下，主要为松弛损耗，在高频、低温条件下，主要为结构损耗。

陶瓷材料由晶相、玻璃相和气孔构成，其介质损耗主要为电导损耗、松弛质点的极化损耗及结构损耗，陶瓷材料表面气孔吸附水分、油污及灰尘等引起的表面电导也会引起较大的介质损耗。

介电陶瓷材料主要用于微波介电陶瓷及陶瓷电容器，陶瓷电容器是电视、计算机、手机等电子产品中的基本元件，由于陶瓷材料具有良好的介电特性，可以制备出小体积、大容量的电容器，尤其是现代家用电器、计算机、手机等电子产品向小型、大容量及高频的方向发展，例如通信卫星的频率超过10000MHz，而只有陶瓷电容器才能在1000MHz以上频率时有效地工作。在微波应用中，空腔共振器的过滤器体积大，而采用介电陶瓷，可以使微波通信等微波设备小型化。

1.3 微波介电陶瓷材料

微波介电陶瓷（MWDC）是指应用于微波频段（主要为UHF、SHF频段）电路中作为介质材料并具有一种或多种功能的陶瓷，是一种新型的电子功能陶瓷材料。微波频段是指频率从300MHz到3000GHz（$3\times10^{8}\sim3\times10^{12}$ Hz），即波长从1m到0.1mm的范围。微波介电陶瓷主要以谐振器、滤波器和振荡器等器件应用于微波电路及微波通信领域。在微波通信领域从最初的军事雷达和军事通信领域，扩展到了数字卫星电视转播、卫星导航定位、数字城市交通、军事战备演练、战时信息速递、可视化后勤保障指挥等领域，以及移动通信、智能小区、智能家电、环保监测、水利勘察、电力电网监测等与国计民生密切相关的领域[3,4]。

1.3.1 微波介电陶瓷的性能要求

微波器件包括微波谐振器、滤波器、振荡器、微波集成电路基片、元件、介质天线、输出窗、衰减器、匹配终端、行波管夹持棒等。器件的高性能化、小型化与介电材料密切相关，微波介电陶瓷材料需要具备以下性能[5]。

(1) 介电常数高

高的介电常数，ε_r在20～200之间，以减小器件尺寸。在共振电介质体系内，微波波长λ与$\varepsilon_r^{-1/2}$成正比。在同样谐振频率f_0下，ε_r越大，电介质的微波波长越小，相应的谐振器件尺寸越小，电磁能量易集中于电介质内，受周围环境的影响小，这有利于介质谐振器件的小型化。对于介电陶瓷来讲，ε_r为介电陶瓷材料的重要参数，通常要求ε_r大于10。

(2) 谐振频率温度系数小

在$-50\sim100$℃温度范围内，谐振频率温度系数τ_f应该尽可能小，保证其在$\pm30\times10^{-6}$℃$^{-1}$以内，以确保高的频率稳定性。微波介电谐振器一般是以介质材料的某种谐振模式下的谐振频率为中心工作频率，如果谐振频率温度系数τ_f过大，微波器件的中心频率会产生较大的漂移，从而使微波器件无法稳定工作。

(3) 介质损耗小

在微波频段，介质损耗要小，即$\tan\delta\leqslant10^{-4}$，介质的品质因子$Q=1/\tan\delta$要高，以保证优良的选频特性。采用低介质损耗的介质材料可以改善谐振器件的品质因子，对稳频用的谐振器来讲，高Q可以提高谐振频率的控制精度，抑制回路中的电子噪声。对滤波器来讲，高Q可以提高同带边缘信号频率相应陡度，提高频率的利用率。在工作频率下，$Q>2000$可以满足基本的应用要求。

对于在某种具体条件下工作的微波介电陶瓷，除了满足以上介电性能要求外，也需要考虑材料的传热系数、电阻、相对密度和可加工性等因素，同时材料还应具有良好的物理和化学稳定性、热膨胀系数小、机械强度大等性能，另外材料表面、内部缺陷应尽可能少。根据微波介电陶瓷材料介电常数的不同，可以将其分为低ε_r类（$\varepsilon_r<40$）、中ε_r类（$40\leqslant\varepsilon_r\leqslant80$）及高$\varepsilon_r$类（$\varepsilon_r>80$）三类。

1.3.2 低ε_r微波介电陶瓷材料

低ε_r微波介电陶瓷材料广泛应用于卫星通信、导弹遥控和GPS天线等。低ε_r微波介电陶瓷材料指的是相对介电常数为20～40的陶瓷材料，主要包括$MgTiO_3$-$CaTiO_3$和具有$A(B'BB'')O_3$（其中A＝Ba、Sr、Pb，B′＝Mg、Zn、Mn、Co、Ni，B″＝Nb、Ta）型复合钙钛矿结构。此系列材料主要包括BaO-MgO-Ta_2O_5系、BaO-ZnO-Ta_2O_5系或BaO-MgO-Nb_2O_5系、BaO-ZnO-Nb_2O_5系或其复合体系，其中典型材料是$Ba(Mg_{1/3}Ta_{2/3})O_3$（BMT）和$Ba(Zn_{1/3}Ta_{2/3})O_3$（BZT）及与其他钙钛矿结构的固溶体[6,7]。

在BMT和BZT体系钙钛矿结构材料中，B位离子排列的有序度会影响Q值，而B位离子的有序度与B位两种离子半径和电荷差有关，两种离子的半径和电荷差越大，其B位离子有序度越高。B位离子的有序化过程，实际上是两种离子之间的相互扩散过程，所以这种B位离子的有序度也取决于烧结温度、保温时间，提高烧结温度或延长保温时间会提高材料的有序度。

ε_r低于15的低介电常数微波介电陶瓷材料主要包括AWO_4（A＝Ca、Sr或Ba）、R_2BaCuO_5（R＝镧系元素）系。$CaWO_4$的烧结温度约1200℃，$\varepsilon_r=9\sim10$、$Q_f>70000GHz$、$\tau_f=(-50\sim40)\times10^{-6}℃^{-1}$。在$CaWO_4$中添加$Mg_2SiO_4$可以提高$CaWO_4$的介电性能。经过1200℃的高温烧结后，所得$0.9CaWO_4$-$0.1Mg_2SiO_4$的$\varepsilon_r=10.0$、$Q_f=129858GHz$、$\tau_f=-49.6\times10^{-6}℃^{-1}$。此类介电陶瓷材料具有负的谐振频率温度系数，例如$TiO_2$、$CaTiO_3$和$SrTiO_3$等。Zn、Co及Ni部分置换$CuLn_2BaCuO_5$介电陶瓷中的Cu后，可以获得近零$\varepsilon_r$、高$\tau_f$值的低介电常数微波介电陶瓷，例如$Sm_2Ba(Cu_{0.99}Co_{0.01})O_5$的$\varepsilon_r=14.2$、$Q_f=110665GHz$、$\tau_f=9.2\times10^{-6}℃^{-1}$[8,9]。

1.3.3 中等ε_r微波介电陶瓷材料

中等ε_r微波介电陶瓷材料主要包括$BaTi_4O_9$、$Ba_2Ti_9O_{20}$和$(Zr,Sn)TiO_4$。BaO-TiO_2体系微波介电陶瓷材料中含有多种化合物，其介电性能随着TiO_2含量的变化而改变，$BaTi_4O_9$和$BaTi_9O_{20}$是两种典型的BaO-TiO_2体系微波介电陶瓷材料。$BaTi_4O_9$属于斜方晶系，空间群为Pmnm，其双分子单胞参数为$a=1.453nm$、$b=0.739nm$、$c=0.629nm$，$BaTi_9O_{20}$属于三斜晶系，空间群为P_T，晶胞参数为$a=0.747nm$、$b=1.408nm$、$c=1.4344nm$[10]。$BaTi_4O_9$和$Ba_2Ti_9O_{20}$介电陶瓷材料存在Q值低，且难以控制，τ_f值也不容易调整。在$BaTi_4O_9$中掺加0.5%（摩尔分数）的MnO_2，$BaTi_4O_9$介电陶瓷材料的Q值能够提高30%，但是对ε_r和τ_f没有影响[11]。

$(Zr,Sn)TiO_4$体系介电陶瓷材料的ε_r值较低，Q值高，温度系数τ_f值低，其通式为$(Zr_{1-x}Sn_x)TiO_4$，$x=0.20$时，$(Zr_{0.80}Sn_{0.20})TiO_4$具有最好的介电性能，$\varepsilon_r=40$、$Q_f=5000GHz$（$f=10GHz$）、$\tau_f=3\times10^{-6}℃^{-1}$[12]。

1.3.4 高 ε_r 微波介电陶瓷材料

介电常数大于 80 的微波介电陶瓷被称为高 ε_r 微波介电陶瓷，主要用于工作在 $f<2GHz$ 的低频波段的民用移动通信系统，主要包括 $BaO-Ln_2O_3-nTiO_2$（Ln=La、Sm、Nd 等稀土元素）(BLT)、$CaO-Li_2O-Ln_2O_3-TiO_2$ 和铅基钙钛矿 $(Pb_{1-x}Ca_x)ZrO_3$ 体系。BLT 准钨青铜结构通式为 $(A1)_{10}(A2)_4(C)_4Ti_{18}O_{54}$，此种结构是以顶角相连的 18 个 TiO_6 钛氧八面体构成三维网络中形成三类离子占据的 18 个空隙：10 个四元环空隙 A1、4 个五元环空隙 A2 和 4 个三角空隙 C，其中 4 个五元环空隙 A2 为 Ba^{2+} 所占据，10 个四元环空隙 A1 为 Ln^{3+} 所占据，其中一小部分也为 Ba^{2+} 所占据，C 三角空隙一般为空。$Ba_{6-3x}Ln_{8+2x}Ti_{18}O_{54}$ 结构存在部分 A 空位，四元环空隙 A1 可以由 Ba^{2+} 和 Ln^{3+} 所共占[13]。

$CaO-Li_2O-Ln_2O_3-TiO_2$ 体系是由 $CaTiO_3$ 和 $(Li_{1/2}Ln_{1/2})TiO_3$ 复合而成的固溶体，其中 $CaTiO_3$ 具有高的 ε_r 和正的较大的 τ_f，与具有相反 τ_f、高 ε_r 的 $(Li_{1/2}Ln_{1/2})TiO_3$ 相复合，可以获得高 Q_f 值、高 ε_r、近零 τ_f 的微波介电陶瓷材料[14]。采用稀土离子 Ln^{3+}（Ln=La、Nd、Sm）不等价置换 $CaTiO_3$ 中的 Ca^{2+}，可以改善 $CaTiO_3$ 的温度稳定性，而且损耗也急剧下降，同时介电常数依然高达 100。例如以分析纯的 $CaCO_3$、Li_2CO_3、Sm_2O_3 和 TiO_2 作为原料，乙醇作为球磨助剂，在二氧化锆球磨罐中球磨 24h 并干燥，于 1050℃煅烧 3h，将煅烧后的粉末在 12MPa 压力下压制成直径为 12mm 的片状结构，将压制好的片状结构在 1300℃下煅烧 3h，得到了 Sm、Li 不等价置换钛酸钙 $0.3CaTiO_3-0.7(Li_{1/2}Sm_{1/2})TiO_3$，其 $\varepsilon_r=114$、$Q_f=3700GHz$（$f=2GHz$）、$\tau_f=0℃^{-1}$[15]。

铅基钙钛矿体系主要包括 $(Pb_{1-x}Ca_x)ZrO_3$、$(Pb_{1-x}Ca_x)HfO_3$、$(Pb_{1-x}Ca_x)(Fe_{1/2}Nb_{1/2})O_3$ 系材料，这类材料也属于 ABO_3 型钙钛矿结构，其中 A=Pb、Ca，B=Ti、Zr、Sn、Hf、Mg、Nb、Ta、Fe 等[16,17]。这些铅基钙钛矿介电陶瓷材料均为强介电体，但介质损耗较大。采用一部分 Ca 置换 Pb 可以得到介质损耗小、谐振频率温度系数小的介电陶瓷材料，此种体系的介电陶瓷材料可以用来制备多层陶瓷电容器。具有高介电常数（$\varepsilon_r>90$）和较高 Q_f 值（>1000GHz）及近零温度系数的 $(Pb_{1-x}Ca_x)(Fe_{0.5}Nb_{0.5})O_3$ 的介电陶瓷材料，当 $x=0.55$ 时此种介电陶瓷材料具有良好的微波介电性能，$\varepsilon_r=91$、$Q_f=4950GHz$（$f=3GHz$）、$\tau_f=2.2\times10^{-6}℃^{-1}$[18]。铅基钙钛矿体系高介电常数微波介电陶瓷由于存在氧化铅，对环境有污染，限制了铅基钙钛矿体系介电陶瓷的研究与应用。尽管高介电常数有利于微波器件体积的小型化，却并非一定有利于器件使用性能的提高，这主要是由于高介电常数会增加传输波道间的干扰，使得噪声严重。为了达到与 Ag 或 Cu 电极共烧的目的，需要降低微波介电陶瓷的烧结温度。

1.3.5 低温烧结微波介电陶瓷

为实现移动通信终端小型化的目的，采用微波频率下的多层整合电路技术（MLIC）逐渐得到了发展，人们关注的研究方向也转向微波元器件在 MLIC 中的安装，而多层片式元件（包括片式微波介质谐振器、滤波器、微波介质天线及具有优良的高频使用性能的片式陶瓷电容器等）是实现这一目的的最佳途径。微波元器件的片式化，需要微波介质材料能与高电导率的金属电极，例如 Pt、Pd、Au、Cu、Ag 等共烧。从经济性和环境角度考虑，使用熔点较低的 Ag（961℃）或 Cu（1064℃）等金属材料作为电极材料最为理想。因此，能够同 Ag 或 Cu 共烧的低烧结温度的微波介电陶瓷材料将是今后发展的方向。

降低微波介电陶瓷材料的烧结温度主要有两种方法：①掺加氧化物或低熔点玻璃等烧结助剂；②采用超细粉末作为原料。常见的低烧结温度材料体系主要包括 $BiNbO_4$ 系、ZnO-TiO_2 系和 Li_2O-Nb_2O_5-TiO_2 系。

（1）$BiNbO_4$ 系

纯 $BiNbO_4$ 难以获得致密陶瓷，通常通过掺杂烧结助剂来改善其微波介电性能，例如掺加 CuO、V_2O_5 或者 CuO-V_2O_5 来降低烧结温度[19,20]。以 CuO 作为烧结助剂，在 920℃的低温下可以制备出致密的 $BiNbO_4$ 介电陶瓷。采用 Ta 取代 Nb 的 $Bi(Nb_{1-x}Ta_x)O_4$ 陶瓷，$BiNbO_4$ 和 $BiTaO_4$ 可以形成固溶体，$Bi(Nb_{1-x}Ta_x)O_4$ 介电陶瓷的致密化温度随着 Ta 含量的增加而升高，τ_f 由正值变为负值，ε_r 基本无变化，Q_f 得到较大改善，当 $x=0.6$ 时，Q_f 值达到了 21000GHz[21]。

（2）ZnO-TiO_2 系

ZnO-TiO_2 体系主要包括 Zn_2TiO_4、$ZnTiO_3$ 和 $Zn_2Ti_3O_8$ 三种稳定相。采用 0.2μm 的锆粉，添加氧化硼作为烧结助剂，在 875℃的温度下能够制备出相对密度为 94% 的 $ZnTiO_3$-$xTiO_2$（$x=0\sim0.5$）微波介电陶瓷，$\varepsilon_r=29\sim31$、$Q_f=56000\sim69000$GHz、$\tau_f=(-10\sim10)\times10^{-6}$℃$^{-1}$[22]。

（3）Li_2O-Nb_2O_5-TiO_2 系

在 1100℃的温度下可以制备出系列 $Li_{1+x-y}M_{1-x-3y}Ti_{x+4y}O_3$（M＝Nb、Ta）介电陶瓷材料，此类介电陶瓷材料具有较高的介电常数 ε_r（55～78）、$Q_f=9000$GHz（$f=6$GHz）和接近零的谐振频率温度系数 τ_f。在此体系中添加 V_2O_5 作为烧结助剂，此类介电陶瓷材料的烧结温度可以降至 900℃。

在基体中掺入低熔点添加物有三种方式。第一种方式是通过形成固溶体来降低烧结温度，第二种方式是通过添加物与主晶相形成新相烧结来提高坯体致密度，这两种方式只能有限地降低烧结温度。第三种方式是通过液相烧结来降低烧结温度，低熔点添加物在烧结过程中首先形成液相促进烧结，在烧结后期又掺杂到主晶相内起到改性作用。常见烧结助剂主要包括 CuO、V_2O_5、Bi_2O_3、CeO_2、B_2O_3 和玻璃，不同材料体系加入烧结助剂后的介电性能如表 1.1 所示。

表 1.1　不同材料体系加入烧结助剂后的介电性能

介电陶瓷种类	烧结助剂	烧结助剂添加量（质量分数）/%	烧结温度/℃	ε_r	Q_f/GHz	τ_f/10^{-6}℃$^{-1}$
$BaTi_4O_9$	ZnO-B_2O_3-SiO_2	5	900	33	2700	7
Li_2O-Nb_2O_5-TiO_2	V_2O_5	2	900	66	3800	11
CaO-Li_2O-Nb_2O_5-TiO_2	B_2O_3	0.7	1000	35	22100	5.6
	ZnO-B_2O_3-SiO_2	8	910	37	4380	—
ZnO-Nb_2O_5	CaF_2	0.5	1	31.6	6800	47
	$FeVO_4$	2	900	44	13000	9
ZnO-TiO_2-Nb_2O_5	CuO	15	875	37	17000	7
	CuO+V_2O_5	2	930	38	10370	2

续表

介电陶瓷种类	烧结助剂	烧结助剂添加量（质量分数）/%	烧结温度/℃	ε_r	Q_f/GHz	τ_f/10^{-6}℃$^{-1}$
$ZnNb_2O_6$	V_2O_5	—	1000	23.8	64000	50
$MgTa_2O_6$	CuO	0.5	1400	28	58000	18
$BaO-TiO_2-WO_5$	B_2O_3	5	1200	34	70550	—
	$ZnO-B_2O_3$	5	1000	29	9360	—
	$ZnO-B_2O_3-SiO_2$	5	1000	27	8400	—
	$R_2O_3-B_2O_3-SiO_2$（R＝La或Nd）	5	1000	25	6100	—

1.4 陶瓷电容器材料

用于制造电容器（图1.2）的介电陶瓷，在性能上有如下要求：①介电常数应尽可能高，介电常数越高，陶瓷电容器的体积越小；②在高频、高温、高压及其他恶劣环境的条件下，陶瓷电容器性能稳定；③介质损耗要低，才可以在高频电路中充分发挥作用，对于高功率电容器，能够提高无功功率；④体积电阻率高于$10^{10}\Omega\cdot m$，能够保证电容器在高温下工作；⑤陶瓷电容器应具有耐压性能，可以保证在高压和高功率条件下不会被击穿而正常工作。

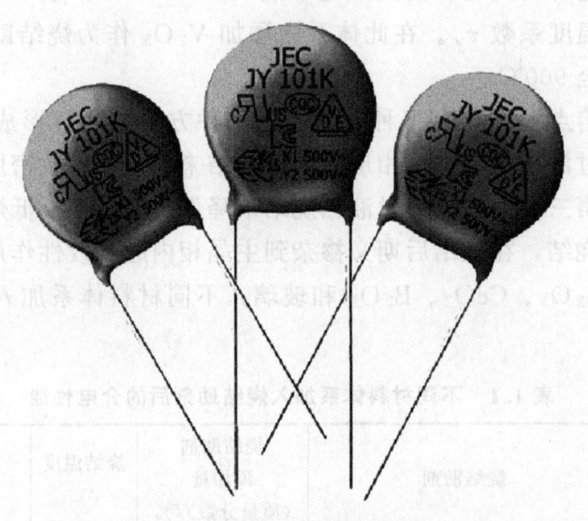

图1.2 陶瓷电容器实物图

根据陶瓷电容器材料的介电性能，可以分为4类。第一类为非铁电电容器陶瓷（Ⅰ型），其特点是高频损耗低，在使用温度范围内介电常数随着温度的变化而呈线性变化，一般介电常数的温度系数为负值，可以补偿电路中电感或电阻的正温度系数，维持谐振频率稳定，所以又称为温度补偿电容器陶瓷。第二类为铁电电容器陶瓷（Ⅱ型），其特点是介电常数随着温度的变化而呈线性变化，并且介电常数高，所以又称为高介电常数电容器陶瓷。第三类为反铁电电容器陶瓷（Ⅲ型），此类电容器具有储能密度高、储能释放充分等特点，所以可以用作储能电容器。第四类为半导体电容器陶瓷（Ⅳ型），按照结构可以分为阻挡型半导体陶瓷电容器、还原氧化型半导体陶瓷电容器及晶界层陶瓷电容器。

1.4.1 温度补偿电容器陶瓷材料

此类介电陶瓷材料主要用于高频振荡电路中作为补偿电容介质，在介电性能上要求具有稳定的电容温度系数和低的介质损耗，特别是用于航空技术的电子设备中，要求在较高温度工作时具有低介质损耗的特点。

作为温度补偿用电容器使用的陶瓷主要为非铁电陶瓷，但是由于常用的 $MgTiO_3$、$CaSnO_3$ 等介电陶瓷的介电常数较低（14～18），热稳定性较差，所以这些介电陶瓷材料的使用受到了限制，通过将 $CaTiO_3$、$SrTiO_3$ 与 $MgTiO_3$、$CaSnO_3$ 相复合，可以扩大温度补偿电容器陶瓷的应用范围。MgO-La_2O_3-TiO_2 体系介电陶瓷材料主要用于制备高温环境用高频补偿电容器，其介电性能如下：介电常数为 20～87，介电常数温度系数为 $-6.5\times10^{-4}\sim1.0\times10^{-4}$℃$^{-1}$，介质损耗 $\tan\delta<5\times10^{-4}$。表 1.2 所示为典型的温度补偿电容器介电陶瓷材料的介电特性。

表 1.2 温度补偿电容器介电陶瓷材料的介电特性

成分	ε_r	Q_f/MHz	τ_f/10^{-6}℃$^{-1}$
TiO_2	90～110	5000	750
$MgTiO_3$	16～18	5000	100
$CaTiO_3$	150～160	8000	1500
$SrTiO_3$	240～260	1300	3300
$La_2O_3 \cdot 2TiO_2$	35～38	5000	60
$ZnO \cdot TiO_2$	35～38	1500	60
$Bi_2O_3 \cdot 2TiO_2$	104～110	2000	150
$MgTiO_3$-$CaTiO_3$	17～45	5000	100～130
$BaO \cdot 5TiO_2$	35～65	3000	15～500
$2MgO \cdot SiO_2$-SrO-$BaO \cdot TiO_2$	6～13	5000	100～1000
$BaTiO_3$-$Nd_2O_3 \cdot TiO_2$	35～87	2500	100～330
$CaTiO_3 \cdot CaTiO_3$-Bi_2O_3-TiO_2	100～150	3000	470～1000
$SrTiO_3 \cdot CaTiO_3$-Bi_2O_3-TiO_2	240～300	1500	1000～2200
$CaTiO_3$-La_2O_3-$Bi_2O_3 \cdot TiO_2$	145～210	2000	750～1500
$BaTiO_3$-$SrTiO_3$-La_2O_3-TiO_2	350～650	1500	3300～4700

1.4.2 半导体电容器陶瓷材料

阻挡型半导体陶瓷电容器由于性能较差已被淘汰。还原氧化型半导体陶瓷电容器是先将高介电常数基体在氢气中还原成半导体，然后在空气中烧银，烧银时陶瓷表面被氧化形成薄的绝缘层，薄绝缘层作为介质也可以获得大的比体积电容量。然而，由于此种电容器的可靠性较差，限制了此种电容器在高频方面的应用。

晶界层陶瓷电容器是在高介电常数施主掺杂半导体陶瓷的基体上涂覆金属氧化物，并在空气中进行热处理，杂质沿着晶界扩展，促使半导体晶粒表面氧化形成一层绝缘层，晶界层陶瓷电容器可以用于通信设备上作为数千兆赫的宽频带耦合电容。$BaTiO_3$ 和 $SrTiO_3$ 系是典型的半导体电容器陶瓷材料。

1.4.3 高介电常数电容器陶瓷材料

高介电陶瓷电容器材料主要为铁电陶瓷，以 $BaTiO_3$ 作为基体材料，添加其他成分可以制备出高介电常数的电容器陶瓷。$BaTiO_3$ 陶瓷是典型的铁电介质陶瓷，既可以用作介电材料，也可以用作压电材料。$BaTiO_3$ 的介电常数高达 1700，通过掺杂可以改变钛酸钡陶瓷的介电特性，例如加入钙钛矿结构的 Sr、Sn、Zr 化合物，其居里点可以转变为常温，介电常数可以提高到 20000，介电常数的温度系数也随之增加。在 $BaTiO_3$ 中加入 $SrTiO_3$、WO_3 和 $MnCO_3$，可以得到介电常数超过 20000 的介电陶瓷材料。在 $BaTiO_3$ 系介电陶瓷内，主晶相 $BaTiO_3$ 为高介电常数相，其他相及晶界层为低介电常数相。主晶相和晶界层构成等效电路，连续分布的低介电常数晶界相可以降低 $BaTiO_3$ 的介电常数，这种高介电常数、低温度变化率的陶瓷电容器已用于电视机、录像机等电子产品中[23]。

1.5 钛酸铜钙巨介电材料

随着局域网络以及卫星通信技术的快速发展，为了满足电子设备的需求，需要设计并发展高性能的介电材料。电容器与电池相比，不需要特别充放电电路、内阻小、寿命长、充放电循环率高、功率密度是锂离子电池的数十倍以上，是一种新型的存储和释放能量的装置[24]。传统电容器由于体系中含有电解液而导致输出电压较低，如果将电解液改为固体，可望提高输出电压。如果采用巨介电常数的材料，就可以制备出超级电容器电池。高介电常数材料主要包括铅基弛豫铁电体材料、钛酸钡、钛酸铜钙（CCTO）等。CCTO 陶瓷材料由于具有高的介电常数、高热稳定性等介电性能引起了人们广泛的研究兴趣。

1.5.1 钛酸铜钙陶瓷材料结构及巨介电机制

ABO_3 型钙钛矿型氧化物基本结构是阳离子位于 A 位，与周围的 12 个离子配位，通常 A 位的离子半径大于 B 位的离子半径，B 位是八面体结构，周围与 6 个氧原子配位。CCTO 可被看成组成是 $Ca_{1/4}Cu_{3/4}TiO_3$ 的钙钛矿，结构示意图如图 1.3 所示，其中 A 位 1/4 由 Ca 离子所占据，3/4 由 Cu 位所占据，B 位由 Ti 离子所占据，CCTO 结构属于空间群 Im3，晶格常数为 0.7391nm，在单胞中各原子的坐标为 Ca(0,0,0)、Cu(1,1/2,1/2)、Ti(1/4,1/4,1/4)、O(0.3206,0.1798,0)，Ca 与 O 之间没有化学键，Cu 原子通过化学键与周围 4 个 O 原子相连，Ti 原子处于 O 八面体的中心，而且 TiO_6 八面体为倾斜状态，Ti—O—Ti 的角度为 141°，但是由于 Cu 具有强烈的平面正方形倾向，使得 CCTO 具有稳定结构。

对于 CCTO 巨介电特性的起因，研究者提出了不同的解释。早期认为，CCTO 介电性能和铁电陶瓷相同，是由于内部的晶体结构引起的。后经实验证明 CCTO 巨介电特性的产生是由于外部因素引起的，而不是由晶体结构引起的。因此，研究者提出了不同的模型，例如应力模型、经典理论模型及内部阻隔层电容（IBLC）模型[25]。

(1) 应力模型

采用对称性分析方法，与钙钛矿结构的 $BaTiO_3$ 相比，在 CCTO 中的 TiO_6 为斜置结构，

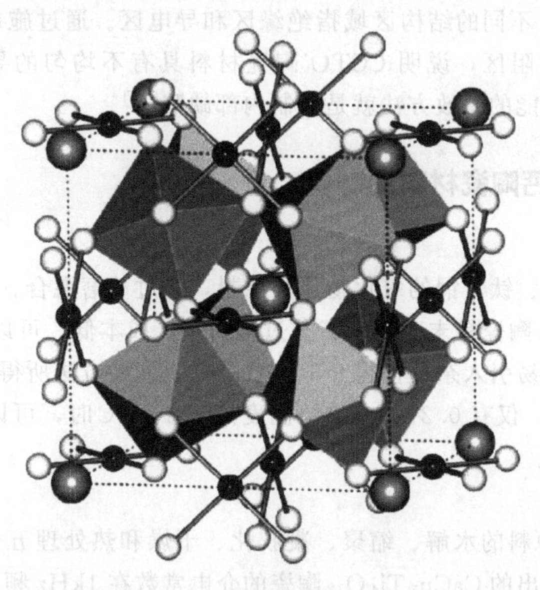

图 1.3　CCTO 的结构示意图

（TiO_6 八面体，黑色球为 Cu，白色球为 O，Ca 位于坐标原点和立方中心）

Ti 对称性降低，使其沿三重轴的运动实际上是 4 个不同方向，不可能出现宏观的自发极化，导致了这种材料在很宽的温度范围内不会出现铁电相变。Ti—O 键结合的张力使得极化能力和介电常数均得到加强，从而使 CCTO 具有巨介电常数。然而，这种应力理论具有一定的局限性，并非适用于所有 A 位原子替代的 CCTO 陶瓷材料（表 1.3）[26]。

表 1.3　$ACu_3Ti_4O_{12}$ 陶瓷材料的介电特性（100Hz、25℃）

成分	ε_r	损耗	晶格常数
$CaCu_3Ti_4O_{12}$	10286	0.0067	7.391
$CdCu_3Ti_4O_{12}$	409	0.093	7.384
$Sm_{2/3}Cu_3Ti_4O_{12}$	1665	0.048	7.400
$YCu_3Ti_4FeO_{12}$	33	0.308	7.394
$BiCu_3Ti_4FeO_{12}$	692	0.082	7.445
$NdCu_3Ti_4FeO_{12}$	52	0.325	7.426
$LaCu_3Ti_4FeO_{12}$	44	0.339	7.454

（2）经典理论模型

CCTO 介电性能产生的原因，最初认为是由于 CCTO 固有的局部偶极子振动引起的，但是根据第一性原理及电子密度泛函理论计算可知其介电常数仅为 49，计算数值与实验数值相差太大，说明介电性能与内部结构无关。巨介电性能与晶体缺陷、畴壁或结晶程度等相联系的非本征机理密切相关。将 CCTO 材料看作反铁磁半导体采用广义梯度近似法中的密度泛函理论计算出的间接能带间隙为 0.15eV，认为 CCTO 材料具有半导体性质，并存在反铁磁性-铁磁性转变[27]。

（3）内部阻隔层电容模型

CCTO 陶瓷由半导体晶粒和绝缘晶界构成，可以采用内部阻隔层电容（IBLC）模型来解释 CCTO 陶瓷材料的巨介电性能[28]。IBLC 模型指的是由两个导电性不同的结构区域组成的 CCTO 陶瓷材料，不同的结构区域指绝缘区和导电区。通过施加偏压方法可以表征晶粒和晶界的低阻区和高阻区，说明 CCTO 陶瓷材料具有不均匀的导电性，由此认为控制 CCTO 陶瓷材料电学性能的有效方法就是控制内部缺陷[29]。

1.5.2 钛酸铜钙陶瓷材料的制备

(1) 固相反应法

固相反应法是以钙、钛、铜的氧化物作为原料，经过球磨混合、干燥、预烧和烧结等过程，可以制备出 CCTO 陶瓷粉末。此法工艺过程简单、成本低，可以用于大规模工业生产，但是由于在球磨过程中易引入杂质使得介电常数降低。此种方法所得介电常数较高，可以达到 10000，介质损耗低，仅有 0.27，在烧结温度高于 1000℃时，可以获得 99%以上高纯度的 CCTO 陶瓷材料[30]。

(2) 溶胶-凝胶法

溶胶-凝胶法经过原料的水解、缩聚、凝胶化、干燥和热处理五个过程，可以制备出高性能的材料。此法制备出的 $CaCu_3Ti_4O_{12}$ 陶瓷的介电常数在 1kHz 频率下高达 194753。与传统固相反应法相比较，此法烧结温度低，煅烧时间短，所得 $CaCu_3Ti_4O_{12}$ 材料晶化程度高[31]。溶胶-凝胶法均匀性好，反应过程易于控制，但是成本较高，在高温时会有快速团聚现象出现。

(3) 共沉淀法

共沉淀法是采用沉淀剂使溶液中的 Ca^{2+}、Cu^{2+}、Ti^{4+} 同时沉淀，从而制备出 CCTO 前驱体，然后经过煅烧得到 CCTO 陶瓷材料。常用的沉淀剂为草酸盐，通过采用共沉淀法制备出的 CCTO 陶瓷材料室温下的介电常数可以达到 10000，介质损耗低，仅有 0.15。共沉淀法制备的陶瓷粉末形貌可控、活性高，可以弥补固相反应法的不足，但是由于在制备过程中离子的沉淀速率不一致，使得组分不均匀，从而会降低 CCTO 陶瓷粉末的纯度。

(4) 自蔓延燃烧法

自蔓延燃烧法是在溶胶-凝胶法的基础上加以改进的一种低温合成法，此法是以还原剂和氧化剂作为原料，反应物处于高度分散状态，在低温条件下就可以实现氧化、自发燃烧，从而快速地制备出陶瓷粉末。采用此法可以得到纳米级尺寸的 CCTO 陶瓷粉末，在 950℃时烧结成膜，其介电常数高达 10^6。采用此种方法制备出的 CCTO 陶瓷粉末通常具有纯度高、反应速率快等特点，与传统固相反应方法相比较，自蔓延燃烧法制备出的 CCTO 陶瓷粉末活性更高。

以上几种方法是制备 $CaCu_3Ti_4O_{12}$ 陶瓷材料的常用方法，共沉淀法和溶胶-凝胶法具有反应温度低、容易控制等特点。另外，采用水热法、脉冲激光沉积法（PLD）、磁控溅射法也可以制备出 $CaCu_3Ti_4O_{12}$ 陶瓷材料。

1.5.3 钛酸铜钙陶瓷材料的掺杂改性

$CaCu_3Ti_4O_{12}$ 陶瓷材料通常具有巨介电常数、良好的温度稳定性，但同时也存在较高的介质损耗。然而，在实际应用中，介电材料由于具有高的介质损耗，会使器件或电路发热，因此降低介质损耗是其应用需要解决的根本问题。改善介电材料性能常用的方法是在材料中掺入适当的元素或离子，掺杂可以分为单离子掺杂和共掺杂。

(1) A位（Ca位或Cu位）单掺杂改性

采用常规的粉末烧结工艺，通过Y或La取代Ca可以制备出$Y_{2/3}Cu_3Ti_4O_{12}$和$La_{2/3}Cu_3Ti_4O_{12}$陶瓷材料，此种粉末烧结工艺以纯度为99.9%的$CaCO_3$、La_2O_3、Y_2O_3、CuO和TiO_2粉末作为原料，按照$Y_{2/3}Cu_3Ti_4O_{12}$、$La_{2/3}Cu_3Ti_4O_{12}$化学组分配比混合并球磨，在950℃预烧10h后经研磨得到预烧粉料，然后在12MPa的压力下压制成圆片状试样，最后在1100℃的条件下煅烧26h得到$Y_{2/3}Cu_3Ti_4O_{12}$、$La_{2/3}Cu_3Ti_4O_{12}$陶瓷样品，烧结时的升温速率为200℃/h，降温速率为150℃/h。将制备好的试样表面进行抛磨加工，制成10mm×2mm的样品，并在样品表面涂银浆后加热到550℃，使银浆中的有机物挥发，从而获得可供测试的镀银电极样品。Y或La取代后，所得材料中会产生缺陷，导致$ACu_3Ti_4O_{12}$体系中的松弛激活能远大于未取代前材料的松弛激活能[32]。为了提高$ACu_3Ti_4O_{12}$体系的介电频率稳定性，采用Eu^{3+}掺杂会抑制晶界处富Cu相的生成，减少了由于Cu^{2+}存在而导致的晶界极化和高频时由于极化而降低介电常数[33]。通过Mn^{2+}掺杂后，所得材料在4.2～300K温度范围内其介电常数会降低，由10000降低到100，其巨介电性质是由于偶极矩的集体效应引起的。

(2) B位（Ti位）单掺杂改性

在$CaCu_3Ti_4O_{12}$材料中掺杂Al^{3+}后会增强晶粒的均匀化程度，晶粒电阻增大，同时使晶界的绝缘性增强，但是$CaCu_3Ti_4O_{12}$材料的介电常数降低，介质损耗减小，掺杂Fe^{3+}后提高了$CaCu_3Ti_4O_{12}$材料的致密度，Fe^{3+}掺杂量增加后，$CaCu_3Ti_4O_{12}$材料的半导体特性、巨介电特性会降低，甚至消失[34]。采用溶胶-凝胶燃烧法可以制备出不同Zr掺杂量的$CaCu_3Ti_{4-x}Zr_xO_{12}$陶瓷材料。此种方法以化学纯的硝酸铜[$Cu(NO_3)_2 \cdot 3H_2O$]、硝酸钙[$Ca(NO_3)_2 \cdot 4H_2O$]、硝酸锆[$Zr(NO_3)_4 \cdot 5H_2O$]、钛酸四丁酯（$C_{16}H_{36}O_4Ti$）和乙二醇甲醚（$C_3H_8O_2$）作为原料，按照化学计量比将硝酸铜、硝酸钙溶于乙二醇甲醚溶剂中，加入不同比例的硝酸锆作为掺杂剂，采用磁力搅拌器加热搅拌制得澄清溶液。冷却至室温后，按照Zr元素的比例加入相应化学计量比的钛酸四丁酯，经充分反应后密封陈化24h，制备出不同浓度的Zr掺杂溶胶。将溶胶干燥后得到凝胶，室外点燃凝胶，获得系列陶瓷粉末，在15MPa的压力下将粉末压成直径为10mm、厚度为0.5～1.0mm的陶瓷片，采用二次烧结方式首先将陶瓷片在800℃晶化处理2h，然后在1050℃下晶化处理6h，获得一系列$CaCu_3Ti_{4-x}Zr_xO_{12}$陶瓷试样，x分别为0、0.01、0.05和0.1。所得$CaCu_3Ti_{4-x}Zr_xO_{12}$陶瓷材料的介电常数高于10000，Zr取代能够有效降低$CaCu_3Ti_{4-x}Zr_xO_{12}$陶瓷材料的介质损耗，$x=0.01$时，介质损耗值达到最低0.076[35]。

(3) 共掺杂改性

采用不同的元素共掺杂方法，可以改善单一元素掺杂$CaCu_3Ti_4O_{12}$材料的介电常数和介质损耗同时增大或减小的缺陷。例如通过固相反应方法能够制备出未掺杂的$CaCu_3Ti_4O_{12}$（CCTO）、Cr掺杂$CaCu_3Ti_4O_{12}$（$CaCu_3Ti_{3.9}Cr_{0.133}O_{12}$、CCTCO）、La掺杂$CaCu_3Ti_4O_{12}$（$La_{0.033}Ca_{0.95}Cu_3Ti_4O_{12}$、LCCTO）及Cr、La共掺杂$CaCu_3Ti_4O_{12}$（$La_{0.033}Ca_{0.95}Cu_3Ti_{0.9}Cr_{0.133}O_{12}$、LCCTCO）。此种方法以高纯的$CaCO_3$（纯度99.5%）、CuO（纯度99.5%）、$TiO_2$（纯度99.99%）、$La_2O_3$（纯度99.9%）和$Cr_2O_3$（纯度99.9%）作为原料，根据化学计量比配料，然后采用行星式球磨机将混合好的原料在乙醇溶液中球磨2h。将球磨后的原料干燥2h，然后放入刚玉坩埚内在空气气氛内于900℃煅烧12h。将煅烧后的粉末充分研磨后在200MPa的压力下压制成直径为8mm、厚1.2mm的圆片状试样，并在空气气氛中于

1100℃煅烧 8h，最终获得了未掺杂及 Cr、La 掺杂 $CaCu_3Ti_4O_{12}$ 样品。通过比较 Cr、La 共掺杂 $CaCu_3Ti_4O_{12}$ 材料与这两种元素单一掺杂（Cr-CCTO、La-CCTO）以及未掺杂 CCTO 材料的介电性能，Cr、La 共掺杂 $CaCu_3Ti_4O_{12}$ 材料与未掺杂相比，介质损耗降低，介电常数提高[36]。共掺杂可以提高 $CaCu_3Ti_4O_{12}$ 材料的介电常数和温度稳定性，是改善 CCTO 陶瓷材料性能的有效方法。

1.6 介电陶瓷材料在介电润湿器件中的应用

微流控系统由于具有样品消耗小、检测效率高、易于和其他技术设备集成等特点，在化学分析、生物医疗、食品卫生及环境监测等领域得到了广泛应用。在微流控系统中，对微、纳升级别的液滴实施精确操作和驱动是其核心和关键。在众多的微流控驱动技术中，介电润湿驱动是一种利用电压对导电液滴实施操控的新型致动原理，具有调控范围广、响应灵敏、可重复利用等特点，在各类微流控芯片、光学元器件及显示设备中有着广泛的应用。介质上电润湿（electrowetting-on-dielectric，EWOD）由电润湿演变发展而来，1875 年法国科学家 Lippmann 最早发现了电润湿现象，通过在汞和电解液之间施加电压，发现电解液与汞电极接触界面的润湿特性发生了显著变化[37,38]。1936 年，Froumkine 通过对金属与附着于表面的导电液滴间施加电场改变了液滴形状，并成功实现了液滴的移动。但是由于此种方法液滴直接与金属电极接触，液滴的移动速度极为缓慢，而且所施加电压极易导致液滴被电解而产生气泡。直到 20 世纪 90 年代，法国科学家 Berge 借鉴电润湿理论模型，通过在金属电极表面涂覆一层具有较好疏水性能的介电材料来防止电极与导电液滴直接接触，避免电极与液滴之间产生电化学反应，实现了电压控制液滴在介电层表面的移动和变形，即介质上电润湿，简称介电润湿[39,40]。

1.6.1 介电润湿驱动原理及介电材料的选取原则

(1) 介电润湿驱动原理

利用介电润湿效应驱动液滴动作的原理在于通过对嵌在介电层下的微电极阵列施加电压来改变介电层与附着于其表面导电液滴间的润湿特性，使液-固接触角发生变化，造成液滴两端不对称形变，促使液滴内部产生压强差，从而实现对液滴变形或运动的操作与控制。

基于介电润湿效应可以制备多种器件，例如生化分析微流控芯片、显示元件以及可变焦液体透镜等。虽然这些不同用途的介电润湿器件所用材料和结构形式有所不同，但是通常由基底、电极、介电层、导电液滴 4 个部分构成，图 1.4 所示为两种介电润湿器件的典型结构示意图[41]，相比其他组成部分，虽然介电层对所需施加的驱动电压及制备工艺有更高的要求，但是在很大程度上消除了电解现象的发生，增加了导电液滴与所附着固体表面间接触角的变化范围，使得系统发生电润湿的现象更加明显，而且促进了电润湿在各类微流控芯片、可变焦液体透镜、显示器等光电器件中的应用。因此，选取适当的介电材料作为介电润湿器件的介电层对于其应用具有重要的意义。

(2) 介电润湿器件中介电材料的选取原则

介电材料的选取可以参照 Young-Lippmann 方程[42]：

$$\cos(\theta)=\cos(\theta_0)+\frac{\varepsilon_0\varepsilon}{2d\gamma_{lv}}V^2 \tag{1.8}$$

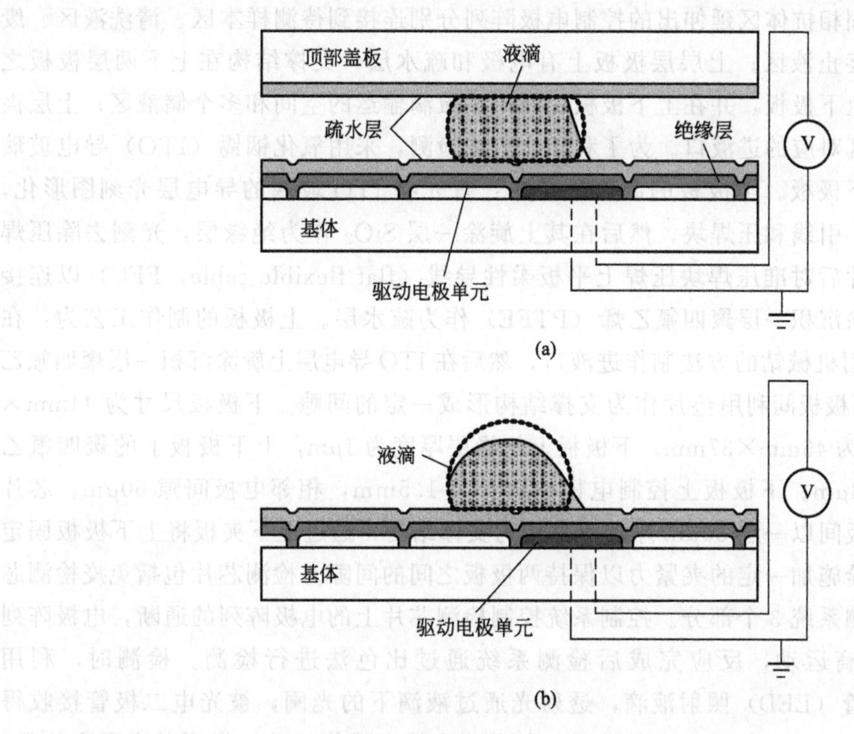

图 1.4　介电润湿器件的典型结构示意图[41]

(a) 平行板介电润湿芯片；(b) 共面电极介电润湿芯片

式中，θ 为电压为 V 时导电液滴与介电层间的接触角；θ_0 为施加电压为零时导电液滴与介电层间的接触角；ε 为介电材料的相对介电常数；ε_0 为真空介电常数；d 为介电层厚度；γ_{lv} 为气-液表面自由能。由 Young-Lippmann 方程可以得到提高接触角变化范围，即提高系统电润湿效果的两种方法：①选用自身具有优良疏水性能的介电材料或者在疏水性较差的介电材料表面沉积一层疏水层，以提高系统的初始接触角；②选取具有较高介电常数的介电材料，减小介电层厚度，保证介电层拥有足够的介电强度，防止驱动电压较高时介电层被击穿。

1.6.2　介电润湿用介电陶瓷材料的种类

(1) 二氧化硅

二氧化硅薄膜具有良好的透光性、硬度、介电性及抗腐蚀等特性，在光学和微电子领域具有广泛的应用。作为介电层的二氧化硅薄膜，为了弥补其在疏水性能方面的不足，通常在其上表面涂覆一层具有优异疏水性能的高分子聚合物薄膜，例如聚四氟乙烯、无定形氟树脂等[43,44]。在聚二甲基硅氧烷柔性基底上可以制备出介电润湿液体透镜，此种透镜具有适用范围广、响应速度快、变焦范围广的优点［(−∞,−15mm)∪(28mm,+∞)］[45]。二氧化硅可以作为介电绝缘材料用于电润湿显示单元，二氧化硅介电层的引入有效减小了显示单元的工作电压和漏电流，当工作电压增大到 30V 时，显示单元仍然正常工作，具有良好的重复性[46]。

二氧化硅介电层也可以用于以离散液滴为对象的免疫检测芯片设计的免疫检测。免疫检测芯片由上下两层极板和支撑结构组成，下层极板上布有电极阵列和绝缘疏水层，芯片中部为固相抗体区，从固相抗体区延伸出的控制电极阵列分别连接到待测样本区、清洗液区、废液区、底物液区和终止液区；上层层极板上有电极和疏水层；支撑结构在上下两层极板之间，用于支撑连接上下极板，并在上下极板之间形成液滴输运的空间和多个储液区；上层极板开有多个与储液区对应的进液口。为了利于比色法检测，采用氧化铟锡（ITO）导电玻璃作为检测芯片的上下极板。下极板的制作工艺为：首先将 ITO 玻璃的导电层光刻图形化，形成控制电极阵列、引线和压焊块，然后在其上旋涂一层 SiO_2 作为绝缘层，光刻去除压焊块上的绝缘层，划片后对准压焊块压焊上平板柔性导线（flat flexible cable，FFC）以连接外部电路，最后旋涂沉积一层聚四氟乙烯（PTFE）作为疏水层。上极板的制作工艺为：在 ITO 导电玻璃上利用机械钻的方法制作进液口，然后在 ITO 导电层上旋涂沉积一层聚四氟乙烯作为疏水层，上下极板间利用垫片作为支撑结构形成一定的间隙。下极板尺寸为 44mm×40mm，上极板尺寸为 46mm×37mm。下极板上绝缘层厚度为 1μm，上下极板上的聚四氟乙烯疏水层厚度为 0.2μm。下极板上控制电极的边长为 1.5mm，相邻电极间隙 50μm。芯片封装结构的上下极板间以一层 80μm 厚的铜片作为支撑结构，通过上下夹板将上下极板固定在一起，并通过螺栓施加一定的夹紧力以保持两极板之间的间隙。检测芯片包括免疫检测芯片、控制系统和检测系统 3 个部分。控制系统控制检测芯片上的电极阵列的通断，电极阵列的通断驱动各种液滴运动，反应完成后检测系统通过比色法进行检测。检测时，利用 450nm 的发光二极管（LED）照射液滴，透射光通过液滴下的光阑，被光电二极管接收得到光强值，通过测量反应变色后液滴和对照空白点液滴的光强值的差，得到其光强变化量。基于此种芯片可以实现免疫反应检测，所需样品仅为 0.5μL，检测时间约 20min，系统检测范围为 0.1～20mg/L[47]。

(2) 氮化硅

氮化硅薄膜作为一种重要的陶瓷薄膜，具有结构致密、硬度高、力学性能优良等特点。氮化硅虽然具有良好的介电性能，但是其与水滴的接触角仅为 30°，表现出亲水性，为此需要在其表面涂覆疏水性薄膜，以增大其与水滴的初始接触角。氮化硅作为介电材料可以用于可变焦液体透镜[48]，通过嵌在氮化硅绝缘层下方的 4 个平面电极可以实现透镜焦距以及光束倾角的改变，对透镜不同电极施加 45.3V 的电压时，倾角变化了±2.13°。以氮化硅作为介电材料也可以用于制备基因表达分析的介电润湿效应微流控芯片，此种芯片高度集成化，在芯片上可以依次完成细胞分离、核酸提纯以及多重实时荧光定量核酸扩增检测等操作[49]，为此种原理芯片的实用化提供了基础。

(3) 氧化铝

氧化铝薄膜由于具有良好的光学性能、硬度高、透明性好等特点，可以作为绝缘层和扩散阻挡层应用于微电子领域。通过原子层沉积制备的氧化铝薄膜具有结构致密、黏附性强、介电常数高等特点，但其初始接触角较小，采用氧化铝作为介电材料的介电润湿器件主要集中于微流控芯片领域。对于氧化铝介电润湿器件，通过改变电压对体积为 2μL 的导电液滴进行驱动，当电压为 3V 时液滴开始移动，电压为 15V 时液滴运动速度为 11mm/s[50]。基于介电润湿原理，设计出了一种能够实现对包含有 blaCTX-M-15 基因的脱氧核糖核酸进行快速灵敏检测的微流控检测平台[51]，通过重组聚合酶扩增的方法可以实现脱氧核糖核酸的扩增，同时集成了阻抗传感器、温度传感器以及加热器等功能，此平台扩展了介电润湿器件在生物医学检测领域的应用范围。

(4) 氧化钽

氧化钽薄膜由于具有较低的漏电流密度、较高的介电常数和击穿电压以及很好的化学稳定性，可以作为介电层用于介电润湿器件。以氧化钽作为介电层可以制备电润湿双液体透镜，当疏水层薄膜的厚度远小于介电层薄膜的厚度时，此种透镜可以实现低压驱动[52]。

在介电润湿器件中，介电层不仅是重要的组成部分，也是影响器件性能和具体应用的关键，目前介电润湿器件所需的有效驱动电压仍停留在 50～150V 的范围内，如此高的致动电压不仅会对器件的稳定性产生不良影响，还会限制其应用集成，不利于低功耗便携式介电润湿器件的发展。另外，必须额外涂覆疏水材料以增加系统的初始接触角，也造成了器件结构的复杂和增加了介电润湿器件的成本。

思考题

1.1　什么是电介质的极化？

1.2　说明功能陶瓷材料的极化机制及介电常数要求。

1.3　说明陶瓷材料的介质损耗形式。

1.4　说明微波介电陶瓷材料的性能要求及种类。

1.5　说明低 ε_r、中等 ε_r、高 ε_r 三种微波介电陶瓷材料的区别与联系。

1.6　说明降低微波介电陶瓷烧结温度的方法。

1.7　举例说明烧结助剂对介电陶瓷材料介电性能的影响。

1.8　说明陶瓷电容器材料的性能要求及其种类。

1.9　举例说明温度补偿电容器介电陶瓷材料的介电特性。

1.10　温度补偿型、半导体、高介电常数三种电容器陶瓷材料的性能特点是什么？

1.11　说明钛酸铜钙巨介电材料的巨介电机制。

1.12　说明介电陶瓷材料的介电润湿驱动机制。

1.13　如何选取介电润湿器件中的介电陶瓷材料？

参考文献

[1]　徐政，倪宏伟．现代功能陶瓷 [M]. 北京：国防工业出版社，1998.

[2]　吴玉胜，李明春．功能陶瓷材料及制备工艺 [M]. 北京：化学工业出版社，2013.

[3]　归冬云．$A_5B_4O_{15}$型微波介电陶瓷的制备及光谱特性研究 [D]. 武汉：武汉理工大学硕士学位论文，2007.

[4]　章锦泰，许赛卿，周东祥，等．微波介质材料与器件的发展 [J]. 电子元件与材料，2004，23 (6)：6-9.

[5]　孟森森．新型钙钛矿微波介电陶瓷的制备、结构与性能 [D]. 武汉：武汉理工大学硕士学位论文，2006.

[6]　尹艳红，刘维平．微波介电陶瓷及其发展趋势 [J]. 冶金丛刊，2006，20 (3)：41-44.

[7]　曹良足，喻佑华．钛酸锌微波介电陶瓷的改性研究现状 [J]. 电子元件与材料，2008，27 (2)：5-7.

[8]　Kan A，Ogawa H，Ohsato H. Effects of microstructure on microwave dielectric properties of $Y_2Ba(Cu_{1-x}Zn_x)O_5$ solid solutions [J]. J Euro Ceram Soc，2001，21：1699-1705.

[9]　Kan A，Ogawa H，Ohsato H. Microwave dielectric properties of $R_2Ba(Cu_{1-x}Zn_x)O_5$ (R＝Y and Yb，M＝Zn and Ni) solid solutions [J]. Mater Chem Phys，2003，79：184-189.

[10]　Chen Y B，Liu S S. Dielectric properties of low Zr-substituted $BaTi_4O_9$ at microwave frequencies [J]. J Mater Sci，2019，30 (2)：5567-5572.

[11]　韩伟丹，董桂霞，吕易楠，等．MnO_2 掺杂 $BaTi_4O_9$ 陶瓷微波介电性能研究 [J]. 粉末冶金技术，2017，35 (6)：411-415.

[12] Ahn Y S, Yoon K H, Kim E S. Effect of Sb_2O_5 on the microwave dielectric properties of $(Zr_{0.8}Sn_{0.2})TiO_4$ ceramics [J]. Ferroelectrics, 2001, 262 (1): 11-16.

[13] Negas T, Davies P K. Influence of chemistry and processing on the electrical properties of $Ba_{6-3x}Ln_{8+2x}Ti_{18}O_{54}$ solid solutions [J]. ChemInform, 1996, 27 (5): 108-111.

[14] Li Y X, Qin Z J, Tang B, et al. Microwave dielectric properties of TiO_2-added $Li_2ZnTi_3O_8$ ceramics doped with Li_2O-Al_2O_3-B_2O_3 glass [J]. J Electron Mater, 2015, 44 (10): 281-286.

[15] Kim W S, Yoon K H, Kim E S. Microwave dielectric properties and far-infrared reflectivity characteristics of the $CaTiO_3$-$Li_{1/2}$-$3xSm_{1/2+x}TiO_3$ ceramics [J]. J Am Ceram Soc, 2000, 83 (9): 2327-2329.

[16] Hu X, Chen X M. High-ε microwave dielectrics in $Pb_{0.6}Ca_{0.4}Zr_{0.9}(Fe_{1/2}Nb_{1/2})_{0.1}O_3$ system [J]. J Electroceram, 2004, 12: 181-186.

[17] Yoon K H, Kim E S, Jeon J S. Understanding the microwave dielectric properties of $(Pb_{0.45}Ca_{0.55})[Fe_{0.5}(Nb_{1-x}Ta_x)_{0.5}]O_3$ ceramics via the bond valence [J]. J Eur Ceram Soc, 2003, 23: 2391-2396.

[18] Matteppanavar S, Rayaprol S, Angadi B. Low-temperature neutron diffraction and magnetic studies on the magnetoelectric multiferroic $Pb(Fe_{0.534}Nb_{0.4}W_{0.066})O_3$ [J]. J Mater Sci, 2017, 52: 10709-10717.

[19] 袁力，丁士华，姚熹．CuO、V_2O_5 掺杂 $(1-x)$ $BiNbO_4$-$xZnTaO_6$的介电性能 [J]. 电子元件与材料，2005，24 (3)：22-24.

[20] Lisińska-Czekaj A, Czekaj D, Osińska K, et al. Effects of V_2O_5 additive on structure and dielectric properties of $BiNbO_4$ ceramics [J]. Archives of Metallurgy and Materials, 2013, 58 (4): 1387-1390.

[21] Huang C L, Weng M H. Low firable $NiNbO_4$ based microwave dielectric ceramics [J]. Ceram Int, 2001, 27: 343-350.

[22] Chaouchi A, Marinel S, Aliouat M, et al. Low temperature sintering of $ZnTiO_3/TiO_2$ based dielectric with controlled temperature coefficient [J]. J Eur Ceram Soc, 2007, 27 (7): 2561-2566.

[23] 许英伟，庄志强．中高压陶瓷电容器研究与发展 [J]. 陶瓷学报，2008，29 (1)：68-73.

[24] 于玉，邹承锐，刘展晴．钛酸铜钙巨介电材料的研究进展 [J]. 合成材料老化与应用，2019，48 (5)：146-149.

[25] 湛海涯，王艳，李蕾蕾，等．非铁电线巨介电材料 $CaCu_3Ti_4O_{12}$的研究进展 [J]. 宝鸡文理学院学报（自然科学版），2012，32 (3)：20-27.

[26] Subramanian M A, Li D, Duan N, et al. High dielectric constant in $ACu_3Ti_4O_{12}$ and $ACu_3Ti_3FeO_{12}$ phases [J]. Solid State Chem, 2000, 152 (2): 323-325.

[27] Li G L, Yin Z, Zhang M S. First-principles study of the electronic and magnetic structures of $CaCu_3Ti_4O_{12}$ [J]. Phys Lett A, 2005, 344 (2-4): 238-246.

[28] Adams T B, Sinclair D C, West A R. Giant barrier layer capacitance effects in $CaCu_3Ti_4O_{12}$ ceramics [J]. Adv Mater, 2002, 14 (18): 1321-1323.

[29] Ferrarelli M C, Adams T B, Feteira A, et al. High intrinsic permittivity in $Na_{1/2}Bi_{1/2}Cu_3Ti_4O_{12}$ [J]. Appl Phys Lett, 2006, 89 (21): 212904.

[30] 刘蓓蓓，王传彬，沈强，等．高介电常数 $CaCu_3Ti_4O_{12}$陶瓷粉体的合成与烧结 [J]. 人工晶体学报，2008，36 (5)：589-591.

[31] 杨昌辉，周小莉．溶胶-凝胶法制备巨介电常数材料 $CaCu_3Ti_4O_{12}$ [J]. 硅酸盐学报，2006，34 (6)：753-756.

[32] 周小莉，杜丕一，韩高荣，等．不同 A 位元素（La、Y、Ca）的 $ACu_3Ti_4O_{12}$介电陶瓷介电性能研究 [J]. 浙江大学学报（工学版），2006，40 (8)：1446-1450.

[33] 李涛，王晓雪，陈镇平．Eu_2O_3 掺杂对 $CaCu_3Ti_4O_{12}$陶瓷介电性能的改善 [J]. 郑州轻工业学院学报（自然科学版），2009，40 (8)：1446-1449.

[34] 慕春红，刘鹏，贺颖，等．Fe 掺杂陶瓷不同 A 位元素（La、Y、Ca）的 $ACu_3Ti_4O_{12}$介电陶瓷介电性能研究 [J]. 浙江大学学报（工学版），2006，40 (8)：1446-1450.

[35] 高亮，孔德波，刘义成．Zr 掺杂对 $CaCu_3Ti_4O_{12}$陶瓷介电性能的影响 [J]. 大庆师范学院学报，2015，35 (3)：67-69.

[36] Ardakani H A, Alizadeh M, Amini R. Dielectric properties of $CaCu_3Ti_4O_{12}$ improved by chromium/lanthanum Co-doping [J]. Ceram Int, 2012, 38 (5): 4217-4222.

[37] 王亮，段俊萍，王万军，等．介电材料在介电润湿器件中的应用进展 [J]. 材料导报 A，2016，30（10)：70-77.
[38] Suzuki K，Homma H，Murayama T，et al. Electrowetting based actuation of liquid droplets for micro transprotetion systems [J]. J Adv Mechan Design Systems Manuf，2010，4（1)：365.
[39] 陈建锋．新型 EWOD 数字微流控芯片研究 [D]. 上海：复旦大学硕士学位论文，2014.
[40] 赵瑞，华晓刚，田志强，等．电润湿双液体变焦透镜 [J]. 光学精密工程，2014，22（10)：2592.
[41] Shen H H，Fan S K，Kim C J，et al. EWOD microfluidic systems for biomedical applications [J]. Microfluidics Nanofluidics，2014，16（5)：965-987.
[42] Zhao Y P，Wang Y. Fundamentals and applications of electrowetting：A critical review [J]. Rev Adhesion Adhesives，2013，1（1)：114-119.
[43] 曾其勇，郑晓峰．SiO_2 薄膜制备的现行方法综述 [J]. 真空，2009，46（4)：36-40.
[44] Moon H，Wheeler A R，Garrell R L，et al. An integrated digital microfluidic chip for multiplexed proteomic sample preparation and analysis by MALDI-MS [J]. Lab on A Chip，2006，6（9)：1213-1218.
[45] Li C H，Jiang H R. Electrowetting-driven variable focus microlens on flexible surface [J]. Appl Phys Lett，2012，100（23)：231105.
[46] 徐庆宇，沈凯，肖长诗，等．电润湿显示单元研究 [J]. 光电子技术，2010，30（4)：225-230.
[47] 朱亮，叶雄，冯焱颖，等．一种基于介质上电润湿效应的免疫检测芯片研究 [J]. 分析化学，2009，37（3)：471-476.
[48] Seo S，Park Y，Park C，et al. Adjustable tilt angle of liquid mecrolens with for coplanar electrodes [J]. IEEE Photonics Technol Lett，2015，28（1)：79-85.
[49] Rival A，Jary D，Delattre C，et al. An EWOD-based microfluidic chip for single-cell isolation，mRNA purification and subsequent multiplex qPCR [J]. Lap on A Chip，2014，14（19)：3739-3786.
[50] Chang J H，Choi D Y，Han S，et al. Driving characteristics of the electrowetting on dielectric device using atomic layer deposited aluminum oxide as the dielectric [J]. Microfluidics Nanofluidics，2010，8（2)：269-276.
[51] Kalsi S，Valiadi M，Tsaloglou M N，et al. Rapid and sensitive detection of antibiotic resistance on a programmable digital microfluidic platform [J]. Lab on A Chip，2015，15（14)：3065-3072.
[52] 胡水兰，彭润玲，李一凡，等．双层介电薄膜结构双液体变焦透镜的研究 [J]. 光子学报，2014，43（2)：223003.

第2章 铁电陶瓷材料

学习目标

通过本章的学习，掌握以下内容：(1) 铁电陶瓷材料的铁电特性及性能参数；(2) $BaTi_2O_5$ 铁电陶瓷材料的晶体结构及应用；(3) 铁电陶瓷基光子晶体的材料体系及应用。

学习指南

(1) 铁电体的电滞回线、自发极化现象、电热效应及电致疲劳效应；(2) $BaTi_2O_5$ 铁电陶瓷材料的晶体结构，制备方法主要包括溶胶-凝胶法、水热合成法、无容器悬浮处理法、电弧熔炼法、急冷法和区熔法等，在电容器、存储器领域具有广泛的应用；(3) 铁电陶瓷基光子晶体在光波导、滤波器、光开关、共振器等领域具有广泛的应用。

章首引言

铁电陶瓷材料指的是在一定温度条件下发生自发极化，并且自发极化能够随着外电场的变化而变化的陶瓷材料，具有以下特征[1]：(1) 在一定温度范围内存在自发极化；(2) 存在电畴；(3) 极化强度随着外电场强度的变化而变化；(4) 介电常数随着外电场的变化而变化。铁电陶瓷材料是主晶相为铁电体的陶瓷材料，世界上第一个铁电体酒石酸钾钠是法国药剂师薛格涅特1672年在罗息制备，所以酒石酸钾钠又称为罗息盐。铁电陶瓷材料具有高的直流电阻率、低的电介质损耗角正切（0.001～0.07）以及中等介电击穿强度（100～120kV/cm），与普通绝缘材料（介电常数5～100）相比，铁电陶瓷材料具有高的介电常数（200～10000）等特性[2]，在高介电常数电容器、压电声呐和超声传感器、无线电与信息过滤器、热释电装置、医疗诊断传感器、正温度系数（PTC）传感器以及电光光阀等方面具有广泛的应用。本章系统阐述了铁电陶瓷材料的铁电特性以及铁电陶瓷材料的种类。

2.1 铁电陶瓷材料的铁电特性

2.1.1 电滞回线

电滞回线是铁电体的重要特征，表示铁电陶瓷材料中存在电畴。电畴是指自发极化方向相同的小区域，铁电体中一般包含多个电畴。每个电畴中的极化强度有一定的方向，如果是多晶体，由于晶粒的取向为任意方向，不同电畴中极化强度的取向无规律性。如果铁电陶瓷材料为单晶体，不同电畴中极化强度的相对取向之间则存在着简单的关系。

电滞回线是铁电体的极化强度 P 随着外加电场强度 E 的变化轨迹，如图 2.1 所示[3]。这里只考虑单晶体的电滞回线，并且假设极化强度的取向只有两种可能，即沿某轴的正向或是负向。假设在没有外电场存在时，晶体的总电矩为零，即晶体的两类电畴中极化强度方向互相反向平行。当外电场施加于铁电体晶体时，极化强度沿着电场方向分量的电畴变大，而与之反平行方向的电畴则变小。随着电场强度的增加，铁电体的极化温度开始时缓慢增加，如图 2.1 中的 OAB 曲线所示。当电场强度 E 继续增大到晶体内只存在与 E 同向的单个电畴时，铁电体的极化强度达到饱和，相当于图中 C 附近的部分。如果再继续增大电场强度 E，则极化强度 P 随着 E 线性增长（这时与一般线性电介质相同）。将这些线性部分（BC）外推至外电场为零时，在纵轴 P 上所得的截距称为饱和极化强度 P_s，对应于 C 点的外加电场强度称为饱和电场强度 E_{sat}。饱和极化强度 P_s 实际上是每个电畴原来已经存在的极化强度，因此饱和极化强度 P_s 是对每个电畴而言的。如果电场强度自图中 C 处开始降低，晶体的极化强度也随之下降。但是当电场强度降至零时，晶体的极化强度并不等于零，还存在一个剩余极化强度 P_r。剩余极化强度是对整个晶体而言的，当电场反向时，剩余极化强度迅速降低，至反向电场达到 E_c 时，剩余极化全部消失，晶体的极化强度为零，此时的电场强度 E_c 称为矫顽电场强度。如果反向电场强度继续增大时，晶体的极化强度也反向，并随着反向电场强度的增加，反向极化强度也迅速增大，当达到 D 处时，反向极化强度达到饱和，此后电场由负饱和值（$-E_{sat}$）连续变为正饱和值（E_{sat}）时，极化强度则沿回线的另一部分 DHC 曲线回到 C 点，构成一闭合曲线，此曲线称为电滞回线。如果矫顽电场强度大于晶体的击穿场强，那么在极化反向之前晶体已被击穿，则该晶体失去铁电性。

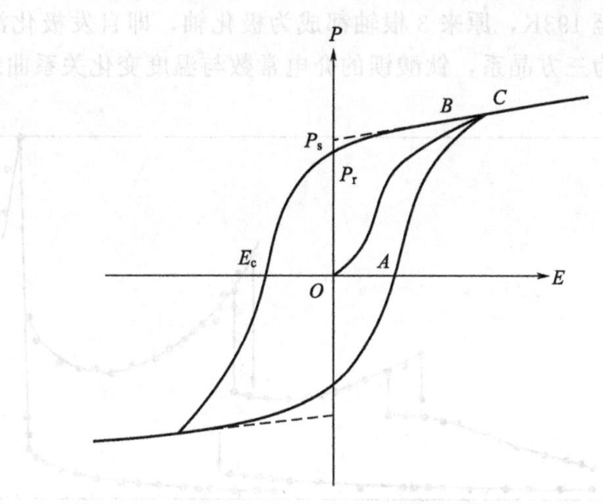

图 2.1 铁电体的电滞回线[3]

2.1.2 铁电体的自发极化现象

自发极化是铁电体特有的一种极化形式，在一定温度范围内，当不存在外加电场时，原胞中的正负电荷中心不互相重合，即每一个原胞具有一定的固有偶极矩，这种晶体的极化形式就是“自发极化”。如果晶体在某一方向出现自发产生的偶极矩，这个方向就是自发极化轴。出现自发极化的必要条件是晶体不具有对称中心，但是并不是所有不存在对称中心的晶体都能出现自发极化。根据转动对称性，晶体被划分为 32 种类型。在晶体的 32 个点群中，有 21 个不具有对称中心，其中 20 个呈现压电效应，而这 20 个压电性晶体中的 10 个具有自发极化现象，称为极性晶体，又因受热产生电荷，所以又称为热释电晶体。在这些极性晶体中，因为外加电场的作用而改变自发极化方向的晶体即为铁电体。因此，凡是铁电体必然是热释电体，而热释电体必然是压电体。

铁电体在一定的温度范围内具有自发极化现象，当温度高于某一临界温度 T_c 时，自发极化现象消失（$P_s=0$），铁电晶体从铁电相转变为非铁电相（又称为顺电相），这一临界温度称为居里温度（或居里点），一般从高温到低温从顺电相转变为铁电相。显然从非自发极化状态过渡到自发极化状态时，晶体结构必然发生轻微的畸变，所以这是个相变过程，晶体的多种物理性质呈反常现象。从热力学观点来看，铁电体的相变可以分为一级相变和二级相变。对于一级相变，伴随有潜热的发生；对于二级相变，则出现比热突变。铁电相中自发极化强度是与晶体的自发电致形变相关，所以铁电相晶格结构的对称性要比非铁电相（顺电相）的低。如果晶体具有两个或两个以上自发极化相（铁电相），则在不同的温度下可能会发生多次相变，通常只把温度最高的相变点称为居里点，而其他相变点则称为转变点。

铁电体由非自发极化状态过渡到自发极化状态，或者由一个自发极化相转变为另一个自发极化相时，介电性能会发生显著变化，其中在居里点处，自发极化强度由零突然（一级相变）或连续（二级相变）增大，介电常数达到最大值，在转变点上自发极化强度也存在相应的变化。例如钛酸钡是典型的钙钛矿型铁电体，具有 3 个相变点。当温度高于 393K 时，钛酸钡为非自发极化，属于等轴晶系；当温度降低至 393K 时，钛酸钡的结构转变为四方晶系；当温度降低至 278K 时，原立方体的 2 根轴都发生自发极化而成为极化轴，变为正交晶系。如果温度继续降低至 193K，原来 3 根轴都成为极化轴，即自发极化沿原立方体的体对角线方向发生，晶体变为三方晶系，钛酸钡的介电常数与温度变化关系曲线如图 2.2 所示。

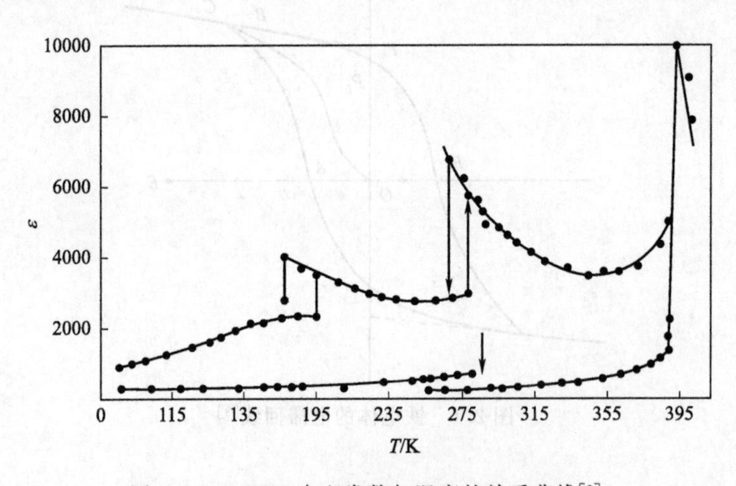

图 2.2 $BaTiO_3$ 介电常数与温度的关系曲线[3]

当温度高于居里点时，铁电体的介电常数随着温度的变化关系遵循居里-外斯定律：

$$\varepsilon=\frac{C}{T-\theta}+\varepsilon_{\infty} \tag{2.1}$$

式中，θ 是特征温度，一般低于居里点，K；C 是居里常数（如 $C_{BaTiO_3}=1.7\times10^5$ K），K；ε_{∞} 是电子位移极化对介电常数的贡献，在转变温度时，ε_{∞} 可以忽略。

2.1.3 电热效应

铁电体由于具有电热效应，在制冷方面具有良好的应用前景。传统制冷技术主要由制冷剂和制冷机构成，制冷剂普遍采用含氟烃类，例如氟利昂，但是含氟烃类制冷剂会污染环境。利用基于铁电材料的电热效应制备的绝热退极化技术进行制冷，不仅环保、高效，而且结构精巧，在微型电子器件的温度调节方面具有重要的应用前景[4,5]。

2.1.3.1 电热制冷过程

电热效应是指材料在绝热条件下，当外加电场引起材料的极化强度发生改变时其温度也发生变化的现象，电热效应是热释电效应的逆效应[6]。因此，电热效应存在于所有极化与温度相关的电介质中，其退极化制冷的理论依据如下。对于固态电介质的铁电相变，假设选取应力 σ、温度 T、电场 E 为独立变量，选择吉布斯自由能 $G=U-TS-\sigma u-EP$ 作为系统的特征函数，则其全微分形式可以表示为：

$$dG=-S\,dT-u\,d\sigma-P\,dE \tag{2.2}$$

其中系数熵 S、应变 u、极化 P 是用来描述固态电介质物理性质的宏观变量，可通过对式(2.2) 求偏导得到：

$$S=-\left(\frac{\partial G}{\partial T}\right)_{E,\sigma};\quad u=-\left(\frac{\partial G}{\partial \sigma}\right)_{E,T};\quad P=-\left(\frac{\partial G}{\partial E}\right)_{T,\sigma} \tag{2.3}$$

在研究固态电介质宏观物理性质的过程中，由于表征体系电热性质的电热系数 p 满足如下关系式：

$$\left(\frac{\partial P}{\partial T}\right)_{E,\sigma}=-\left(\frac{\partial^2 G}{\partial E\partial T}\right)_{\sigma} \tag{2.4}$$

$$-\left(\frac{\partial^2 G}{\partial T\partial E}\right)_{\sigma}=\left(\frac{\partial S}{\partial E}\right)_{T,\sigma} \tag{2.5}$$

所以电热系数为：

$$\left(\frac{\partial P}{\partial T}\right)_{E,\sigma}=\left(\frac{\partial S}{\partial E}\right)_{T,\sigma} \tag{2.6}$$

可见，表征电热效应的参数熵变、电热系数可以表示为：

$$\Delta S=-\left(\frac{\partial G}{\partial T}\right)_{E,\sigma};\quad p=\left(\frac{\partial \Delta S}{\partial E}\right)_{T,\sigma} \tag{2.7}$$

因此，在一定的外加电场作用下，基于材料电热效应的温度变化可以表示为：

$$\Delta T=-\frac{1}{C\rho}\int_{E_1}^{E_1+\Delta E}Tp\,dE=-\frac{1}{C\rho}\int_{E_1}^{E_1+\Delta E}T\left(\frac{\partial P}{\partial T}\right)_{E,\sigma}dE \tag{2.8}$$

式中，C 为材料的热容；ρ 为材料的密度；E_1 和 ΔE 为起始电场和电场强度的变化量。由此可见，电热系数 p 直接决定电致温度的高低。

在绝热条件下，当对铁电材料施加外电场时，其晶格内分子电偶极矩会在电场作用下由无序态转变为长程有序，从而导致系统的熵值减小。由于在绝热条件下系统与外界不进行热交换，极化状态的改变使温度升高，铁电材料向外释放热量。当去除外加电场时，熵变过程相反，材料由极化长程有序转变为无序，材料的熵增加，绝热退极化使得铁电材料温度降低，吸收热量，从而实现制冷[6]。

2.1.3.2 不同铁电材料的电热效应

虽然铁电材料特殊的非线性介电性质使得其具备良好的电热效应，但是由于自身结构的影响，通常铁电材料的居里温度远高于室温，工作温度范围过于狭窄，限制了其在制冷方面的应用。目前已经通过不同方法和途径改善了铁电材料的热电性质，例如利用薄膜及纳米铁电材料的尺寸效应，通过调控尺寸、外部应力等方法来得到较大的绝热温差。利用弛豫铁电体的弛豫性质或运用掺杂、复合等手段提高其特征温度 T_m，拓宽工作温区，从而获得室温下的巨电热效应。利用磁性铁电体的磁电耦合效应，通过同时控制电场和磁场来提高电热效应等[7]。

(1) 铁电薄膜材料

对于铁电薄膜材料，有多种影响和制约其介电极化性质的因素，这为调控其铁电相变温度和电热系数提供了多种可能性。薄膜表面梯度能以及退极化场的存在可能抑制电热效应的有效提高。然而，由于薄膜内部的固有应力以及薄膜和衬底间存在晶格失配，使得薄膜处于应变态，又增强了晶格空间反演的对称破缺，结合外加电场以及适当的机械作用力，可以显著提高材料的电热效应。2006 年英国剑桥大学的 Mischenko 教授采用溶胶-凝胶法制备出了 350nm 厚的锆钛酸铅［$PbZr_{0.95}Ti_{0.05}O_3$，PZT(95/5)］铁电薄膜[8]，此种溶胶-凝胶方法以分析纯 $Pb(OAc)_2 \cdot 3H_2O$、$Zr(On\text{-}Pr)_4$、$Ti(On\text{-}Bu)_4$、甲醇、乙酸作为原料，根据 PZT 化学计量比配比称量原料后，将乙酸铅溶解于甲醇中于 70℃搅拌 2h，为了避免煅烧过程中铅的损失，乙酸铅按照过量 20% 添加。随后将乙酸与甲醇的混合物加入 $Zr(On\text{-}Pr)_4$、$Ti(On\text{-}Bu)_4$ 混合物内，将所得混合溶液在室温下搅拌 2h，从而获得黄色的溶胶。通过旋涂方法在 $Pt(111)/TiO_x/SiO_2/Si(100)$ 衬底上制备出了 PZT(95/5) 薄膜，旋涂前采用丙酮和丁醇清洗 $Pt(111)/TiO_x/SiO_2/Si(100)$ 衬底，旋涂转速 3000r/min，旋涂时间 30s。在空气中于 300℃保温 60s，在 $Pt(111)/TiO_x/SiO_2/Si(100)$ 衬底上制备出了厚度为 70nm 的 PZT（95/5）薄膜，并将所得薄膜于 650℃退火 10min。重复以上旋涂薄膜过程 5 次，最终制备出厚度为 300nm 的 PZT（95/5）薄膜。PZT（95/5）薄膜的绝热温度变化最大可达到 $\Delta T=12K$，首次证实此种材料存在巨电热效应，澄清了之前一直认为的铁电材料电热效应弱的问题，但其高相变温度（226℃）不适用于室温制冷。

通过建立 $BaTiO_3$ 铁电薄膜电热性能的热力学计算模型[9]，分析薄膜-基底失配应变、外电场和热应变等因素对铁电薄膜电热效应的影响，发现薄膜-基底失配引起的张应变可以使其电热效应增强，电热效应的峰值向低温方向移动，而压应变作用完全相反，电热效应减弱，峰值向高温方向移动，说明应变可调控铁电薄膜的电热性能并改善其对温度的依赖性。通过溶胶-凝胶法可以将 $Pb_{0.8}Ba_{0.2}ZrO_3$(PBZ) 薄膜生长于 $Pt(111)/TiO_x/SiO_2/Si$ 衬底上，此种方法以分析纯 $Pb(OAc)_2 \cdot 3H_2O$、$Ba(OAc)_2$ 作为主要原料，首先将 $Pb(OAc)_2 \cdot 3H_2O$、$Ba(OAc)_2$ 溶解于冰醋酸和蒸馏水内，为了避免煅烧过程中铅的损失，乙酸铅按照过量 20%添加。随后将乙酰丙酮加入 $Zr(On\text{-}Pr)_4$、乙二醇单甲醚混合物内，将所得混合溶液在室温下搅拌 2.5h，在陈化 24h 后获得了 PBZ 溶胶。通过旋涂方法在 $Pt(111)/TiO_x/SiO_2/Si(100)$ 衬底上制备出了 PBZ 薄膜，旋涂前采用丙酮和丁醇清洗 $Pt(111)/TiO_x/SiO_2/Si(100)$ 衬底，旋涂转速 4000r/min，旋涂时间 30s。在空气中于 550℃保温 5min，在 $Pt(111)/TiO_x/SiO_2/Si(100)$ 衬底上制备出了厚度为 40nm 的 PBZ 薄膜，并将所得薄膜于 750℃退火 30min。重复以上旋涂薄膜过程 8 次，最终制备出厚度为 320nm 的 PBZ 薄膜。此种 PBZ 薄膜在 598kV/cm 电场作用下得到绝热温差为 $\Delta T=45.3\text{K}$[10]，虽然得到了巨电热效应，但从图 2.3 中依然可见存在工作温度范围过窄的问题。

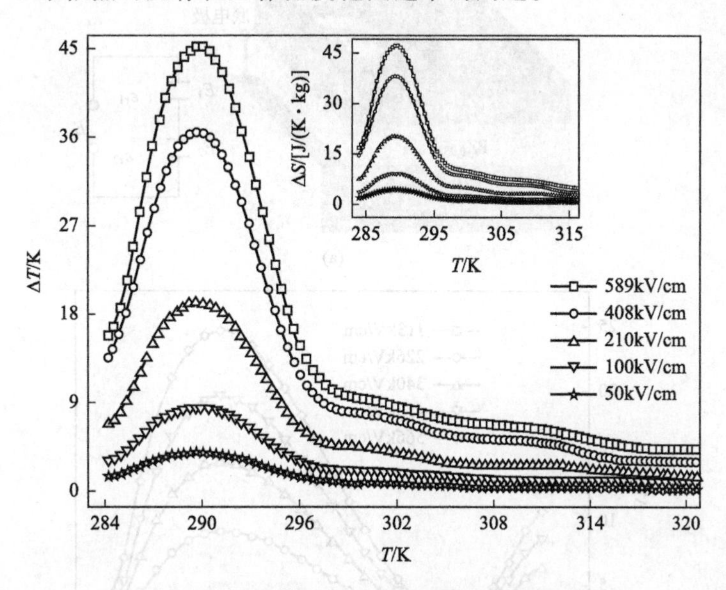

图 2.3 不同电场作用下 PBZ 薄膜的绝热温差[10]

为了解决该问题，可以在 $Pt(111)/Ti/SiO_2/Si$ 衬底上生长双层的 $PbZr_{0.95}Ti_{0.05}O_3/PbZr_{0.52}Ti_{0.48}O_3$ 薄膜，且施加放大电场，在相变温度 125℃时其最大绝热温差为 $\Delta T=24.8\text{K}$（图 2.4）[11]。可见工作温度范围明显拓宽，但最大值所处的温度远高于室温。由于放大了电场作用，该双层薄膜在室温下出现了结构相变，较大的电热效应 $\Delta T=10.7\text{K}$ 不再是单纯的铁电-顺电相变过程中熵变的结果。

(2) 弛豫铁电体

弛豫铁电体在制冷方面的作用机理与传统铁电体的电热效应基本相同，但是弛豫铁电体具有介电常数高、电致伸缩系数大、无电滞现象、相变弥散和频率色散以及特征温度可调制等特性，所以弛豫铁电体比传统铁电体更容易获得室温下的巨电热效应。弛豫铁电体 $68Pb(Mn_{1/3}Nb_{2/3})O_3$-$32PbTiO_3$ 的电热效应、储热能力、压电效应随着外加机械作用力的增加而增强，机械作用能够提高电热效应，室温下绝热温差为 $\Delta T=0.37\text{K}$，如图 2.5 所示[12]。对于 $(1-x)Pb(In_{1/2}Nb_{1/2})O_3$-$xPbTiO_3$（$x=0.15$、0.33）在准同型相界处的场致结构相变，此种材料中存在场致结构相变，随着电场强度的增加，菱形相中的单斜畸变增强，导致极化强度随着温度的升高而增大，绝热温差出现了负值，即在接近室温处 ΔT 最大值为 -0.045K。当温度超过退极化相变温度 100℃时，绝热温差变为正值，随着温度的升高而增大，得到最大绝热温差 $\Delta T=0.12\text{K}$。虽然弛豫铁电体的场致结构相变温度接近室温，且工作温区也较宽，但是所得到的绝热温差还是太小，难以实际应用。

(3) 磁性铁电材料

磁性铁电体是指在一定温区内同时具备铁电（反铁电）有序和铁磁（反铁磁）有序的材料。铁电有序和铁磁有序共存使得材料内部可能存在磁电耦合现象，即铁电有序产生的内电场导致电子自旋重新分布从而改变了系统的磁学性质，自旋的有序涨落通过磁致伸缩效应或可能的电子-声子相互作用导致铁电弛豫和介电异常。因此，有效利用磁性铁电体中这些特有的磁电耦合效应，理论上可以实现对电热效应的提升或补偿。然而目前对磁性铁电体的研

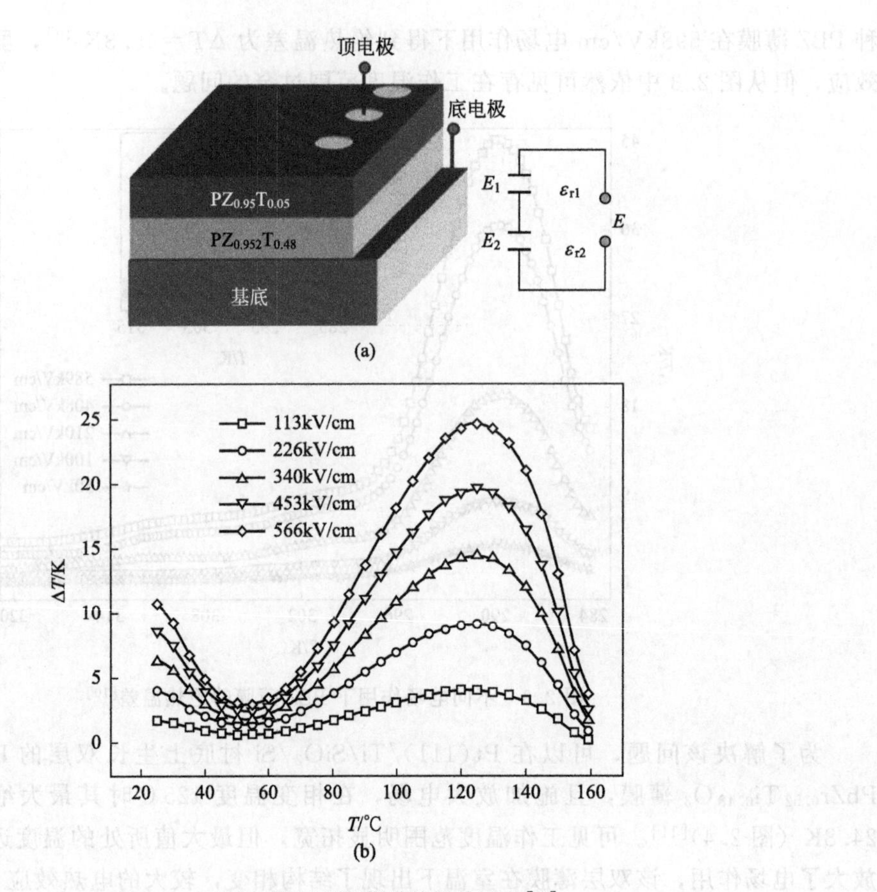

图 2.4 不同电场下双层薄膜的绝热温差[11]

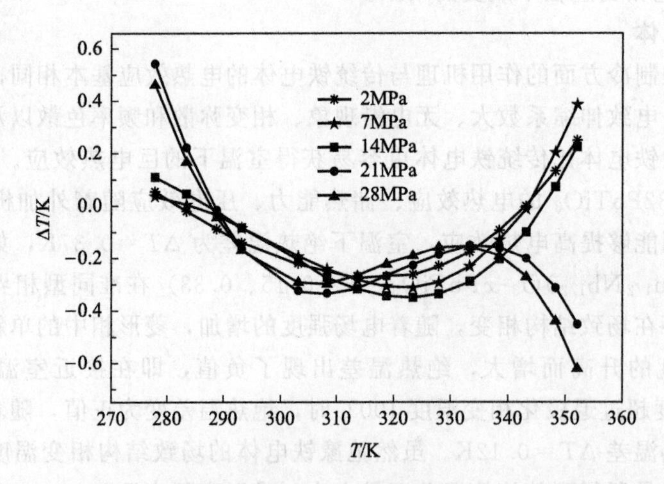

图 2.5 不同压应力下绝热温差随温度的变化曲线[12]

究仍然集中于铁电性和铁磁性的共存耦合，究其原因主要在于：①现有的磁电材料中磁电耦合较弱，难以通过外加磁场来调节或补偿电熵；②铁磁有序相变温度通常比铁电相变温度低很多，铁电相变时材料一般处于顺磁性状态，磁性作用不明显。

应变作用下 $EuTiO_3$（ETO）是一种典型的具有正交钙钛矿结构的磁性铁电材料，与 $CaTiO_3$、$BaTiO_3$、$KTaO_3$ 等传统钙钛矿材料同样具备高介电常数、低介质损耗以及对电场和温度可调制等独特的物理特性。但对于 ETO 薄膜而言，将其外延生长在不同基底上，由于晶格失配所产生的基底应力，容易诱发产生宏观铁电极化[13]。如果将 ETO 材料切成纳米级薄片，对其施加拉伸作用力后也兼具铁电性和铁磁性，而且其铁磁性和铁电性比体相高出 1000 倍，说明可以通过改变薄膜应力（应变）来提升材料的电热效应[14]。

2.1.4 电致疲劳效应

铁电陶瓷材料具有良好的机电耦合效应和对外加电场迅速反应的能力，已被广泛应用于微驱动器、微执行器、光储存元件等电子信息产品中。分辨率可达数十纳秒，响应时间为毫米级的陶瓷位移驱动器是重要的功能器件，在精密光学、激光通信、精密机械加工等高技术领域中得到了广泛应用。然而，用于微驱动器和微执行器中的铁电陶瓷材料需要在循环往复甚至高频电场下运行，在经过大量周期性加载后，铁电陶瓷材料会老化，导致器件的功能退化和失效。因此，铁电陶瓷材料在交流电场循环加载下发生疲劳失效是设计和操作由该材料制成的驱动和执行装置所应该关注的问题。

电疲劳指的是在交变电场下的材料电学性能的劣化，典型特征为随着电场循环次数的增加，铁电陶瓷剩余极化强度降低和矫顽场上升，这通常是由于内应力集中、畴钉扎以及电极-陶瓷界面损害引起的[15]。铁电材料的电致疲劳是将电疲劳的概念延拓至电致疲劳，指材料力学性能和电学性能在外电场作用下的劣化，主要是指铁电材料在交变电场作用下产生裂纹疲劳扩展。

2.1.4.1 电致疲劳实验

美国加利福尼亚大学的 Anthony G. Evans 教授[16]最早定量报道了电致疲劳下的疲劳裂纹扩展现象。所用 PLZT（La/Zr/Ti 摩尔比 8/65/35）柱状试样尺寸为 2mm×3mm×30mm，试样采用 800 目的树脂金刚石砂轮抛光。将 Au 电极镀于试样尺寸为 3mm×30mm 的面上，另一面采用 1μm 的金刚石砂轮抛光。两个试样采用 220V 电源连通，维氏硬度计压头置于被抛光表面的中心位置加载，载荷为 20N，在样品表面产生了两条长度为 150μm 的网络放射状裂纹。当外加电场低于 0.9 倍的矫顽场时，疲劳裂纹扩展量较小，大约 50μm，然后止裂，而当外加电场大于 1.1 倍的矫顽场时，裂纹将不断扩展，并达到与裂纹长度无关的稳态阶段，所以电致疲劳主要发生于超矫顽电场加载阶段。

美国加利福尼亚大学的 C. S. Lynch 教授[17]将 PLZT（La/Zr/Ti 摩尔比 8/65/35）浸泡在绝缘的硅油中，采用以上类似的样品及测试过程，在线拍摄了其在交变电场施加时造成的双折射条纹，裂纹扩展呈枝杈状，随裂纹扩展在上下裂纹岸的尾区遗留下 2 条高残余应力带，这是由裂纹扩展中激发的不可逆畴变造成的。随着电场的翻转，通过长焦距显微镜可实时观察到裂纹起裂、扩展、止裂的扩展过程，当电场方向翻转时，裂纹又再度起裂、扩展、止裂，这一过程不断重复，裂纹循环向前扩展。电致疲劳与机械疲劳的断口形貌有着本质差别，对于 PLZT（La/Zr/Ti 摩尔比 8/65/35）材料而言，机械疲劳的裂纹断口呈现出明显的塑性流动花纹，而电致疲劳断口却呈现出典型的沿晶解理断裂特性，这一形貌差别预示了二者具有不同的疲劳断裂机理。

2.1.4.2 电致疲劳模型

针对实验观察到的电致疲劳现象，研究者提出了各种模型来解释电致疲劳过程，完整的电致疲劳模型应具备 4 个要素：①电致疲劳的断裂能力；②止裂的预测能力；③反向加载下再起裂的预测能力；④正确预测疲劳裂纹的扩展速率。常见的电致疲劳模型有以下 4 种。

(1) 电击穿模型

交变电场下的裂纹疲劳扩展源于反复的电击穿，在电击穿模型下，电加载造成裂纹尖端高度集中的电场，如果该电场超过了该处的击穿强度，便发生电击穿，造成裂纹延展，裂纹延展后，在其前方发生新的电场集中和电击穿，由此循环往复，造成交变电场下的疲劳断裂过程。电击穿模型无法解释材料断裂表面无电击穿痕迹这一事实，另外，无论缺陷是导电、绝缘，还是部分导电状态，都会发生电致疲劳断裂，这一点无法用电击穿模型来解释，显然此种电击穿模型不具备“电致疲劳的断裂能力、正确预测疲劳裂纹的扩展速率”这两个要素要求。

(2) 裂纹尖端小范围放电模型

该模型在非均匀电致应变下裂纹发生扩展，随后由裂纹面放电效应而造成止裂，当电场逆转时造成的裂纹再度扩展。为了阐述这一模型，先讨论局部放电的影响，杨氏模量为 Y，饱和畴变为 γ_s 和电场强度因子为 K_E，则弛豫铁电体绝缘裂纹顶端应力场强度因子为：

$$K_{\mathrm{I}}=\frac{0.25K_E Y\gamma_s}{E_c} \tag{2.9}$$

现讨论绝缘裂纹在交变电场下的电致疲劳失效，在单向加载时，导致如式(2.9) 的应力场强度因子，若它大于材料的断裂韧性，裂纹面将向前延伸。在强大的裂纹尖端电场作用下，钙钛矿结构陶瓷中的裂纹扩展将使其晶格分离后呈现残余电荷，新形成的裂纹表面的残余电荷分布将降低其电位移，从而降低了裂纹处的电能，并抑制裂纹前方原呈垂直极化的晶体翻转为裂纹后方呈水平极化的晶体。也就是说，局部放电和表面残余电荷使弛豫铁电体产生迟滞效应，残余电荷对新裂纹表面的畴变阻滞效应造成驱动断裂的应力场强度因子随着裂纹长度的扩展而下降。如果用 Δa 表示裂纹扩展量，则可按式(2.10) 计算应力场强度因子：

$$K_{\mathrm{I}}(\Delta a)=\frac{Y\gamma_s}{6\pi(1-v^2)}\{[1+(7+6v)q](\sqrt{r_s+\Delta a}-\sqrt{\Delta a})-[7+(1-6v)q]\sqrt{\Delta a}\} \tag{2.10}$$

式中，v 和 q 分别为材料的泊松比和电泊松比；r_s 为电饱和区半径。由式(2.10) 可见，随着裂纹扩展量 Δa 增加，$K_{\mathrm{I}}(\Delta a)$ 下降。如果这一应力场强度因子下降到低于材料的断裂韧度，裂纹扩展就终止。当电场逆转时，残余电荷与反向电场的电位移相加，使得裂纹尖端场加强，从而起到协助电畴翻转的作用。裂纹尖端小范围放电模型没有考虑裂纹扩展对电场的影响，也未考虑裂纹扩展造成的畴变尾区。此种模型没有抓住铁电体在交变电场下由于反复畴变而产生疲劳断裂的本质，所以只能是一个辅助模型。

(3) 基于畴变力学的电致疲劳模型

交替畴变而引起的电致疲劳裂纹扩展的理论模型如图 2.6 所示，图中 E 为外加场强，P_r 为铁电畴剩余极化强度[18]。考虑完全极化的单畴铁电体，内部电畴均沿极角 $\theta=\pi/2$ 方向，如图 2.6(a) 所示，当 $\theta=[-\pi/2,\pi/2]$ 时，铁电畴发生 180°畴变，而当 $\theta\in[-\pi,-\pi/2]\cup[\pi/2,\pi]$ 时，发生 90°畴变。在负电场作用下 90°畴变区的畴变效应由式(2.11) 计算：

$$K_{\mathrm{tip}}=\frac{9}{16\pi}\eta_E K_E \tag{2.11}$$

其中 η_E 是一个与材料的弹性常数、畴变应变、90°畴变的体积百分比和 E 相关的组合材料常数。随着外电场强度 K_E 的增加，裂纹尖端的应力场强度因子 K_{tip} 逐渐增加，当 K_{tip} 达到材料的本征断裂韧度时，裂纹将起裂扩展。随着裂纹的起裂扩展，裂纹尖端附近的集中电场不断诱导新的畴变，此时90°畴变区边界由3段构成，如图2.6(b) 所示：①伴随裂纹扩展而新形成的前沿主畴变区边界；②残余畴变区的尾段上边界；③裂纹表面。这3段由约束反力产生的应力场强度因子依次分别为 $\Delta K^{front}(\Delta a)$、$\Delta K^{wake}(\Delta a)$ 和 $\Delta K^{surface}(\Delta a)$，总的畴变效应为：

$$K_{tip}(\Delta a)=2[\Delta K^{front}(\Delta a)+\Delta K^{wake}(\Delta a)+\Delta K^{surface}(\Delta a)] \tag{2.12}$$

当外加电场反向时，裂纹尖端附近的电场相应改变方向，此时裂纹尖端附近铁电畴的极化方向与电场成钝角，又回到类似于负电场加载的情况。电畴再次发生90°翻转，如图2.6 (c) 所示，在裂纹尖端新形成1个由垂直的 AB 段和弯曲的 BC 段构成的主畴变区。铁电陶瓷材料中的裂纹将在交变电场下重复着起裂、扩展、再起裂这一过程，逐步向前扩展。

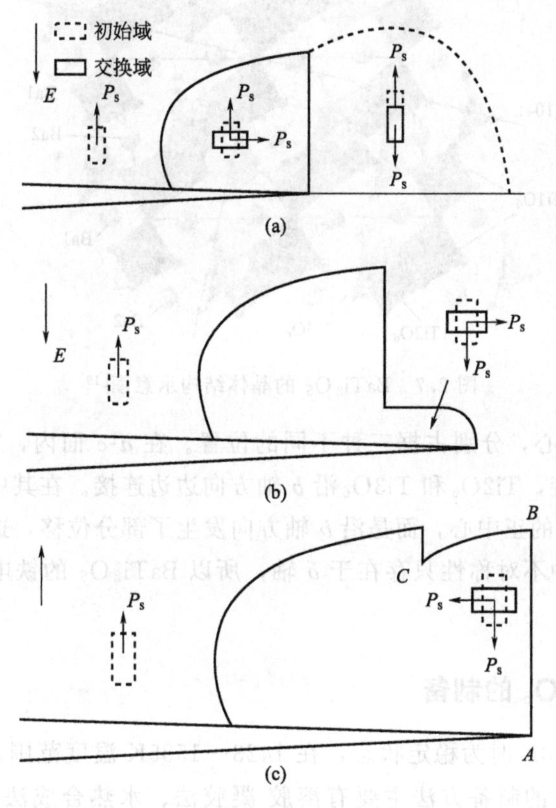

图2.6 电致疲劳裂纹扩展示意图[18]

2.2 $BaTi_2O_5$ 铁电材料

2.2.1 $BaTi_2O_5$ 的晶体结构

$BaTi_2O_5$ 是 $BaO\text{-}TiO_2$ 体系中的一种富 Ti 多元氧化物，图2.7为 $BaTi_2O_5$ 的晶体结构示意图[19]，这种结构由三种 Ti-O 八面体（$Ti1O_6$、$Ti2O_6$、$Ti3O_6$）和两类 Ba 原子（Ba1、Ba2）构成。Ti-O 八面体构成 $BaTi_2O_5$ 的基本骨架，Ba 原子位于八面体间的空隙，Ti 原子

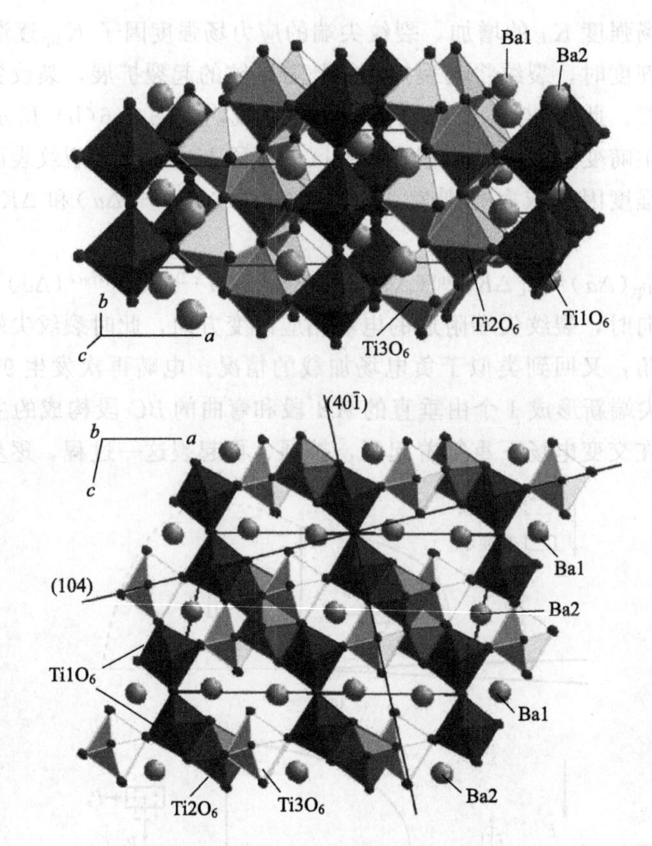

图 2.7 $BaTi_2O_5$ 的晶体结构示意图[19]

位于 Ti-O 八面体的中心，分别占据三种不同的位置。在 a-c 面内，$Ti1O_6$ 与 $Ti3O_6$ 顶角连接，与 $Ti2O_6$ 边边连接，$Ti2O_6$ 和 $Ti3O_6$ 沿 b 轴方向边边连接。在其中一种 Ti-O 八面体中，Ti1 原子并不在八面体的正中心，而是沿 b 轴方向发生了部分位移，这是 $BaTi_2O_5$ 具有铁电性的原因，同时因这种不对称性只存在于 b 轴，所以 $BaTi_2O_5$ 的铁电性也只表现在 b 轴方向上。

2.2.2 $BaTi_2O_5$ 的制备

$BaTi_2O_5$ 低于 1420K 时为稳定状态，在 1423～1585K 温度范围内会分解成 $BaTiO_3$ 和 $Ba_6Ti_{17}O_{40}$。$BaTi_2O_5$ 的制备方法主要有溶胶-凝胶法、水热合成法、无容器悬浮处理法、电弧熔炼法、急冷法和区熔法等[20]。

(1) 溶胶-凝胶法

溶胶-凝胶法制备 $BaTi_2O_5$ 一般是由含钛有机物和含钡无机物作为原料，添加螯合剂和稳定剂制备成凝胶，再在高温下煅烧后得到 $BaTi_2O_5$ 粉末。此方法可使不同组分之间实现分子/原子水平上的均匀混合，制备过程简单，工艺条件容易控制。此种方法以氧化钡、异丙醇钛 [$Ti(C_3H_7O)_4$]、乙酸、甲醇和正丁醇 ($C_4H_{10}O$) 作为原料，首先将以上原料在 80℃下混合、搅拌形成凝胶，再在 110℃加热 24h 后生成 $BaTi_2O_5$ 前驱体，最后前驱体经 800～1200℃煅烧 4h 后得到稳定单相的 $BaTi_2O_5$ 粉末，粒径为 0.1～1.5μm，粒径随着煅烧温度的升高而增加，当煅烧温度升高至 1250℃时，$BaTi_2O_5$ 分解为 $BaTiO_3$ 和 $Ba_6Ti_{17}O_{40}$[21]。采用溶胶-凝胶法制备的 $BaTi_2O_5$ 粉末，在1100～1300℃的温度下烧结成陶瓷块体，其介电常数与烧结温度密切相关，1100℃烧结所得 $BaTi_2O_5$ 陶瓷的介电常数可以达到122，1225℃烧结所得样品的介电常数最大，可以达到130[22]。

(2) 水热合成法

以钛酸丁酯、正丁醇、氢氧化钠和氯化钡作为原料，采用两步水热反应法可以制备出 $BaTi_2O_5$ 纳米带[23]。此种水热方法首先向正丁醇溶液中加入钛酸丁酯，搅拌后形成沉淀，然后将沉淀物干燥并在500℃烧结2h得到二氧化钛纳米颗粒。将生成的二氧化钛纳米颗粒放入浓度为10mol/L的NaOH溶液中，在180℃的高压釜中反应24h得到 $Na_2Ti_4O_9$ 纳米带。将 $Na_2Ti_4O_9$ 纳米带分散于2mol/L的氯化钡溶液内，滴加NaOH溶液调节其pH值至12～14，再于180℃高压釜中反应60h，使钠离子与钡离子发生离子交换后生成厚60～100nm、宽200～300nm、长数微米的 $BaTi_2O_5$ 纳米带。

(3) 无容器悬浮处理法

无容器悬浮处理法是在空间微重力环境中，通过无容器高温熔炼作用制备陶瓷材料的方法，此方法可以消除熔体与容器接触对成核的促进作用，避免了器壁污染，得到的材料组分均匀。将摩尔比为1∶1的 $BaTiO_3$ 和 TiO_2 相混合，首先经过200MPa等静压成型，在1427K烧结10h，随后在空气动力悬浮炉（ALF）中被 CO_2 激光束高温熔炼，并以1000K/s的速率冷却后制备出了直径2mm的 $BaTi_2O_5$ 玻璃微球。将 $BaTi_2O_5$ 玻璃微球在900～1600K下退火，高于玻璃相转变温度（972K）后，出现了三个相变过程，972K时玻璃相转变为亚稳态α相，1038K时转变为亚稳态β相，高于1100K后，才会得到稳定的单斜γ相[24]。当达到介稳态α相的结晶温度时，$BaTi_2O_5$ 的介电常数突增一个数量级，达到最大值 1.4×10^7（100Hz）。在完全结晶前形成的小晶相会产生结构的非均一性，由此而产生的麦克斯韦-瓦格纳（Maxwell-Wagner）效应，这可能是介电常数反常的另一原因。

(4) 电弧熔炼法

通过电弧熔炼法也可以制备出 $BaTi_2O_5$ 铁电材料。此法是将 $BaCO_3$ 和 TiO_2 按照摩尔比1∶2混合后，压制成直径20mm、厚度5mm的圆片，首先在1173K煅烧12h，然后放入熔炼炉中熔融并快速冷却成纽扣状样品，最后在1223K热处理12h，从而得到（010）取向的 $BaTi_2O_5$ 多晶体[25]。将熔炼得到的 $BaTi_2O_5$ 晶体粉碎成粉末后，在1473K、30MPa下烧结12h，可以得到无取向的 $BaTi_2O_5$ 多晶体。对于（010）取向的 $BaTi_2O_5$，其最大介电常数达2000（100kHz），对应的居里温度为720K，而无取向 $BaTi_2O_5$ 的介电常数只有30～300，也在720K时出现一个极值。在居里温度以下，这两种晶体的介质损耗在0.01～0.2之间，超过居里点后急剧增加。

(5) 急冷法

急冷法是制备 $BaTi_2O_5$ 晶体的一种常用方法。此种方法采用 $BaCO_3$ 和 TiO_2 作为原料，将以上两种原料按照摩尔比为0.97∶1均匀混合后放入铂坩埚内，分别在还原气氛和空气中将坩埚加热到1659K并保温2h，然后首先以5K/h的速率缓慢冷却，再重新升温至1659K并以150K/h的速率快速冷却至室温，最后经1273K热处理8h后得到尺寸0.5mm×0.5mm×5mm、密度 $(5.20\pm0.15)g/cm^3$、无色透明的 $BaTi_2O_5$ 针状晶体[26]。所得 $BaTi_2O_5$ 针状晶体具有单斜结构，晶格常数分别为 $a=1.691nm$、$b=0.394nm$、$c=0.949nm$、$\beta=103.0°$。在还原气氛下制备的 $BaTi_2O_5$ 单晶沿 b 轴方向的最大介电常数可以达到30000（75kHz），对应的居里温度为703K，室温自发极化强度为 $7C/cm^2$，矫顽电场为8kV/cm，而在空气中

制备的 $BaTi_2O_5$ 单晶的铁电相转变温度提高到了 752K。

(6) 区熔法

区熔法又称为浮区法，是将细长的多晶棒材通过一个狭窄的高温区而形成熔区，移动棒体使熔区移动结晶得到单晶材料，此种方法具有无须坩埚、无污染、生长速率快等特点。此种方法以纯度为 99.9% 的 $BaCO_3$ 和 TiO_2 作为原料，按照摩尔比 1∶2 混合均匀，经过 10MPa 等静压成型后在空气气氛下于 1503K 烧结 12h，得到直径为 10mm 的陶瓷棒体，然后采用区熔法将陶瓷棒体熔化并固化生长出透明的 $BaTi_2O_5$ 单晶[27]，生长速率为 5.6×10^{-6} m/s，Ar-21%O_2 作为保护性气体。所得 $BaTi_2O_5$ 单晶的晶格常数为 $a=1.6909$nm、$b=0.3937$nm、$c=0.9419$nm、$\beta=103.12°$。$BaTi_2O_5$ 单晶垂直于（010）面的介电常数随频率的增加而减小，频率大于 1MHz 后趋于平稳。748K 时，介电常数达到最大值 20500，比 $BaTiO_3$（7600@400K）和 $Bi_4Ti_3O_{12}$（600@940K）的介电常数高数倍，在此温度点热膨胀系数也会发生突变，对应于铁电相的转变。523K 时，$BaTi_2O_5$（010）单晶的剩余极化强度和矫顽电场分别为 10.4μC/cm^{2}和 2.69kV/cm，而垂直于（100）和（001）晶面的介电常数只有 140 和 70，并且观察不到电滞回线。与多晶材料相比，$BaTi_2O_5$ 单晶的电导率低，而且垂直于（010）面的电导率大于其他两面的电导率，其活化能为 147～180kJ/mol。

2.2.3 $BaTi_2O_5$ 的应用

BaO-TiO_2 体系中的 $BaTiO_3$ 也是一类不含铅的环境友好型铁电材料，在 300～500K 温度范围内具有较高的介电常数（大于 1000）和较低的介质损耗（低于 0.02），但在 500K 以后，由于介质损耗随着温度急剧升高，影响了其在更高温度下的应用。而 $BaTi_2O_5$ 在 500K 以上时还具有相对较高的介电常数和较低的介质损耗，因此在 600～900K 温度范围内，$BaTi_2O_5$ 是一种广泛应用的铁电材料。

$BaTi_2O_5$ 具有大的介电常数，能够有效增加器件中电容的电容率，缩小器件尺寸，因此可用于制备高容量的动态随机存储器（DRAM）和高介电常数的陶瓷电容器元件等。$BaTi_2O_5$ 的良好铁电性可以实现存储器的非易失性，可以用作铁电随机存储器（FRAM）的非挥发性存储介质材料，这类存储器具有非易失性、高读写速度、低功耗、寿命长等优点，在信息处理、传输与移动通信等领域具有广泛的应用。

2.3 铁电陶瓷基光子晶体

在光子晶体中，周期常数和两种介质材料折射率之差决定了光子晶体的带隙位置和宽度，改变其中任一参数，均可改变光子晶体的带隙位置和宽度。由于普通材料光子晶体的折射率和周期常数不可变，所以光子晶体的带隙位置和带隙宽度保持不变。1998 年，美国北卡大学夏洛特分校的 Alex Figotin 教授[28]提出了可调谐光子晶体的概念，其带隙位置和宽度可以随着外界参数的变化而变化。这种带隙可调光子晶体可通过施加外部激励作用或者改变晶体所用介质材料性质的方法来获得。外部激励主要包括电场、磁场、光场、温度场等。铁电陶瓷材料在外加电场的作用下将会发生铁电相变，其材料的介电常数会发生较大变化，所以对铁电陶瓷基光子晶体施加外部电场会改变光子晶体两种材料的介电常数之比，从而改变其带隙位置和宽度。

铁电陶瓷基光子晶体由于具有带隙可调的性质而被广泛应用于光电子与光集成器件，铁电材料体系主要包括 PLZT（lead lanthanum zirconate titanate）、BST（barium strontium titanate）、TiO_2、BTO（barium titanate）、LZO（lanthanum zirconate）、KBT（potassium bismuth titanate）、PLT（lead lanthanum titanate）、PZT（lead zirconate titanate）、SBN（strontium barium niobate）、$LiNbO_3$ 等，制备的光子晶体从维度上可分为一维、二维和三维铁电陶瓷基光子晶体，通过施加外界激励来调节其禁带宽度，为研究可调铁电陶瓷基光子晶体器件奠定基础，其应用波段范围为 350～1600nm[29]。

2.3.1 铁电陶瓷基光子晶体的制备方法

2.3.1.1 一维光子晶体

一维光子晶体是指介质材料只在一个方向上具有周期性结构，而在另外两个方向上均匀分布，一维光子晶体结构简单、易于制备，同时具备二维、三维光子晶体的光子禁带等特征。

(1) 脉冲激光沉积法

脉冲激光沉积（pulsed laser deposition，PLD）法制备一维光子晶体具有如下特点：①沉积速率高，衬底温度要求低，制备的薄膜均匀，表面平整度高；②可以制备大面积的一维光子晶体，但是缺点是难以精确控制薄膜厚度。

采用 PLD 法制备一维光子晶体需要考虑所选两种材料 A/B 的晶格常数、热膨胀系数等是否匹配，折射率差是否够大，材料表面渗透是否严重等问题。选定材料后，根据需要的光子禁带中心波长 λ_0，两种材料的折射率 n_A、n_B，再结合式(2.13) 计算得到两种材料分别对应的薄膜厚度 d_A、d_B，A/B 材料交叠一次为一个周期，只有周期数达到一定值后，光子晶体的禁带特性方可显现出来[30]。

$$\frac{\lambda_0}{4}=n_A d_A=n_B d_B \tag{2.13}$$

采用 PLD 法可以制备出 $Ba_{0.7}Sr_{0.3}TiO_3/MgO$ 多层结构的一维光子晶体薄膜[31]，此种方法是采用 KrF 准分子激光器，脉冲频率 1Hz，波长 248nm 的激光束，25ns 脉冲持续时间照射 $Ba_{0.7}Sr_{0.3}TiO_3/MgO$ 靶，在 MgO（111）单晶衬底上沉积出了 $Ba_{0.7}Sr_{0.3}TiO_3/MgO$ 多层结构的一维光子晶体薄膜。沉积 $Ba_{0.7}Sr_{0.3}TiO_3$ 薄膜和 MgO 薄膜的激光脉冲能量分别为 250mJ 和 350mJ，沉积速率分别为 20nm/min 和 5nm/min，$Ba_{0.7}Sr_{0.3}TiO_3/MgO$ 靶与 MgO（111）衬底的距离为 50mm，MgO（111）衬底温度为 750℃，在激光沉积过程中氧气分压为 27Pa，在管式炉内于 1000℃退火 3h。$Ba_{0.7}Sr_{0.3}TiO_3/MgO$ 多层结构的一维光子晶体薄膜的禁带中心位于 464nm 位置处，在光子晶体表面加上相互平行的 1mm×8mm 矩形电极，两电极间的距离为 20μm，当施加 12MV/cm 的电场时，禁带中心位置向长波方向偏移了 2nm。

(2) 聚焦离子束刻蚀法

聚焦离子束刻蚀（focused ion beam etching，FIB）法是制备纳米级一维光子晶体的一种有效方法，只需要在计算机控制下进行，具有无须掩膜板及显影刻蚀等优点[32]。采用 FIB 法可以制备出厚度为 300nm 的 $LiNbO_3$ 薄膜[33]，此种方法采用准分子激光器，激光束波长为 248nm，激光脉冲持续时间为 25ns，激光脉冲频率为 1Hz，将激光束照射于 $LiNbO_3$

靶上，在二氧化硅衬底上沉积出了 $LiNbO_3$ 薄膜，$LiNbO_3$ 靶与二氧化硅衬底的距离为30mm，激光能量密度为900mJ/cm³，在激光沉积过程中氧分压为0.1Pa，二氧化硅的衬底温度为650℃。$LiNbO_3$ 薄膜可以用于制备 $LiNbO_3$/空气槽结构一维光子晶体共振器，其周期尺寸和空气槽宽度分别为1366nm和297nm，中心波长为1550nm，当施加30MV/cm泵浦源激励时，其共振位置会发生37nm的偏移。此种共振器反应速度快，在较低功率下即可调节禁带位置。

2.3.1.2　二维光子晶体

二维光子晶体指的是介质材料在两个方向上具有周期性结构，而在第三个方向上均匀分布。

(1) 模板溶胶-凝胶法

结合溶胶-凝胶法组分可控和电子束光刻胶制备模板技术，可以制备出PLZT二维空气孔柱型光子晶体，其制备过程示意图如图2.8所示。此种方法首先采用射频磁控溅射系统于400℃在（001）单晶MgO衬底上沉积30nm厚的Pt层，然后通过旋涂方法在沉积有Pt层的MgO衬底上沉积70nm厚的电子束（EB）光刻胶。采用电子束刻蚀系统制备出了正方形和六边形阵列，正方形和六边形阵列的半径分别为150nm和100nm，沉积面积分别为7mm×10mm和10mm×2mm。通过旋涂方法向正方形和六边形阵列中注入PLZT（La/Zr/Ti摩尔比9/65/35）前驱体溶液，在空气气氛中于130℃干燥5min。将PLZT前驱体薄膜在空气气氛中于400℃煅烧5min热解，并在720℃煅烧1min，最终得到了PLZT二维薄膜光子晶体[34]。PLZT光子晶体的晶格常数为400nm，圆柱型空气孔半径为135nm。这种方法可以通过快速改变光子晶体禁带特征以满足光通信要求，这对于制备二维空气孔柱型光子晶体具有重要的研究意义。

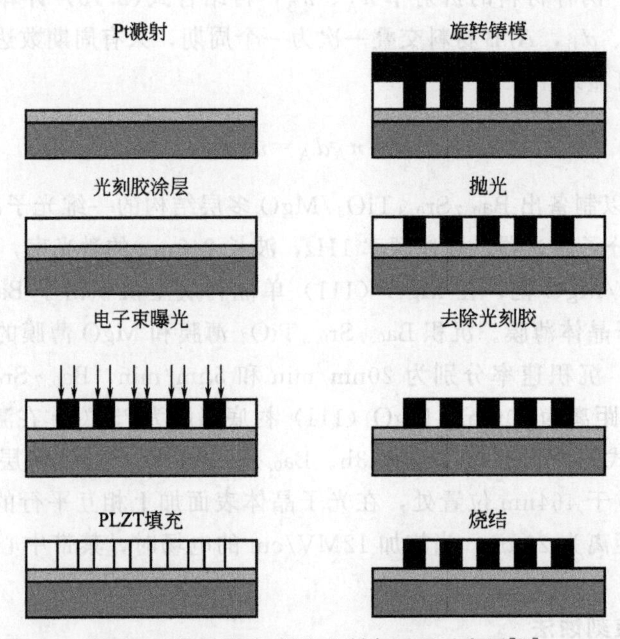

图2.8　模板溶胶-凝胶法制备过程示意图[34]

(2) 纳米压印法

纳米压印法首先根据所需结构制备出纳米尺寸的模板，并在基片上涂覆光刻胶，然后利用纳米压印机进行压印，通过曝光固化光刻胶、脱模，将模板上的图形复制到光刻胶中，最后通过刻蚀将光刻胶上的图形转移到基片上[35]。这种技术具有精度高（最小线宽误差低于10nm）、效率高、工艺过程简单等特点，但不利于大面积压印。采用纳米压印技术可以制备出二维正方形格子圆柱型空气孔 $Ba_{0.7}Sr_{0.3}TiO_3$（BST）光子晶体[36]，其制备过程如下所示：①柔性紫外纳米压印；②刻蚀 NIR（丙烯腈-异戊二烯橡胶）层和 PMMA（聚甲基丙烯酸甲酯）层；③铬沉积；④BST 刻蚀和移除铬，最终所得光子晶体的周期尺寸为 400nm，圆柱型空气孔柱尺寸为 240nm。

2.3.1.3 三维光子晶体

三维光子晶体是指介质材料在三个方向上都具有周期性结构。铁电陶瓷基三维光子晶体主要采用模板自组装方法来制备。

模板自组装法通常被用于制备可见光或更短波段三维光子晶体，具有简单、经济的优点，但其操作过程难以控制。此种方法首先利用模板自组装法将聚苯乙烯（PS）等高分子材料或二氧化硅等胶体粒子制备成蛋白石结构模板，然后将铁电陶瓷材料溶胶填充到模板中，通过煅烧或酸刻蚀等方式去掉 PS 或二氧化硅等材料，从而得到铁电陶瓷材料的三维反蛋白石结构光子晶体。

采用此种方法可以制备出三维铁电陶瓷 $Pb_{0.91}La_{0.09}(Zr_{0.65}\text{-}Ti_{0.35})_{0.9775}O_3$（PLZT）反蛋白石结构光子晶体[37]。此种模板自组装方法需要首先制备出模板，制备模板采用的是传统的单分散聚苯乙烯微球胶体（10%的体积固含量），微球的平均直径为 400nm。在石英玻璃衬底上滴加数滴聚苯乙烯微球胶体，并在 40℃、相对湿度为 80%时进行晶化处理，2～6天后，聚苯乙烯微球自组形成了（111）面平行于石英玻璃衬底的面心立方（fcc）反蛋白石结构的模板。根据 $Pb_{0.91}La_{0.09}(Zr_{0.65}Ti_{0.35})_{0.9775}O_3$ 成分比例制备出 PLZT 前驱体溶液，所用原料为分析纯，包括丙醇锆［$Zr(OC_3H_7)_4$］、1-丙醇、钛酸四丁酯［$Ti(OC_4H_9)_4$］、乙酸铅及乙酸镧。乙酸和甲醇混合溶液作为溶剂。将所有原料加入乙酸与甲醇的混合溶液内，于 85～95℃下将乙酸铅和乙酸镧溶解，然后在混合溶液中加入 5%（质量分数）的蒸馏水，搅拌 30min，得到均匀的 PLZT 前驱体溶液。PLZT 前驱体溶液陈化 48h 后，通过毛细管力将其注入模板空隙内，将注有 PLZT 的反蛋白石模板放至湿度室内，使 PLZT 前驱体与水蒸气水化反应 14h。将样品在空气气氛中分别在 450℃保温 5h，750℃保温 3h，升温速率为 50℃/h，降温速率为 40℃/h。PLZT 反蛋白石结构的反射光谱-外加电场变化关系测试装置图如图 2.9 所示，绝缘聚四氟乙烯板作为底座，在其上固定一块镀有金膜和碳膜的 ITO 玻璃，上电极为 Pt 针状电极，下电极直接连接镀膜的 ITO 玻璃。测试过程中，被测样品置于

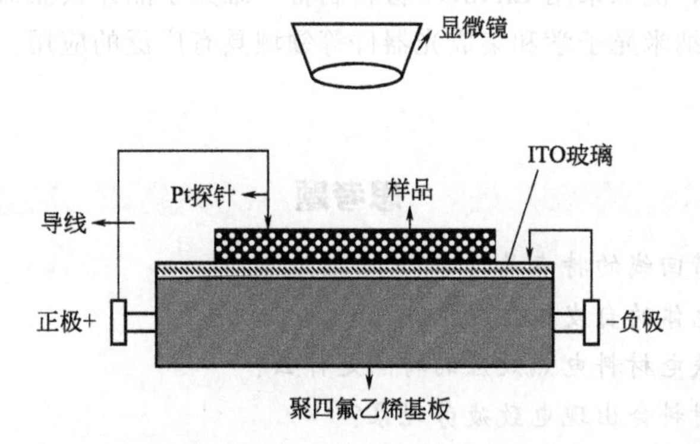

图 2.9 PLZT 反蛋白石结构的反射光谱-外加电场变化关系测试装置图[37]

镀膜的 ITO 玻璃上，再将上电极的 Pt 探针直接点接触在被测样品的上表面。在外加电场作用下，光子晶体带隙中心波长的位置随电场的增强向长波方向移动，并逐渐趋于饱和。模板自组装法主要用于制备 PLZT、PLT、TiO_2、BST、$K_{0.5}Bi_{0.5}TiO_3$、$La_2Ti_2O_7$、$La_2Zr_2O_7$、$Na_{0.5}Bi_{0.5}TiO_3$、$SrTiO_3$ 等三维光子晶体材料。

2.3.2 铁电陶瓷基光子晶体的应用

(1) 光波导

在光子晶体中引入线缺陷，当线缺陷所对应的波长落在该光子晶体的禁带中时，就在其中形成一个光通道，即为光波导。光子晶体光波导可以使光在转角处传播时基本没有能量损失，目前研究较多的是二维铁电陶瓷基光子晶体光波导，例如 PLZT 在可见光及红外光波段具有良好的透过率及高的电光系数，对于减小器件尺寸和驱动电压具有良好的效果，所以是制备光子晶体光波导的理想材料。

(2) 滤波器

在光子晶体中引入相应缺陷，电磁波不能通过该缺陷所对应的频率范围而形成光子晶体滤波器。当一束电磁波通过光子晶体滤波器时，对应禁带频率的电磁波将不能通过，从而使对应禁带频率的那一部分电磁波被该光子晶体滤波器滤除。铁电陶瓷基光子晶体滤波器能够通过施加外部激励，调节禁带特征参数，从而控制其滤波通道特性，形成可调滤波器。通过在制备时引入不同的缺陷，可以制备多通道滤波器，并可调节每个通道的位置及宽度。目前研究主要有一维、二维铁电陶瓷基光子晶体滤波器，在光通信、光信息技术等领域具有重要的应用。

(3) 光开关

铁电陶瓷基光子晶体光开关主要是利用铁电陶瓷具有大的非线性和铁电相变等特性，即对铁电陶瓷施加激励后可调节其折射率，从而调节光子禁带位置。例如当加泵浦源激励时，非线性材料的折射率增大，使光子晶体的相对折射率增大，导致光子晶体的带隙向长波方向移动，从而实现对光传输的开关控制。采用铁电陶瓷制备的光子晶体通过温度、电场、磁场等激励，可实现对光传播的调制作用。

(4) 共振器

铁电陶瓷基光子晶体共振器是在基本光子晶体周期性结构的基础上引入一些缺陷而制得，具有超快响应、低功耗、可调等优良性能。铁电陶瓷基光子晶体共振器的透射光谱呈现出大的不对称线突变，例如采用 $LiNbO_3$ 材料制备一维光子晶体共振器，可通过施加光激励调节其共振位置，在纳米光子学和集成光器件等领域具有广泛的应用。

思考题

2.1 铁电体电滞回线的特点是什么？

2.2 什么是铁电体的自发极化现象？

2.3 不同种类铁电材料电热效应的特点是什么？

2.4 为何铁电材料会出现电致疲劳现象？

2.5 铁电材料的电致疲劳机制是什么？

2.6 说明 $BaTi_2O_5$ 铁电材料制备方法的特点。

2.7 从晶体结构上分析为何 $BaTi_2O_5$ 具有铁电性？

2.8 为何光子晶体具有铁电特性？

2.9 举例说明常见的铁电陶瓷基光子晶体及其制备方法？

2.10 铁电陶瓷基光子晶体的应用领域有哪些？

参考文献

[1] 周莹．一维铁电陶瓷光子晶体的设计与制备［D］．武汉：华中科技大学硕士学位论文，2014.

[2] 徐庆宇，沈凯，肖长诗，等．电润湿显示单元研究［J］．光电子技术，2010，30（4）：225-230.

[3] 徐政，倪宏伟．现代功能陶瓷［M］．北京：国防工业出版社，1998.

[4] Grünebohm A，Nishimatsu T. Influence of defects on ferroelectric and electrocaloric properties of $BaTiO_3$ [J]. Phys Rev B，2016，93（13）：134101.

[5] Vopson M M. Theory of giant-caloric effects in multiferroic materials [J]. J Phys D：Appl Phys，2013，46（34）：345304.

[6] 王歆钰，镇思琦，董正超，等．铁电材料的电热效应及其研究进展［J］．材料导报A，2017，31（10）：13-19.

[7] Lu S G，Zhang Q M. Electrocaloric materials for solid-state refrigeration [J]. Adv Mater，2009，21（19）：1983-1989.

[8] Mischenko A S，Zhang Q，Scott J F. Giant electrocaloric effect in thin-thin $PbZr_{0.95}Ti_{0.05}O_3$ [J]. Science，2006，311（5765）：1270-1277.

[9] Akay G，Alpay S P，Mantese J V，et al. Magnitude of the intrinsic electrocaloric effect in ferroelectric perovskite thin films at high electric fields [J]. Appl Phys Lett，2007，90（25）：252909.

[10] Peng B L，Fan H Q，Zhang Q. A giant electrocaloric effect in nanoscale antiferroelectric and ferroelectric phases coexisting in a relaxor $Pb_{0.8}Ba_{0.2}ZrO_3$ thin film at room temperature [J]. Adv Funct Mater，2013，23（23）：2987-2995.

[11] Zhang T D，Li W L，Cao W P，et al. Giant electrocaloric effect in PZT bilayer thin films by utilizing the electric field engineering [J]. Appl Phys Lett，2016，108（16）：162902.

[12] Satyanarayan P，Aditya C，Rahul V. Mechanical confinement for tuning ferroelectrtric response in PMN-PT single crystal [J]. J Appl Phys，2015，117（8）：84102.

[13] 周文亮，储瑞江，魏胜男，等．应力作用下 $EuTiO_3$ 铁电薄膜电热效应研究［J］．物理学报，2015，64（11）：117701.

[14] Lee J H，Fang L，Vlabos E，et al. A strong ferroelectric ferromagnet created by means of spin lattice coupling [J]. Nature，2010，466（7309）：954-960.

[15] 陈志武，程璇，张颖．铁电陶瓷材料在交变电场作用下的疲劳研究进展［J］．稀有金属材料与工程，2004，33（7）：673-678.

[16] Cao H C，Evans A G. Electric-field-induced fatigue crack growth in piezoelectrics [J]. J Am Ceram Soc，1994，77（7）：1783-1786.

[17] Lynch C S，Yang W，Collier L. Electric field induced cracking in ferroelectric ceramics [J]. Ferroelectrics，1995，166（1）：11-30.

[18] Zhu T，Yang W. Fatigue crack growth in ferroelectrics driven by cyclic electric loading [J]. J Mech Phys Solids，1998，47（1）：81-97.

[19] Kimura T，Goto T Y，Yanane H，et al. A ferroelectric barium titanate $BaTi_2O_5$ [J]. Acta Cryst C，2003，59（12）：128-130.

[20] 李凌，王芳，王传斌，等．无铅铁电材料 $BaTi_2O_5$ 的研究进展［J］．硅酸盐通报，2009，28（4）：751-755.

[21] Tangjuank S，Tunkasiri T. Sol-gel synthesis and characterization of $BaTi_2O_5$ powder [J]. Appl Phys A，2005，81（5）：1105-1107.

[22] Beltran H，Gomez B，Maso N. Electrical properties of ferroelectric $BaTi_2O_5$ and dielectric $Ba_6Ti_{17}O_{40}$ ceramics [J].

J Appl Phys，2005，97：84104.

[23] Wang L，Li G，Zhang Z. Synthesis of $BaTi_2O_5$ nanobelts [J]. Mater Res Bull，2006，41 (4)：842-846.

[24] Xu Y B，Huang G H，Long H，et al. Sol-gel synthesis of $BaTi_2O_5$ [J]. Mater Lett，2003，57 (22-23)：3570-3573.

[25] Tu R，Goeo T. Dielectric properties of poly and single crystalline $BaTi_2O_5$ [J]. Mater Trans，2006，47 (12)：2898-2903.

[26] Akishige Y，Fukano K，Shigmatsu H，et al. Crystal growth of dielectric properties of new ferroelectric barium titanate $BaTi_2O_5$ [J]. J Electroceram，2004，13 (1-3)：561-565.

[27] Akashi T，Iwata H，Goto T. Dielectric proeprties of single crystalline $BaTi_2O_5$ prepared by a floating zone methods [J]. Mater Trans，2003，44 (8)：1644-1646.

[28] Figotin A，Godin Y A. Two-dimensional tunable photonic crystals [J]. Phys Rev B，1998，57 (5)：2841.

[29] 姜胜林，周莹，易金桥，等. 铁电陶瓷基光子晶体发展现状及其应用 [J]. 材料导报 A，2013，27 (11)：1-7.

[30] Hu X，Jiang P，Gong Q. Tunable multichannel filter in one-dimensional nonlinear ferroelectric photonic crystal [J]. J Opt A：Pure Appl Opt，2007，9 (1)：108-115.

[31] Jim K L，Wang D Y，Leung C W，et al. One-dimensional tunable ferroelectric photonic crystals based on $Ba_{0.7}Sr_{0.3}TiO_3$/MgO multilayer thin films [J]. J Appl Phys，2008，103 (8)：83107.

[32] Zhou Z，Huang X，Wanga R，et al. Tunable photonic crystals based on ferroelectric and ferromagnetic materials by focused ion beam [J]. Chin Opt Lett，2007，5 (12)：693-701.

[33] Zhang Y，Hu X，Fu Y，et al. Ultrafast all-optical tunable Fano resonance in nonlinear ferroelectric photonic crystals [J]. Appl Phys Lett，2012，100 (3)：31106.

[34] Aoki T，Kondo M，Ishii M，et al. Preparation and properties of two-dimensional PLZT photonic crystals using a sol-gel method [J]. J Eur Ceram Soc，2005，25 (12)：2917-2923.

[35] Huang Y，Pandraud G，Sarro P M. Reflectance based TiO_2 photonic crystal sensors [C]. Solid-State Sensors，Actuators and Microsystems Conference (TRANSDUCERS)，2011 16th International. BeiJing. 2011：2682.

[36] Jim K L，Lee F K，Xin J Z，et al. Fabrication of nano-scaled patterns on ceramic thin films and silicon substrates by soft ultraviolet nanoimprint lithography [J]. Microelectron Engk，2010，87 (5)：959-965.

[37] Li B，Zhou J，Li Q，et al. Synthesis of (Pb，La) (Zr，Ti) O_3 inverse opal photonic crystals [J]. J Am Ceram Soc，2003，86 (5)：867-872.

第3章 热释电陶瓷材料

学习目标

通过本章的学习，掌握以下内容：(1) 热释电陶瓷材料的性能参数；(2) 热释电陶瓷材料的种类及其性能；(3) 热释电陶瓷材料的应用。

学习指南

(1) 热释电系数、体积比热容、电压响应优值及探测优值公式；(2) 热释电陶瓷材料主要包括 CdS、$LiTaO_3$、$LiNbO_3$、铌酸锶钡、锗酸铅、钽铌酸钾及热释电陶瓷薄膜材料［例如 ZnO、$BaTiO_3$、镁铌酸铅、钽钪酸铅、钛酸锶钡、$PbTiO_3$、钛酸铅镧、锆钛酸铅、$PbZrO_3$-Pb(NbFe)O_3-$PbTiO_3$、锆钛酸铅镧］等；(3) 热释电陶瓷材料作为探测器材料，在入侵报警、火焰探测、功率计、红外热像仪等方面具有广泛的应用。

章首引言

极性晶体由于温度变化而发生电极化改变的现象，称为热释电现象。20 世纪 60 年代以来，激光和红外扫描成像等新技术的飞速发展，极大促进了对热释电效应的研究，相继发现了多种重要的热释电材料，观察到了热释电晶体的新效应，研制出了性能优良的热释电探测器和摄像管。进入 20 世纪 90 年代以来，高性能热释电薄膜、陶瓷材料的制备以及非制冷型热释电探测器和焦平面摄像器件的发展，促进了热释电效应的理论和应用研究[1]。

热释电效应是一种自然现象，这种现象来源于晶体的自发极化特性。自发极化和感应极化不同，它不是由外电场作用而发生的，而是由于物质本身的结构在某方向上正负电中心不重合而固有的，自发极化矢量方向由负电中心指向正电中心。当晶体的温度发生变化时，引起晶体结构上的正负电荷中心相对位移，从而使得自发极化发生改变，与极化强度方向垂直的晶体表面就产生热释电电荷。通常这种情况下这类晶体并未显示出外电场，这是因为如果这种材料是导体，那么其自由电荷将与内电矩相互抵消，如果这种材料是绝缘体，则杂散电荷被吸引而吸附在表面，直到与极化引起的表面电荷相抵消。只有当晶体的温度变化比较快，内部或外界电荷来不及补偿热释电电荷，这时才会显示出外电场。这种晶体随温度变化而产生电荷的现象称为热释电效应。本章系统阐述热释电陶瓷材料的热释电性能、种类及其应用。

3.1 热释电陶瓷材料的性能参数

3.1.1 热释电效应

热释电效应常见于某些特殊晶体中，我们称这类晶体为热释电体。当热释电体因外界条件发生温度变化时，其具有极性的两极表面便产生等量异号的电荷，这就是热释电效应，如图 3.1 所示。在自然界中晶体有 32 种对称类型，其中有 21 种晶类没有对称中心，其中有 20 种具有压电性。这 20 种点群中的单斜 m 和 2、三斜 1、三角 3 和 3m、菱方 2mm、四方 4 和 4mm 及六方 6 和 6mm 等 10 种点群具有特殊极性方向，晶体的其他任何方向与该方向都不对称等效，只有属于这些点群的晶体，才能具有自发极化，晶体才表现出热释电效应[2]。

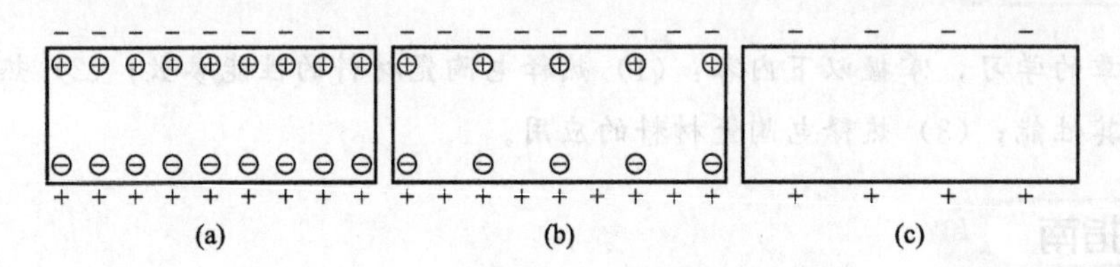

图 3.1 热释电效应示意图[2]

(a) 恒温；(b) 温度变化；(c) 温度变化时的等效图

3.1.2 热释电系数 p

由于热释电材料在受热过程中弹性边界条件和加热晶体方式的不同，可将热释电效应分为三类[3]。对于材料均匀受热的情况，材料在受热过程中受到夹持，即体积和外形均保持不变时所观察到的热释电效应称为第一热释电效应，相应的热释电系数称为第一热释电系数，可以表示如下：

$$p=\frac{\mathrm{d}P_s}{\mathrm{d}T} \tag{3.1}$$

式中，P_s为晶体的自发极化强度；T 为晶体的热力学温度。材料在受热过程中并未受到机械夹持，因而应力自由，材料因热膨胀要产生应变，由于压电效应（热释电材料属于压电材料），这种应变将产生电极化叠加到第一热释电效应上，未受到夹持材料在均匀受热时所反映出来的这一附加热释电效应称为第二热释电效应，相应的热释电系数称为第二热释电系数，可表示如下：

$$p=d_{ijk}^{T}C_{jklm}^{T,\varepsilon}\sigma_{lm}^{0} \tag{3.2}$$

式中，d_{ijk}^{T} 为压电系数；$C_{jklm}^{T,\varepsilon}$ 为弹性刚度系数；σ_{lm}^{0} 为膨胀系数。如果非均匀加热材料，材料中还要产生附加的应力梯度，此种应力梯度通过压电效应对热释电效应也有贡献，这种由于非均匀加热引入的附加热释电效应称为第三热释电效应，与第一和第二热释电效应相比，第三热释电效应通常很小，可以忽略不计。由于极化强度是矢量，温度是标量，所以 p 是矢量，p 是负值，对于大多数热释电材料，热释电系数都是一个非零分量，所以把热释电系数当作一个标量，只考虑数值不考虑符号的问题。热释电系数和温度相关，当材料的温度离居里温度比较近，或者处在铁电-铁电相变附近时，p 值一般比较大，这段温区一般适合作为热释电的探测器的工作温区，因此一般希望这一温区宽一些，最好处在室温附近。

3.1.3 体积比热容 C_V

热释电探测器中热释电元件相应的是温度的变化，而不是恒定的温度，因此，被探测的辐射必须是变化的，所以材料的热学性能对于探测器的响应速度以及探测灵敏度都有影响。元件表面产生的热电电荷如下式所示：

$$q = pA\Delta T \tag{3.3}$$

式中，p 为热释电系数；A 为元件的有效面积；ΔT 为温度变化量。

$$\Delta T = \frac{Q}{V} C_V \tag{3.4}$$

式中，Q 为样品接受的有效辐射能量；V 为材料的有效体积；C_V 为体积比热容。在应力恒定、电场恒定的情况下，热释电材料单位体积的焓增量等于其吸收的热量，可以采用下式所示：

$$(\mathrm{d}H)_{X,E} = C_V^{X,E}(\mathrm{d}T)_{X,E} \tag{3.5}$$

式中，$C_V^{X,E}$ 为恒定应力、恒定电场下的体积比热容。

3.1.4 相关优值

(1) 电压响应优值 F_V

$$F_V = \frac{p}{C_V}\varepsilon \tag{3.6}$$

C_V 为材料的比热容，但是 C_V 测量比较困难，对于 PZT 陶瓷材料而言，材料的比热容 C_V 为 $2.5\times10^6\,\mathrm{J/(m^3 \cdot K)}$，$p$ 为热释电系数。通常情况下只比较 p/ε 或 p/ε_r，即热电优值。

(2) 探测优值 F_D

$$F_D = \frac{p}{C_V(\varepsilon \tan\delta)^{1/2}} \tag{3.7}$$

式中，$\tan\delta$ 为材料的介质损耗，ε 为材料的绝对介电常数，以上两个优值概括了热释电探测器对热释电材料的基本要求。

3.2 热释电陶瓷材料的种类

热释电陶瓷材料主要应用于热释电探测器，尽管从理论上讲用于热释电探测器敏感元件的材料众多，但在选择热释电材料时需要考虑多种因素，例如工作环境的最高温度、要求稳定工作的温度范围、环境工况及条件、敏感波长区、探测功率水平、探测器尺寸、工作频率、材料的热电性能、机械加工性能以及成本等。然而，难以找到一种能充分满足上述各项要求的材料，所以目前已经研制和发展了多种热释电材料，其中钛酸钡的热释电系数为 $1.7\mu\mathrm{C/(cm^2 \cdot K)}$，最小的是一些动物的骨骼，数值为 $0.2\times10^{-6}\mu\mathrm{C/(cm^2 \cdot K)}$。由于钛酸钡的介电常数大，所以并不是最好的热释电材料。热释电优值最大的是硫酸三甘肽单晶材料

(TGS)，已被广泛用于非接触测温和红外分光光度计中，作为光电传感器。

热释电陶瓷材料主要包括 CdS、$LiTaO_3$、$LiNbO_3$、SBN（铌酸锶钡）、PGO（锗酸铅）、KTN（钽铌酸钾）及热释电陶瓷薄膜材料｛例如 ZnO、$BaTiO_3$、PMN（镁铌酸铅）、PST（钽钪酸铅）、BST（钛酸锶钡）、$PbTiO_3$、PLT（钛酸铅镧）、PZT（锆钛酸铅）、PZNFT[$PbZrO_3$-Pb(NbFe)O_3-$PbTiO_3$]、PLZT（锆钛酸铅镧）等｝，部分热释电材料的性能如表 3.1 所示[4]。

表 3.1　热释电材料的性能[4]

热释电材料	居里温度/℃	相对介电常数	介质损耗	比热容/[J/(cm³·K)]	热释电系数/[10^{-10}C/(cm²·K)]	电压响应优值/(10^{-10}C·cm/J)	探测优值/(10^{-8}C·cm/J)
TGS	49	55	0.025	—	5.5	—	—
$LiTaO_3$ 单晶	660	47	0.003	312	2.3	—	—
$LiNbO_3$	1200	30	—	—	0.4	—	—
SBN 单晶	121	390	0.003	2134	5.6	—	—
KTN 单晶	4	10000	—	—	2.00	—	—
KTN 薄膜	—	1412	0.025	2173	51	1.32	3.15
ZnO 薄膜	—	10.3	—	—	0.09	—	—
PST 薄膜	—	2.170	0.0064	217	31.6	0.54	3.14
$BaTiO_3$	—	160	—	—	2.90	—	—
$PbTiO_3$	—	92157	0.0101	312	1.27～3.6	0.19～0.39	0.13～0.73
PZT	200	380	—	—	1.8	—	—
PMZT 薄膜	—	800	—	—	1.0	0.04	—
PCZT	—	521	—	—	2	0.12	—
PZNFT	220	290	0.003	215	5.1	—	—
PLZT 薄膜	346	193	0.013	312	8.2	1.3	1.6

最早的实用热释电材料是 TGS 类晶体，TGS 晶体具有热释电系数大、介电常数小、光谱响应范围宽、响应灵敏度高以及容易从水溶液中培育出高质量单晶等优点。但是 TGS 晶体的居里温度较低、易退极化、能溶于水及易潮解，制成的器件必须密封。采用偶极矩大的苯胺类分子，例如苯胺、邻氨基苯甲酸、间氨基苯甲酸以及对硝基苯胺等作为掺杂剂对 TGS 晶体进行掺杂，也可以提高 TGS 晶体的热释电系数。掺入金属离子，例如 Li^+、Mg^{2+}、Cd^{2+}、Mn^{2+} 以及少量 L-丙氨酸形成双掺晶体，也可以提高热释电品质因数并防止退极化[5]。$LiTaO_3$ 晶体材料介质损耗小、居里温度高、性能稳定，是制备热释电灵敏元件的理想材料。然而，TGS 类晶体和 $LiTaO_3$ 晶体介电常数都偏低，在小面积探测器和非制冷红外焦平面阵列热像仪中难以获得应用。

铌酸锶钡（SBN）单晶具有显著的热释电效应，通过调整组分能改变热释电系数和居里温度，加入少量的 Pb 或 La、Nd、Sm 等元素，能够改善 SBN 单晶材料的热释电性能，例如 $Sr_{0.5}Ba_{0.5}Nb_2O_6$ 晶体的热释电系数大、热导率低、介质损耗小、性能稳定，且机械强度高，易加工成薄片的热释电红外探测器灵敏元件。由于 SBN 晶体介电常数大，不利于高频、大面积情况下使用，但用于低频、小面积热释电红外探测器以及非制冷红外焦平面阵列热像仪是优良的材料。单晶材料探测灵敏度高，但制备工艺复杂，成本高，目前开发的热释电材料多为陶瓷及薄膜材料和聚合物及其复合材料。

高分子有机聚合物材料（例如聚偏氟乙烯 PVDF）的居里温度较高、介电常数小、价格低、柔软，易制成任何形状及大面积的薄膜。PVDF 薄膜的热释电系数与晶体材料 $LiNbO_3$ 的热释电系数比较相近。采用 PVDF 薄膜制作的辐射探测器，把热释电红外探测器从红外及弱激光的监测发展到强激光、等离子体、微波和 X 射线辐射的测量[6]。然而，高分子有机聚合物材料强度低，不易与微电子技术兼容。高分子有机聚合物复合材料采用两相复合，突破了传统的单晶、陶瓷形式，品质因数较高，表现出了良好的热释电性能，此种复合材料通常是将铁电陶瓷或单晶（例如 PLT、PZT、TGS 等）超细颗粒加入高分子有机聚合物（例如树脂、硅胶、PVDF 等）中均匀复合制成。通过改变掺入铁电陶瓷或单晶超细颗粒的体积比可以改变复合材料的性能，提高其热释电优值和探测优值，这种复合材料柔韧，可以制备出大面积器件，工艺简单，成本低。

金属氧化物薄膜热释电材料，不易潮解，能够通过调整化学计量比、掺杂和对材料微结构进行控制等，在宽广的范围内调整居里温度和热释电性能。金属氧化物薄膜热释电材料体积比热容小，有助于提高热释电红外探测器的响应速度、灵敏度和集成度。热释电-铁电薄膜成为了薄膜型热释电红外探测器的首选材料。早期被应用于热释电红外探测器的薄膜材料是铅基钙钛矿铁电薄膜材料，如 $PbTiO_3$、PLT 和 PZT。当沉积的薄膜具有取向性时，可以获得更高的热释电性能。在衬底与薄膜之间采用适当的过渡层，沉积的薄膜具有更好的取向性，可以改善薄膜的热释电性能。PLT 热释电薄膜随着 La 掺入量的增加，其居里温度降低，热释电系数显著增大。含微量 Zr 的 PLZT 铁电薄膜比相应的 PLT 薄膜具有更好的热释电性能。

随着功能器件向小型化、集成化方向发展，薄膜材料制备工艺及其性能的深入研究，薄膜材料的热释电性能及在红外探测器上的应用已成为材料的研究热点之一。初期研究的金属氧化物陶瓷热释电材料以掺杂改性的 $PbZrO_3$、$PbTiO_3$（PZT）二元系为主，$PbZrO_3$-$PbTiO_3$ 固溶体系 Zr/Ti 摩尔比大于 13∶3 的铁电-铁电相变材料具有大的热释电系数，相对介电常数在 200～500 之间，且相变前后自发极化方向不变，仅是数值发生变化，介电常数的变化小，所以适合作热释电材料，缺点是其相变温度高于室温，且为一级相变，存在热滞，导致热释电响应为非线性。

$PbZrO_3$-$Pb(NbFe)O_3$-$PbTiO_3$（PZNFT）等三元系为主掺杂改性的陶瓷热释电材料，添加含铅的第三组元 $Pb(NbFe)O_3$、$Pb(TaSc)O_3$ 等，使相变温度降到室温。掺入高价离子化合物（如 Nb_2O_5 等）或采用加偏置电场的方法降低热滞，热释电响应在很宽的温度范围内保持良好的线性。采用以 PZNFT 三元系为基掺杂改性，具有高热释电系数、适当介电常数及低介质损耗的热释电陶瓷材料制备的一系列小面积热释电红外探测器，具有高的探测率，此类材料在非制冷红外焦平面阵列热像仪中有望获得应用。由于 BST、PLZT 等系列热释电材料的自发极化和热释电系数一般都很大，且自发极化会受到外电场控制，采用这类材料制备的探测器能够探测 10^{-4}℃的温度变化，且光谱响应无波长选择性，无须制冷，可在室温下工作，可以弥补光子探测器的低温工作、频率选择的弱点。因此，这类材料是室温探测器和热成像器件的首选材料。

3.3 热释电陶瓷材料的应用

热释电陶瓷材料应用广泛，目前主要是作为热释电探测器材料。红外辐射是介于可见光和微波之间的电磁波，人眼可以感觉到的可见光的波长范围在 0.40～0.75μm 之间，波长为

0.75～1000μm 属于红外辐射。如果检测红外辐射就必须把不可见的辐射，通过与物质的互相作用转换为能检测的物理量或化学量。热释电红外探测器是一种热敏探测器，所以能引起热释电芯片材料温度发生变化的任何电磁辐射都可以被检测到。

热释电探测器根据结构可以分为三类。第一类是单元探测器，或称点探测器，这种探测器把两个探测元并联或串联使用，每个探测元电极的极性相反，这样可以使环境温度变化或振动引起的电学性能起伏互相抵消，被检测的辐射在某一时刻只照在一个探测器上。第二类是采用热释电材料作为靶面的热释电摄像管。第三类是用多元热释电探测器组成的线列或面阵，可以把热释电探测器阵列安置在热成像光学系统的焦平面上，所以又称为热释电焦平面列阵。后两类器件都可以用于红外辐射的热成像检测。

红外焦平面阵列技术包括制冷型和非制冷型两种，制冷型以窄禁带半导体碲镉汞材料作为代表，而非制冷型包括热释电型和测微辐射热计两种主要类型，热释电型非制冷红外焦平面技术由于具有室温工作、宽光谱等特点而成为红外焦平面技术的重要研究方向。热释电材料是非制冷红外焦平面器件的关键敏感材料之一。美国的 Texas 仪器公司于 20 世纪 90 年代初成功研制出了非制冷焦平面列阵（UFPA），并在美国军方得到应用，所用敏感元材料是钛酸锶钡（BST）热释电陶瓷，采用混合式结构，即热敏元件和读出电路在两个片上，通过对接连接在一起。英国的 GEC-Maconi 公司利用钽钪酸铅（PST）陶瓷材料作为敏感元件研制出了非制冷红外焦平面阵列。非制冷红外焦平面热成像系统主要由红外光学系统、电子学处理系统、红外窗口、探测器芯片等部分构成，具有室温工作、价格低及重量轻等主要优点。这些热释电陶瓷材料在热瞄具、战场侦察搜索、监视及夜间目标识别、夜间导航和驾驶及精确制导武器等军用领域有着广泛的应用。

从应用的角度来讲，在低成本、近程的应用方面，将以非制冷热像仪为主，而制冷型热像仪则主要用于对高性能、快速、远距离目标的探测及识别上。从技术发展的角度来讲，非制冷热成像技术已成为红外技术发展的重要组成部分，非制冷红外焦平面阵列器件是非制冷热像仪技术的核心技术。UFPA 是非制冷红外焦平面热像仪的核心部件，而热释电敏感元材料是 UFPA 研制的基础，热释电型非制冷红外焦平面列阵采用的铁电陶瓷材料主要有掺铌钽酸钾 $K(TaNb)O_3$(KTN)、钛酸铅（PT）、锆钛酸铅（PZT）、$PbZrO_3$-$Pb(NbFe)O_3$-$PbTiO_3$(PZNFT)、铌镁酸铅（PMN）、钛酸钡（BT）、钛酸铅（PST）和 $(Ba,Sr)TiO_3$ (BST) 等。作为非制冷红外焦平面器件的关键敏感元材料，PST、BST 陶瓷与 PZT 等传统热释电陶瓷材料相比较，具有更高的热释电系数和介电常数，这主要是因为工作在居里温度附近，同时在直流电压下工作，可以降低介质损耗，提供更高的探测率优值因子，因而在军用混成式非制冷焦平面技术的应用中具有明显的性能优势。

热释电探测器具有下列特点：①热释电探测器只对温度变化有响应，即只对变化的入射辐射有响应，当探测器达到热平衡和电平衡时，外界恒定的辐射不会引起探测器温度的变化，所以不可能有相应的电信号输出；②热释电探测器对任何波长的辐射都会有响应，只要入射辐射的一部分被探测器吸收转换成热能；③可以在室温下工作，不需要制冷；④热释电探测器是电容性器件，噪声低；⑤可以制成大面积的探测器或探测器列阵；⑥制备工艺相对于量子型红外探测器来说比较简单，易于大批量生产。热释电红外探测器、热释电测温仪、热释电摄像仪等现已广泛应用于火焰探测、环境污染监测、非接触式温度测量、夜视仪、红外测厚计与水分计、医疗诊断仪、红外光谱测量、激光参数测量、家电自动控制、工业过程自动监控、安全警戒、红外摄像、军事、遥感、航空航天空间技术等领域。

随着微电子机械技术和集成铁电学的发展，薄膜型热释电红外探测器阵列和焦平面阵列已深受人们的关注。热释电单片式红外焦平面阵列和混合式非制冷红外焦平面阵列产品已应用于军用和民用领域。

(1) 入侵报警

入侵报警系统的人体热辐射传感器是热释电探测器的主要应用方向。由于热释电探测器能够在室温下工作，有宽的响应光谱范围和快速的响应，所以入侵报警是热释电探测器的理想应用场合。从人体辐射出的总能量为 10～100W/h，这种辐射能密度与距离平方成反比，对于受光面积小的探测器，能接受的能量很小，一般采用凹面反射镜聚光，探测器置于焦点上。当入侵者进入警戒区域时，将产生一个进入探测器的红外辐射通量的改变，会引起材料的表面电荷变化，产生信号。用来探测人体最多的是门自动开关、入侵报警器、来客报信机、自动售货机等（图 3.2）。

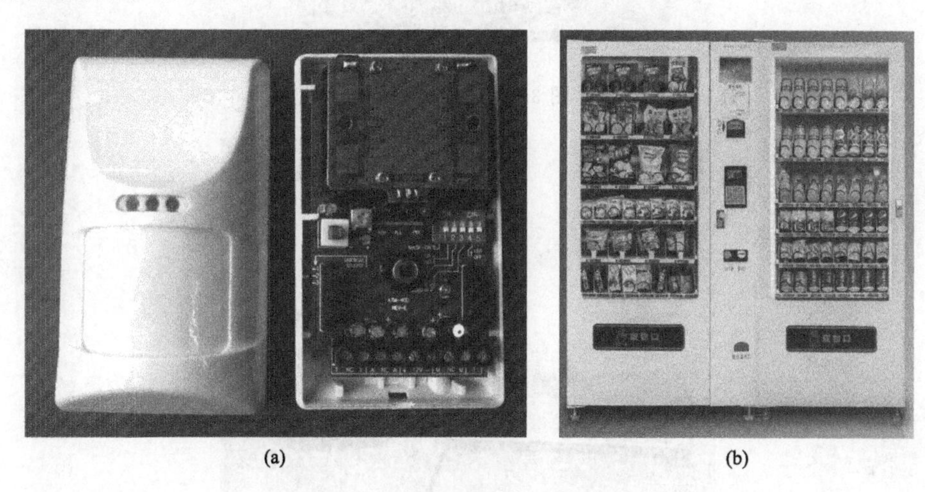

(a) (b)

图 3.2 入侵报警器和自动售货机
(a) 入侵报警器；(b) 自动售货机

(2) 火焰探测

火焰探测器（图 3.3）通常用于出现明火的场合，例如石油平台、储油罐等，也可以用于自动灭火系统。火焰探测器在使用中的主要问题是需要区分火焰与其他光学干扰（例如太阳光和白炽灯光的反射）。火焰光谱的辐射强度峰值在 4.3μm，这是热 CO_2 的发射谱线，所以在设计光学系统时需要只能让 4.1～4.7μm 的红外辐射通过滤光片，通过光学系统抑制背景干扰而得到真实的信号。这种火焰探测系统不用光学增益就可以监视 200m^2 区域内的火情，警戒距离为 20m。采用该光谱的监测方法监测大气污染和测定某些特殊气体的含量，只需配置与该气体的特征吸收峰相对应的窄带滤光片，待测物质也可以是液体，可以测定牛奶中蛋白质和乳精的含量。

(3) 功率计

由于热释电探测器有快的响应速度，所以可以用于测量激光器的脉冲和激光功率计（图 3.4)，也可以用来测量太阳辐射等。

(4) 红外热像仪

热释电靶面摄像管是用热释电响应成像的热像仪，景物的红外辐射经透镜成像在靶面上，由于温度分布而产生靶面上的电荷分布，在靶的背面用扫描电子束读出。采用光机方法

图 3.3　火焰探测器

图 3.4　激光功率计

对景物做二维扫描，单元热释电探测器接受热辐射，经放大把热像显示在示波管上，这种热像仪（图 3.5）特别适用于室内工作，通常作为临床医学的最新诊断手段之一。热像技术已经广泛应用于航天、遥感、无损探伤、临床医学以及节能技术等领域。

图 3.5　红外热像仪

思考题

3.1　什么是热释电效应？

3.2　举例说明不同种类热释电陶瓷材料的热释电性能特点。

3.3　热释电陶瓷材料的红外探测原理是什么？

3.4　热释电探测器的种类有哪些？

3.5　热释电探测器的性能特点是什么？

3.6　热释电型非制冷红外焦平面列阵主要采用哪些铁电陶瓷材料？

参考文献

[1]　林汝湛．高性能 PZT 系热释电陶瓷材料研究［D］．武汉：华中科技大学硕士学位论文，2006．

[2]　张元松，王安玖，褚涛，等．热释电陶瓷材料研究进展［J］．佛山陶瓷，2019，29（2）：13-19．

[3]　钟维烈．铁电体物理学［M］．北京：科学出版社，1996．

[4]　任伏虎，曾亦可，姜胜林，等．常温高性能 PMN-PMS-PZT 热释电材料［J］．功能材料与器件学报，2008，14（4）：13-19．

[5]　房昌水，王民，卓洪升，等．掺杂改性 TGS 晶体的研究［J］．硅酸盐学报，1992，20（2）：138-142．

[6]　王树铎，谈春林，丁维华，等．光物理研究中的薄膜热释电探测器［J］．传感器技术，1998，17（2）：15-18．

第4章 压电陶瓷材料

学习目标

通过本章的学习，掌握以下内容：(1) 压电陶瓷材料的性能参数；(2) 压电陶瓷材料的应用；(3) 钛酸铅压电陶瓷材料的压电性能；(4) 钛酸钡基无铅压电陶瓷材料的压电性能。

学习指南

(1) 介电常数、介质损耗、机械品质因数、机电耦合系数、弹性系数、压电常数是重要的压电性能参数；(2) 压电陶瓷材料具有场致疲劳特性，包括电疲劳和多场耦合疲劳，成分与晶体结构、致密度与孔隙率、晶粒尺寸、电极-陶瓷界面、微观缺陷、电场、温度等因素对压电陶瓷材料的场致疲劳特性具有重要作用；(3) 压电陶瓷材料在水声换能器、超声换能器、压电点火器、压电变压器、滤波器、扬声器、蜂鸣器、压电驱动器、赝压电双晶片致动器、压电电机、压电钻探机、高温压电传感器、压电陀螺等方面具有广泛应用；(4) 钛酸铅压电陶瓷材料主要包括 $Bi(Me)O_3$-$PbTiO_3$、锆钛酸铅基压电陶瓷材料；(5) 通过离子掺杂改性、多组元掺杂改性、烧结助剂改性能够提高钛酸钡基无铅压电陶瓷材料的压电性能。

章首引言

压电陶瓷是指一类具有压电效应的功能陶瓷材料，能够实现机械能与电能之间的互相转换，可以应用于多种电子器件。19 世纪 80 年代，法国物理学家 Jacques Curie 和 Pierre Curie 兄弟在研究热电现象和晶体对称性时，发现将物体放在石英晶体上时，晶体表面会产生电荷，并且电荷量与压力存在比例关系，由此首次发现了压电效应[1]。如果对电介质施加压力，则会产生电位差，称为正压电效应，反之施加电压，则会产生机械应力，称为逆压电效应，如图 4.1 所示[2]。1954 年，美国国家标准局的 Jaffe 等[3]发现锆钛酸铅 (PZT) 陶瓷具有良好的压电性能，其固溶体在三方-四方共存区域（准同型相界）呈现增强的电学性能 [图 4.2(a)]，美国布鲁克海文国家实验室的 Notheda 等[4,5]进一步发现该相界存在中间相，中间相的存在有助于提升其压电性能 [图 4.2(b)]。

铅基压电陶瓷存在环境问题，尤其是氧化铅的质量分数在 70%以上，氧化铅是易挥发有毒物质，这些铅在产品生产、使用和回收的过程中会危害人体健康和环境 (图 4.3)。随着 21 世纪可持续发展战略的提出以及对生态环境的日益重视，各国先后颁布了一系列限制或禁止铅基材料使用的法律条约。例如 2003 年欧盟颁布了《关于限制在电子电器设备中使用某些有害成分的指令》(RoHS)，日本通过了《家用电子产品回收法案》等。我国信息产

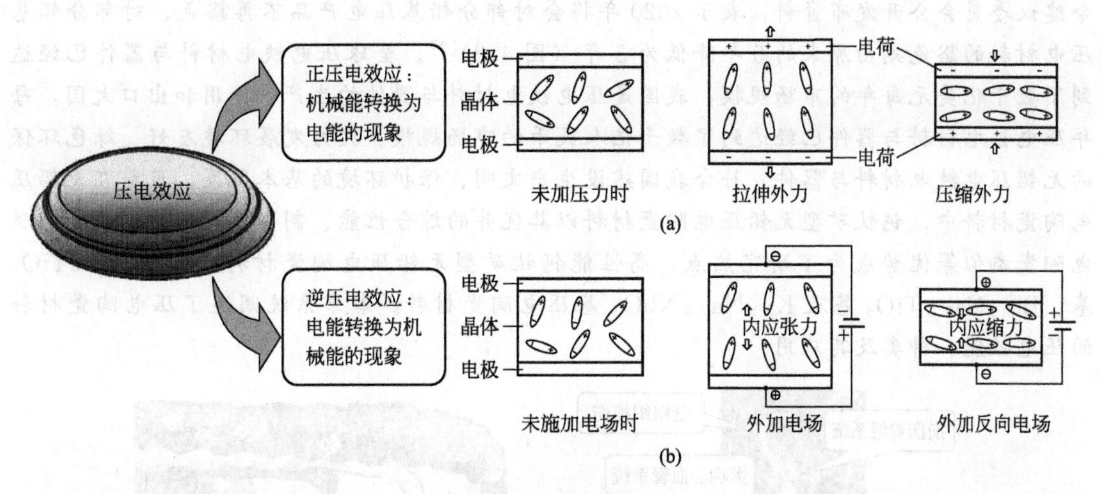

图 4.1　压电效应[1]

(a) 正压电效应——外力使晶体产生电荷；(b) 逆压电效应——外加电场使晶体产生形变

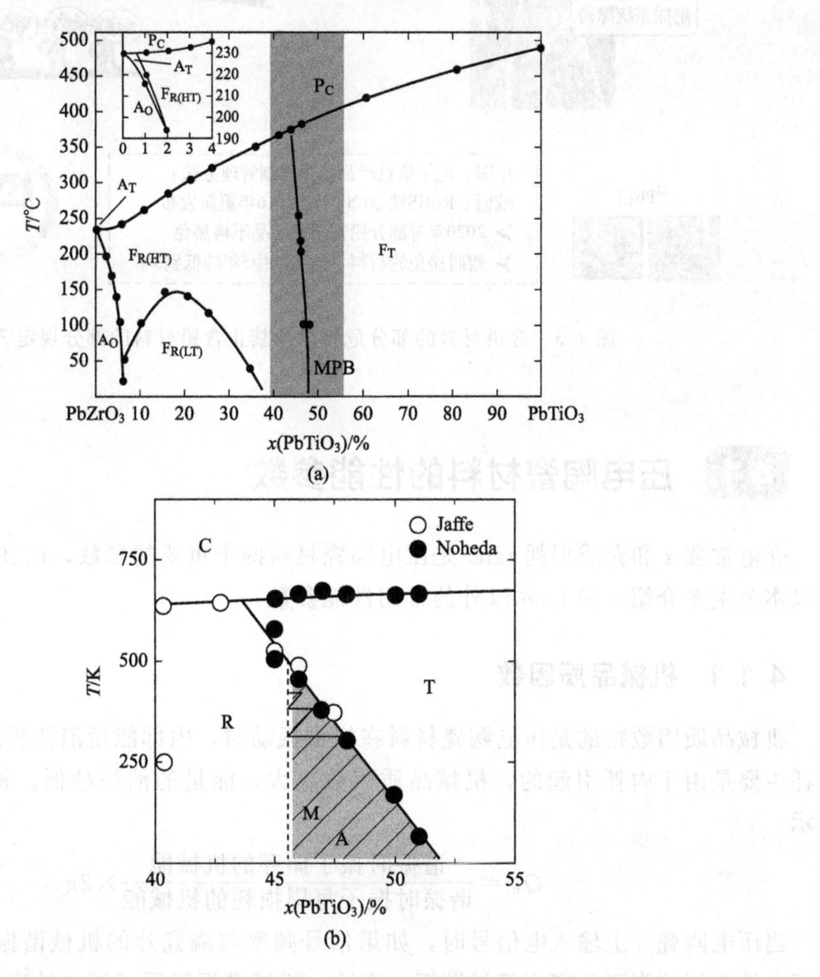

图 4.2　$(1-x)PbZrO_3-xPbTiO_3$ 陶瓷相图和 PZT 相图[3-5]

业部也于2006年出台了《电子信息产品污染控制管理办法》，2016年8月，欧盟RoHS指令建议委员会公开发布资料，表示2020年将会对部分铅基压电产品不再豁免，对部分铅基压电材料的豁免期由原来的5年降低为3年（图4.3）[2]。全球压电铁电材料与器件已经达到了数千亿美元每年的市场规模，我国是压电铁电材料与器件的生产、使用和出口大国，每年压电铁电材料与器件已经达到了数千亿人民币的市场规模。大力发展环境友好、绿色环保的无铅压电铁电材料与器件，符合我国建设生态文明、保护环境的基本国策。目前在无铅压电陶瓷材料中，钙钛矿型无铅压电陶瓷材料以其优异的综合性能、制备工艺与传统的铅基压电陶瓷类似等优势成为了研究热点。高性能钙钛矿型无铅压电陶瓷材料主要包括$BaTiO_3$基、$Bi_{0.5}Na_{0.5}TiO_3$基及$K_{0.5}Na_{0.5}NbO_3$基压电陶瓷材料。本章系统阐述了压电陶瓷材料的压电性能、种类及其应用。

图4.3 含铅材料的部分危害以及禁止含铅材料的部分规定[2]

4.1 压电陶瓷材料的性能参数

介电常数ε和介质损耗tanδ是压电陶瓷材料两个重要的参数，已在第1章中做了介绍，所以本节主要介绍ε和tanδ以外的常用性能参数。

4.1.1 机械品质因数

机械品质因数指的是压电陶瓷材料在机械振动时，内部能量消耗程度的参数，这种能量消耗主要是由于内耗引起的，机械品质因数越大，能量的消耗越低。机械品质因数如下式所示：

$$Q_m = \frac{\text{谐振时振子储存的机械能}}{\text{谐振时振子每周损耗的机械能}} \times 2\pi \tag{4.1}$$

当压电陶瓷片上输入电信号时，如果信号频率与陶瓷片的机械谐振频率f_t一致，通过逆压电效应将使陶瓷片产生机械谐振，而这一机械谐振又因正压电效应，使陶瓷片能够输出电信号。压电陶瓷谐振子的等效电路如图4.4所示，机械品质因数由下式来计算：

$$Q_m=\frac{1}{C_1\omega_s R_1} \tag{4.2}$$

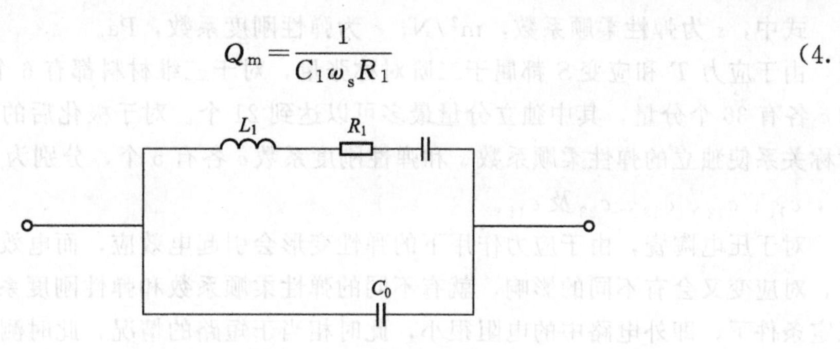

图 4.4 压电陶瓷谐振子的等效电路

式中，C_1为振子谐振时的等效电容，F；ω_1为串联谐振频率，Hz；R_1为等效电阻，Ω。

当陶瓷片做径向振动时，可近似表示为：

$$Q_m=\frac{1}{4\pi(C_0+C_1)R_1\Delta f} \tag{4.3}$$

式中，C_0为振子的静态电容，F；Δf 为振子的谐振频率与反谐振频率之差，Hz；R_1为等效电阻，Ω；Q_m为无量纲的物理量。

不同的压电器件对压电陶瓷材料的机械品质因数有不同的要求，多数陶瓷滤波器要求压电陶瓷的 Q_m 值要高，而音响器件及接收型换能器则要求 Q_m 值要低。

4.1.2 机电耦合系数

机电耦合系数是一个综合反映压电陶瓷的机械能与电能之间耦合关系的物理量，是衡量压电陶瓷材料性能的重要参数，机电耦合系数如下式所示：

$$K^2=\frac{\text{电能转变为机械能}}{\text{输入电能}}\text{(逆压电效应)} \tag{4.4}$$

或

$$K^2=\frac{\text{机械能转变为电能}}{\text{输入机械能}}\text{(正压电效应)} \tag{4.5}$$

机电耦合系数是压电材料进行机械能-电能转换的能力反映，与材料的压电常数、介电常数和弹性常数等参数有关，因此，机电耦合系数是一个综合性参数。从能量守恒定律可知，K 是一个恒小于 1 的数值。压电陶瓷的机电耦合系数可以达到 0.7，并能在较大的范围内调整，以适应不同压电器件用途的需要，机电耦合系数为没有量纲的物理量。

4.1.3 弹性系数

根据压电效应，压电陶瓷在交变电场作用下，会产生交变伸长和收缩，从而形成与激励电场频率（信号频率）相一致的受迫机械振动。对于具有一定形状、大小和被覆工作电极的压电陶瓷体称为压电陶瓷振子（简称振子）。实际上振子谐振时的形变很小，一般可以看作弹性形变，反映材料在弹性形变范围内应力与应变之间关系的参数为弹性系数。

压电陶瓷材料可以看作一个弹性体，应力与应变之间的关系服从虎克定律，即在弹性限度范围内，应力与应变成正比关系。当数值为 T 的应力施加于压电陶瓷片时，所产生的应变 S 如下式所示：

$$S=sT \tag{4.6}$$

$$T=cS \tag{4.7}$$

式中，s 为弹性柔顺系数，m^2/N；c 为弹性刚度系数，Pa。

由于应力 T 和应变 S 都属于二阶对称张量，对于三维材料都有 6 个独立分量。因此，s 和 c 各有 36 个分量，其中独立分量最多可以达到 21 个。对于极化后的压电陶瓷材料，由于对称关系使独立的弹性柔顺系数 s 和弹性刚度系数 c 各有 5 个，分别为 s_{11}、s_{12}、s_{13}、s_{33} 及 s_{44}，c_{11}、c_{12}、c_{13}、c_{33} 及 c_{44}。

对于压电陶瓷，由于应力作用下的弹性变形会引起电效应，而电效应在不同的边界条件下，对应变又会有不同的影响，就有不同的弹性柔顺系数和弹性刚度系数。在电场（E）为恒定条件下，即外电路中的电阻很小，此时相当于短路的情况，此时测得的弹性柔顺系数称为短路弹性柔顺系数，以 s^E 表示。如果电位移（D）为恒定条件下，即外电路的电阻很大时，此时相当于开路的情况，称为开路弹性柔顺系数，以 s^D 表示。因此，共有 10 个弹性柔顺系数，即 s_{11}^E、s_{12}^E、s_{13}^E、s_{33}^E、s_{44}^E 及 s_{11}^D、s_{12}^D、s_{13}^D、s_{33}^D、s_{44}^D，10 个弹性刚度系数，即 c_{11}^E、c_{12}^E、c_{13}^E、c_{33}^E、c_{44}^E 及 c_{11}^D、c_{12}^D、c_{13}^D、c_{33}^D、c_{44}^D。

4.1.4 压电常数

压电常数是压电陶瓷重要的特征参数，是压电介质把机械能（或电能）转换为电能（或机械能）的比例常数，反映了应力或应变和电场或电位移之间的联系，直接反映了材料机电性能的耦合关系和压电效应的强弱。常见的四种压电常数为压电应变常数 d_{ij}、压电电压常数 g_{ij}、压电应力常数 e_{ij}、压电劲度常数 h_{ij}（$i=1,2,3$；$j=1,2,3,4,5,6$）。第一个下标 i 表示电学参量的方向（即电场或电位移的方向），第二个下标 j 表示力学量（应力或应变）的方向。压电常数的完整矩阵应有 18 个独立参量，对于四方钙钛矿结构的压电陶瓷只有 3 个独立分量，以 d_{ij} 为例，即 d_{31}、d_{33}、d_{15}。

(1) 压电应变常数 d_{ij}

$$d=\left(\frac{\partial S}{\partial E}\right)_T$$

或

$$d=\left(\frac{\partial D}{\partial T}\right)_E \tag{4.8}$$

(2) 压电电压常数 g_{ij}

$$g=\left(-\frac{\partial E}{\partial T}\right)_D$$

或

$$g=\left(\frac{\partial S}{\partial D}\right)_T \tag{4.9}$$

通常将张应力及伸长应变定为正，压应力及压缩应变定为负，电场强度与介质极化强度同向为正，反向为负，所以 D 为恒值时，ΔT 与 ΔE 符号相反，所以式(4.9)中带有负号。对于四方钙钛矿压电陶瓷，g_{ij} 有 3 个独立分量 g_{31}、g_{33}、g_{15}。

(3) 压电应力常数 e_{ij}

$$e=\left(-\frac{\partial T}{\partial E}\right)_s$$

或

$$e=\left(\frac{\partial D}{\partial S}\right)_E \tag{4.10}$$

e_{ij}有3个独立分量e_{31}、e_{33}、e_{15}。

(4) 压电劲度常数 h_{ij}

$$h=\left(-\frac{\partial T}{\partial D}\right)_s$$

或

$$h=\left(-\frac{\partial E}{\partial S}\right)_D \tag{4.11}$$

h_{ij}有3个独立分量h_{31}、h_{33}、h_{15}。

由此可见，由于选择不同的自变量，可以得到d、g、e、h四组压电常数。由于陶瓷的各向异性，使压电陶瓷的压电常数在不同方向具有不同的数值，即存在如下关系：

$$\begin{aligned} d_{31}=d_{32},d_{33},d_{15}=d_{24} \\ g_{31}=g_{32},g_{33},g_{15}=g_{24} \\ e_{31}=e_{32},e_{33},e_{15}=e_{24} \\ h_{31}=h_{32},h_{33},h_{15}=h_{24} \end{aligned} \tag{4.12}$$

根据其中一种压电常数，即可以求出其他三种压电常数。压电常数直接建立了力学参量与电学参量之间的联系，同时对建立压电方程有着重要作用。

(5) 频率常数 N

频率常数是压电振子谐振时的频率（f_{ij}）和振子在振动方向上线度L的乘积：

$$N=f_{ij}L \tag{4.13}$$

如果外加电场垂直于振动方向，此谐振频率为串联谐振频率。如果外加电场平行于振动方向，此谐振频率为并联谐振频率。由于频率常数N只与材料性质有关，而与外形尺寸无关，所以在测知某一材料的N值后，就可以按要求的频率f_{ij}来设计压电振子的尺寸。由于压电陶瓷性能的分散性，使得材料的频率常数会有一定的波动，所以实际设计时需要留有尺寸余量以便测量时修正。

4.1.5 压电陶瓷场致疲劳特性

为了满足表面安装电路（surface mounting circuit，SMC）对电子元器件的片式化、小型化和集成化发展的需要，以多层压电陶瓷变压器和驱动器为代表的多层压电陶瓷器件得到了快速发展，例如多层压电陶瓷变压器具有薄型化、低驱动电压、高升压比、高转换效率、高功率密度、无电磁干扰等特点，作为一种新型的电源变换器，在笔记本电脑、液晶电视、可视电话、掌上电话、数码相机以及便携式摄像机等方面具有广泛的应用。多层压电陶瓷驱动器也因其驱动电压低、分辨率高、响应快（$<0.1\mu s$）等特点，在微流阀、精密定位仪、微型超声电机、汽车燃喷系统和泵等领域具有广泛的应用前景。另外，压电陶瓷驱动器还有望成为新一代空间导弹和卫星的扫描元件。然而，由于压电陶瓷器件通常在循环交变电场下服役，或在多场（力、电、温度）下工作，因此压电陶瓷器件的可靠性和失效问题一直是人们关注的焦点，其中场致疲劳已成为压电陶瓷器件应用的主要障碍，也是其可靠性和耐久性设计考虑的重点[6]。

4.1.5.1 压电陶瓷场致疲劳现象

(1) 压电陶瓷的电致疲劳

压电陶瓷电致疲劳是指在交变电场作用下，压电陶瓷因铁电畴壁活性降低而呈现出宏观铁电性能的衰退，主要表现有饱和极化强度减小、剩余极化强度减小、矫顽场增加、介电常数及介质损耗改变，同时还会产生应变不对称现象，材料内部通常会产生微裂纹、分层或断裂等现象。对 PLZT (8/65/35) 压电陶瓷材料进行电循环研究，结果[7]发现在 2×10^4 次循环后，剩余极化强度 P_r、复介电常数 ε_{33}、压电系数 d_{33} 及机电耦合系数 K_{31} 开始下降，矫顽场 E_c 只有少量变化，而复弹性柔顺系数 S_{11}、电致伸缩系数 Q_{12}、电品质因数 Q_E、机械品质因数 Q_m 和机电品质因数 Q_{me} 与循环次数无关。$BaTiO_3$ 陶瓷在 60Hz 交变电场作用下，经几周循环作用后，其电滞回线（P-E）从矩形变成了螺旋桨叶形，剩余极化强度 P_r 和饱和极化强度 P_s 都有明显的降低[8]。在三角波形电源下，$0.2(PbMg_{1/3}Nb_{2/3})O_3$-$0.8(PbZr_{0.475}Ti_{0.525}O_3)$ 压电陶瓷材料的电滞回线（P-E）产生了严重畸变，铁电性退化[9]。单极化后 $Pb(Ni_{1/3}Sb_{2/3})O_3$-$PbTiO_3$-$PbZrO_3$ 压电陶瓷材料的极化强度损失远低于双极化后的损失，且在单极化条件下，$Pb(Ni_{1/3}Sb_{2/3})O_3$-$PbTiO_3$-$PbZrO_3$ 压电陶瓷材料在两倍矫顽场的电场作用下，能够承受的交变电场循环次数达到了 4×10^8 次[10]。压电陶瓷的电致疲劳是压电陶瓷器件在交变电场作用下的普遍现象，也是压电陶瓷器件可靠性设计中不容忽视的重要问题。

(2) 压电陶瓷多场耦合疲劳

压电陶瓷在高驱动电场作用下，不仅压电材料本身会因畴壁运动活性降低产生疲劳，导致压电性能下降，同时在多场（力、电、温度）耦合作用下，器件内部将形成不均匀的电场，应力场和温度场集中，特别是在谐振状态下陶瓷与电极界面和电极边缘区域微缺陷的扩展、内场的集中都将引起界面区域材料结构的变异，并对材料产生退极化现象，导致器件压电性能的进一步退化，甚至失效。采用压痕技术在 PZT 材料上预制裂纹，PZT 材料在外加交变电场作用下，疲劳裂纹的扩展受到交变电场的影响，疲劳后材料的碟形应变-电场强度曲线出现严重不对称，且右半部分曲线大幅度缩小[11]。层状 PZT 和 PLZT 压电材料在力电耦合场作用下，其弹性模量受到力场和电场的影响，压电系数和能量密度初始随着外加应力的增加而增加，但是当外加应力较大时却下降，这说明一定压应力的存在有利于提高器件的驱动能力[12]。在长期力电耦合作用下，这种效应会引起器件疲劳，从而使器件的压电效应退化。

4.1.5.2 压电陶瓷场致疲劳机理

(1) 畴壁钉扎机制

电畴是铁电压电材料特有结构，畴的组成和形貌对材料的压电性能具有重要影响。压电材料极化反转、剩余极化的产生、矫顽场的变化等都与畴壁的运动和畴的反转密切相关。压电陶瓷材料内存在两种类型的电畴：180°和非 180°，其中非 180°电畴有 90°、120°/60°以及 109°/71°。形成 180°电畴可以降低退极化能，而形成非 180°电畴可以降低应变能。在外加电场作用下，电畴沿外场方向反转，其中 180°电畴反转不会产生应力，对材料不会产生有害影响，而非 180°电畴的反转则由于受到相邻畴的约束不能自由进行，从而产生内应力，对材料产生有害影响，这是因为电畴的转动必然伴随着晶胞沿初始极化方向收缩，沿着新的极化方向伸长，从而发生畴变应变引起的。由于各晶粒间不能协调变形，导致在晶体内部形成局部应力集中诱发微裂纹[13]。电疲劳压电陶瓷样品在铁电-顺电相变温度以上加热一段时间后，空间电荷或缺陷对畴的钉扎会被消除，电滞回线可部分或全部恢复。

压电陶瓷的非线性效应受到材料中非180°电畴运动的影响，而材料中的带电掺杂粒子，内应力和空位等是非180°畴壁运动的障碍，它们与畴壁发生交互作用，从而对畴壁形成夹持或钉扎[14]。$Pb(Zr,Ti)O_3$ 压电薄膜中的空间电荷和缺陷对电畴具有钉扎作用，使电畴进入更加稳定的状态，从而不易为电场所反转，造成极化的下降[15]。在外电场作用下，空间电荷或点缺陷发生重新分布，形成与外电场反向的空间电荷电场，由于空间电荷电场的反转速度比极化电场慢，所以在反转过程中，空间电荷电场总是落后于极化电场，从而出现畴夹持现象，并且在多次循环中积累，最终产生电疲劳[16]。

(2) 应力集中机制

应力集中机制也是目前人们普遍认同的机制之一，陶瓷体内的气孔、晶界、空位等结构不连续处通常是应力集中区，陶瓷与内电极之间的界面处因热膨胀系数的差异也会导致应力集中，从而引起局部的畴反转，产生大的机械应力，诱发微裂纹。在较大交变电场作用下，以上这些区域附近的电场分布不均匀，且强度比远离该区域的地方高，所以这些区域附近的场致变形不协调，从而形成电场诱导的应力集中，产生裂纹甚至开裂。多层陶瓷驱动器的失效是电极与介质材料之间的界面开裂以及电极端部的界面开裂引起的[17]。压电陶瓷器件在交变电场作用下的疲劳机理并不单一，通常是多种机制共同作用的结果。

(3) 力电耦合场致机制

实际应用中压电陶瓷器件通常是在多场耦合（力-电-温度）作用下服役，所以多场作用下的场致疲劳机制十分复杂。PZT压电驱动器在大电场、压应力作用下，当施加较小的预应力时，压电陶瓷器件的介电常数和压电性能有所增加，而压力载荷较大时，由于起主导作用的机械应力具有去极化效应，所以材料的压电效应几乎完全丧失[18]。在施加交变机械载荷情况下，应力与电场同步时，极化强度和应变随应力幅度的增加而单调下降，直至机械载荷完全抑制压电效应。相反，当应力与电场不同步时，极化强度和应变随应力幅度的增加而增加，这一现象是由于介电响应、弹性变形、不可逆畴转变和压电效应综合影响引起的。

4.1.5.3 压电陶瓷疲劳影响因素

(1) 成分与晶体结构

压电陶瓷在外场作用下的介电和压电响应因其成分的不同而有所差异。例如，对于掺镧PLZT压电陶瓷，由于菱方相PLZT的矫顽场比四方相和正交相的小，在畴反转过程中菱方相结构产生的内应力比另外两种结构小，所以在电场作用下菱方相比四方相和正交相更容易反转，其抗疲劳性能好，即使是相同组成的晶体结构，其不同取向和畸变程度也会导致铁电疲劳性能的差异[19]。对于菱方相 $Pb(Zr_{0.7}Ti_{0.3})O_3$ 压电陶瓷材料，在［100］、［110］、［111］方向上的电畴经过108次反转后，［111］方向上的剩余极化强度明显大于另外两个方向上的剩余极化强度，这是由于［111］取向下畴壁运动更为容易引起的[20]。

(2) 致密度与孔隙率

陶瓷中的气孔是应力集中的场所，影响到压电陶瓷材料的多种性能，所以压电陶瓷材料的致密度和气孔率对其场致疲劳也将产生重要作用。压电陶瓷材料的抗疲劳性能够随着相对密度的增加而增加，因此，提高压电陶瓷材料的致密度是提高其抗疲劳性能的有效途径。例如在高交变电场作用下，常压烧结的PLZT和PZT陶瓷电疲劳主要是由于低密度和气孔的存在引起的，疲劳过程在高气孔率的材料中比在低气孔率的材料中进行得快。

(3) 晶粒尺寸

在压电陶瓷显微结构中，晶粒尺寸与陶瓷性能的关系是一个复杂的问题。细晶 PZT 材料的断裂韧性常比粗晶材料的大，然而，降低晶粒尺寸后，由于增加了空间电荷场效应，限制了畴壁的运动，从而影响了陶瓷材料的压电效应。PZT 压电陶瓷薄膜的临界尺寸为 25nm，在该尺寸范围内，纳米晶粒已不呈现铁电四方相，而是非铁电的立方相，即所谓的超顺电相[21]。$BaTiO_3$ 及 $PbTiO_3$ 压电陶瓷材料的临界尺寸分别为 44nm 和 4.2nm[22]。

(4) 电极-陶瓷界面

陶瓷与电极之间的界面处因热膨胀系数不同而导致电极-陶瓷界面处分层，陶瓷与电极之间可能存在的化学反应以及内电极周围电场的不均匀分布等因素都将对压电材料的抗疲劳性能产生不利影响。为了改善 PZT 压电陶瓷与 70Ag-30Pd 内电极之间的结合界面，通过在原电极中掺入 PZT 陶瓷粉起到了良好的效果，这一技术提高了电极与陶瓷之间的结合力，有效阻止了电极与陶瓷在烧结过程中因收缩率不同而形成的不匹配连接[23]。在 PAN-PZT 压电陶瓷驱动器内电极间引入浮电极（float electrode，简称 FE 型电极）来改进内电极周围的电场分布不均匀现象，可以达到减轻应力集中，防止开裂[24]。引入浮电极后，PAN-PZT 压电陶瓷驱动器的可循环次数从原来的 10^7 次提高到了 $>1.5\times10^7$ 次，有效改善了材料的抗疲劳性能。

(5) 微观缺陷

PZT 压电陶瓷材料中具有多种类型的缺陷，除了晶界和畴壁外，这种钙钛矿结构材料中还存在有大量的掺杂离子和点缺陷，特别是 PZT 陶瓷在烧结过程中由于 PbO 在 550℃以上温度挥发而形成的铅空位及氧空位，还有大量的电子缺陷存在于材料的禁带中。此外，材料中还存在有机械缺陷，例如气孔或裂纹。这些缺陷主要是通过力电耦合效应来影响材料的抗疲劳性能。氧空位主要通过以下方式对材料的抗疲劳性能产生影响：①产生晶格畸变，使得周围的晶体结构及畴形态更为稳定，对电场作用下铁电畴的反转运动产生抑制作用；②氧空位与其他类型的缺陷或杂质组成缺陷偶极子，在外电场作用下形成定向移动，并在畴界、晶界处被捕获，产生空间电荷，形成内电场，屏蔽外电场作用；③氧空位在电极与陶瓷材料的界面处累积，导致微裂纹产生。由于掺杂而产生的电子与空穴载流子，或者由于外界作用激发而产生的电子和空穴载流子，它们在电场的作用下形成定向运动，并在缺陷处或畴界处被捕获，形成空间电荷，与极化耦合阻碍畴壁的运动，从而降低材料的抗疲劳性能。

(6) 电场

电场对疲劳性能的影响主要体现在电场强度、频率和电场波形等方面。当电场强度小于矫顽场强时（$E<E_c$），压电陶瓷不会出现电致疲劳，而当电场强度大于矫顽场强时（$E>E_c$），具有明显的电致疲劳，压电性能明显降低。然而，实际上即使在 $E<E_c$ 的条件下，由于应力集中，裂纹尖端电场仍然有可能超过 E_c，从而促使裂纹扩展。当外加高的电场频率时，电畴在迅速的反转过程中产生大量的热量，容易对材料造成破坏，而当外加电场的频率较小时，电畴可以得到充分反转，所以材料表现出较大的剩余极化和较小的矫顽场，抗疲劳特性好。电场的波形对压电疲劳也有一定影响，在直流电场作用下，压电材料一般不表现疲劳，这时电畴的反转程度较小，所以由于极化反转而形成的内应力也较小。

(7) 温度

由于压电陶瓷器件通常是在多场（力-电-温度）场下服役，所以温度对压电陶瓷疲劳特性也具有重要影响。在铁电性存在的温度范围内，铁电畴的活动能力随着温度的升高而增大，被畴界捕获的缺陷也易于摆脱束缚，所以运动速度增大。在−150～100℃温度范围内，PZT 陶瓷材料在交变电场作用下，在临界温度（T_m）（介电常数最大值所对应的温度）以上，PZT 陶瓷疲劳特征消失，这是由于高温下产生去极化应变引起的[25]。

4.2 压电陶瓷材料的应用

压电陶瓷材料的应用广泛，主要包括压电振子和压电换能器两类。压电振子主要利用振子本身的谐振特性，要求压电、介电、弹性等性能稳定，机械品质因数高。压电换能器主要是直接利用正、逆压电效应进行机械能和电能的相互转换，要求品质因数和机电耦合系数高。压电陶瓷材料的应用如表 4.1 所示。

表 4.1 压电陶瓷材料的应用

应用领域		主要用途
电源	压电变压器	雷达、电视显像管、阴极射线管、盖克计数管、激光管、电子复印机、高压电源、压电点火装置
信号源	标准信号源	振荡器、压电音叉、压电音片等用作精密仪器中的时间和频率标准信号源
信号转换	电声换能器	拾声器、送话器、受话器、扬声器、蜂鸣器等声频电声器件
	超声换能器	超声切割、焊接、清洗、搅拌、乳化和超声显示等频率高于 20kHz 的超声器件
发射与接收	超声换能器	探测地质构造、油井固实程度、无损探伤和测厚、催化反应、超声衍射、疾病诊断等工业用超声器件
	水声换能器	水下导航定位、通信和探测的声呐、超声测深、鱼群探测和传声器
信号处理	滤波器	通信广播中所用分立滤波器和复合滤波器，例如彩电中频滤波器、雷达、自控和计算机系统所用带通滤波器、脉冲滤波器
	放大器	声表面波信号放大器、振荡器、混频器、衰减器、隔离器
	表面波导	声表面波传输线
传感与检测	加速度计、压力计	工业和航空技术上测定振动体或飞行器工作状态的加速度计、自动控制开关、污染检测用振动计、流速计、流量计、液面计
	角速度计	测量物体角速度及控制飞行器航向的压电陀螺
	红外探测器	监视领空、检测大气污染浓度、非接触式测温、热成像、热电探测、跟踪器
	位移发生器	激光稳频补偿元件、显微加工设备及光角度、光程长的控制器
存储显示	调制	用于电光和声光调制的光阀、光闸、光变频器、光偏转器、声开关
	存储	光信息存储器、光记忆器
	显示	铁电显示器、声光显示器
其他应用	非线性元件	压电继电器

4.2.1 在水声技术中的应用

水声换能器（图 4.5）是压电陶瓷的重要应用，由于电磁波在水中传播时有大的衰减，雷达和无线电设备无法有效完成水下观察、通信和探测任务，因此借助于声波在水中的传播来实现上述目的。压电陶瓷水声换能器是利用压电陶瓷的正、逆压电效应发射声波或接收声波来完成水下观察、通信和探测工作。由于经过人工极化后的压电陶瓷具有正负极性，在电场作用下能够产生电致伸缩效应，在交变电场作用下能够产生振动，振动在声频范围内就能发出声音，当在共振频率时能发生强烈的声波，能够传至数海里乃至数十海里（1n mile=1.852km）远。与光波在空气中传播相似，碰到障碍物就能反射回来，而压电陶瓷又具有接收反射波的功能，再把这种反射波转变为电信号，记录下这些电信号，计算传播的时间和方向就能判定障碍物的方向和位置，这相当于“水下雷达”的作用。

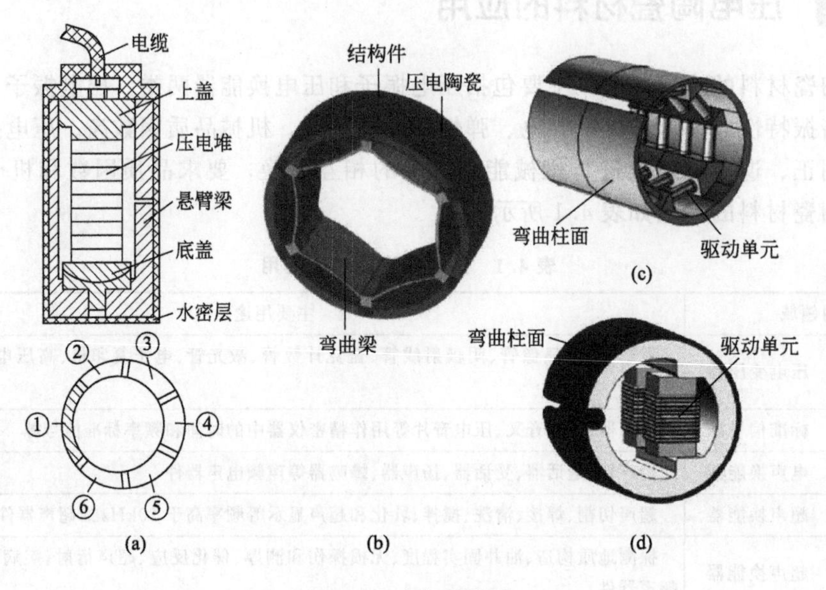

图 4.5　水声换能器

(a) 水声换能器结构；(b) 管梁耦合圆环水声换能器；(c) 柱面弯曲低频水声换能器；(d) 柱面弯曲低频水声换能器横截面

1—固定梁；2～6—不同厚度的柱面梁

压电陶瓷材料用于水声技术具有发射、接收和兼具发射接收三方面的功能。对于发射换能器用的材料，要求压电陶瓷具有高的驱动特性，即在大功率下损耗小、承受功率密度大、稳定性好，所以一般采用“硬性”压电陶瓷。这种“硬性”材料，振动时发出的功率强，现代的水下发射器已经达到兆瓦级的功率。对于接收换能器用的压电陶瓷，要求材料具有高灵敏度和平坦的频率响应，即材料应有高的机电耦合系数、大的介电常数和高的压电响应以及低的老化特性等，所以一般采用“软性”压电陶瓷。对兼具发射和接收功能的换能器，则要求压电陶瓷兼顾上述两种性能，需要添加 Cr 和 Ni，或以等价金属离子置换二元和三元系的压电陶瓷。

压电陶瓷水听器的接收灵敏度已经超过了人耳的灵敏度。水声应用范围很广，目前已应用于海洋地质调查、海洋地貌探测、编制海图、航道疏通、港务工程、海底电缆及管道铺设工程、导航、海事救捞工程、指导海业生产（鱼群探测）以及海底和水中目标物的探测与识别等方面，在现代化的军舰和远洋航船上装备了这种称为“声呐”的电子设备。

4.2.2　在超声技术中的应用

利用压电陶瓷的逆压电效应，在高驱动电场下产生高强度超声波，采用这种压电振子来振荡液体，甚至可以清除掉细小深孔中的油污，从而实现超声波的清洗功能。压电陶瓷具有高的机械强度、高矫顽力、高机电耦合系数以及良好的时间和温度稳定性，以压电陶瓷产生的超声波作为动力被广泛用于超声乳化、超声焊接、超声打孔、超声粉碎等装置上的机电换能器等方面[26]。

压电陶瓷超声换能器（图4.6）也可以用于超声医疗诊断技术，由于超声波是高频声波，压电陶瓷超声波探头发出的超声波在人体内传播，遇到病灶能够反射回来被压电陶瓷传感器接收，并在荧光屏上显示，计算声波传输时间，从而确定病灶的方位和大小。由于超声波在人体内传输无损人体组织，医院使用的“超声心动仪”诊断设备也基于上述原理。压电陶瓷可以广泛用于超声波测距计、超声波液面计、车辆计数器、电视机遥控器等。

图4.6 超声换能器

4.2.3 在高电压发生装置中的应用

利用压电陶瓷的正压电效应，可以将机械能转换为电能，产生高电压，用于压电点火器、引爆引燃、煤气点火器、打火机、压电开关和小型电源等（图4.7）。在这些装置中，要求压电陶瓷具有大的压电电压常数、纵向机电耦合系数和介电常数，高的机械强度和好的稳定性等。

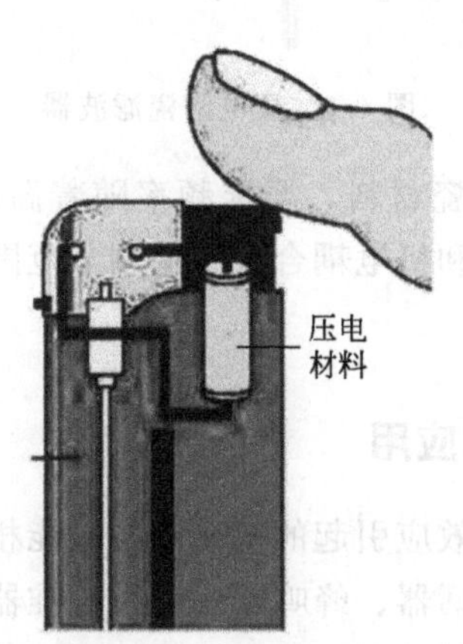

图4.7 压电点火器

压电陶瓷作为压电变压器，常用于小功率仪表上产生高电压小电流，压电变压器一般由驱动部分（施加交流电场以产生振动）和发电部分（机械能转变为电能）构成。当一定频率的交流电场施加在驱动部分时，由逆压电效应产生机械形变，由此产生机械谐振，这一机械谐振又通过正压电效应使压电陶瓷的发电部分端面聚集大量束缚电荷，束缚电荷越多，吸引空间电荷也越多，从而在发电部分端面的电极上获得高的电压输出。

4.2.4 在滤波器中的应用

滤波器的主要功能是决定或限制电路的工作频率，压电陶瓷滤波器（图 4.8）利用压电陶瓷的谐振效应，在线路中分割频率，只允许某一频段通过，其余频段受阻，其工作原理是在交变电场下，压电振子产生机械振动，当外电场频率增加到某一数值时，振子的阻抗最小，输出电流最大，此时的频率称为最小阻抗频率；当频率升高到另一数值时，振子阻抗最大，输出电流最小，此时频率称为最大阻抗频率。压电振子对最小阻抗频率附近的信号衰减很小，而对最大阻抗频率附近的信号衰减很大，从而起到滤波作用。压电陶瓷滤波器使用的频率范围为 30～300kHz 的低频到 30～300MHz 的高频。压电陶瓷在低频范围内的应用有调频立体收音机的多重解调器中的谐振器；中频陶瓷滤波器（455kHz）用于调幅收音机的中频滤波器；高频滤波器能够用于电视机上高频滤波器及调频收音机上的 10.7MHz 高频滤波器。此外，压电陶瓷还可以用于通信机的梯型滤波器、调频接收机用中频滤波器、调频立体声用表面滤波器、图像中频段用表面波滤波器等。

图 4.8 压电陶瓷滤波器

对制作压电滤波器的压电陶瓷材料，要求频率随着温度和时间的变化具有良好的稳定性、机械品质因数大、介电常数和机电耦合系数的调节范围宽、材料致密度高、可加工成薄片、能够在高频下使用等。

4.2.5 在电声设备中的应用

利用压电陶瓷的正、逆压电效应引起的机械能与电能相互转换功能，制作成各种电声器件，例如拾音器、扬声器、送受话器、蜂鸣器、声级校准器、电子校表仪等。采用铌镁锆钛酸铅压电陶瓷可以用于测虫拾音器（图 4.9），用于探测粮库中的害虫活动声音。当外界微弱的机械力或声音传到压电陶瓷探头时，压电瓷片受力弯曲变形，产生压电效应，压电片两端的引出线得到电信号，经过放大，在外接示波器上以频率特性显示出来。利用超声波的传播速度与电磁波传播速度的差异（前者是后者的 $1/10^6$），根据压电陶瓷的正、逆压电效应，将电信号经过电能-机械能-电能的转换，从而起到延迟作用，可以实现毫秒级的信号延迟，根据以上原理压电陶瓷可以用于制备延迟线，延迟线可以用于雷达、电视、计算机及程序控制等。

图 4.9　压电陶瓷拾音器

4.2.6 高温压电驱动器

(1) 多层压电驱动器

多层压电驱动器由于具有负载大、精度高、效率高、响应快、无电磁干扰等特点，广泛用于高温驱动领域，例如燃油电喷中的高温压电阀。为了提高柴油发动机的燃烧效率，多层压电驱动器能够取代电磁阀，可以有效提高燃油燃烧效率，减少 CO_2 和 NO_x 排放，降低发动机的运行噪声。然而，由于喷油腔环境温度在 150℃以上，传统 PZT 压电陶瓷材料在此温度长期服役会产生严重退极化和老化问题。在国防领域，为了提高拦截导弹的机动能力，改善导弹响应特性，采用高温多层压电驱动器直接控制阀门对尾喷管侧向旁路进行脉宽式调节是实现导弹直接侧向力控制的重要手段。$BiScO_3$-$PbTiO_3$ (BS-PT) 高温压电陶瓷材料由于具有高的居里温度和较高的压电系数 d_{33}[27]，有望取代 PZT 压电陶瓷，并克服目前存在的高温老化问题。图 4.10 所示为 BS-PT 陶瓷制备的多层压电驱动器，在 7.5kV/cm 电场作用下，多层 BSPT 压电驱动器在温度 200℃的应变和位移分别高达 0.115%和 11.5μm，在 25～200℃，BS-PT 陶瓷应变值为单层陶瓷的 80%。在 200℃以下位移损失只有大约 18%，这一结果与低温共烧 PZN-PZT/Ag 多层驱动器接近，但具有更好的温度稳定性。

(2) 腰压电双晶片致动器

传统的压电双晶片由两片极化方向相反的压电陶瓷片构成，在外加电压作用下因一片伸长、一片缩短可协同产生受弯致动。压电双晶片通常利用环氧树脂将两个压电陶瓷片粘接构成，但在高温环境下环氧树脂因挥发会造成压电致动器永久失效。采用银钯电极和陶瓷多层共烧的方法能够获得压电双晶片，但是制备工艺复杂、成本高。图 4.11(a) 所示为一种仅由一片压电陶瓷构成，也可以产生受弯致动的悬臂梁式腰压电双晶片致动器[28]，压电陶瓷

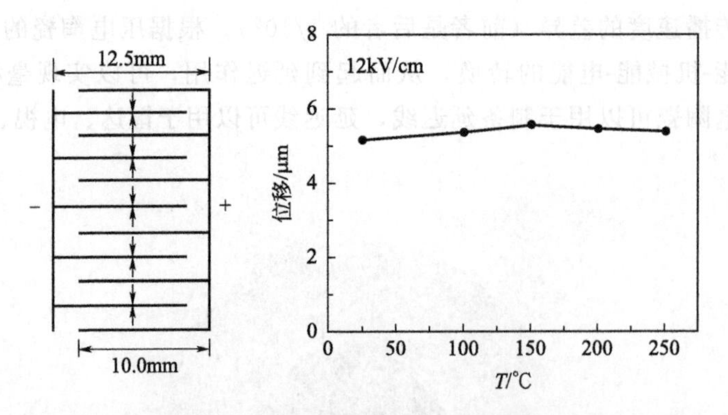

图 4.10 高温多层压电驱动器（安全使用温度达到 250℃）[26]

片的上下表面具有对称的叉指电极，同时在上下表面具有面内极化。图 4.11(b) 所示为极化后的极化强度分布，施加电场后，陶瓷片的上下表面分别膨胀和收缩，迫使压电片产生类似压电双晶片的受弯致动，悬臂梁式赝压电双晶片在自由端产生的位移可以通过如下公式计算：

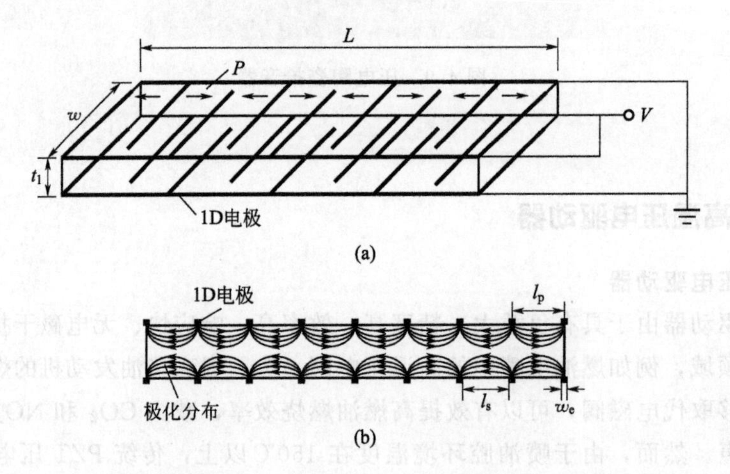

图 4.11 赝压电双晶驱动器的上下表面的电极分布和横截面处的极化强度分布[28]

(a) 赝压电双晶驱动器的上下表面的电极分布；(b) 横截面处的极化强度分布

$$\delta_D=\frac{3d_{33,\mathrm{eff}}VL^2}{2t_1l_\mathrm{p}} \tag{4.14}$$

式中，δ_D为自由端的位移；$d_{33,\mathrm{eff}}$为有效压电系数；V 为施加在赝压电双晶片上的电压；L 为赝压电双晶片的长度；t_1为赝压电双晶片的厚度；l_p为叉指电极的电极间距。在 100V/mm 电场的驱动下，赝压电双晶片驱动器由于其单片结构特征，表现出了比传统压电双晶片更好的位移-温度稳定性，由于采用的是软性 PZT 压电陶瓷，其使用温度仅为 150℃，如果换成高居里点的压电陶瓷材料，能够进一步提高使用温度。此种悬臂梁式单片压电致动器一般仅适合于小驱动力的场合。

(3) 剪切弯应变压电致动器

传统压电双晶片致动器由压电陶瓷、弹性金属板通过环氧树脂黏合构成，此种结构不适合高温驱动。前面介绍的悬臂梁式赝压电双晶片致动器的驱动力一般比较小，而圆环形轴对称结构的驱动方式可以改进压电致动器的驱动力。图 4.12 所示为工作在剪切弯应变模式下的单圆环片结构压电致动器模拟应变图，此种压电致动器也属于一种赝压电双晶片致动器。电场沿压电圆环的厚度方向施加，这样可以通过压电圆环的轴对称剪应变产生弯应变，在剪切弯应变变形条件下，环形致动器中心沿轴方向（厚度方向）产生的位移 D，可由以下公式估计：

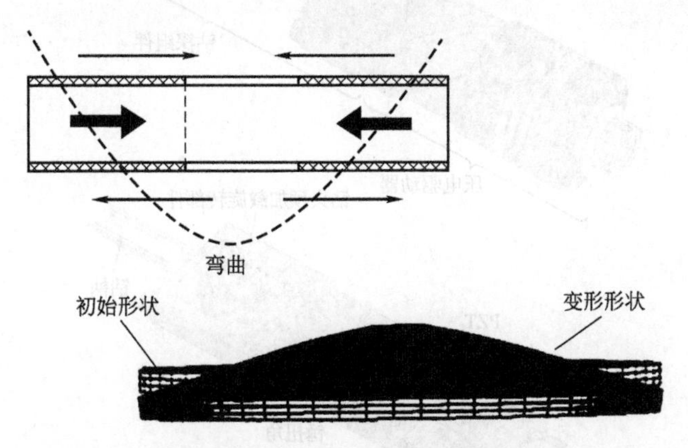

图 4.12　剪切弯应变压电致动器的模拟应变图[29]

$$D=(R_1-R_2)d_{15}E_1 \tag{4.15}$$

式中，R_1和 R_2 分别为外圈和内圈半径；d_{15}为压电系数；E_1为施加在样品上的电场。在室温下，BSPT 环形驱动器产生的位移约 8μm，在 200℃时达到 20μm，此种驱动器在 200℃的温度下具有良好的温度稳定性[29]。

(4) 高温压电电机

压电致动器拥有纳米定位的功能，但是受限于压电材料本身的应变极限，其产生的位移范围有限（从微米级到毫米级）。不同于压电致动器，压电电机可以通过周期重复运动，将压电材料产生的微小应变通过摩擦传递给一个滑块，因此可以产生连续运动。压电电机虽然保留了压电致动器的亚微米、纳米定位功能，但是由于摩擦损失降低了驱动力，用于精密定位的压电电机多设计为直线电机。

(5) 高温压电钻探机

在地质开采、空间探索等领域的岩石或者地表的钻探中，通常会面临高温问题，例如在对较深的油气田、地热井进行钻探以及空间探索中对地表温度较高的金星、水星表面进行钻探采样时，环境温度往往高于 300℃，对钻探设备提出了更高的要求。基于超声波钻探（ultrasonic/sonic driller/corer，USDC）原理可以设计出由压电驱动器驱动的岩石打孔钻探机，其压电钻探机的结构示意图如图 4.13 所示[30]，此种压电钻探机由 3 个核心部件构成，包括压电驱动器（ultrasonic actuator）、钻探组件（bit assembly）以及钻探刀头（cutter），压电驱动器由电信号驱动产生高频（通常为超声频段）机械振动，并将机械能传递给自由质量块。自由质量块继而冲击钻探刀头使得刀头上产生机械脉冲，利用刀头的机械脉冲对岩石进行破碎，其中压电驱动器的材料主要为 $LiNbO_3$ 晶体，当此种压电钻探机用于钻探岩石时，室温下的钻探速度可以达到 50mm/min，在 500℃时的钻探速度可以达到 1.3mm/min[31]。

4.2.7　高温能量回收器

压电驱动器是基于逆压电效应，将电能转化为机械振动、位移，而基于压电效应的器件

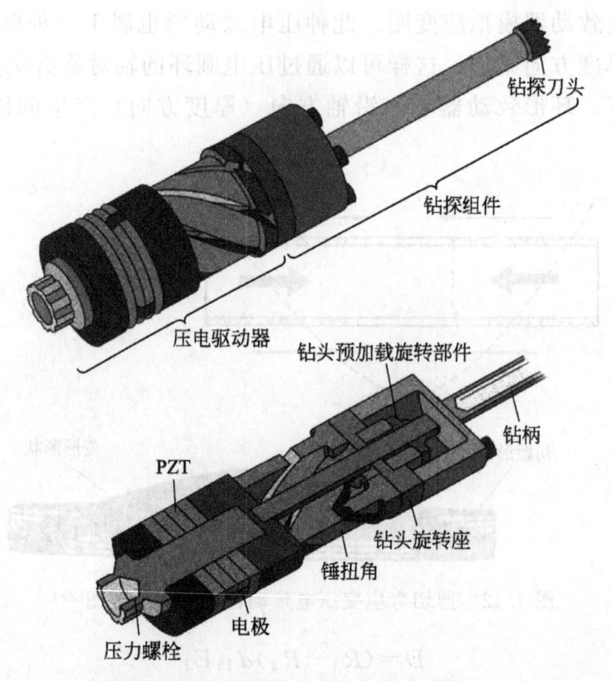

图 4.13 基于 USDC 原理的压电钻探机的结构示意图[30]

也可以将机械能转化为电能，从而用作能量回收器。采用 BS-PT 压电陶瓷材料可以制备出高温环境下使用的 d_{31} 模式悬臂梁结构压电振动能量回收器[32]，传统的悬臂梁式 PZT 压电振动能量回收器，由于具有较低的居里温度以及采用了环氧树脂黏合的复合结构，严重限制了其在高温环境中的应用。图 4.14 所示为 d_{31} 模式的高温能量回收器的结构示意图及高温测试装置示意图，此种器件采用机械夹持结构代替环氧树脂黏合，从而会避免高温下器件性能因为环氧树脂失效而衰退。

图 4.15 所示为 d_{31} 模式的高温能量回收器在不同温度下的输出电压随频率变化关系曲线，在 1 个重力加速度的激励下，室温时最大输出电压为 8V，输出功率为 13.5μW，而在 150℃时，器件的最大输出电压会高达 12V，最大输出功率高达 23.5μW，这是第一次在实验中发现 BS-PT 压电陶瓷作为能量回收器件在高温下（150～200℃）产生的功率输出比在室温下高 1 倍，此种压电陶瓷材料在高温下其电畴活性被强化，所以增强了其高温压电性能。悬臂梁结构的 d_{31} 模式压电振动能量回收器在强的振动幅度下，压电元件会发生脆性断裂，严重影响其使用寿命。采用 d_{33} 模式的杠铃状高温压电振动能量回收器件可以解决以上问题，所用材料为高居里点的钪酸铋-钛酸铅压电陶瓷[33]。此种压电能量回收器件的结构示意图如图 4.16 所示，d_{33} 型能量回收器中的压电陶瓷处于压缩工作模式，可以承受更大的冲击力，因而可以长期工作在强的振动环境当中。室温时此种能量回收器的最大输出功率为 4.76μW，BS-PT 压电陶瓷在高温（175℃）时最大输出功率可以增加 1 倍。随着温度的升高，由于 BS-PT 压电陶瓷材料的退极化，最大输出功率在更高的温度下呈现下降的趋势。

4.2.8 其他应用

除了以上应用外，压电陶瓷还可以用于各种检测仪和控制系统中的传感器，例如利用压电效应产生的直线振动的线动量代替角动量可以制备压电陀螺，这种压电陀螺具有体积小、

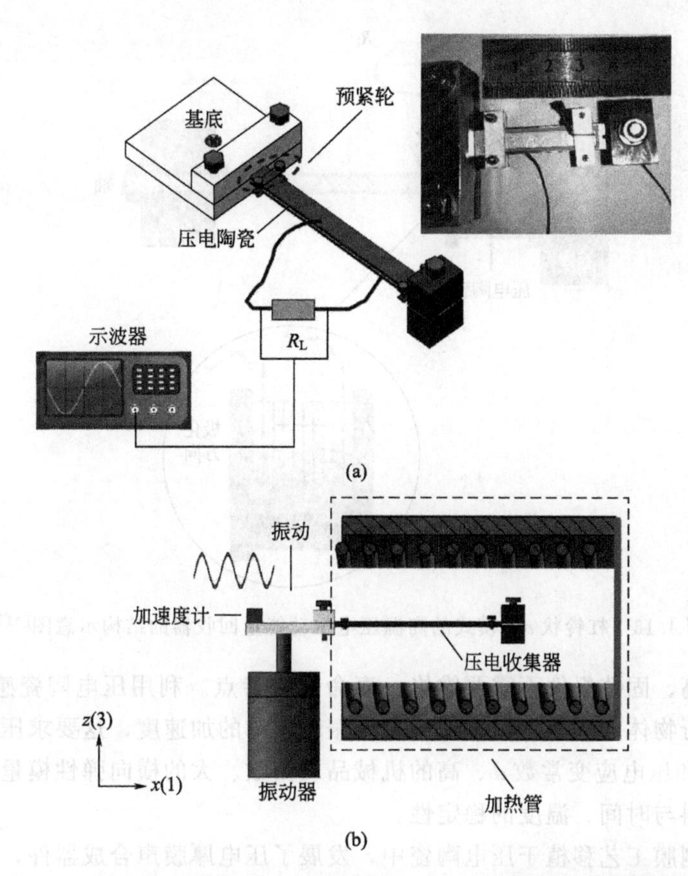

图 4.14　d_{31}模式的高温能量回收器的结构示意图及高温测试装置示意图[32]

(a) d_{31}模式的高温能量回收器结构示意图；(b) 高温测试装置示意图

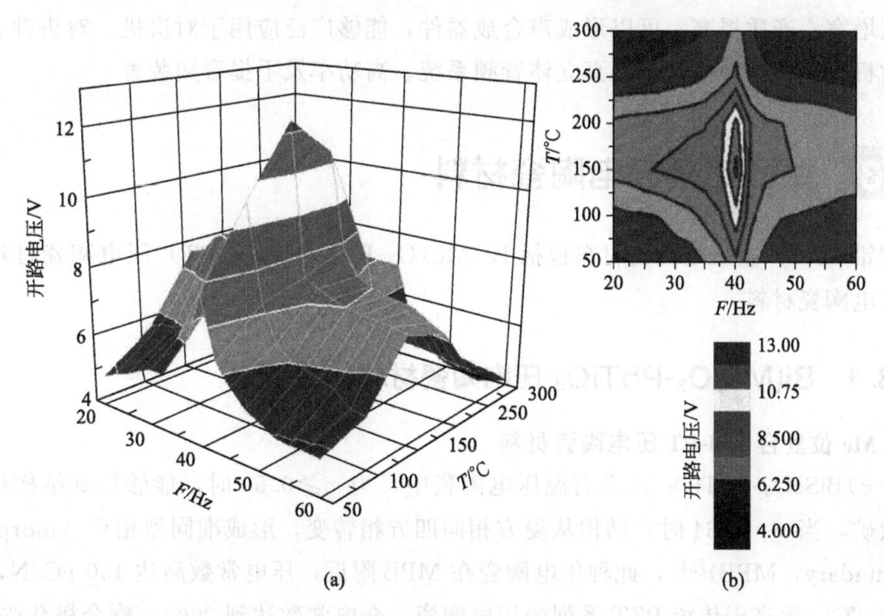

图 4.15　d_{31}模式的高温能量回收器在不同温度下的输出电压随频率的变化关系[33]

(a) 三维视图；(b) 等高线视图

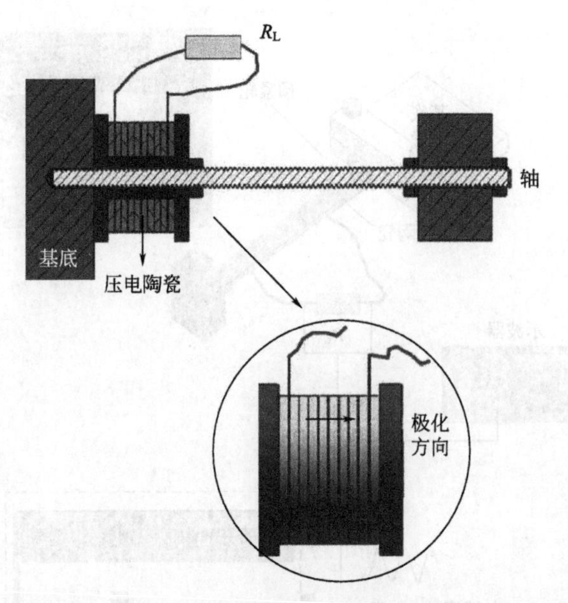

图 4.16 杠铃状 d_{33} 模式的高温压电振动能量回收器的结构示意图[33]

重量轻、可靠性高、固体组件不需要维修、寿命长等特点。利用压电陶瓷感知加速度变化，不仅可以测量飞行物体的加速度，还可以测量振动物体的加速度，这要求压电陶瓷具有高的压电电压常数 g 和压电应变常数 d、高的机械品质因数、大的横向弹性模量和较高的居里温度，从而提高材料与时间、温度的稳定性。

将电容器的制膜工艺移植于压电陶瓷中，发展了压电厚膜声合成器件，这种压电膜工作电压低（2.8V 生成 100dB 声压）、电容量高、易匹配、无接触结构，所以使用时无火花和噪声，具有低功耗、无磁力线流、对磁卡无影响等特点。这种压电膜由于膜薄、频率移向低频、频区增宽、音质提高，可以形成声合成器件，能够广泛应用于对讲机、对讲钟表、对讲自动售货机、电子翻译机、高保真立体音频系统、高功率及手提音频装置。

4.3 钛酸铅基压电陶瓷材料

钛酸铅（PT）基压电陶瓷材料包括 $Bi(Me)O_3$-$PbTiO_3$（BM-PT）压电陶瓷材料和锆钛酸铅基压电陶瓷材料。

4.3.1 $Bi(Me)O_3$-$PbTiO_3$ 压电陶瓷材料

（1）Me 位复合 BM-PT 压电陶瓷材料

$(1-x)BiScO_3$-$PbTiO_3$ 体系高温压电陶瓷中，当 $x\geqslant 0.50$ 时，能够得到结构稳定的菱方相钙钛矿，当 $x=0.64$ 时，结构从菱方相向四方相转变，形成准同型相界（morphotropic phase boundary，MPB）[34]，此种压电陶瓷在 MPB 附近，压电常数高达 450 pC/N，居里温度高达 450℃，远高于传统 PZT 系列的压电陶瓷，介电常数达到 2000，剩余极化强度 P_r 为 $32\mu C/cm^2$，矫顽场 E_c 为 20kV/cm，机电耦合系数达到 0.56。BM-PT 菱方相里存在 71°畴和 109°畴的（100）和（110）的孪晶，在四方相里存在 90°畴和 180°畴，同时由于氧八面体反向旋转造成在菱方相的时候出现超晶格[35,36]。采用溶胶-凝胶法能够制备出细晶 $BiScO_3$-$PbTiO_3$(BS-PT) 压电陶瓷，其晶粒尺寸约 500nm，而采用传统固相法制备的相同组分陶瓷晶粒为 6～10μm[37]。此种溶胶-凝胶法以分析纯的乙酸铅、硝酸铋、钛酸四丁酯、硝酸钪、柠檬酸、氨水［含 25%（质量分数）的氨］、硝酸、聚乙二醇（PEG）作为原料。钛酸四丁酯作为柠檬酸钛的前驱体能够解决水解问题。首先制备 30%（质量分数）的柠檬酸水溶液，加入氨水调节溶液的 pH 值到 6，随后在搅拌的条件下，加入钛酸四丁酯，钛酸四丁酯与柠檬酸的摩尔比为 1∶2，溶液内有白色沉积物析出，将溶液加热至 65～70℃能够溶解白色沉积物。搅拌停止后溶液分为两层，上层为丁醇，下层为柠檬酸钛溶液。将硝酸铋与浓度为 2mol/L 的硝酸溶液混合制备出硝酸铋溶液，然后加入过量的柠檬酸水溶液［柠檬酸含量 30%（质量分数）］和硝酸铯，金属离子与柠檬酸的摩尔比为 1∶2。在调整溶液的 pH 值至 5 后，向以上混合溶液中加入浓度为 1mol/L 的硝酸铅溶液、柠檬酸钛溶液和 PEG，最终形成了溶胶。将所得溶胶于 120℃干燥 10h，形成了凝胶体。将所得凝胶于 185～200℃干燥直至形成多孔凝胶体。将多孔凝胶体于 550～800℃煅烧 2～8h 得到了尺寸约 10nm 的纳米 BS-PT 粉末。将所得纳米 BS-PT 粉末加入乙醇球磨 6h 后，在 3MPa 的压力下压制成直径 10mm、厚度 0.8mm 的片状样品，并在 200MPa 的压力下冷压处理。将绿色片状样品在 900～1000℃煅烧 2～3h 制备出了细晶 BS-PT 压电陶瓷。细晶 BS-PT 压电陶瓷具有比传统固相法合成的大晶粒 BS-PT 陶瓷更好的压电性能，压电系数 d_{33} 分别为 443 pC/N 和 260 pC/N。

BS-PT 的发现促进了 Bi（Me）O_3-$PbTiO_3$ 型高温压电陶瓷的研究，其中 Me 为 Sc、In、Fe、Ga 等元素。$(1-x)BiGaO_3$-$xPbTiO_3$ 体系压电陶瓷为四方相结构，由于四方晶相结构的不稳定性，不能得到准同型相界的压电陶瓷，其居里温度为 484℃[38]。$BiFeO_3$-$PbTiO_3$ 压电陶瓷在 1/2 (hkl) 的位置出现超晶格的衍射峰，这是由于 FeO_6 八面体沿赝立方的［111］轴反相旋转形成的[39]。采用传统固相法可以制备出 $0.4Bi(Ga_xFe_{1-x})O_3$-$0.6PbTiO_3$（$x=0.05$、0.25 和 0.4）压电陶瓷[40]，原料为纯度高于 99% 的 Bi_2O_3、Ga_2O_3、Fe_2O_3、$PbCO_3$ 和 TiO_2，将原料按照化学计量比进行称量混合，球磨 24h 后，将干燥后的混合粉末在 750℃煅烧 4h，然后进行第 2 次球磨、煅烧和第 3 次球磨。将得到的固溶物粉末压成直径 12mm、厚度 1.0mm 的圆片后将其放入密封的氧化铝坩埚内，在 1000～1100℃烧结 0.8h。烧结得到的样品经打磨抛光后直径和厚度分别为 10.0mm 和 0.25mm。在陶瓷圆片两面涂覆银浆，高温退火后形成电极。当 $x=0.4$ 时，$0.4Bi(Ga_{0.4}Fe_{0.6})O_3$-$0.6PbTiO_3$ 压电陶瓷的居里温度为 572℃，介电常数为 305。采用固相法也可以制备出 $Bi(Zr_{0.5}Zn_{0.5})O_3$-$PbTiO_3$ 压电陶瓷[41]，此种陶瓷采用高纯 PbO（99.8%）、Bi_2O_3（99%）、ZnO（99%）、ZrO_2（99%）和 TiO_2（99.99%）粉末作为原料，配料后加入乙醇球磨 24h，在 800～850℃下预烧 2h，于 1000～1100℃下烧结 2h，获得了 $Bi(Zr_{0.5}Zn_{0.5})O_3$-$PbTiO_3$ 压电陶瓷。此种 $Bi(Zr_{0.5}Zn_{0.5})O_3$-$PbTiO_3$ 钙钛矿结构压电陶瓷的居里温度高于 500℃，这是由于较大的四方畸变导致其压电活性较低引起的。

(2) 多元 BM-PT 压电陶瓷材料

在 $BiScO_3$-$PbTiO_3$-$Pb(Mn_{1/3}Nb_{2/3})O_3$ 压电陶瓷体系中，$PbTiO_3$ 含量为 60%、$Pb(Mn_{1/3}Nb_{2/3})O_3$ 含量在 10% 处位于 MPB 区域，压电常数达到 210 pC/N，机电耦合系数为 0.33。在 $PbTiO_3$ 含量为 68%、$Pb(Mn_{1/3}Nb_{2/3})O_3$ 含量在 10% 处居里温度为 420℃，机械品质因数达到 1000[42]。在 $(1-x)BiScO_3$-$x[(1-y)PbTiO_3$-$y(Ba_{0.294}Sr_{0.706})TiO_3]$

体系中，当y＝0.1、0.2、0.3和x＝0.64、0.66、0.7时，分别处于MPB区域，晶粒尺寸为1.9～2.3μm，远远小于$0.36BiScO_3$-$PbTiO_3$的晶粒尺寸10μm，这是因为Ba和Sr的加入显著抑制了晶粒长大引起的[43]。在MPB附近，随着Ba和Sr含量的增加，居里温度降低，在y＝0.1、0.2和0.3时，居里温度分别为338℃、296℃和246℃。随着Fe含量的增加，$0.35BiScO_3$-$0.6PbTiO_3$-$0.05Pb(Zn_{1/3}Nb_{2/3})O_3$-$x$Fe压电材料由MPB区域向四方相转变，当Fe含量大于0.4%（摩尔分数）时，全部转变为四方相[44]。当Fe含量为0～1.6%（摩尔分数）时，$0.35BiScO_3$-$0.6PbTiO_3$-$0.05Pb(Zn_{1/3}Nb_{2/3})O_3$-$x$Fe材料的居里温度为410～440℃，退极化温度为250～260℃。在$(0.95-x)BiScO_3$-$xPbTiO_3$-$0.05Pb(Zn_{1/3}Nb_{2/3})O_3$压电陶瓷中，当$x$＝0.6时，退极化温度为400℃，当$x$＝0.7时，退极化温度为450℃，其中$x$为0.54～0.7时，退极化温度并不是250～260℃附近，而是在居里温度附近[45]。在$BiFeO_3$-$PbZrO_3$-$PbTiO_3$压电陶瓷体系中，$BiFeO_3$含量为61.5%～68.6%时，居里温度为525～590℃，介电常数为225～285[46]。

表4.2所示为Bi（Me）O_3-$PbTiO_3$系压电陶瓷和其他体系压电陶瓷的性能比较[47,48]。从表中可以看出，Bi(Me)O_3-$PbTiO_3$系压电陶瓷具有高的居里温度，而BS-PT的性能与PZT相当，能够用于制备高温传感器、驱动器和换能器。

表4.2 Bi(Me)O_3-$PbTiO_3$系压电陶瓷和其他体系压电陶瓷的性能比较[47,48]

压电陶瓷	d_{33}/(pC/N)	T_c/℃	ε_r	k_p/%
PZT	374	365	1700	0.65
BS-PT	460	450	2010	0.56
BG-PT	—	495	155	—
BF-PT	—	650	400	—
BS-PT-BST	440	338	2340	0.46
BS-PT-PMN	220	330	1000	0.33
BS-PT-PZN	205	330	1000	0.33
BF-PZT	—	560	237	—

4.3.2 锆钛酸铅基压电陶瓷材料

(1) 二元系锆钛酸铅基压电陶瓷材料

典型的二元系锆钛酸铅基压电陶瓷是在PZT的基础上进行“硬”性掺杂，所谓“硬”性掺杂是指添加Li^+、Na^+、Fe^{2+}、Mn^{4+}、Co^{3+}等替代A位或B位的低价阳离子，使材料中为保持电平衡出现氧空位，畴壁运动阻力增大，自发极化降低，介质损耗减小，Q_m值提高。这类掺杂所得压电陶瓷材料的Q_m值在500～600之间，介质损耗为0.005，压电常数d_{33}大于320 pC/N[49]。

(2) 三元系锆钛酸铅基压电陶瓷材料

为了满足不同需要，在PZT二元系基础上发展了组成更加复杂的三元系压电陶瓷，主要包括铌镁锆钛酸铅系、铌锰锆钛酸铅系、锑锰锆钛酸铅系、铌锌锆钛酸铅系。第三组元的加入可以形成比PZT体系更宽的MPB区域，可以使三元系压电陶瓷的性能调节范围更广。铌镁锆钛酸铅系压电陶瓷主要成分为$xPb(Mg_{1/3}Nb_{2/3})O_3$-$yPbTiO_3$-$zPbZrO_3$（PMN-

PZT)，具有高机电耦合系数（k_p）、高介电常数、高 Q_m 和良好的温度稳定性。随着 PMN 含量的增加，PMN-PZT 准同型相界 MPB 区域向富钛方向移动，$0.25Pb(Mg_{1/3}Nb_{2/3})O_3$-$0.75Pb(Zr_{0.47}$-$Ti_{0.53})O_3$ 的压电性能为 $\varepsilon_r=4731$，$\tan\delta=0.026$，$d_{33}=530$ pC/N，$Q_m=73.5$[50]。但是由于此种压电陶瓷 Q_m 值低，纯铌镁锆钛酸铅仍然需要掺杂改性才能适用于大功率器件，例如在纯铌镁锆钛酸铅中添加 Mn、Ce、Cu、Cr 等金属元素，不仅可以与其他组分金属氧化物形成低共熔物，降低烧结温度，还可以显著降低此种压电材料的老化率，并提高 Q_m 值。在主成分为 $0.5Pb(Zr_{0.52}Ti_{0.48})O_3$-$0.5Pb(Mg_{1/3}Nb_{2/3})O_3$ 的铌镁锆钛酸铅中添加 8%（摩尔分数）的 MnO_2 可以制备出 MnO_2 掺杂 $0.5Pb(Zr_{0.52}Ti_{0.48})O_3$-$0.5Pb(Mg_{1/3}Nb_{2/3})O_3$ 压电陶瓷[51]，制备过程是将原料球磨后加入聚乙烯醇（PVA）黏结剂压制成直径为 25mm、厚度为 2mm 的片状试样，在 500℃下煅烧脱掉黏结剂，并在 1250℃下煅烧 4h，加热及冷却速率为 5℃/min。在 MnO_2 掺杂 $0.5Pb(Zr_{0.52}Ti_{0.48})O_3$-$0.5Pb(Mg_{1/3}Nb_{2/3})O_3$ 压电陶瓷圆片两面涂覆银浆，于 520℃高温退火后形成电极。此种压电陶瓷的 Q_m 值大于 1700，介质损耗为 0.01。

铌锰锆钛酸铅系主要成分为 $xPb(Mn_{1/3}Nb_{2/3})O_3$-yPb-TiO_3-$zPbZrO_3$（PMnN-PZT），随着 $Pb(Mn_{1/3}Nb_{2/3})O_3$ 含量的增加，c/a 逐渐降低，d_{33}、Q_m及 k_p值先增大后减小，介质损耗 $\tan\delta$ 逐渐增大，弹性柔顺系数 S 值逐渐减小，居里温度逐渐降低[52]。随 Zr/Ti 摩尔比的增加，相结构逐渐由四方相向三方相转变，介电峰逐渐左移，居里温度降低。当 $x=0.04$、Zr/Ti=13/12，在 1200～1225℃范围内烧结时，可以得到综合性能优良的压电陶瓷材料：$\varepsilon_r=1190\sim1200$，$Q_m=2450\sim2920$，$d_{33}=320$pC/N，$k_p=0.594\sim0.595$，$T_c=321\sim329$℃，$\tan\delta=0.003$。

锑锰锆钛酸铅系主要成分为 $xPb(Mn_{1/3}Sb_{2/3})O_3$-$yPbTiO_3$-$zPbZrO_3$（PMS-PZT），其特点是 k_p和 Q_m值高，谐振频率受时间和温度的影响小。掺杂 CeO_2PMS-PZT 压电陶瓷材料的机械品质因数和介电常数都有提高，Q_m为 2800，且 d_{33}超过 600 pC/N[53]。随着烧结温度的提高，PMS-PZT 压电陶瓷的晶相由四方相向三方相转变[54]，机械品质因数 Q_m减小，介电常数 ε_r、机电耦合系数 k_p、压电常数 d_{33}先增加后减小，介质损耗 $\tan\delta$ 先减小后增加，当烧结温度为 1200℃时所得 PMS-PZT 压电陶瓷具有最好的压电性能：$Q_m=1500$，$\varepsilon_r=1866$，$k_p=0.56$，$d_{33}=326$pC/N，$\tan\delta=0.004$。在添加 CuO-Bi_2O_3-Li_2CO_3 烧结助剂后，烧结温度由 1200℃降为 980℃，但是 PMS-PZT 压电陶瓷压电性能也有一定降低。

(3) 铌锌锆钛酸铅系

铌锌锆钛酸铅系主要成分为 $xPb(Zn_{1/3}Nb_{2/3})O_3$-yPb-TiO_3-$zPbZrO_3$（PZN-PZT），其特点是具有良好的稳定性、致密性、绝缘性和压电性。$Pb(Zn_{1/3}Nb_{2/3})O_3$ 是一种典型的弛豫铁电体，将 PZN 与 PZT 复合，在改善体系烧结特性的同时，使体系兼具弛豫铁电体的特点。采用 $NaNbO_3$-Co_2O_3 掺杂改性 PZN-PZT 压电陶瓷[55]，材料化学成分为 $(1-x)Pb_{0.95}Sr_{0.05}[(Zr_{0.54}Ti_{0.46})_{0.9}(Zn_{1/3}Nb_{2/3})]O_3$-0.3%$Co_2O_3$-$xNaNbO_3$，所用原料为分析级 ZnO、$Nb_2O_5$、$Pb_3O_4$、$TiO_2$、$ZrO_2$、$SrCO_3$、$NaNbO_3$ 和 Co_2O_3，将 ZnO 和 Nb_2O_5 混合并加水球磨 4h，在空气中干燥 8h 后，在刚玉坩埚内于 1100℃煅烧 2h 制备出 $ZnNb_2O_5$。将所得 $ZnNb_2O_5$ 与其他原料混合并加水球磨 4h，在空气中干燥 8h 后，于 880℃煅烧 2h，并球磨 8h 获得 $NaNbO_3$-Co_2O_3 掺杂改性 PZN-PZT 粉末。在粉末中加入 10%（体积分数）的 PVA 黏结剂，在 50MPa 压力下压制成片状试样，在密封管式炉中于 1200℃煅烧 2h，在所得压电陶瓷圆片两面涂覆银浆，于 800℃高温退火后形成电极。将试样浸入硅油中，在 3.5kV/mm

的电场作用下于120℃保温30min进行极化处理。Co_2O_3 和 $NaNbO_3$ 的加入降低了PZN-PZT压电陶瓷的介电损失 $\tan\delta$，其压电性能为：$\varepsilon_r=985$，$Q_m=1380$，$d_{33}=310$ pC/N，$k_p=0.59$，$T_c=321\sim329$℃，$\tan\delta=0.0034$。

(4) 四元系锆钛酸铅基压电陶瓷材料

由于锑锰锆钛酸铅和铌锰锆钛酸铅都能获得较高的机械品质因数 Q_m 和较低的介质损耗 $\tan\delta$，所以四元系高 Q_m 压电陶瓷多在锑锰锆钛酸铅和铌锰锆钛酸铅的基础上添加第四组元，例如 $Pb(Mg_{1/3}Nb_{2/3})O_3$、$Pb(Ni_{1/3}Nb_{2/3})O_3$、$Pb(Zn_{1/3}Nb_{2/3})O_3$、$Pb(Fe_{2/3}W_{1/3})O_3$ 等。第四组元的加入可以降低烧结温度，提高致密度，增大压电常数，这也与MPB的存在有关，例如加入PZN并添加 MnO_2 等可以制备出 Q_m 接近2000、压电常数和机电耦合系数（$d_{33}>300$pC/N，$k_p>0.55$）较高的功率型压电陶瓷[56]。此种压电陶瓷的成分为（$Zr_{0.52}Ti_{0.48}$）O_3-0.05$Pb(Mn_{1/3}Sb_{2/3})O_3$-0.05$Pb(Zn_{1/3}Nb_{2/3})O_3$+0.2%MnO_2+0.6%WO_3+x%ZnO，其中 $x=0$、0.05、0.1、0.2及0.3，采用熔盐合成法来制备。将 Pb_3O_4（纯度97%）、ZrO_2（纯度99%）、TiO_2（纯度98%）、Nb_2O_5（纯度99.5%）、ZnO（纯度99%）、Sb_2O_3（纯度99%）、MnO（纯度90%）、WO_3（纯度99%）、NaCl和KCl混合后加乙醇球磨12h，于80℃干燥。将干燥后的粉末于800℃煅烧2h，并采用热蒸馏水清洗数次以去除粉末中的氯离子。将煅烧后的粉末添加PVA，在100MPa的压力下压制成直径13mm的片状试样，并在密封刚玉管内铅气氛中于1100～1150℃煅烧4h。表4.3所示为常见四元系高 Q_m 型压电陶瓷的性能参数[57-60]。

表4.3 常见四元系高 Q_m 型压电陶瓷的性能参数[57-60]

四元系压电陶瓷	d_{33}/(pC/N)	Q_m	$\tan\delta$
掺锰 PNW-PMS-PZT	400	1300	0.0045
掺锰 PZN-PMS-PZT	380	1000	—
PFW-PMN-PZT	358	1665	0.005
掺锂 PMN-PMN-PZT	268	1702	0.005
PMS-PZN-PZT	300	1800	0.006

虽然多元系压电陶瓷难以制备，但是可以获得传统PZT所不具备的"软硬"兼备的压电特征，然而在大功率应用中，仍然存在谐振频率漂移、Q_m 降低，发热带来的机电耦合系数的减小和热稳定性变差的问题，尤其是发热会导致材料升温，从而使材料退极化，导致材料压电性能消失。因此，在用于大功率器件方面，仍然需要研究高 Q_m、介质损耗低的硬性压电陶瓷材料。

4.4 钛酸钡基无铅压电陶瓷材料

钛酸钡（BT）作为最早被发现的一种具有 ABO_3 钙铁矿结构的功能陶瓷材料，是电子陶瓷中使用最广泛的材料之一，被誉为"电子陶瓷工业的支柱"。然而，由于纯BT基压电陶瓷具有较低的居里温度（T_c 为120℃，工作温度范围狭窄）、较差的介电性（室温下相对介电常数约为1600，居里点附近相对介电常数高达10000），所以难以直接取代含铅压电陶瓷。随着对压电元器件的性能指标要求越来越高，如何在保持该体系材料具备较高室温相对介电常数时降低介质损耗，如何在高压电、铁电性能下保持较高的居里温度成为研究的热点，通过离子掺杂或引入新组元可以得到高性能的弛豫型压电陶瓷[61]。

4.4.1　离子掺杂改性

钛酸钡的结构为钙钛矿型晶体，Ba^{2+} 占据 A 位，Ti^{4+} 位于氧八面体中心的 B 位。当半径相似的金属或非金属离子单个或同时掺入 BT 基压电陶瓷中的晶格时，会产生部分 A、B 位离子取代以及部分 A、B 空位或氧空位缺陷，引起微观结构的改变，进而影响和改变陶瓷的电学性能。

(1) 金属或非金属离子掺杂改性

针对钛酸钡陶瓷相对介电常数不稳定且随环境温度变化较大的问题，采用液相掺杂方式可以制备出 $Ba_{1-x}La_xTiO_3$ 压电陶瓷[62]。此种液相掺杂方法以化学纯的硫酸氧钛、氢氧化钡、氯化钡、氨水和乙酸镧作为原料，取硫酸氧钛置于去离子水内，加热搅拌，待液体由乳白色浑浊变为铁青色时，缓慢加入氨水至 pH 值为 7～8，出现大量白色糊状物沉淀，用去离子水洗涤沉淀，直到用氯化钡溶液检测滤液无 SO_4^{2-} 为止。称量氢氧化钡和乙酸镧与白色糊状物一起置于研钵中研磨均匀，烘干。烘干产物研磨后于 850℃预烧，预烧后的粉末研磨并加入 PVA［5%（质量分数）］造粒，在 30MPa 下压制成尺寸为 ϕ12mm×1mm 的陶瓷坯片。将陶瓷坯片于 1150℃烧结 3h，自然冷却至室温，得到 $Ba_{1-x}La_xTiO_3$ 压电陶瓷片，陶瓷片经打磨、上银电极处理。La^{3+} 能够增加钛酸钡陶瓷的相对介电常数，居里温度有所降低，钛酸钡陶瓷的弥散相变程度增加，介温稳定性增强，La^{3+} 的掺杂摩尔分数为 0.5%时，能够获得室温 ε_r 为 8000、$\tan\delta$ 为 0.006、T_c 为 109℃的钛酸钡陶瓷。La^{3+} 对晶粒的生长具有抑制作用，随着 La^{3+} 掺杂量的增加，晶粒粒径减小且分布均匀，所得钛酸钡陶瓷表面缺陷减少导致相对密度增加。

采用固相反应能够制备出 Zr^{4+} 取代 Ti^{4+} 的 $(Ba_{0.85}Ca_{0.15})(Ti_{1-x}Zr_x)O_3$ (x=0、0.05、0.075、0.09、0.10、0.11、0.125、0.15 和 0.20) 压电陶瓷[63]。此种固相反应以 $BaCO_3$（纯度 99.9%）、TiO_2（纯度 99%）、ZrO_2（纯度 99%）作为原料，根据材料化学计量比称量、混合，加乙醇球磨 24h，然后在 1200℃煅烧 3h，将煅烧后的粉末球磨 12h，添加 PVA 在 20MPa 的压力下压制成直径 1.5cm、厚 1.0mm 的片状试样，将片状试样在空气中于 1500℃烧结 2h。在压电陶瓷片状试样两面涂覆金浆，于 700℃高温退火 20min 后形成金电极。将试样浸入硅油内，在直流电场作用下于 20～90℃保温 30min 进行极化处理。Zr^{4+} 取代 Ti^{4+} 可以有效提高 BCT 陶瓷的压电性能，随着 Zr 含量增加，居里温度降低，此种压电陶瓷体系最优组分 $(Ba_{0.85}Ca_{0.15})(Ti_{0.9}Zr_{0.1})O_3$ 的压电性能分别为：d_{33}=423 pC/N，k_p=51.2%，ε_r=2892，$\tan\delta$=0.0153。

(2) 稀土氧化物掺杂改性

稀土氧化物的掺杂可以降低压电陶瓷的介质损耗，提高室温下的相对介电常数。通过 CeO_2、Li_2CO_3 共掺杂可以提高钛酸钡基陶瓷材料的压电性能[64]，此种 Li_2CO_3 含量为 0.6%（质量分数），CeO_2 含量为 0.1%、0.2%、0.3%、0.4%、0.5%（质量分数）的共掺杂过程，以纯度 99.0%的 $BaCO_3$、$CaCO_3$、ZrO_2、CeO_2，纯度 99.84%的 TiO_2 作为原料，根据 $Ba_{0.85}Ca_{0.15}Ti_{0.9}Zr_{0.1}O_3$ 的化学计量比混合原料，在乙醇介质中球磨 8h，然后在空气气氛中于1300～1350℃煅烧4h，将Li_2CO_3和CeO_2加入煅烧后的粉末中，加入乙醇球磨8h，干燥后加入5%（质量分数）的PVA，在30MPa压力下压制成直径15mm、厚1.0～1.5mm的片状样品。将片状样品于500℃煅烧1h去除PVA，再于1050℃煅烧4h。在片状试样两面涂覆银浆，于600℃高温退火30min后形成银电极。将试样浸入硅油内，在4.5kV/mm的直流电场作用下于50℃保温25min进行极化处理。当CeO_2、Li_2CO_3的质量分数分别为0.2%和0.6%时，在1050℃所得掺杂$(Ba_{0.85}Ca_{0.15})(Ti_{0.9}Zr_{0.1})O_3$压电陶瓷的压电性能为：$d_{33}=436$ pC/N，$k_p=48.3\%$，$\varepsilon_r=3650$。

通过固相烧结法可以制备出Ga_2O_3掺杂$(Ba_{0.99}Ca_{0.01})(Zr_{0.02}Ti_{0.98})O_3$压电陶瓷[65]，原料为纯度99.0%的$BaCO_3$、$CaCO_3$、$Ga_2O_3$、$ZrO_2$和$TiO_2$，原料混合后采用$ZrO_2$磨球在乙醇介质中球磨24h后，在1250℃煅烧4h，将Ga_2O_3加入煅烧后的原料中继续球磨12h，烘干后加入5%（质量分数）的PVA黏结剂压制成直径18mm、厚度1mm的片状试样，在空气气氛中于1350℃烧结4h。采用Ga_2O_3掺杂$(Ba_{0.99}Ca_{0.01})(Zr_{0.02}Ti_{0.98})O_3$陶瓷，不仅可以提高电学性能（$d_{33}=440$ pC/N，$k_p=33.6\%$，$P_r=15.3\times10^{-6}C/cm^2$），还可以显著提高其温度稳定性。

对于Tb_4O_7掺杂$BaTiO_3$压电陶瓷，当Tb掺杂的摩尔分数为2%时，所得钛酸钡陶瓷的居里温度降低，室温相对介电常数显著提高，接近5000，介质损耗为0.04，仍然存在介质损耗偏大的现象[66]。SnO_2可以降低$BaTiO_3$陶瓷的介质损耗，当Sn掺杂摩尔分数为15%时，其介质损耗可以降低到0.02[67]。Sn、Tb复合掺杂钛酸钡陶瓷可以进一步降低钛酸钡陶瓷的介质损耗，在$BaTb_{0.01}Sn_xTi_{0.99-x}O_3$体系中，当Sn的掺杂摩尔分数为10%，烧结温度为1350℃时，$BaTb_{0.01}Sn_xTi_{0.99-x}O_3$陶瓷居里峰向低温方向移动，室温相对介电常数高达9069，介质损耗仅为0.011[68]。

4.4.2 多组元掺杂改性

PZT压电陶瓷在准同型相界（MPB）附近具有良好的电学性能，通过向BT基陶瓷材料中引入一种或多种成分，研究二元或多元体系的准同型相界也是BT改性的重要方法之一。

(1) BCT-*x*BZT体系

$Ba(Ti_{0.8}Zr_{0.2})O_3$-$x(Ba_{0.7}Ca_{0.3})TiO_3$(BCT-xBZT)是一种重要的压电陶瓷材料，从相图［图4.17(a)］中观察到了三相准同型相界（TMPB），在立方相、铁电相和四方相的三相点处出现最高压电性能，$d_{33}=620$ pC/N，甚至超过了普通含铅压电陶瓷的压电性能［图4.17(b)］，当$x=0.5$时，此种体系陶瓷的电致应变dS/dE达到最大值1140pm/V，远大于传统铅基陶瓷PZT的360～900pm/V[69]。具有TMPB的$Ba(Ti_{0.8}Hf_{0.2})O_3$-$x(Ba_{0.7}Ca_{0.3})TiO_3$(BHT-xBCT)在常温下其d_{33}可达550 pC/N[70]。$Ba(Sn_{0.12}Ti_{0.88})O_3$-$x(Ba_{0.7}Ca_{0.3})TiO_3$(BST-$x$BCT)体系陶瓷在室温下，其压电常数高达596 pC/N[71]。对于$(Ba_{0.85}Ca_{0.15})(Ti_{0.9}Zr_{0.08}Sn_{0.02})O_3$-$x$TbDyFe(BCZTS-$x$TbDyFe)（质量分数为0～0.4%），在BCZTS陶瓷加入TbDyFe后，BCZTS-xTbDyFe陶瓷出现介电弛豫行为，陶瓷晶粒尺寸变小，当质量分数为0.1%时，BCZTS-TbDyFe具有最优的综合性能：$d_{33}=500$ pC/N，$k_p=40\%$，$E_c=2\times10^3$V/cm，$\varepsilon_r=5955$，$\tan\delta=0.019$[72]。

(2) BT-BNT体系

$Bi_{0.5}Na_{0.5}TiO_3$（BNT）体系由于具有较大的机电耦合系数、较高的居里温度以及优良的电学性能引起了人们广泛的研究兴趣。然而，纯BNT在室温下矫顽场较高，难以充分极化。将BT作为第二组元引入BNT中，通过传统的固相反应法可以制备出$(1-x)$BNT-xBT固溶体（MPB处为三方-四方共存）[73]，原料为纯度99.0%的$BaCO_3$、Na_2CO_3、Bi_2O_3和TiO_2，原料混合并球磨后，在800℃煅烧1h，加入5%（质量分数）的PVA黏结剂压制成直径20mm、厚1mm的片状试样，在空气气氛中于1200℃烧结2h。在$x=0.06$～0.07处出现$(1-x)$BNT-xBT体系的准同型相界，当$x=0.06$时，矫顽场明显降低（$E_c=30\times10^3$V/cm）。采用传统的固相反应烧结法，掺入Nb_2O_5能够制备出Nb_2O_5掺杂$(1-x)BaTiO_3$-$x(Bi_{0.5}Na_{0.5})TiO_3$压电陶瓷[74]。制备过程如下：首先按照材料的组成进行配料，采用行星球磨机球磨4h进行混料，球磨介质为乙醇。将混合均匀的料浆烘干、过筛，并压块预合成，合成温度为800～1100℃，然后将合成的材料再次采用行星球磨机球磨6h。球磨好的原料烘干后，添加8%（质量分数）的PVC造粒，在150MPa下压制成12mm×2mm的生坯片，在空气中以5℃/min速度升温到1330℃烧结1h。烧结所得压电陶瓷被上欧姆接触银电极，在540℃保温10min烧渗电极。在$(1-x)BaTiO_3$-$x(Bi_{0.5}Na_{0.5})TiO_3$陶瓷中掺入摩尔分数为0.3%的Nb，随着掺杂摩尔分数从1%增至60%，所得压电陶瓷的居里温度从150℃增加到了235℃。

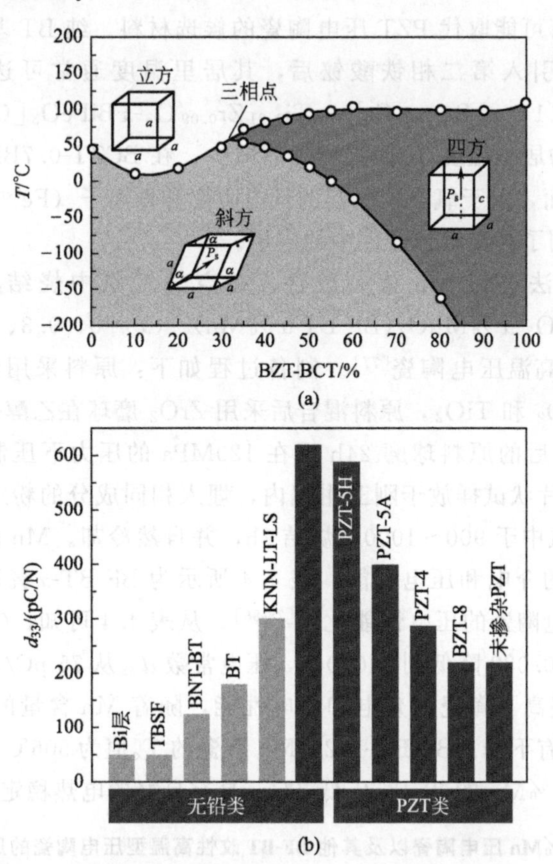

图4.17　BCT-xBZT的三相点及BCT-xBZT与其他体系材料d_{33}比较[69]

(a) BCT-xBZT的三相点；(b) BCT-xBZT与其他体系材料d_{33}比较

采用固相反应法也能够制备出$(Na_{0.5}Bi_{0.5})_{0.94}Ba_{0.06}TiO_3$压电陶瓷[75]，原料为$BaCO_3$（纯度99.0%）、$Na_2CO_3$（纯度99.8%）、$Bi_2O_3$（纯度98.9%）和$TiO_2$（纯度

99.9%），将原料在100℃干燥24h后称量，并在计量比组成基础上加入过量1%（质量分数）的Na_2CO_3和过量0.5%（质量分数）的Bi_2O_3。以乙醇为介质在玛瑙球磨罐中球磨24h后出料烘干，烘干粉分为两批进行预烧，第一批在氮气气氛中预烧，第二批在氧气气氛中预烧，预烧温度均为920℃，预烧时间均为3h。预烧粉再经12h的二次球磨后出料、烘干、添加PVA黏结剂进行造粒。将造粒粉压制成直径为11.5mm、厚度为1mm的生坯，在500℃保温3h脱黏结剂。在烧结过程中，经氮气预烧的粉体制备的生坯仍在氮气气氛中烧结，经氧气预烧的粉体制备的生坯仍在氧气气氛中烧结，烧结温度均为1170℃，烧结时间均为3h。采用以上方法在氮气和氧气中烧结能够制备出高介电低损耗［相对介电常数为6353（N_2气氛）、7417（O_2气氛），$\tan\delta$为0.011］、居里温度较高［248℃（N_2气氛）、258℃（O_2气氛）］的压电陶瓷。不同烧结气氛在陶瓷样品中引入的点缺陷浓度不同，在氮气中烧结所得试样的点缺陷浓度较在氧气中烧结试样高，试样的衍射峰角度更多地移向高角度，引起晶胞收缩，使得在氮气中烧结陶瓷试样的平均晶粒尺寸（2.1μm）明显大于在氧气中烧结陶瓷试样的平均晶粒尺寸（1.0μm）。

(3) BT-BF体系

$BaTiO_3$-$BiFeO_3$（BT-BF）体系压电陶瓷材料由于具有高的压电系数和居里温度，成为了无铅压电材料中最有可能取代PZT压电陶瓷的候选材料。纯BT基陶瓷材料难以在较高的温度下使用，通过引入第二相铁酸铋后，其居里温度通常可达到280℃以上。随着$BiFeO_3$含量的增加，$(1-x)Ba_{0.865}Ca_{0.135}Ti_{0.91}Zr_{0.09}O_3$-$xBiFeO_3$[$(1-x)$BCZT-$x$BF，$x=0.1\sim0.8$]压电陶瓷的居里温度$T_c$值先增加后减少，在BCZT-0.7BF组分时的$T_c$值最大，达到335.5℃[76]。然而，由于氧空位引起的低电阻率和铁离子（Fe^{3+}和Fe^{2+}）的价态波动使极化过程困难，限制了其在电子器件中的应用。

通过固相烧结方法进行Mn掺杂改性，在空气气氛中烧结，能够得到高性能的$0.71BiFeO_3$-$0.29BaTiO_3$-$x\%MnO_2$(BF-BT-x%Mn)（x=0、0.3、0.5、0.8、1.0、1.2、1.5、1.8、2.0）无铅高温压电陶瓷[77]。制备过程如下：原料采用纯度为99%的Bi_2O_3、$BaCO_3$、Fe_2O_3、MnO_2和TiO_2，原料混合后采用ZrO_2磨球在乙醇介质中球磨24h后，在750℃煅烧4h，将煅烧后的原料球磨24h后在120MPa的压力下压制成直径12mm、厚度1mm的片状试样，将片状试样放于刚玉坩埚内，埋入相同成分的粉末内以避免烧结过程中铋的蒸发，在空气气氛中于900～1000℃烧结2h，并自然冷却。Mn的存在显著增强了BF-BT-x%Mn陶瓷材料的介电和压电性能。表4.4所示为BF-BT-x%Mn压电陶瓷以及其他BF-BT改性高温型压电陶瓷的压电性能比较[78-86]。从表4.4可知，0.71BF-0.29BT压电陶瓷的介质损耗$\tan\delta$从0.082降低到了0.044，压电常数d_{33}从75 pC/N增加到了169 pC/N，说明Mn的引入显著提高了陶瓷的介电和压电性能，随着Mn含量的增加，BF-BT-x%Mn陶瓷的居里温度T_c略有下降。BF-BT-1.2%Mn陶瓷的T_c值为506℃，与其他组分相比高出30～80℃。BF-BT-1.2%Mn的T_d比T_c低7℃，具有良好的电热稳定性。

表4.4 BF-BT-x%Mn压电陶瓷以及其他BF-BT改性高温型压电陶瓷的压电性能比较[78-86]

压电陶瓷材料	ε_r	$\tan\delta$	T_c/℃	T_d/℃	d_{33}/(pC/N)	k_p/%
0.72BFA$_x$-0.28BT	—	—	450	420	151	0.31
0.72BFA-0.28BZT$_x$	—	—	435	425	157	0.33
0.71BGF$_x$-0.29BT+0.6%MnO_2	—	—	464	—	157	0.326

续表

压电陶瓷材料	ε_r	$\tan\delta$	T_c/℃	T_d/℃	d_{33}/(pC/N)	k_p/%
$0.71BFZT_x$-0.29BT	—	—	425	380	163	0.298
$(1-y)BF(MT)_x$-yBT	—	—	425	400	155	0.28
$0.71BF$-$0.29BTMN_x$	—	—	453	400	158	0.322
$0.71BFNT_x$-0.29BT+0.6%MnO_2	—	—	431	320	156	0.308
BFBT-x%Mn	—	—	463	—	131	0.298
$0.71BFNT_x$-0.29BT+0.6%MnO_2	561	0.044	473~482	—	113~121	—
0.71BF-0.29BT	766	0.082	531	310	75	0.17
0.71BF-0.29BT+1.0%MnO_2	694	0.045	512	500	140	0.325
0.71BF-0.29BT+1.2%MnO_2	556	0.044	506	499	169	0.373
0.71BF-0.29BT+1.5%MnO_2	525	0.045	492	477	159	0.33

4.4.3 烧结助剂改性

在压电陶瓷烧结的过程中加入烧结助剂（例如氧化铈、氧化锂等各类氧化物）可以降低烧结温度、减少能耗，烧结助剂中的阳离子还可取代晶体中的离子，产生空位、畸变等缺陷，改变陶瓷的电学结构。将 CeO_2 作为烧结助剂引入 $(Ba_{0.85}Ca_{0.15})(Ti_{0.9}Zr_{0.1})O_3$ 体系中，烧结温度从1540℃降低至1350℃，压电常数仍处于较高值（600 pC/N），常温 ε_r 接近5000，介质损耗低至0.012[87]。制备过程如下：原料为 $BaCO_3$（纯度99.8%）、$CaCO_3$（纯度99.0%）、ZrO_2（纯度99.5%）和 TiO_2（纯度99.9%），按照材料化学计量比称量混合后在乙醇介质中球磨8h并干燥后，在1250℃煅烧2h，将 CeO_2 和5%（质量分数）的PVA加入煅烧后的原料粉末，在100MPa的压力下压制成直径18mm、厚1mm的片状试样，在空气气氛中于1350℃烧结4h。

利用 Li_2O_3 能在较低温度下产生液相的特点可以使 $(Ba_{0.85}Ca_{0.15})(Ti_{0.9}Zr_{0.1})O_3$ 压电陶瓷的烧结温度降低至1260℃[88]，制备过程如下：原料为 $BaCO_3$（纯度99%）、$CaCO_3$（纯度99%）、ZrO_2（纯度99%）、Li_2CO_3（纯度99%）和 TiO_2（纯度99.21%），按照材料化学计量比称量混合后在乙醇介质中球磨24h并干燥后，在1200℃煅烧6h，在煅烧后的原料粉末中加入5%（质量分数）的PVA，在100MPa的压力下压制成直径15mm、厚1mm的片状试样，将样品于500℃煅烧1h去除PVA，再于1260℃煅烧4h。在片状试样两面涂覆银浆，于850℃高温退火30min后形成银电极。$(Ba_{0.85}Ca_{0.15})(Ti_{0.9}Zr_{0.1})O_3$ 压电陶瓷的压电系数高达436 pC/N，介质损耗仅有0.017。

思考题

4.1 压电陶瓷材料需要具有哪些性能参数？

4.2 为什么压电陶瓷材料具有场致疲劳现象？

4.3 压电陶瓷材料的场致疲劳机制是什么？

4.4 成分与晶体结构、致密度与孔隙率、晶粒尺寸、电极-陶瓷界面、微观缺陷、电场、温度等因素对压电陶瓷材料的场致疲劳特性具有何种影响？

4.5 压电陶瓷材料的应用有哪些？

4.6 压电点火器的使用原理是什么？

4.7 压电陶瓷滤波器的工作原理是什么？

4.8 说明高温压电电机的工作原理。

4.9 何为Me位复合BM-PT压电陶瓷材料？

4.10 举例说明常见四元系高Q_m型压电陶瓷的性能参数。

4.11 为何离子掺杂可以提高钛酸钡基压电陶瓷材料的压电性能？

4.12 为何烧结助剂可以提高钛酸钡基压电陶瓷材料的压电性能？

参考文献

[1] 钟维烈．铁电体物理学［M］．北京：科学出版社，1996.

[2] 吴家刚．铌酸钾钠基无铅压电陶瓷的发展与展望［J］．四川师范大学学报（自然科学版），2019，42（2）：143-154.

[3] Jaffe B，Roth R S，Marzullo S. Piezoelectric properties of lead zirconate-lead titanate solid-solution ceramics［J］. J Appl Phys，1954，25（6）：809-810.

[4] Noheda B，Cox D E，Shirane G. Stability of the monoclinic phase in the ferroelectric perovskite $PbZr_{1-x}Ti_xO_3$［J］. Phys Rev B，2000，63（1）：14103.

[5] Cox D E，Noheda A，Shirane G. Universal phase diagram for high-piezoelectric perovskite systems［J］. Appl Phys Lett，2001，79（3）：400-402.

[6] 杨刚，岳振星，李龙土．压电陶瓷场致疲劳特性与机理研究进展［J］．无机材料学报，2007，22（1）：1-6.

[7] Levstik A，Bohnar V，Kutnjak Z，et al. Fatigue and piezoelectric properties of lead lanthanum zirconate titanate ceramics［J］. J Phys D：Appl Phys，1998，31（20）：2894-2897.

[8] McQuarrie M. Time effects in the hysteresis loop of polycrystalline barium titanate［J］. J Appl Phys，1953，24（6）：1334-1335.

[9] Koh J H，Jeong S J，Ha M S，et al. Degradation and cracking behavior of $0.2(PbMg_{1/3}Nb_{2/3}O_3)$-$0.8(PbZr_{0.475}Ti_{0.525}O_3)$ multilayer ceramic actuators［J］. Sens Actuat A，2004，112（2-3）：232-236.

[10] Verdier C，Lupascu D C，Rodel J. Unipolar fatigue of ferroelectric lead-zirconate-titanate［J］. J Eur Ceram Soc，2003，23（9）：1409-1415.

[11] Weltzing H，Schneidera G A，Steens J，et al. Cyclic fatigue due to electric loading in ferroelectric ceramics［J］. J Eur Ceram Soc，1999，10（6-7）：1333-1337.

[12] Mitrovle M，Carman G P，Straub F K. Response of piezoelectric stack actuators under combined electro-mechanical loading［J］. Int J Solid Struct，2001，38（24-25）：4357-4374.

[13] 张宁欣．铁电陶瓷电疲劳性能的研究［D］．北京：清华大学博士学位论文，2001.

[14] Jeong S J，Ha M S，Song J S. Effect of geometry on properties of multilayer structure actuator［J］. Sens Actuat A，2004，116（3）：509-518.

[15] Zeng H R，Li G R，Yin Q R，et al. Nanoscale domain switching mechanism in Pb（Zr，Ti）O_3 thin film［J］. Appl Phys A，2003，76（3）：401-404.

[16] Pan W Y，Yue C F，Tosyali O. Fatigue of ferroelectric polarization and the electric field induced strain in lead lanthanum zirconate titanate ceramics［J］. J Am Ceram Soc，1992，75（1）：1534-1540.

[17] Ru C Q，Mao X，Epstein M. Electric-field induced interfacial cracking in multilayer electrostrictive actuators［J］. J Mech Phys Solids，1998，46（8）：1301-1318.

[18] Zhou D Y，Kamalah M. Synthesis of ferrite on SiO_2 spheres for three-dimensional magneto-photonic crystals［J］. J Appl Phys，2004，95（11）：6633-6641.

[19] Chen J，Harmer M P，Smith K M. Compositional control of ferroelectric fatigue in perovskite ferroelectric ceramics and thin films［J］. J Appl Phys，1994，76（9）：5394-5398.

[20] Brooks K G，Klissurska R D，Moeckli P，et al. Effects of metal salts on poly（DL-lactide-co-glycolide）polymer hy-

drolysis [J]. J Mater Res, 1997, 12 (2): 531-540.

[21] Dufay T, Guiffard B, Seveno R, et al. Energy harvesting using a lead zirconate titanate (PZT) thin film on a polymer substrate [J]. Ener Technol, 2018, 6 (5): 917-921.

[22] 钟维烈，艾村涛，姜斌．钛酸钡和钛酸铅的两个临界尺寸 [J]. 无机材料学报，2002，17 (5)：1009-1012.

[23] Zuo R Z, Li L T, Gu Z, et al. Modified cofiring behaviors between PMN-PNN-PZT piezoelectric ceramics and PZT-doped 70Ag-30Pd alloy metallization [J]. Mat Sci Eng A, 2002, 326 (2): 202-207.

[24] Maeng S Y, Lee D K, Choi J W, et al. Design and fabrication of multilayer actuator using floating electrode [J]. Mater Chem Phys, 2005, 90 (2-3): 405-410.

[25] Wang D, Fotinich Y, Carman G P. Influence of temperature on the electromechanical and fatigue behavior of piezoelectric ceramics [J]. J Appl Phys, 1998, 83 (10): 5342-5350.

[26] 梁召峰．夹心式压电陶瓷超声换能器的非线性研究进展 [J]. 声学技术，2016，35 (4)：296-302.

[27] Chen J, Liu G, Li X, et al. Lead-free BNT composite film for high-frequency broadband ultrasonic transducer applications [J]. IEEE Trans Ultrason Ferroelectr Freq Control, 2013, 60: 446-452.

[28] Shi H, Chen J, Liu G, et al. Femtosecond laser-induced microstructures on diamond for microfluidic sensing device applications [J]. Appl Phys Lett, 2013, 102: 242904.

[29] Chen J, Li X, Liu G, et al. A shear-bending mode high temperature piezoelectric actuator [J]. Appl Phys Lett, 2012, 101: 12909.

[30] 吴金根，高翔宇，陈建国，等．高温压电材料、器件与应用 [J]. 物理学报，2018，67 (20)：207701.

[31] Bao X, Scott J, Boudreau K, et al. Tunable mechanical monolithic horizontal accelerometer for low frequency seismic noise measurement [J]. SPIE, 2009, 7292: 72922.

[32] Wu J, Shi H, Zhao T, et al. High-temperature $BiScO_3$-$PbTiO_3$ piezoelectric vibration energy harvester [J]. Adv Funct Mater, 2016, 26: 7186.

[33] Wu J, Chen X, Chu Z, et al. A barbell-shaped high-temperature piezoelectric vibration energy harvester based on $BiScO_3$-$PbTiO_3$ ceramic [J]. Appl Phys Lett, 2016, 109 (17): 173901.

[34] Eltel R E, Randall C A, Shaout T R, et al. Preparation and characterization of high temperature perovskite ferroelectrics in the solid-solution $(1-x)$ $BiScO_3$-$PbTiO_3$ [J]. Jpn J Appl Phys, 2002, 41 (4A): 2009-2104.

[35] Tan J T, Li Z R. Effects of pore sizes on the electrical properties for porous 0. 36BS-0. 64PT ceramics [J]. J Mater Sci, 2017, 28: 9309-9315.

[36] Randall C A, Eitel R E, Shrout T R, et al. Transmission electron microscopy investigation of the high temperature $BiScO_3$-$PbTiO_3$ piezoelectric ceramic system [J]. J Appl Phys, 2003, 93 (11): 9271-9274.

[37] Zhao W, Wang X H, Hao J J, et al. Preparation and characterization of nanocystralline $(1-x)$ $BiScO_3$-$xPbTiO_3$ powder [J]. J Am Ceram Soc, 2006, 89 (4): 1200-1204.

[38] Cheng J R, Zhu W, Li N, et al. Fabrication and characterization of $(1-x)$ $BiGaO_3$-$xPbTiO_3$: A high temperature reduced Pb-content piezoelectric ceramic [J]. Mater Lett, 2003, 57: 2090-2094.

[39] David I, Woodward , Lan M R. Crystal and domain structure of the $BiFeO_3$-$PbTiO_3$ solid solution [J]. J Appl Phys, 2003, 94 (5): 3313-3318.

[40] 冯磊洋，王大磊，石贵阳，等．$Bi(Ga_xFe_{1-x})O_3$-$PbTiO_3$ 高温压电陶瓷的结构和介电性能 [J]. 压电和声光，2013，35 (4)：588-591.

[41] 石维，冯云光，秦伟，等．$Bi(Zr_{0.5}Zn_{0.5})O_3$-$PbTiO_3$ 高温压电陶瓷的结构与相变温度研究 [J]. 硅酸盐通报，2013，32 (3)：472-475.

[42] Ryu J, Priya S, Sakaki C, et al. High power piezoelectric characteristics of $BiScO_3$-$PbTiO_3$-$Pb(Mn_{1/3}Nb_{2/3})O_3$ [J]. Jpn J Appl Phys, 2002, 41 (10): 6040-6044.

[43] Song T H, Eitel R E, Shrout T R, et al. Piezoelectric properties in the perovskite $BiScO_3$-$PbTiO_3$-$(Ba,Sr)TiO_3$ ternary system [J]. Jpn J Appl Phys, 2003, 42 (8): 5181-5184.

[44] Liao Q L, Chen X L, Chu X C, et al. Effects of Fe doping on the structure and electric properties of relaxor type BSPT-PZN piezoelectric ceramics near the morphotropic phase boundary [J]. Sens Actuat-Phys, 2013, 201: 222-229.

[45] Yao Z H, Liu H X, Hao H, et al. Structure, electrical properties, and depoling mechanism of $BiScO_3$-$PbTiO_3$-$Pb(Zn_{1/3}Nb_{2/3})O_3$ high-tempearture piezoelectric ceramics [J]. J Appl Phys, 2011, 109: 14105.
[46] Hu W, Tan X L, Rajan K. $BiFeO_3$-$PbZrO_3$-$PbTiO_3$ ternary system for high Curie temperature piezoelectrics [J]. J Eur Ceram Soc, 2011, 31: 801-807.
[47] 金善龙，范桂芬，吕文中，等．$BiScO_3$-$PbTiO_3$ 基高温压电陶瓷研究进展 [J]. 电子元件与材料，2017，36 (1): 8-13.
[48] 褚涛，张田才，张元松，等．$Bi(Me)O_3$-$PbTiO_3$ 型高温压电陶瓷研究进展 [J]. 陶瓷学报，2019，40 (3): 283-288.
[49] 褚涛，王五松，王学杰，等．高机械品质因数压电陶瓷材料的研究进展及应用 [J]. 材料导报，2019，33 (Z1): 8-13.
[50] 祁卫．PMN-PZT系压电陶瓷的性能和掺杂改性研究 [D]. 济南：山东大学硕士学位论文，2014.
[51] Tipakontitikul R, Suwan Y, Niyompan A. Effects of MnO_2 addition on the dielectric behaviors of the PZT-PMN ceramics [J]. Ferroelectrics, 2009, 381 (1): 144-151.
[52] 刘亚威．铌锰-锆钛酸铅压电陶瓷材料的研究 [D]. 天津：天津大学硕士学位论文，2009.
[53] Li L, Yao Y, Han M. Piezoelectric ceramic transformer [J]. Ferroelectrics, 1980, 28 (1): 403-406.
[54] 祝兰，PMN-PZT压电陶瓷的制备及性能研究 [D]. 广州：暨南大学硕士学位论文，2010.
[55] Deng Y, Zhou D, Zhuang Z. Effects of $NaNbO_3$-Co_2O_3 Co-additive on the properties of PZN-PZT ceramics [J]. Journal of Wuhan University of Technology-Materials Science Edition, 2007, 22 (4): 722-725.
[56] Li H, Yang Z, Wei L, et al. Effect of ZnO addition on the sintering and electrical properties of (Mn, W)-doped PZT-PMS-PZN ceramics [J]. Mater Res Lett, 2009, 44: 638-644.
[57] Du H, Pei Z, Zhou W, et al. Effect of addition of MnO_2 on piezoelectric properties of PNW-PMS-PZT ceramics [J]. Mater Sci Eng A, 2006, 421: 286-289.
[58] 杜景红，孙加林，史庆南，等．锰掺杂对四元系压电陶瓷压电性能的影响 [J]. 昆明理工大学学报，2002，27 (6): 32-35.
[59] 宗喜梅，杨祖培，李慧．四元系 PZT-PFW-PMN 大功率压电陶瓷的电性能研究 [J]. 功能材料，2006，37 (3): 383-385.
[60] 刘少恒，晁小练，皇晓辉，等．锂和锰掺杂 PMN-PMN-PZT 陶瓷电性能的研究 [J]. 陕西师范大学学报，2012，40 (3): 58-61.
[61] 戴中华，谢景龙，琚思懿，等．BT基无铅压电陶瓷的最新进展 [J]. 电子元件与材料，2018，37 (8): 1-9.
[62] 周舟，李大光，傅维勤，等．La^{3+} 掺杂对钛酸钡陶瓷结构和介电性能的影响 [J]. 中国陶瓷，2014，52 (7): 14-17.
[63] Wu J, Xiao D, Wu W, et al. Composition and poling condition-induced electrical behavior of $(Ba_{0.85}Ca_{0.15})(Ti_{1-x}Zr_x)O_3$ lead-free piezoelectric ceramics [J]. J Eur Ceram Soc, 2012, 32 (4): 891-898.
[64] Huang X, Xing R, Gao C, et al. Influence of CeO_2 doping amount on property of BCTZ lead-free piezoelectric ceramics sintered at low temperature [J]. J Rare Earth, 2014, 32 (8): 733-737.
[65] Ma J, Liu X, Li W. High piezoelectric coefficient and temperature stability of Ga_2O_3-doped $(Ba_{0.85}Ca_{0.15})(Ti_{1-x}Zr_x)O_3$ lead-free ceramics by low-temperature sintering [J]. J Alloy Compd, 2013, 581: 642-645.
[66] Li Y X, Yao X, Wang X S, et al. Studies of dielectric properties of rare earth (Dy, Tb, Eu) doped barium titanate sintered in pure nitrogen [J]. Ceram Int, 2012, 38 (1): S29-S32.
[67] Dunmin L, Kwok K W, Chan H L W. Structure dielectric and piezoelectric properties of $Ba_{0.9}Ca_{0.1}Ti_{1-x}Sn_xO_3$ lead-free ceramics [J]. Ceram Int, 2014, 40 (5): 6841-6846.
[68] Chen D H, Jing W B, Zhang L, et al. Effects of Sn and Tb Co-doping on structure and dielectric properties of $BaTiO_3$ ceramics [J]. J Syn Cryst, 2014, 43 (10): 2592-2596.
[69] Liu W F, Ren X B. Large piezoelectric effect in Pb-free ceramics [J]. Phys Rev Lett, 2009, 103 (25): 257602.
[70] Zhou C, Liu W, Xue D, et al. Triple-point-type morphotropic phase boundary based large piezoelectric Pb-free material $Ba(Ti_{0.8}Hf_{0.2})O_3$-$(Ba_{0.7}Ca_{0.3})TiO_3$ [J]. Appl Phys Lett, 2012, 100 (22): 222910.
[71] Xue D, Zhou Y, Bao H, et al. Large piezoelectric effect in Pb-free $Ba(Ti,Sn)O_3$-$x(Ba,Ca)TiO_3$ ceramics [J]. Appl

Phys Lett，2011，99（12）：122901.

[72] 姚利兰，刘奇斌，周顺龙．TbDyFe 掺杂对（$Ba_{0.85}Ca_{0.15}$）（$Ti_{0.9}Zr_{0.08}Sn_{0.02}$）$O_3$ 无铅压电陶瓷组织与电性能的影响 [J]. 中国测试，2016，42（4）：120-124.

[73] Takenka T，Maruyarna K，Sakata K. ($Bi_{1/2}Na_{1/2}$)TiO_3-$BaTiO_3$ system for lead-free piezoelectric ceramics [J]. Jpn J Appl Phys，1991，30（9B）：2236-2239.

[74] 冷森林，贾飞虎，钟志坤，等．高居里温度 $BaTiO_3$-($Bi_{0.5}Na_{0.5}$)TiO_3 无铅正温度系数电阻陶瓷的制备 [J]. 无机材料学报，2015，30（6）：576-580.

[75] 张文婷，景瑞轶，陈晓明，等．氧气烧结气氛对（$Na_{0.5}Bi_{0.5}$）$_{0.94}Ba_{0.06}TiO_3$ 陶瓷显微结构和电学性能的影响 [J]. 陕西师范大学学报（自然科学版），2017，45（2）：29-35.

[76] 黄文鹏．BZT-xBGT 体系无铅压电陶瓷的制备及其性能研究 [D]. 南京：南京航空航天大学硕士学位论文，2014.

[77] Li Q，Wei J，Cheng J，et al. High temperature dielectric ferroelectric and piezoelectric properties of Mn-modified $BiFeO_3$-$BaTiO_3$ lead-free ceramics [J]. J Mater Sci，2017，52（1）：229-237.

[78] Cen Z，Zhou C，Yang H，et al. Remarkably high-temperature stability of Bi($Fe_{1-x}Al_x$)O_3-$BaTiO_3$ solid solution with near-zero temperature coefficient of piezoelectric properties [J]. J Am Ceram Soc，2013，96（7）：2252-2256.

[79] Cen Z，Zhou C，Cheng J，et al. Effect of Zr^{4+} substitution on thermal stability and electrical properties of high temperature $BiFe_{0.99}Al_{0.01}O_3$-$BaTi_{1-x}Zr_xO_3$ ceramics [J]. J Alloy Compd，2013，567：110-114.

[80] Zhou Q，Zhou C，Yang H，et al. Piezoelectric and ferroelectric properties of Ga modified $BiFeO_3$-$BaTiO_3$ lead-free ceramics with high curie temperature [J]. J Mater Sci：Mater Electron，2014，25（1）：196-201.

[81] Shan X，Zhou C，Cen Z，et al. Bi($Zn_{1/2}Ti_{1/2}$)O_3 modified $BiFeO_3$-$BaTiO_3$ lead-free piezoelectric ceramics with high temperature stability [J]. Ceram Int，2013，39（6）：6707-6712.

[82] Zhou C，Feteira A，Shan X，et al. Remarkably high-temperature stable piezoelectric properties of Bi（$Mg_{0.5}Ti_{0.5}$）O_3 modified $BiFeO_3$-$BaTiO_3$ ceramics [J]. Appl Phys Lett，2012，101（3）：32901.

[83] Zhou X，Zhou C，Zhou Q，et al. Investigation of structural and electrical properties of B-site complex ion ($Mg_{1/3}Nb_{2/3}$)$^{4+}$-modified high-curic-temperature $BiFeO_3$-$BaTiO_3$ ceramics [J]. Electron Mater，2014，43（3）：755-760.

[84] Zhou Q，Zhou C，Yang H，et al. Dielectric ferroelectric and piezoelectric properties of Bi($Ni_{1/2}Ti_{1/2}$)O_3-modified $BiFeO_3$-$BaTiO_3$ ceramics with high curie temperature [J]. J Am Ceram Soc，2012，95（12）：3889-3893.

[85] Cen Z，Zhou C，Yang H，et al. Structural ferroelectric and piezoelectric properties of Mn-modified $BiFeO_3$-$BaTiO_3$ high-temperature ceramics [J]. J Mater Sci，2013，24（10）：3952-3957.

[86] Zheng Q，Luo L，Lan K H，et al. Enhanced ferroelectricity piezoelectricity and ferromagnetism in Nd-modified $BiFeO_3$-$BaTiO_3$ lead-free ceramics [J]. J Appl Phys，2014，116（18）：184101.

[87] Cui Y R，Liu X Y，Jiang M H，et al. Lead-free ($Ba_{0.85}Ca_{0.15}$)($Ti_{0.9}Zr_{0.1}$)O_3-CeO_2 ceramics with high piezoelectric coefficient obtained by low-temperature sintering [J]. Ceram Int，2012，38：4761-4764.

[88] Chao X L，Wang J J，Xie X K，et al. Tailoring electrical properties and the structure evolution of ($Ba_{0.85}Ca_{0.15}$)($Ti_{0.90}Zr_{0.10}$)$_{1-x}Li_{4x}O_3$ ceramics with low sintering temperature [J]. J Electron Mater，2016，45（1）：802-811.

第5章 透明陶瓷材料

学习目标

通过本章的学习，掌握以下内容：(1) 透明陶瓷具有高度透光性能的必要条件及影响因素；(2) 透明陶瓷的应用；(3) 激光透明陶瓷的种类；(4) 非氧化物透明陶瓷的种类；(5) 高温透波陶瓷材料的种类。

学习指南

(1) 气孔率、晶界结构、原料、晶粒尺寸、表面加工光洁度对陶瓷的透明性能具有重要影响；(2) 透明陶瓷材料在照明、激光、无损检测等领域具有广泛的应用；(3) 激光透明陶瓷主要包括掺钕钇铝石榴石、高熔点倍半氧化物激光透明陶瓷；(4) 非氧化物透明陶瓷主要包括 AlN、AlON、α-Sialon 透明陶瓷；(5) 高温透波陶瓷主要包括熔融石英及其复合透波陶瓷、多孔硅酸钇透波陶瓷、石英纤维复合透明陶瓷、氧化铝纤维增强氧化物透波陶瓷、氮化物纤维/氮化物透波陶瓷。

章首引言

陶瓷是由晶粒、晶界和气孔构成的多晶体，由于光照射在晶界和气孔处会产生光吸收、反射、折射、散射等，所以从光学意义上而言，多晶陶瓷通常为不透明。1962 年，美国 GE 公司的 Coble 博士[1]通过采用高纯、超细原料，并控制微结构，首次研制出了半透明的多晶氧化铝陶瓷，但是所得氧化铝陶瓷中仍然存在微量杂质和缺陷，陶瓷的直线透过率只有约 15%。半透明多晶氧化铝陶瓷作为一种重要光源材料在高压钠灯方面获得了广泛应用。透明陶瓷材料主要包括氧化物透明陶瓷、氮化物等非氧化物透明陶瓷、复合透明陶瓷等，在照明、激光、医学等领域具有广泛的应用。透明陶瓷如果具有高度透光性能，需要具有如下必要条件[2]：(1) 透明陶瓷的密度接近理论密度；(2) 透明陶瓷的晶界处无气孔和空洞，或其尺寸比入射的可见光波长小得多，即使发生散射现象，因其所引起的损失也很轻微；(3) 晶界无杂质和玻璃相；(4) 晶粒细小、尺寸均一，晶粒内无气泡封入。为了保证透明陶瓷的透光性，可以采用如下措施：(1) 采用高纯原料，例如制备透明氧化铝陶瓷，原料中氧化铝的含量不得低于 99.9%；(2) 应充分排除气孔；(3) 细晶粒化处理，加入适当的添加剂抑制晶粒生长；(4) 采用热压烧结技术，可以获得高致密度的透明陶瓷。本章系统阐述了透明陶瓷材料的透光原理、种类及其应用。

5.1 陶瓷透明的影响因素

当光通过某一介质时，由于介质的吸收、散射和折射等效应而使其强度衰减，对于透明陶瓷而言，这种衰减除了与材料的化学组成有关外，主要取决于材料的显微组织结构。如果入射光的强度为I_0，样品厚度为t，样品的反射率为r，则透过试样的光强度I为：

$$I=\frac{(1-r)^2}{1-r^2 e^{-2\beta t}}e^{-2\beta t}I_0 \tag{5.1}$$

式中，$\beta=\alpha+\mathrm{Sim}+\mathrm{Sop}$。反射率很小时可忽略多次反射，则式(5.1)可表示为：

$$I=I_0(I-r)^2\exp[-2(\alpha+\mathrm{Sim}+\mathrm{Sop})_t] \tag{5.2}$$

式中，α为线收缩系数；Sim为散射系数；Sop为折射在不连续界面上（如晶界、晶界层等）的散射系数。从式(5.2)可知，如果要获得高的透光率，必须使α、Sim、Sop各个系数尽可能小，甚至趋于零，因此透明陶瓷应该没有或尽量减少气孔和晶界等光吸收中心和散射中心，同时还应是单相、由均质晶体构成，并具有较高的光洁度。因此，陶瓷的晶界组织结构和残余气孔是影响透明的主要因素。

5.1.1 气孔率

经高温固相烧结所得陶瓷通常含有气孔，根据散射中心的大小和Fresnel定律，可以将材料对光的散射分成Reyleigh散射、Mie散射和反折射散射。当散射中心的尺寸小于入射光波长的1/3时，会形成以Reyleigh为主的散射，即在折射率为n_0的连续相存在N个单位体积折射率为n、体积为V的气孔或异相，则散射系数Sim为：

$$\mathrm{Sim}=\frac{24\pi^3 n_0^4}{\lambda^4}NV^2\left(\frac{n^2-n_0^2}{n^2+2n_0^2}\right)^2 \tag{5.3}$$

当散射中心的尺寸接近或等于光的波长时，则以Mie散射为主，散射系数Sim为：

$$\mathrm{Sim}=\frac{cNV}{(\lambda-kd^3)/d} \tag{5.4}$$

式中，c、k为常数；V为散射中心体积；N为单位体积内的散射中心数；λ为入射光波长。当散射中心的尺寸d大于光的波长时，则以反射、折射为主，散射系数Sim为：

$$\mathrm{Sim}=kVd^{-1} \tag{5.5}$$

总气孔率超过1%的氧化物陶瓷基本上为不透明，因此，制备具有较高透光率陶瓷的一个主要条件，就是最大限度地降低增加光散射的残余气孔率，特别是显微气孔率。陶瓷内的气孔因为具有不同光学性质的相界，使光产生反射与折射，因而气孔使陶瓷不透明。陶瓷内的气孔可以存在于晶体之间和晶体内部，晶体之间的气孔处于晶界面上容易排除，这些气孔随着晶界的移动而迁移，最终排出陶瓷外，而晶体内部的气孔即使是小于微米级的也难以排除，而且在封闭气孔中还可能进入水蒸气、氮气和碳等。

5.1.2 晶界结构

透明陶瓷的透光率与其显微结构密切相关，晶界是破坏陶瓷光学均匀性，从而引起光的散射，致使材料的透光率下降的重要因素之一。当单位体积晶界数量较多，晶体杂乱无序，入射光透过晶界时，必然引起光的连续反射、折射，从而降低了透光率。因此，晶界应微薄，没有气孔、第二相夹杂物及位错等缺陷。在多晶透明陶瓷中存在与基体折射率不同的异相，从而破坏了陶瓷晶粒的均匀性，而且基体以及第二相对光有吸收作用造成吸收损失。

为了控制陶瓷材料的晶界组织结构，在陶瓷制备的过程中，可以加入添加剂，一方面是使烧结过程中出现液相，降低烧结温度，另一方面是抑制晶粒长大，缩短晶内气孔的扩散路程，从而有利于得到致密的透光性好的透明陶瓷。然而，过量的添加剂反而会产生第二相，影响陶瓷的透光性，例如在烧结 Al_2O_3 透明陶瓷时，加入 MgO，但是由于 MgO 局部偏析，在 MgO 分布较高的区域超过了固溶极限，就会在晶界上析出第二相（$MgAl_2O_4$）尖晶石，从而成为光的散射中心，使 Sim 增长，降低了 Al_2O_3 陶瓷的透光性[3]。

5.1.3 原料

陶瓷原料中的杂质、第二相与基体的光学性质不一致，往往成为散射和吸收中心，降低了陶瓷的透明性。因此，透明陶瓷要求是均一、连续的单相结构，这就要求原料必须具备高纯、超细、高分散等特性，制备过程中不能引入杂质。

5.1.4 晶粒尺寸

晶粒尺寸和分布对陶瓷的透明性也有影响，如果晶粒直径与入射光的波长相同时，晶粒对入射光散射最强，晶粒直径小于入射光波长时，光线可以容易地通过。为了获得透明陶瓷，需要加入添加剂，抑制晶粒生长，依靠晶粒边界的缓慢移动去除气孔。添加剂应能够完全溶于主晶相，不生成第二相，不破坏系统的单相性。

5.1.5 表面加工光洁度

透明陶瓷的透光率还受到表面光洁度的影响，表面粗糙度越大，漫反射越严重，陶瓷的透明度就越低。由于陶瓷表面粗糙度与原料细度有关，所以应选用超细原料以及对陶瓷表面进行研磨和抛光。为了综合表示以上因素对透光率的影响，陶瓷的透光率可以用以下公式表示：

$$\frac{I}{I_0}=(1-R)^2\exp(-mx) \tag{5.6}$$

式中，I 为透过光强度；I_0 为入射光强度；R 为光线反射率；m 为光线吸收系数；x 为试样厚度。吸收系数 m 可以由下列公式计算：

$$m=\alpha+\mathrm{Sim}+\mathrm{Sop} \tag{5.7}$$

式中，α 为电子跃迁吸收系数；Sim 为结构不均匀引起的散射（例如气孔、第二相等）；Sop 为光学各向异性引起的散射（例如六方晶系）。因此，如果陶瓷具有透光性，就应该从工艺上消除对光散射的各种因素，应具备如下条件：①致密度要高（理论密度的 99.9%以上）；②晶界上不存在空隙，如果有空隙，其尺寸应比波长小得多；③晶界上没有杂质以及玻璃相，或者晶界与晶体的光学性质差别很小；④晶粒较小而且均匀，气孔率低；⑤晶体对入射光的选择吸收小；⑥无光学各向异性，晶体结构最好是立方晶系；⑦表面光洁度高。

5.2 透明陶瓷的应用

5.2.1 在照明方面的应用

随着高压钠灯、卤化物灯等以气体放电为主的一类光源的发展，高温和腐蚀使采用玻璃作灯管的照明器材已经不能满足要求，耐高温、耐腐蚀的半透明多晶氧化铝、氧化钇成为主要选择。采用纳米氧化铝粉末可以制备出晶粒尺寸低于 500nm 的氧化铝陶瓷，控制晶粒尺寸使之小于光波长，可以减少晶界的双折射[4]，所得透明氧化铝陶瓷的可见光透过率高达 70%，但在紫外区光透过率较差。采用平均尺寸为 0.52μm 的高纯 α-氧化铝（>99.99%）制备成浆料，在 12T 磁场下进行浇注，烧结后能够获得晶粒取向良好的透明氧化铝陶瓷，由于所得氧化铝陶瓷的平均晶粒尺寸较大（30μm），总透过率只有 50%～60%，但是在紫外区透过率较高[5]。

5.2.2 在激光方面的应用

自从 20 世纪 60 年代单晶红宝石激光器问世以来，促进了激光技术的快速发展，尤其是 1964 年掺钕钇铝石榴石（Nd:YAG）晶体的出现，作为大功率固体激光材料受到了广泛关注。透明多晶 Nd:YAG 陶瓷输出功率能够达到 1.4kW，光-光效率能够达到 42%，使其成为了大功率固体激光器的主要材料。除了透明多晶 Nd:YAG 激光陶瓷外，Yb:YAG、Tm:YAG、Er:YAG、La:Y_2O_3 也可以用作二极管泵浦激光材料[6]。

5.2.3 闪烁陶瓷

无机闪烁体（inorganic scintillator）在辐射探测中起着重要的作用，广泛应用于影像核医学、核物理、高能物理、工业 CT、油井勘探、安全检查等领域。闪烁陶瓷主要包括（Y，Gd)$_2O_3$:Eu（YGO）、Gd_2O_2S:Pr，Ce，F（GOS）、$Gd_3Ga_3O_{12}$:Cr，Ce（GGG）、Gd_2O_2S、Lu_2O_3:Eu、锗酸铋、钨酸铅等，并成功应用于高能物理、无损检测、辐照探测、安全和医疗影像应用、空间探索等领域[7]。

5.3 激光透明陶瓷

激光器在光学透明系统、激光打印机和投影仪、金属加工、医疗和军事方面有着重要应用。固体激光器的增益介质通常是单晶和玻璃，世界上第一台激光器是 1960 年由 Maimmn 设计的红宝石激光器[8]。1964 年，发明了 Nd:YAG 单晶作为增益介质的可调谐激光器[9]，可以输出连续波长。然而，单晶材料制造困难、成本高、体积小、不容易大规模生产等缺点限制了激光器的发展。因此，探索高性能的激光材料并应用于新型激光器是激光研究的重要方向。多晶纳米陶瓷作为激光增益介质不仅具有与单晶相比拟的光学质量、物理化学性能和光谱、激光特性，而且具有显著的优势，例如可以被制备成多层和多功能结构的大尺寸材料，可以实现激活离子的高浓度、均匀掺杂[10]。

5.3.1 Nd:YAG 激光透明陶瓷

YAG($Y_3Al_5O_{12}$) 多晶陶瓷是一种主要的激光材料，广泛用于激光器。以分析纯 SiO_2 和 MgO 作为掺杂剂，分析纯 Al_2O_3、Y_2O_3 作为原料，通过冷等静压成型，在真空条件下于 1850℃烧结 4h 可以得到 YAG 透明陶瓷[11]，其相对密度近 100%，透光率为 50%～80%。采用均相共沉淀法，以尿素作为沉淀剂能够制备出 Nd:YAG 前驱体粉末，经冷等静压成型和真空烧结制备出 Nd:YAG 透明陶瓷，其光学性质与采用提拉法以及区熔法生长出来的单晶一致[12]。制备过程如下：原料为浓度 1.00mol/L 的 YCl_3 溶液、$AlCl_3$ 溶液、$NdCl_3$ 溶液、$(NH_4)_2SO_4$ 溶液以及分析纯的尿素、硅溶胶，按照材料化学计量比将以上原料混合，在 95℃加热 2h 后自然冷却至室温，干燥后将所得粉末在空气中于 1000℃煅烧 3h，然后在 200MPa 压力下压制成直径 5mm、厚 1.5mm 的圆片试样，并在真空中于 1700℃烧结 3h。

以高纯氧化钇、氧化铝、氧化钕作为原料，采用高温固相反应法制备出了高度透明的 YAG 和 Nd:YAG 陶瓷，所得 Nd:YAG 透明陶瓷与 Nd:YAG 单晶的光学性能类似[13]。制备过程如下：原料为纯度高于 99.99%的氧化钇、氧化铝、氧化钕，钕含量为 1.1%（摩尔分数）。将原料与含有 0.5%（质量分数）乙醇的硅酸乙酯相混合并球磨 12h，干燥后在 140MPa 的压力下压制成直径 16mm、厚 1.5mm 的圆片状试样，在氧气气氛中于 1650℃煅烧 3h，升温速率和降温速率分别为 5℃/min 和 20℃/min。透明 Nd:YAG 陶瓷在 1064nm 处的光-光转换效率达到 52.7%，其吸收、发射和荧光寿命等光学特性与单晶一致[14]。表 5.1 所示为 Nd:YAG 陶瓷激光器的性能参数[15]。

表 5.1 Nd:YAG 陶瓷激光器的性能参数[14]

Nd^{3+} 浓度 /%	泵浦波长 (最大泵浦功率)/nm	样品尺寸 (T 为厚度,Φ 为直径，L 为长度)/mm	最大功率 /mW	斜率效率 (光-光转换效率) /%
1.1	808(600mW)	$T=2$	70	28
2.4	808(600mW)	—	78	40
1.0	808(1W)	$T=4.8$	350	53(47.6%)
2.0	808(1W)	$T=2.5$	465	55.4(52.7%)
1.0	808(214.5W)	$\Phi=3,L=100$	31	18.8(14.5%)
1.0	807(290W)	$\Phi=3,L=104$	72	24.8
1.0	808(290W)	$\Phi=3,L=100$	84	36.3(29%)
0.6	807(280W)	$\Phi=4,L=105$	88	30
—	807(3.5kW)	$\Phi=8,L=203$	1.46kW	50(42%)

5.3.2 高熔点倍半氧化物激光透明陶瓷

倍半氧化物 Y_2O_3、Lu_2O_3、Sc_2O_3 和 $YGdO_3$ 晶体的熔点超过 2400℃，单晶生长极为困难，难以获得这些晶体作为激光增益介质，而这些材料的陶瓷烧结温度比晶体熔点低约 700℃，容易制备出高透明的陶瓷。倍半氧化物熔点高、耐热性强、热导率比 YAG 高，而热膨胀系数相近，透光波段宽。在这些基质中掺杂 Nd^{3+} 或 Yb^{3+}，能够实现激光振荡。表 5.2 所示为高熔点倍半氧化物陶瓷激光器的性能参数[16-21]。

表 5.2 高熔点倍半氧化物陶瓷激光器的性能参数[16-21]

成分	Nd^{3+}	Yb^{3+}
Y_2O_3	$^4F_{3/2} \longrightarrow {}^4I_{11/2}$(0.16W)	$^4F_{3/2} \longrightarrow {}^4I_{11/2}$(10.5W)
Sc_2O_3	—	$^2F_{5/2} \longrightarrow {}^2F_{7/2}$(0.42W)
Lu_2O_3	$^4F_{3/2} \longrightarrow {}^4I_{11/2}$(0.01W)	$^2F_{5/2} \longrightarrow {}^2F_{7/2}$(2W)
$YGdO_3$	$^4F_{3/2} \longrightarrow {}^4I_{11/2}$(0.005W)	—

5.3.3 激光透明陶瓷的显微结构

对于透明陶瓷，当光线通过陶瓷时，陶瓷内的气孔、杂质、晶界等都可以成为散射中心，如图 5.1 所示。影响陶瓷材料光散射的因素有以下几种：①晶界；②掺杂物或气孔引起的折射率的变化；③相偏析；④双折射；⑤表面粗糙引起的表面散射，其中尤其以气孔的影响最为显著，这是含有大量气孔和杂质的普通陶瓷不能使光线大量透过的根本原因。

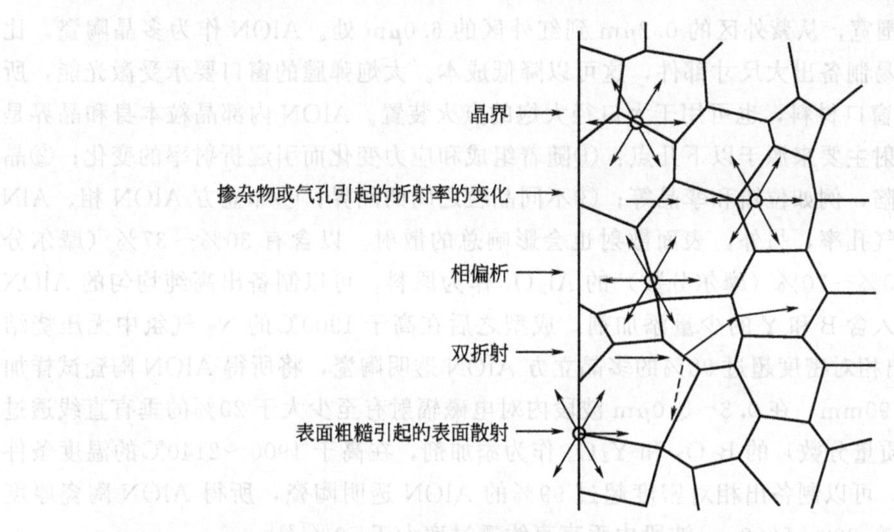

图 5.1 透明陶瓷散射中心示意图[10]

气孔数量、尺寸和分布对陶瓷透光性具有显著影响，根据光散射理论，当散射中心的尺寸为入射光波长的 1/3 以下时，为 Rayleigh（瑞利）散射，此时气孔越小、个数越少、散射光的比例越小、透光率越高。当散射中心的尺寸与入射光处在同一个数量级时，以 Mie 散射为主，此时散射光的比例最大，透光率最低。当散射中心的尺寸大于入射光波长时，可以按照 Fresnel 法则处理，气孔直径越大，则散射光的比例越小。对于激光透明陶瓷，光散射增加了激光振荡阈值，减小了谐振腔内的激光耦合效率，这也是陶瓷材料在长时间内难以成为激光工作物质的原因。由此可见，如果制备高透光性能的陶瓷，必须使其中残留的气孔尺寸或者大于、或者小于要透过的光线波长，而不要使这两者相等或接近，以免发生 Mie 散射。

5.4 非氧化物透明陶瓷

5.4.1 AlN 透明陶瓷

高纯、致密的 AlN 陶瓷具有优良的热传导、低电导率、介电常数和介电损失以及良好的透光性等特点。与氧化物透明陶瓷相比较，AlN 陶瓷更难以烧结。制备 AlN 透明陶瓷主要是采用在 1800～2000℃温度范围进行热压、无压烧结，需要加入 0.5%（质量分数）的 CaO［以 $Ca(NO_3)_2 \cdot 4H_2O$ 形式引入］和适量 Y_2O_3 等烧结助剂有助于气孔消失，能够提高烧结 AlN 的透光性。含添加剂的 AlN 陶瓷的烧结属于典型的液相烧结，CaO 在烧结过程中能够形成铝酸钙并逐渐挥发，使烧结体致密，且能有效抑制 O^{2-} 扩散进入 AlN 晶粒中，还有助于提高 AlN 陶瓷的热导率。原料必须尽量利用高纯 AlN 粉末，粉末粒度和粒径分布并不是 AlN 陶瓷透明度的决定因素。杂质，特别是 Ti、Fe、Nb 等会降低 AlN 陶瓷的透光性，晶格缺陷，包括晶粒内杂质、第二相、位错和转相畴界、晶界形态、晶界第二相的种类及分布等是影响 AlN 陶瓷透明度的主要原因[22]。

5.4.2 AlON 透明陶瓷

氮氧化铝为立方尖晶石晶体结构，点群为 $m3m$，AlON 具有各向同性的光学性能。AlON 的透光范围宽，从紫外区的 0.2μm 到红外区的 6.0μm 处。AlON 作为多晶陶瓷，比单晶蓝宝石更容易制备出大尺寸部件，这可以降低成本。大炮弹膛的窗口要承受激光能，所以 AlON 可用作窗口材料，也可用于大口径大炮的点火装置。AlON 内部晶粒本身和晶界是光散射点，光散射主要来源于以下几点：①随着组成和应力变化而引起折射率的变化；②晶粒内部的结构缺陷，例如位错和孪晶等；③不同晶粒之间的晶界；④非立方 AlON 相、AlN 晶体等内含物和气孔率，另外，表面散射也会影响总的散射。以含有 30%～37%（摩尔分数）的 AlN 和 63%～70%（摩尔分数）的 Al_2O_3 作为原料，可以制备出高纯均匀的 AlON 粉末，在其中加入含 B 和 Y 的少量添加剂，成型之后在高于 1900℃的 N_2 气氛中无压烧结 20h，从而制备出相对密度超过 98%的多晶立方 AlON 透明陶瓷，将所得 AlON 陶瓷试样加工到厚度小于 1.90mm，在 0.3～5.0μm 波段内对电磁辐射有至少大于 20%的垂直直线透过率。以 0.5%（质量分数）的 B_2O_3 和 Y_2O_3 作为添加剂，在高于 1900～2140℃的温度条件下烧结 24～48h，可以制备出相对密度超过 99%的 AlON 透明陶瓷，所得 AlON 陶瓷厚度为 1.45mm 时，在 300～5000nm 波段内垂直直线透过率大于 50%[23]。

采用以上所述利用预先合成的 AlON 粉末，在高温烧结和长时间保温条件下 AlON 透明陶瓷制备过程烦琐，成本较高，所以发展了微波烧结工艺，可以实现 AlON 透明陶瓷的较低温度和短时间烧结，此种微波烧结方法通常以高纯 Al_2O_3 和 AlN 粉末作为原料，按照 66.5%（摩尔分数）的 Al_2O_3 和 33.5%（摩尔分数）的 AlN 配比，通过微波烧结在 1800℃保温 60min 可以获得高透明的 AlON 陶瓷，原料中加入 0.5%（质量分数）的 Y_2O_3 作为烧结助剂能够促进微波烧结过程中的致密化和提高 AlON 陶瓷透明性。0.6mm 厚的 AlON 透明陶瓷在 0.5～2.5μm 波段内的透过率为 40%～60%[24]。

5.4.3 α-Sialon 透明陶瓷

Sialon 主要有 β-Sialon 和 α-Sialon 两种晶型，均为六方晶系。Si_3N_4 中的部分 Si—N 键被 Al—O 键取代形成 β-Sialon。Si—N 键除了被 Al—O 键取代外，还能被 Al—N 键取代，所形成的不平衡电荷则由 Li^+、Mg^{2+}、Ca^{2+} 以及大部分稀土离子补偿，最终得到的固溶体，即为 α-Sialon，通式为 $M_x Si_{12-m-n}\text{-}Al_{m+n} O_n N_{16-n}$，晶体结构示意图如图 5.2 所示[25]。与β-Sialon 相比，α-Sialon 陶瓷还能固溶上述金属离子得到干净晶界，这有利于降低光的散射。另外，α-Sialon 更易发展为光散射较少的等轴晶结构，所以 α-Sialon 透明陶瓷具有更高的透过率[26]。

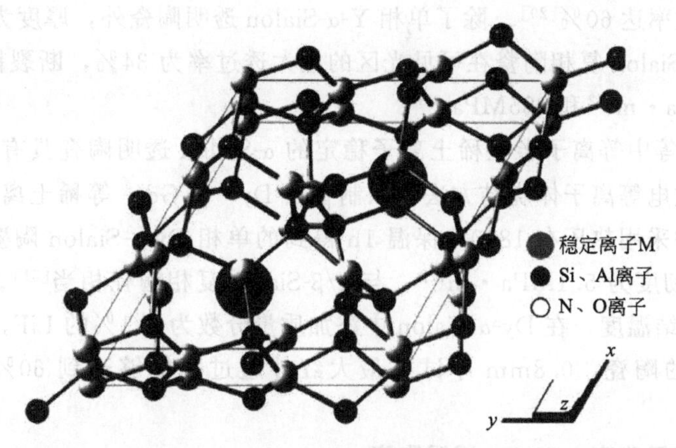

图 5.2 α-Sialon 的晶体结构示意图[25]

(1) 稀土离子稳定 α-Sialon 透明陶瓷

由于晶界相具有较高的软化点或熔点，稀土离子稳定的 α-Sialon 陶瓷具有良好的高温性能，离子稳定的 α-Sialon 陶瓷单相固溶区间随着稳定离子半径的减小而增大，小半径稳定离子更容易进入晶格间隙，玻璃相以及第二相更少。因此，采用这类小半径稀土离子作为稳定剂，α-Sialon 透明陶瓷可望具有更高的透过率和高温性能。

采用热压烧结法能够得到单相透明 Lu-α-Sialon 陶瓷[27]，所用原料为纯度为 99.9% 的 α-Si_3N_4、Al_2O_3、AlN 及 Lu_2O_3，将原料混合，采用氮化硅磨球添加甲醇球磨数小时。球磨后的原料在 1950℃热压 2h，热压直接压力为 40MPa，氮气气氛压力为 0.9MPa。0.5mm 厚 Lu-α-Sialon 陶瓷在波长大于 600nm 时透过率超过 70%，此种陶瓷为单相结构，致密度高，没有气孔，α-Sialon 晶粒尺寸均匀，没有玻璃相（图 5.3），但断裂韧度只有 2.55MPa·$m^{1/2}$。通过热压烧结法在 1900℃可以制备出 Y^{3+}-Yb^{3+} 双离子稳定的 α-Sialon 透明陶瓷，1mm 厚的单相 α-Sialon 陶瓷的最大红外透过率达到了 72%[28]。

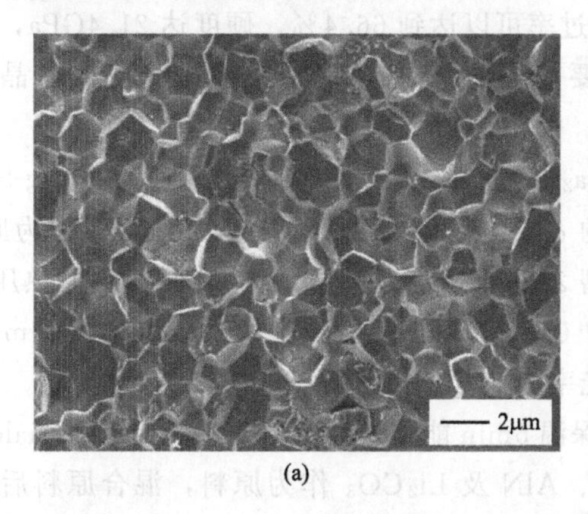

(a)

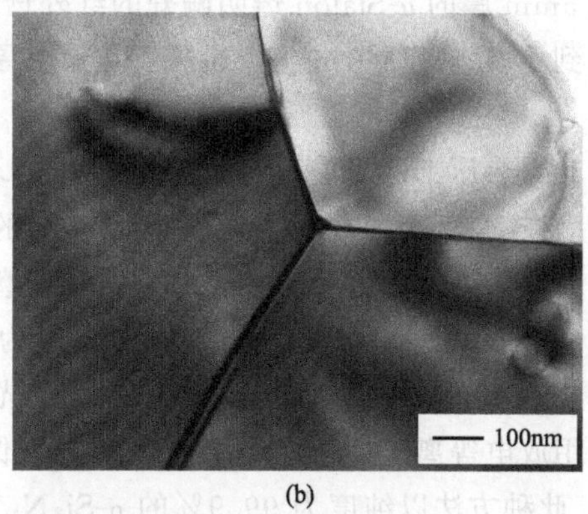

(b)

图 5.3 Lu-α-Sialon 陶瓷的 SEM 图像[27]

(a) 断面；(b) 晶界

采用行星球磨细化原始粉末，可以提高原料的烧结活性。以纯度为 99.9% 的 α-Si_3N_4、Al_2O_3、AlN 及 Y_2O_3 作为原料，按照材料化学计量比混合原料，采用氮化硅磨球添加乙醇球磨 24h，球磨后的原料在 1920℃热压 0.5h，热压直接压力为 25MPa，氮气气氛压力为 0.1MPa，升温速率为 30℃/min，能够获得 1.2mm 厚的 Y-α-Sialon（$Y_{0.4}Si_{0.97}Al_{2.3}O_{1.1}N_{14.9}$）陶瓷，其红外透过率达 60%[29]。除了单相 Y-α-Sialon 透明陶瓷外，厚度为 0.5mm、相组成为 1∶1 的 Y-α/β-Sialon 复相陶瓷在可见光区的最大透过率为 34%，断裂韧度和抗弯强度分别达到了 4.96MPa·$m^{1/2}$ 和 885MPa[30]。

Dy^{3+}、Gd^{3+} 等中等离子半径稀土离子稳定的 α-Sialon 透明陶瓷具有更好的断裂韧性，复合采用热压、放电等离子体烧结方法可以制备出 Dy^{3+}、Gd^{3+} 等稀土离子稳定的 α-Sialon 半透明陶瓷，其中采用热压在 1800℃保温 1h 得到的单相 Dy-α-Sialon 陶瓷的最大红外透过率为 65%，断裂韧度为 5.1MPa·$m^{1/2}$，与 α/β-Sialon 复相陶瓷相当[31]。为了降低半透明 α-Sialon 陶瓷的烧结温度，在 Dy-α-Sialon 中添加质量分数为 0.1%的 LiF，仅在 1650℃下就能得到完全致密的陶瓷，0.8mm 厚试样最大红外透过率能够达到 60%，断裂韧度超过 6.0MPa·$m^{1/2}$[32]。

(2) 非稀土离子稳定 α-Sialon 透明陶瓷

由于稀土具有特殊的电子结构，所以大多数稀土离子在可见光-红外区域容易出现吸收峰，例如 Dy-α-Sialon 在红外区 2.8μm 附近具有强烈的吸收，这主要是由于 Dy^{3+} 中的 $^6H_{15/2} \rightarrow {}^6H_{11/2}$ 电子跃迁引起的。尽管 Y^{3+}、Lu^{3+} 掺杂的 α-Sialon 在可见光-红外区域没有特征吸收峰，但稀土比较昂贵，所以非稀土离子，例如 Li^{+}、Mg^{2+}、Ca^{2+} 掺杂 α-Sialon 透明陶瓷引起了广泛关注。

Mg^{2+} 稳定的 α-Sialon 通常难以获得单相，致密化困难。以 MgO、Si_3N_4 和 AlN 作为原料，按照质量比 3∶9∶88 配比，在 1900℃热压烧结获得了红外透过率为 64%（0.3mm 厚）的 Si_3N_4 半透明陶瓷[33]。采用放电等离子体烧结法可以制备出 α-Sialon 陶瓷[34]，此种方法以纯度为 99.9%的 α-Si_3N_4［含量 88%（质量分数）］、AlN［含量 9%（质量分数）］及 MgO［含量 3%（质量分数）］作为原料，按照材料化学计量比混合原料，采用氮化硅磨球在乙醇介质中球磨 24h，在真空中干燥后在 1850℃，通过放电等离子体烧结 5min，烧结期间直接作用在样品上的压力为 30MPa，氮气气氛压力为 0.03MPa，升温速率为 100℃/min。所得 0.5mm 厚的 α-Sialon 透明陶瓷的红外透过率可以达到 66.4%，硬度达 21.4GPa，断裂韧度达到了 6.1MPa·$m^{1/2}$，断裂韧度高主要是由于陶瓷体内少量的柱状 β-Sialon 晶粒引起的。

1850℃热压 1h 可以获得高度致密化的 La_2O_3 掺杂［0.5%（质量分数）］的 Mg-Sialon 半透明陶瓷[35]，此种方法以纯度为 99.9%的 α-Si_3N_4、Al_2O_3、MgO 及 La_2O_3 作为原料，混合原料后采用氮化硅磨球在乙醇介质中球磨 24h，球磨后的原料干燥后在 1800℃热压 1h，热压直接压力为 30MPa，氮气气氛压力为 0.1MPa，升温速率为 8℃/min，0.5mm 厚 La_2O_3 掺杂 Mg-Sialon 半透明陶瓷的最大透光率为 50%。

采用放电等离子体快速烧结法在 1750℃保温 5min 能够快速制备出半透明 Li-α-Sialon 陶瓷[36]，此种方法以纯度为 99.9%的 α-Si_3N_4、AlN 及 Li_2CO_3 作为原料，混合原料后采用氮化硅磨球在乙醇介质中球磨 24h，球磨后的原料干燥后在 1750℃，通过放电等离子体快速烧结 1h，压力为 30MPa，氮气压力为 0.1MPa，升温速率为 100℃/min，0.5mm 厚的陶瓷样品最大透光率能够达到 57%。Ca^{2+} 稳定的 α-Sialon 半透明陶瓷的最大透光率为 50%，断裂韧度能够达到 4.5MPa·$m^{1/2}$[37]。

5.5 高温透波陶瓷

高温透波材料是在恶劣环境条件下保护飞行器的通信、遥测、制导、引爆等系统正常工作的一种多功能电介质材料，广泛应用于运载火箭、飞船、导弹及返回式卫星等再入飞行器。高温透波部件按其结构形式主要分为天线窗和天线罩两类，用于保护雷达能够在高速飞行中正常工作，是发出和接收信号的通道。天线窗和天线罩不仅是无线电雷达系统的重要组成部分，还是飞行器的重要结构部件，要承受飞行器在飞行过程中严苛的气动力和气动热。根据其重要性次序，高温透波材料的评价指标分别为介电性能、抗热震性能、力学性能、抗雨水冲蚀性、材料制造和加工的可行性、重量及价格。高温透波材料的主要衡量标准为介电性能、抗热震性能和力学性能，分别对应于透波、防隔热和承载的要求[38]。

透波性能是高温透波材料使用性能的首要参数，是设计选材的重要依据。高温透波材料首先需要能够满足在频率 0.3～300GHz、波长 1～1000nm 范围内保证电磁波的通过率大于 70%，以保证飞行器在严苛环境下的通信、遥测、制导、引爆等系统的正常工作。具有低介电常数及介质损耗角正切值的材料，通常具有较高的透波率。飞行器用高温透波材料的介电常数通常小于 10。如果材料具有较高的介电常数，则需要降低壁厚度满足其透波性能，这将会对材料的力学性能和加工精度提出更为严苛的要求。材料的损耗角正切值越小，则电磁波透过过程中转化成热量而产生的损耗也就越小。因此，高温透波材料的损耗角正切值通常要达到 10^3～10^4 数量级，以获得较为理想的透波性能和瞄准误差特性[39]。此外，为了保证在气动加热条件下尽可能不失真地透过电磁波，高温透波材料应具有稳定的高温介电性能。因此，要求材料不仅要具有低的介电常数和损耗角正切值，并且材料的介电性能不随温度、频率的变化而发生明显变化。

天线罩/窗材料一般选用介质损耗较低、抗烧蚀的防热透波材料和绝热型隔热透波材料。根据天线罩/窗的环境条件，对抗烧蚀和承载性能有较高要求时，选用致密度较高、介电常数适中的防热透波材料，例如近距离飞行器上可选用石英陶瓷或编织石英纤维增强二氧化硅材料，中距离飞行器上可选用石英纤维增强二氧化硅、氮化硅等陶瓷材料，中远距离飞行器上可选用石英或氮化物纤维增强的二氧化硅或氮化物复合陶瓷材料。多层天线罩/窗对隔热性能有较高要求时，可选用介电常数较小的绝热型隔热透波材料作为中间层。

5.5.1 熔融石英及其复合透波陶瓷

熔融石英陶瓷是一种以熔融石英粉末或石英玻璃作为原料，采用粉碎、成型、烧结等工艺制备的陶瓷材料。熔融石英陶瓷最早是由美国于 20 世纪初开发成功，并于 1963 年实现工业化生产。熔融石英陶瓷适于生产各类导弹天线罩（图 5.4），例如美国的“爱国者”“潘兴Ⅱ”“Sam D”、俄罗斯的“C 300”、意大利的“Aspide”等导弹天线罩均使用熔融石英陶瓷，我国也有多个型号的导弹采用了熔融石英陶瓷天线罩。

(1) 熔融石英陶瓷的优点

熔融石英陶瓷具有以下特点：①热膨胀系数低，在室温到 800℃之间，纯石英陶瓷体系的热膨胀系数为 0.54×10^{-6}℃$^{-1}$，与石英玻璃的热膨胀系数相同，因此具有良好的体积稳定性、热震稳定性和抗高温蠕变性，使其能够在 20～1000℃的空气或水中，冷热交换次数大于 20 次，对纯石英陶瓷体系进行预热处理，则其热膨胀系数更低，并且其高温变形速度

图 5.4 美国 Ceradyne 公司生产的熔融石英陶瓷天线罩[38]

与温度在一定范围内呈线性关系；②化学性质稳定，石英陶瓷可以与盐酸、硫酸、硝酸三大强酸长期直接接触而不发生任何化学变化，石英陶瓷也不与锂、钠、钾、铀等腐蚀性金属熔体发生反应，另外，石英陶瓷还可以耐高温玻璃液体腐蚀；③热导率稳定，石英陶瓷的热导率低，在室温到 1100℃范围内不变；④熔融石英陶瓷具有良好的高温力学性能，当温度达到 1000℃时，熔融石英陶瓷的抗弯强度等力学性能随温度的升高而增加，其增加值高达 33%，这一特征与其他陶瓷不同，主要原因是由于熔融石英陶瓷随温度升高其塑性增加、脆性减小引起的，这一特性有利于熔融石英陶瓷在高温下的应用；⑤坯体干燥、烧成收缩率小，熔融石英陶瓷干燥、烧成收缩率一般小于 5%，所以有利于制备大尺寸制品；⑥良好的介电性能，熔融石英陶瓷介电常数小，介质损耗低，介电常数与介质损耗角正切值随温度的变化远低于其他高温陶瓷，可以满足对雷达波衰减小和畸变小的要求，是导弹和雷达天线罩的理想材料；⑦良好的抗核辐射性能，使其广泛应用于原子能工业及防辐射领域。

(2) 熔融石英陶瓷的缺点

熔融石英陶瓷虽然具有上述优良的特性，但也存在一些缺陷，例如：①熔融石英陶瓷强度较低，一般抗弯强度约 50MPa，抗压强度约 120MPa；②熔融石英陶瓷在高温下会发生相转变，由熔融石英转变为方石英，其转变温度为 1050℃，虽然转化速度缓慢，但会出现大的体积变化，这种体积效应引起的内应力可导致产品出现缺陷，甚至裂纹，严重影响材料的力学性能；③熔融石英陶瓷具有 7%～13%的孔隙率，容易吸潮，抗雨蚀能力差。

5.5.2 多孔硅酸钇透波陶瓷

硅酸钇是 Y_2O_3-SiO_2 体系中最重要的化合物，Y-Si-O 陶瓷具有复杂的多型相，其中 $Y_2Si_2O_7$ 被发现的就有多达 7 种多型（y、α、β、γ、δ、ζ 和 η），Y_2SiO_5 也有两种多型（X1 和 X2）。随着温度和压力的变化，这些多型之间会发生互相转化。在 Y-Si-O 系多型相中，γ-$Y_2Si_2O_7$ 和 X2-Y_2SiO_5 分别是对应的化合物中最稳定的高温相，本书中的 Y_2SiO_5、$Y_2Si_2O_7$ 分别特指 X2-Y_2SiO_5 和 γ-$Y_2Si_2O_7$。$Y_2Si_2O_7$ 和 Y_2SiO_5 最初是在以 Y_2O_3 和 Y_2O_3/SiO_2 为烧结助剂的氮化硅陶瓷晶界中被发现，$Y_2Si_2O_7$ 的熔点高达 1775℃，Y_2SiO_5 的熔点则高达 1950℃。因此，$Y_2Si_2O_7$ 和 Y_2SiO_5 被定义为难熔硅酸盐陶瓷，在高温氧化性环境中具有重要的应用。这两种陶瓷材料都具有抗氧化、低热导、低热膨胀、低介电常数、耐高温、耐化学腐蚀等优良性能。

$Y_2Si_2O_7$的晶体结构属于单斜晶系，空间群为 $P21/C$，$Y_2Si_2O_7$结构中有 1 个等同的 Y 原子、1 个等同的 Si 原子和 4 个非等同的 O 原子，其中 Y 与 6 个 O 一起组成 YO_6 八面体，而 Si 与 4 个 O 形成 SiO_4 四面体。两个共角的 SiO_4 四面体单元组成了 Si_2O_7 单元，并且在内部形成一条线性的 Si-O-Si 桥[40]。表 5.3 所示为 $Y_2Si_2O_7$ 与 SiO_2、Y_2O_3 的力学性能对比[41]。从表中可以看出，$Y_2Si_2O_7$具有良好的综合力学性能，$Y_2Si_2O_7$的抗弯强度和抗压强度分别为 (135±4)MPa 和 (650±20)MPa，其他力学参数介于二氧化硅和氧化钇之间，比较接近氧化钇的性能。$Y_2Si_2O_7$具有较高的抗损伤容限和较低的剪切模量，表现出了良好的可加工性能，可以采用普通的硬质合金刀具进行加工。

表 5.3　$Y_2Si_2O_7$与 SiO_2、Y_2O_3 的力学性能对比[41]

力学参数	$Y_2Si_2O_7$	SiO_2	Y_2O_3
杨氏模量/GPa	155±3	73	169
剪切模量/GPa	61	31	65
体模量/GPa	112	41	143
抗弯强度/MPa	135±4	55	145
抗压强度/MPa	650±20	1100	1100
断裂韧度/($MPa \cdot m^{1/2}$)	2.12±0.05	0.79	2.3
维氏硬度/GPa	6.2±0.1	7.0	6.8
可加工性	良好	一般	一般

$Y_2Si_2O_7$具有良好的热稳定性，其相稳定性可以维持到 (1535±20)℃。在 300～1527K 这一温度范围内，$Y_2Si_2O_7$陶瓷的热膨胀系数随着温度变化呈线性变化，平均线性热膨胀系数为 $(3.90\times10^{-6}\pm0.4\times10^{-6})K^{-1}$。图 5.5 所示为根据热扩散系数和热容计算得到的 $Y_2Si_2O_7$热导率随温度的变化曲线[42]，其热导率可用以下公式计算：

$$\kappa=1.039+\frac{1162}{T} \tag{5.8}$$

根据式(5.8) 可以推出 $Y_2Si_2O_7$陶瓷在室温和 1400K 下的热导率分别为 4.91W/(m·K) 和 1.90W/(m·K)，而通过计算则可以得到其最小热导率仅为 1.35W/(m·K)，小于莫来石的最小理论热导率 1.6W/(m·K)，与 $La_2Zr_2O_7$和 $LaPO_4$ 的最小理论热导率 1.20W/(m·K) 和 1.13W/(m·K) 相接近，可以看出 $Y_2Si_2O_7$陶瓷的热导率很低。

$Y_2Si_2O_7$陶瓷在弱酸环境的 Na_2SO_4 溶盐中和强碱性的 Na_2CO_3 溶盐中均具有良好的抗热腐蚀性能。例如对于 $Y_2Si_2O_7$在不同温度 Na_2SO_4 溶盐中的热腐蚀质量变化，随着温度的不断升高，$Y_2Si_2O_7$的热腐蚀质量损失不断增加，900℃和 1000℃下的质量损失分别为 $0.217mg/cm^2$和 $0.857mg/cm^2$[43,44]，$Y_2Si_2O_7$的失重主要集中在前 1h，这是由于 Na_2CO_3 的分解而引起的，之后样品的质量没有明显变化。

Y_2SiO_5 属于单斜晶系，空间群为 $B2/b$，晶体结构中包含 64 个原子，其中有 1 个 Si 位置、2 个不等同的 Y 位置和 5 个不等同的 O 位置。晶胞中两个 Y 原子分别与周围的 O 形成 6 配位 (YO_6) 和 7 配位 (YO_7) 的关系，4 个不等同的 O 与 1 个 Si 形成 SiO_4 四面体，第 5 个 O 与 4 个 Y 原子形成配位关系，最近邻没有 Si 原子[45]。以纯度为 99.9%的 Y_2O_3、

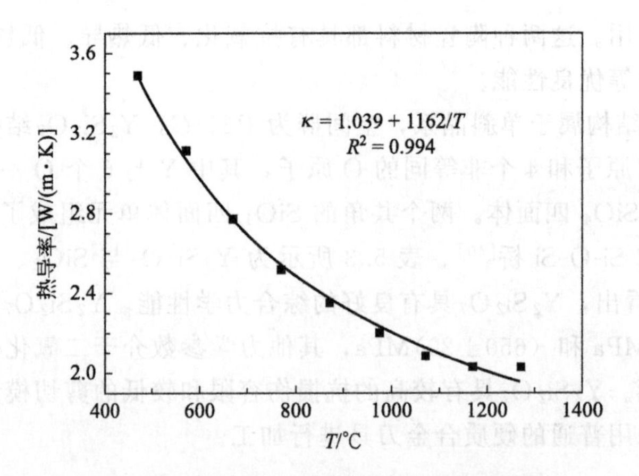

图 5.5 $Y_2Si_2O_7$ 热导率随温度的变化曲线[42]

SiO_2 作为原料，按照成分化学计量比配料后在乙醇介质中球磨 24h，干燥后于 1500℃，在空气气氛内通过无压烧结 2h 获得了 Y_2SiO_5 陶瓷与 $Y_2Si_2O_7$ 陶瓷。表 5.4 所示为采用无压烧结方法制备出的 Y_2SiO_5 陶瓷与 $Y_2Si_2O_7$ 陶瓷的力学性能对比[46]，从表 5.4 可以看出，两种陶瓷材料力学性能较为接近，特别是弹性模量、体模量和抗弯强度的数值差别小，而 Y_2SiO_5 的剪切模量和硬度较小，断裂韧度较大，说明 Y_2SiO_5 陶瓷具有更低的剪切变形阻力和更高的损伤容限。Y_2SiO_5 陶瓷的热膨胀系数随着温度上升呈线性变化，线性热膨胀系数在 500～1573K 范围内数值为 $(8.36\times10^{-6}\pm0.4\times10^{-6})K^{-1}$[47]。

表 5.4 Y_2SiO_5 与 $Y_2Si_2O_7$ 的力学性能对比[46]

成分	E /GPa	G /GPa	B /GPa	σ_b /MPa	σ_c /MPa	K_{IC} /(MPa·$m^{1/2}$)	H_v /GPa
Y_2SiO_5	123	47	108	100	620	2.2	5.3
$Y_2Si_2O_7$	155	61	112	135	650	2.0	6.2

Y_2SiO_5 具有低的热导率，热导率可以通过热扩散系数和热容计算得到，其变化趋势可用温度的倒数进行拟合得到：

$$\kappa=1.138-\frac{216.2}{T} \tag{5.9}$$

根据式(5.9) 可以推导出 Y_2SiO_5 在室温下和 1400K 的热导率分别为 1.86W/(m·K) 和 1.29W/(m·K)，而通过第一性原理计算得到的最低理论热导率仅为 1.01W/(m·K)。

5.5.3 石英纤维复合透波陶瓷材料

气凝胶是由纳米颗粒组成的介孔结构，其孔径小于气体平均自由程 (0.13μm)，可以有效降低空气中气体分子的碰撞频率，所以气凝胶结构热导率很低，在航天隔热材料领域应用广泛。二氧化硅气凝胶是最早使用的隔热气凝胶体系，具有比表面积大 ($500\sim1200m^2/g$)、密度低 ($0.003\sim0.5g/cm^3$)、热导率低 [0.005～0.1W/(m·K)]、介电常数低 (1.0～2.0)、介质损耗小 ($10^{-4}\sim10^{-2}$) 等特点[48,49]。然而，纯二氧化硅气凝胶体系力学性能差，31kPa 的应力即可轻易破坏密度为 $0.12g/cm^3$ 的二氧化硅气凝胶结构[50]，高温 (1073K 以上) 会破坏介孔结构导致其隔热性能受损，气凝胶体系中引入第二相增强纤维，不仅可以增加气凝胶的强度，而且还可以有效降低红外辐射热传递，具有广阔的应用前景[51]。

与单相二氧化硅气凝胶体系相比，经1000℃烧结后制备出的ZrO_2-SiO_2气凝胶比表面积增大，同时由于ZrO_2耐热性更好，而未成形的SiO_2可以抑制锆的相转变，因此ZrO_2-SiO_2气凝胶比SiO_2气凝胶具有更好的热稳定性[52-54]。例如ZrO_2-SiO_2气凝胶增强莫来石纤维复合材料的强度可达1.05MPa，是莫来石纤维的2倍、纯气凝胶的10倍以上，500～1200℃时热导率在0.082～0.182W/(m·K)之间，高温隔热性能优良[55]。

Al_2O_3-SiO_2气凝胶体系是另外一种应用广泛的双相气凝胶体系，采用溶胶-凝胶浸渍方法能够制备出莫来石-氧化锆纤维增强Al_2O_3-SiO_2气凝胶[56]，此种方法以多晶莫来石(polycrystalline mullite refractory fiber，PMF)耐火纤维、氧化锆/氧化钇[含量8%(摩尔分数)]纤维用作骨架结构，莫来石纤维的直径为3～5μm、长度为300～500μm，氧化锆纤维的直径为4～7μm、长度为300～500μm；在制备过程中将莫来石纤维和氧化锆纤维加入蒸馏水内，再加入0.5%(质量分数)的聚丙烯酰胺分散剂、5%(质量分数)的淀粉黏合剂、7.5%(质量分数)的SiC、7.5%(质量分数)的B_4C以及5%(质量分数)的聚乙烯亚胺，在80℃干燥24h后，在空气中于1400℃烧结1h，升温速率为3℃/min，从而得到多孔莫来石/氧化锆复合纤维骨架结构。以$AlCl_3 \cdot 6H_2O$和$Si(OC_2H_5)_4$(TEOS)作为前驱体、乙醇作为溶剂、环氧丙烷(PO)作为催化剂制备出了Al_2O_3-SiO_2溶胶，在制备过程中将$AlCl_3 \cdot 6H_2O$、TEOS、乙醇、水按照摩尔比1∶0.33∶15∶50混合均匀，在50℃加热2h使原料完全水解，自然冷却至室温后加入环氧丙烷并搅拌30min得到Al_2O_3-SiO_2溶胶。在真空条件下将多孔莫来石/氧化锆复合纤维骨架结构浸入Al_2O_3-SiO_2溶胶内，在室温下养护48h后获得了莫来石-氧化锆纤维复合Al_2O_3-SiO_2湿溶胶，接着在乙醇中浸泡4天以去除溶胶中的水，最终采用超临界干燥过程(超临界温度270℃、乙醇介质压力10MPa)获得了抗压强度高达1.5MPa、热导率低至0.052W/(m·K)的多孔莫来石-氧化锆纤维增强Al_2O_3-SiO_2气凝胶。硼酸铝晶须增强Al_2O_3-SiO_2气凝胶的抗压强度比Al_2O_3-SiO_2气凝胶的抗压强度提高5倍以上，其热导率低至0.040W/(m·K)，可望作为航天领域的高温隔热材料使用[57,58]。

采用连续石英纤维毡法也可以制备出石英纤维增强SiO_2气凝胶复合材料[58]，具体制备方法如下：将采用溶胶-凝胶法制备的凝胶前驱物溶液注入连续石英纤维毡中，待凝胶后按照常压干燥制备SiO_2气凝胶的方法进行后续陈化、老化、溶剂置换、表面修饰以及干燥等处理。经过连续纤维毡增强的SiO_2气凝胶为半透明状态，具有一定的透波性能和良好的隔热性能(图5.6)。经过770℃保温2h后，连续石英纤维毡增强SiO_2气凝胶复合材料仍然具有良好的完整性。

5.5.4 石英纤维/石英复合透波陶瓷材料

石英纤维/石英复合材料(SiO_{2f}/SiO_2)指的是连续石英纤维织物增强石英基复合材料，SiO_{2f}/SiO_2复合材料力、热、电综合性能优良，表面熔融温度与石英玻璃接近(1735℃)，是用于制备高速再入环境天线罩的理想材料，也是目前国内外最为成熟、应用最广的陶瓷基透波复合材料。20世纪70年代末至80年代初，为保持石英陶瓷优异的介电性能并大幅度提高其断裂韧性和可靠性，改善石英陶瓷的抗热冲击性能，满足高速再入环境条件需求，美

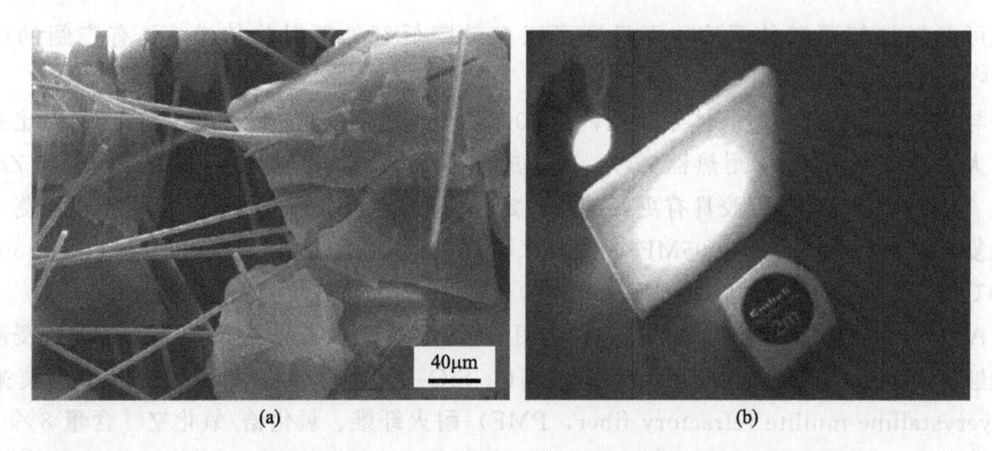

图 5.6 连续纤维毡增强 SiO_2 气凝胶的 SEM 图像和强光透波实物图[58]

(a) SEM图像；(b) 强光透波实物图

国菲格福特公司（Philco Ford）和通用电器公司（General Electric）采用溶胶-凝胶工艺将硅溶胶浸渍石英织物，通过烧结工艺制备出了三维石英纤维织物增强石英复合材料（3D SiO_{2f}/SiO_2），牌号分别为 AS 3DX 和 Markite 3DQ，其中 AS 3DX 材料的介电常数为 2.88，损耗角正切为 0.006（5.8GHz，25℃），已应用于美国"三叉戟"潜地导弹天线罩。在 AS 3DX 的基础上，美国先进材料发展研究室研制了 4D 全向 SiO_{2f}/SiO_2 复合材料 ADL 4D6，其密度为 1.55g/cm^3，抗弯强度为 35MPa，断裂应变为 1.0%，介电常数为 2.8～3.1，损耗角正切为 0.006（250MHz）。

国内从 20 世纪 80 年代末开始 SiO_{2f}/SiO_2 复合材料的研究工作，经过 20 余年的发展，突破了石英纤维制备、高纯硅溶胶制备、增强织物结构设计、织物编织、循环浸渍复合、防潮处理等一系列材料研制和工程应用关键技术，针对不同需求研制出了缝合结构、针刺结构、2.5D 立体编织结构、三向正交结构等一系列具有优良力、热、电综合性能的透波复合材料及构件，满足了各类导弹天线罩需求，是国内高性能陶瓷基透波材料的主要品种。SiO_{2f}/SiO_2 复合材料的长期使用温度为 1000℃，但由于材料中 SiO_2 的含量高（≥99.9%），熔融后的黏度大，所以具有良好的抗烧蚀性能。在烧蚀条件下，复合材料表面也没有纤维分层和剥蚀现象，烧蚀表面光滑规整，所以此种复合材料也可在更高温度下作为烧蚀型透波材料使用。表 5.5 所示为 SiO_{2f}/SiO_2 复合材料的性能参数[38]。

表 5.5 SiO_{2f}/SiO_2 复合材料的性能参数[38]

参数	数值
密度/(g/cm^3)	1.5～1.85
抗张强度/MPa	30～80
弹性模量/GPa	10～20
抗压强度/MPa	40～200
压缩模量/GPa	10～20
抗弯强度/MPa	40～110
弯曲模量/GPa	5～15
比热容(800℃)/[J/(g·℃)]	≥1

续表

参数	数值
热导率(300℃)/[W/(m·K)]	≤1
热膨胀系数(1000℃)/10^{-6}℃$^{-1}$	≥1
介电常数(1000℃)	2.9～3.4
损耗角正切(1000℃)	0.5×10^{-3}～0.8×10^{-3}

5.5.5 氧化铝纤维增强氧化物透波陶瓷材料

氧化铝纤维增强氧化物复合材料具有高强度、耐高温、高温抗蠕变和抗热冲击等特点，由于不存在氧化问题，且其高温强度显著高于石英纤维复合材料，因此针对在1000～1200℃高温长时氧化环境下使用的构件，氧化铝纤维增强氧化物复合材料具有良好的应用前景。目前商品化的连续氧化物纤维主要有美国3M公司的Nextel系列纤维、DuPont公司的FP和PRD 166系列纤维，日本Sumitomo公司的Altex系列、Mitsui公司的Almax系列、Denka Nivity公司的Nivity系列和Nitivy ALF系列，以及英国ICI公司的Saffil系列等，部分产品的性能参数如表5.6所示[38,59]。

表5.6 连续氧化铝纤维系列化产品的性能参数[38,59]

纤维	成分（质量分数）/%	直径/μm	密度/(g/cm³)	抗张强度（室温）/GPa	拉伸模量（室温）/GPa
Nextel™ 312	$62.5Al_2O_3+24.5SiO_2+13B_2O_3$	10～12	2.70	1.7	150
Nextel™ 440	$70Al_2O_3+28SiO_2+2B_2O_3$	10～12	3.05	2.0	190
Nextel™ 550	$73Al_2O_3+27SiO_2$	10～12	3.03	2.0	193
Nextel™ 610	>99	10～12	3.90	3.1	380
Nextel™ 650	$89Al_2O_3+10ZrO_2+1Y_2O_3$	10～12	4.10	2.8	350
Nextel™ 720	$85Al_2O_3+15SiO_2$	10～12	3.40	2.1	260
Altex	$72Al_2O_3+28SiO_2$	10～15	3.30	1.8	210

根据组分分类，氧化铝纤维增强氧化物复合材料采用的增强纤维主要包括纯α-Al_2O_3纤维、莫来石纤维和硅酸铝纤维，其中纯氧化铝纤维线膨胀系数大、介电常数高且耐烧蚀性能差，一般不能用于透波复合材料的增强体。硅酸铝纤维和莫来石纤维中含有一定量的SiO_2，所以介电常数明显下降。例如3M公司的Nextel™ 720纤维由莫来石和氧化铝构成，介电常数为5.8，高温强度优于石英纤维，在1400℃热处理100h后仍有1.5GPa的抗拉强度，将其与低介电常数的基体结合，有望用于耐高温透波复合材料领域。氧化铝纤维增强氧化物复合材料的陶瓷基体主要有α-Al_2O_3、莫来石、堇青石、ZrO_2、锂铝硅（LAS）玻璃陶瓷和钡铝硅（BAS）玻璃陶瓷等。其中堇青石密度低、线膨胀系数小，但是堇青石熔点低，烧结温度和分解温度较接近，烧结温度范围较窄，导致烧结过程可控性差，难以得到纯堇青石陶瓷[60]。LAS和BAS等玻璃陶瓷烧结温度较低，使用温度通常低于1200℃[61]。ZrO_2熔点高，具有良好的力学性能，但是由于降温过程发生四方相到单斜相（$t\rightarrow m$）的相变，产生的体积收缩会给纤维带来大的机械损伤[62]。α-Al_2O_3烧结温度高、熔点高、力学性能优异、耐化学腐蚀，但是其高温抗蠕变性能较差，其复合材料在高温应力作用下容易发

生蠕变破坏[63]。莫来石熔点高、密度低、线膨胀系数小、高温结构稳定，具有共格晶界，能够有效地抑制高温下位错的扩展，具有优良的抗蠕变和抗热震性能[64]。

5.5.6 氮化物纤维/氮化物透波陶瓷材料

超声速飞行器的飞行速度快、工作时间长，对天线罩（天线窗）的长时间高温承载、耐烧蚀、耐冲刷、抗热震等性能提出了苛刻要求。另外，轨道再入飞行器、临近空间高超声速打击武器、高超声速飞机还需具备可重复使用要求。均相陶瓷透波材料的低可靠性无法保证可重复使用的要求，而氧化物基纤维增强复合材料则无法满足长时、高温（1200～1500℃）工作的需求。因此，氮化物纤维/氮化物透波复合材料是目前新型武器装备天线罩（天线窗）材料的最佳选择。

氮化物纤维/氮化物透波复合材料主要有 Si_3N_4、BN 和硅硼氮（SiBN）三种材料体系，氮化物纤维是近年来发展起来的一类高温透波纤维，具有介电性能优良、耐烧蚀和抗氧化等特点。其中 BN 纤维具有耐高温、介电性能优异、耐腐蚀和可透红外光和微波等特性，在2500℃以内的惰性气氛中能够保持结构稳定，不会发生分解/升华现象，其缺点是力学性能偏低，最高抗拉强度约 1.4GPa，且在空气中 900℃以上会发生剧烈氧化，仅适用于对力学性能要求不高，而对耐温性要求高的航天飞行器透波部件。

SiBN 纤维兼具 Si_3N_4 纤维和 BN 纤维的优点，具有抗氧化、高温强度和模量高、高温透波及耐烧蚀等特点。SiBN 纤维中的 Si 元素引入可以提高材料的本征力学性能，B 元素的引入可以提高材料的抗烧蚀性能、降低材料的介电性能。可以根据具体使用环境，通过调节 Si、B 元素比例来平衡其热、力、电综合性能，可设计性强，是中远程导弹、超高速飞行器天线罩（窗）的理想增强材料。

5.5.7 透波陶瓷涂层材料

在航空航天领域，为了使透波陶瓷材料能够在一定宽频带范围内使用，大多将其设计为多孔结构。多孔隙透波陶瓷材料具有低密度、低介电常数、高频介电性能稳定等特点，在航空航天材料，例如雷达天线罩、天线窗等领域获得了广泛应用。然而，材料的多孔结构将导致其具有较高的吸水率，由于水自身具有较高的介电常数和介质损耗（25℃时水的介电常数约 76，损耗角正切约 12），附着于材料表面后将导致材料的介电性能不稳定，严重影响雷达天线罩的传输效率和瞄准误差。气孔的存在还将导致材料抗雨蚀、粒子侵蚀以及耐烧蚀性能较差，且降低了材料的力学性能。以上原因影响了多孔透波陶瓷材料的应用。在多孔结构材料表面制备一层致密的涂层则可以有效解决以上问题。透波陶瓷涂层材料具有防潮性能，能够在一定程度上增强基体的力学强度、耐烧蚀、耐冲刷、抗雨蚀等性能，其结构示意图如图 5.7 所示[65]。

根据透波陶瓷材料的使用需求，对透波陶瓷涂层材料的性能要求主要包括以下几点。

(1) 涂层应具有良好的防潮效果

由于基体的多孔结构会吸收空气中的水分，材料表面的水分严重影响了材料的透波性能，通过在透波材料表面覆上一层致密的表面涂层将材料表面气孔密封是提高透波材料防潮性能的关键。因此，要求用于透波陶瓷表面的涂层材料需较为致密、显气孔率较小、对液态水以及气态水有明显的阻隔作用以达到防潮的效果。

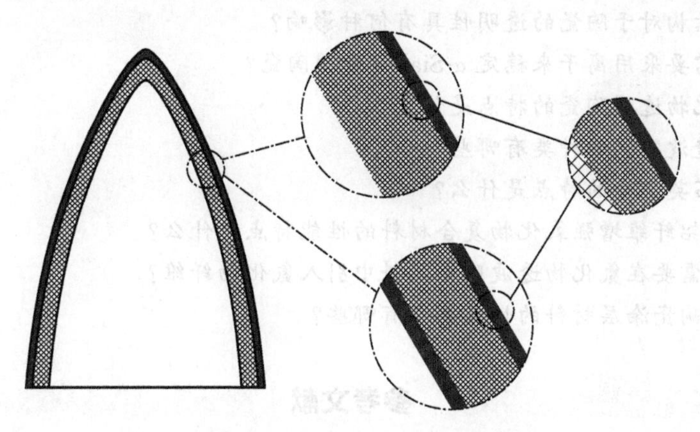

图 5.7 雷达天线罩及表面涂层的结构示意图[65]

(2) 涂层材料应具备良好的介电性能

天线罩表面涂层作为天线罩的一部分，为避免降低罩体的透波性能，表面涂层应具有较低的介电常数和较小的损耗角正切值。为了满足宽频透波的要求，一般选取的表面涂层材料介电常数比芯部材料的介电常数略高。

(3) 涂层材料应具备一定的力学性能和耐烧蚀性能

在航天器高速飞行的过程中，天线罩表面涂层直接受到高速气流的冲击力作用，这就要求涂层必须具有相当强度的刚性，使其受力时不易破损。随着导弹飞行速度的不断加快，其表面气动加热越来越严重，罩体表面温度也越高，为保证罩体结构完整性，要求涂层具备一定的耐烧蚀性能。

(4) 涂层与基体之间应具有良好的粘接性

为了使涂层与基体之间紧密结合，在结合界面处不产生空隙，这就要求在涂层制备的过程当中，涂层能够完全填封基体材料表面的空隙及缺陷。此外，涂层与基体材料之间不能仅存在简单的物理机械结合，尚需存在化学结合，以保证涂层与基体材料具有较强的结合力，避免在使用过程中脱落。

(5) 涂层材料与基体材料热膨胀系数应相匹配

为了避免涂层的开裂和脱落，基体表面涂层材料的热膨胀系数应尽可能与基体的热膨胀系数相匹配。为了连接更加紧密，所选涂层材料的热膨胀系数应适当小于基体材料的热膨胀系数。因为当涂层材料的热膨胀系数略小于基体材料的热膨胀系数时，烧成后的制品在冷却过程中，表面涂层的收缩比基体小，这将使涂层材料中分布压应力。均匀分布的预压应力能明显提高脆性材料的力学强度[66]。压应力也会抑制表面涂层微裂纹的产生，阻碍裂纹的扩展，提高涂层的强度。但是涂层材料的热膨胀系数不宜比基体材料小过多，不然涂层易脱落或造成结构缺陷。

思考题

5.1 透明陶瓷具有高度透光性能的必要条件及影响因素是什么？

5.2 透明陶瓷材料有哪些应用？

5.3 如果需要陶瓷具有透明性，应从工艺上消除引起光散射的哪些因素？

5.4 采用何种方法能够制备出透明的Nd:YAG陶瓷？

5.5 显微结构对于陶瓷的透明性具有何种影响？

5.6 为何需要采用离子来稳定 α-Sialon 透明陶瓷？

5.7 非氧化物透明陶瓷的特点是什么？

5.8 高温透波陶瓷的种类有哪些？

5.9 熔融石英陶瓷的特点是什么？

5.10 氧化铝纤维增强氧化物复合材料的性能特点是什么？

5.11 为何需要在氮化物透波陶瓷材料中引入氮化物纤维？

5.12 透波陶瓷涂层材料的性能要求有哪些？

参考文献

[1] Coble R L. Transparent alumina and method of preparation [P]. US patent 3026210. 1962.

[2] 徐政，倪宏伟. 现代功能陶瓷 [M]. 北京：国防工业出版社，1998.

[3] 刘军芳，傅正义，张东明，等. 透明陶瓷的研究现状与发展展望 [J]. 陶瓷学报，2002，23 (4)：246-250.

[4] Li Y，Su X Y，Song L K，et al. Scattering window material：Transparent Al_2O_3 ceramics and its fabrication [J]. Chin Phys Lett，2008，12 (7)：397.

[5] Mao X J，Wang S W，Shimai S，et al. Transparent polycrystalline alumina ceramics with orientated optical axes [J]. J Am Ceram Soc，2008，91 (10)：3431-3433.

[6] 江东亮. 透明陶瓷——无机材料研究与发展重要方向之一 [J]. 无机材料学报，2009，24 (5)：873-881.

[7] 吉亚明，蒋丹宇，冯涛，等. 透明陶瓷材料现状与发展 [J]. 无机材料学报，2004，19 (2)：275-282.

[8] Mainman T H. Simulated optical radiation in ruby [J]. Nature，1960，187：493.

[9] Geusic J E，Marcos H W，Van U L G. Laser oscillation in Nd doped yttrium aluminum，yttrium gallium and gadolinium garnets [J]. Appl Phys Lett，1964，4 (10)：182-184.

[10] 张晓娟，朱长军，贺俊芳. 激光透明陶瓷的研究进展 [J]. 材料导报，2010，24 (11)：20-24.

[11] de With G，van Dijk H J A. $Y_3Al_5O_{12}$ ceramic [J]. Mater Res Bull，1984，19 (12)：1669.

[12] Sekita M，Haneda H. Induced emission cross section of Nd：YAG ceramics [J]. J Appl Phys，1990，67 (1)：453.

[13] Ikesue A，Kinoshita T，Kamata K，et al. Fabrication and optical properties of high-performance polycrystalline Nd：YAG ceramics for solid-state lasers [J]. J Am Ceram Soc，1995，78 (4)：1033.

[14] Lu J R，Mahendra P，Xu J Q，et al. Highly efficient 2% Nd：yttrium aluminum garnet ceramic laser [J]. Appl Phys Lett，2000，77 (23)：3707.

[15] 刘颂豪. 透明陶瓷激光器的研究进展 [J]. 光学与光电子技术，2006，4 (2)：1-8.

[16] Kong J，Tang D. 9.2-W diode-end-pumped Yb：Y_2O_3 ceramic laser [J]. Appl Phys Lett，2005，86 (16)：161116.

[17] Qi Y，Lou Q. High power continuous-wave Yb：Y_2O_3 ceramic disc laser [J]. Electr Lett，2009，45 (24)：1238.

[18] Lu J，Bisson J F，Takaichi K，et al. Yb^{3+}：Sc_2O_3 ceramic laser [J]. Appl Phys Lett，2003，83 (6)：1101.

[19] Lu J，Takaichi K，Uematsu T，et al. Promising ceramic laser material：Highly transparent Nd^{3+}：Lu_2O_3 ceramic [J]. Appl Phys Lett，2002，81 (23)：4324.

[20] Tokurakawa M，Takaichi K，Shirakawa A，et al. Diode-pumped mode-locked Yb^{3+}：Lu_2O_3 ceramic laser [J]. Optics Express，2006，14 (26)：12832.

[21] Lu J，Takaichi K，Uematsu T，et al. Nd^{3+}：$YGdO_3$ ceramic laser [J]. Laser Phys，2003，13 (7)：940.

[22] 苏新禄，陈卫武，王佩玲，等. 非氧化物透明陶瓷的研究进展 [J]. 无机材料学报，2003，18 (3)：520-526.

[23] 姜华伟，杜洪兵，田庭燕，等. AlON透明陶瓷研究进展 [J]. 硅酸盐通报，2009，28 (2)：298-302.

[24] Cheng J P，Agrawal D，Zhang Y J，et al. Preparation of Al_2O_3-AlON and Al_2O_3-AlN composites via reaction-bonding [J]. J Mater Sci Lett，2001，20：77-79.

[25] Mandal H. New developments in α-sialon ceramics [J]. J Eur Ceram Soc，1999，19 (13-14)：2349-2357.

[26] 杨章富，李利敬，张力强，等. α-Sialon透明陶瓷的研究进展 [J]. 材料导报，2016，30 (12)：19-22.

[27] Jones M I，Hyuga H，Hirao K，et al. Highly transparent Lu-α-Sialon [J]. J Am Ceram Soc，2004，87 (4)：714.

[28] Ye F, Liu L M, Liu C F, et al. High infrared transmission of Y^{3+}-Yb^{3+}-doped α-SiAlON [J]. Mater Lett, 2008, 62 (30): 4535.
[29] Shan Y, Wang G, Liu G, et al. Hot-pressing of translucent YLu-α-Sialon ceramics using ultrafine mixed powders prepared by planetary ball mill [J]. Ceram Int, 2014, 40: 11743.
[30] Jones M I, Hyuga H, Hirao K. Optical and mechanical properties of α/β composite sialons [J]. J Am Ceram Soc, 2003, 86 (3): 520-522.
[31] Su X L, Wang P L, Chen W W, et al. Translucent alpha-sialon ceramics by hot pressing [J]. J Am Ceram Soc, 2004, 87 (4): 730.
[32] Xue J M, Liu Q, Cui L H. Lower-temperature hot-pressed Dy-alpha-sialon ceramics with an LiF additive [J]. J Am Ceram Soc, 2007, 90 (5): 1623-1630.
[33] Sung R J, Kusunose T, Nakayama T, et al. Fabrication of transparent polycrystalline silicon nitride ceramic [J]. Ceram Trans, 2005, 165: 15-22.
[34] Xiong Y, Fu Z, Wang H, et al. Translucent Mg-α-Sialon ceramics prepared by spark plasma sintering [J]. J Am Ceram Soc, 2007, 90 (5): 1647-1649.
[35] Yang Z F, Wang H, Min X M, et al. Optical and mechanical properties of Mg-doped sialon composite with La_2O_3 as additive [J]. J Eur Ceram Soc, 2012, 32 (4): 931-935.
[36] Yang Z F, Wang H, Min X M, et al. Translucent Li-α-sialon ceramics prepared by spark plasma sintering [J]. J Am Ceram Soc, 2010, 93 (11): 141-147.
[37] 杨章富. Li^{+}、Mg^{2+}和Ca^{2+}掺杂α-sialon的显微结构控制与光学性能研究 [D]. 武汉：武汉理工大学硕士学位论文，2011.
[38] 蔡德龙，陈斐，何凤梅，等. 高温透波陶瓷材料研究进展 [J]. 现代技术陶瓷，2019，40 (1-2)：4-120.
[39] 李瑞，张长瑞，李斌，等. 氮化硼透波材料的研究进展与展望 [J]. 硅酸盐通报，2010，29 (5)：1072-1078.
[40] Wang J Y, Zhou Y C, Lin Z J, et al. Mechanical properties and atomistic deformation mechanism of γ-$Y_2Si_2O_7$ from first-principles investigations [J]. Acta Mater, 2007, 55: 6019-6026.
[41] Sun Z Q, Zhou Y C, Wang J Y, et al. γ-$Y_2Si_2O_7$, a machinable silicate ceramic: Mechanical properties and machinability [J]. J Am Ceram Soc, 2007, 90: 2535-2541.
[42] Felsche J. Crystal data on polymorphic disilicate $Y_2Si_2O_7$ [J]. Naturwissenschaften, 1970, 57: 127-128.
[43] Sun Z Q, Li M S, Zhou Y C. Kinetics and mechanism of hot corrosion of in γ-$Y_2Si_2O_7$, thin-film Na_2SO_4 molten salt [J]. J Am Ceram Soc, 2008, 91: 2236-2242.
[44] Sun Z Q, Li M S, Li Z P, et al. Hot corrosion of γ-$Y_2Si_2O_7$ in strongly basic Na_2CO_3 molten salt environment [J]. J Eur Ceram Soc, 2008, 28: 259-265.
[45] Luo Y X, Wang J M, Wang J Y, et al. Theoretical predictions on elastic stiffness and intrinsic thermal conductivities of yttrium silicates [J]. J Am Ceram Soc, 2014, 97: 945-951.
[46] Sun Z Q, Zhou Y C, Li M S. Effect of $LiYO_2$ on the synthesis and pressureless sintering of Y_2SiO_5 [J]. J Mater Res, 2008, 23: 732-736.
[47] Sun Z Q, Li M S, Zhou Y C. Thermal properties of single-phase Y_2SiO_5 [J]. J Eur Ceram Soc, 2009, 29: 551-557.
[48] Maleki H, Suraes L, Portugal A. An overview on silica aerogels synthesis and different mechanical reinforcing strategies [J]. J Non-Cryst Solids, 2014, 385: 55-74.
[49] Jain A, Rogojevic S, Ponoth S, et al. Porous silica materials as low-*k* dielectrics for electronic and optical interconnects [J]. Thin Solid Films, 2001, 398: 513-522.
[50] Bertino M F, Hund J F, Soda J, et al. High resolution patterning of silica aerogels [J]. J Non-Cryst Solids, 2004, 333: 108-110.
[51] Tang G H, Zhao Y, Guo J F. Multi-layer graded doping in silica aerogel insulation with temperature gradient [J]. Int J Heat Mass Trans, 2016, 99: 192-200.
[52] Xiong R, Li X L, He J. Thermal stability of ZrO_2-SiO_2 aerogel modified by Fe(Ⅲ) ion [J]. J Sol-Gel Sci Technol, 2014, 72: 496-501.

[53] Bao Y，Nicholson P S. $AlPO_4$-coated mullite/alumina fiber reinforced reaction-bonded mullite composites [J]. J Eur Ceram Soc，2008，28：3041-3048.

[54] He J，Li X，Su D，et al. Ultra-low thermal conductivity and high strength of aerogels/fibrous ceramic composites [J]. J Eur Ceram Soc，2016，36 (6)：1487-1493.

[55] Liebig W V，Viets C，Schulte K，et al. Influence of voids on the compressive failure behaviour of fibre-reinforced composites [J]. Comp Sci Technol，2015，117：225-233.

[56] Zhang R，Hou X，Ye C，et al. Enhanced mechanical and thermal properties of anisotropic fibrous porous mullite-zirconia composites produced using sol-gel impregnation [J]. J Alloy Compd，2017，699：511-516.

[57] 邵高峰，沈晓冬，崔升，等. 陶瓷防隔热瓦表面难熔金属硅化物涂层的研究进展 [J]. 材料导报，2014，28 (21)：136-142.

[58] 左超军. SiO_2 气凝胶及其复合材料的常压干燥制备工艺与性能研究 [D]. 哈尔滨：哈尔滨工业大学硕士学位论文，2009.

[59] Mileiko S T. Single crystalline oxide fibres for heat-resistant composites [J]. Comp Sci Technol，2005，65：2500-2513.

[60] El-Buaishi N M，Jankovic-Castvan I，Jokic B，et al. Crystallization behavior and sintering of cordierite synthesized by an aqueous sol-gel route [J]. Ceram Int，2012，38：1835-1841.

[61] Arvind A，Kumar R，Deo M N，et al. Preparation，structural and thermos-mechanical properties of lithium aluminum silicate glass-ceramics [J]. Ceram Int，2009，35：1661-1666.

[62] Ma W M，Wen L，Guan R G，et al. Sintering densification，microstructure and transformation behavior of Al_2O_3/ZrO_2(Y_2O_3) composites [J]. Mat Sci Eng A，2008，477：100-106.

[63] Ochiai S，Ueda T，Sato K，et al. Deformation and fracture behavior of Al_2O_3/YAG composite from room temperature to 2023 K [J]. Comp Sci Technol，2001，61：2117-2128.

[64] Schneider H，Schreuer J，Hildmann B. Structure and properties of mullite：A review [J]. J Eur Ceram Soc，2008，28：329-344.

[65] Gentilman R，Burks D G，Rockosi D J，et al. Methods and apparatus for high performance structures [P]. US7710347. 2010.

[66] 张晓丽. 低膨胀透波涂层材料的制备 [D]. 淄博：山东理工大学硕士学位论文，2010.

第6章 光电陶瓷材料

学习目标

通过本章的学习，掌握以下内容：(1) 太阳能电池材料的种类及光电特性；(2) 无机紫外光电探测器材料的种类及光电特性。

学习指南

(1) 太阳能电池材料主要包括单晶硅、多晶硅、碲化镉薄膜、砷化镓薄膜、铜铟镓硒薄膜、Sb_2S_3、氧化锌等陶瓷类材料；(2) 金属氧化物及其异质结、金刚石薄膜及异质结是常见的无机紫外光电探测器材料。

章首引言

光电材料是指能把光能转变为电能的一类能量转换功能材料。光电材料主要包括光电子发射材料、光电导材料及光电动势材料。当光照射到材料上，光被材料吸收产生发射电子的现象称为光电子发射现象，具有这种现象的材料称为光电子发射材料，主要包括正电子亲和阴极材料（例如单碱-锑、多碱-锑等）和负电子亲和阴极材料（例如硅、磷化镓等陶瓷材料），主要用于光电转换器、微光管、光电倍增管、高灵敏电视摄像管、变像夜视仪等。受光照射电导急剧上升的现象称为光电导现象，具有此种现象的材料称为光电导材料，主要包括硅、锗、氧化物、硫化物等，通常用于光探测器中的光敏感元件及半导体光电二极管、光敏晶体三极管、高阻抗元件等。在光照下，半导体 p-n 结的两端产生电位差的现象称为光生伏特效应，具有此种效应的材料称为光电动势材料，主要应用于太阳能电池。光电陶瓷材料是光电材料的重要组成部分，本章系统阐述光电陶瓷材料的种类及其应用。

6.1 太阳能电池材料

由于化石能源的日益枯竭，急需寻找替代能源来满足社会发展需求，在此背景下进行可再生能源的开发和利用尤为重要。美国贝尔实验室的皮尔森发现单晶硅 p-n 结能产生电压，开启了太阳能电池的时代。澳大利亚新南威尔士大学的 Green 教授[1] 将太阳能电池发展划分为三代，第一代是以单晶硅、多晶硅为代表的晶硅太阳能电池，以晶硅为材料的第一代太阳能电池技术应用最为广泛，但是由于单晶硅太阳能电池对原料要求过高，以及多晶硅太阳能电池复杂的生产工艺等缺点，促使人们发展了第二代薄膜太阳能电池，尤其是以碲化镉

(CdTe)、砷化镓（GaAs）及铜铟镓硒化合物（CIGS）为代表的太阳能电池。与晶硅太阳能电池相比较，薄膜太阳能电池所需材料较少，容易大面积生产，成本更低。第三代则是基于高效、绿色环保和先进纳米技术的新型太阳能电池，例如染料敏化太阳能电池（DSSCs)、钙钛矿太阳能电池（PSCs）和量子点太阳能电池（QDSCs）等。目前形成了以晶硅太阳能电池为基础，薄膜太阳能电池为发展对象，及以 DSSCs、PSCs 和 QDSCs 为前沿的太阳能电池发展格局。

6.1.1 第一代太阳能电池

(1) 单晶硅太阳能电池

从美国贝尔实验室研发出第一块实用型单晶硅太阳能电池以来，单晶硅是所有晶硅太阳能电池中制造工艺及技术最成熟和稳定性最高的一类太阳能电池。理论上，光伏响应材料的最佳禁带宽度约 1.4eV，而单晶硅的禁带宽度为 1.12eV，是已知自然界中存在的和最佳禁带宽度最为接近的单质材料。单晶硅太阳能电池主要通过硅片的清洗和制绒、扩散制结、边缘刻蚀、去磷硅玻璃、制备减反射膜、制作电极、烧结等工艺制备而成[2]。单晶硅太阳能电池（面积 $180cm^2$）的效率能够达到 26.3%[3]。单晶硅太阳能电池以其高效率和稳定性，在光伏行业占有统治地位，但是由于硅电池所需硅材料的纯度需达到 99.9999%，造成单晶硅的价格较高，复杂的制造工艺也导致其难以大范围推广使用。

(2) 多晶硅太阳能电池

相比单晶硅太阳能电池，多晶硅太阳能电池对原料的纯度要求较低，原料来源也广泛，因此成本比单晶硅太阳能电池低得多。多晶硅太阳能电池的制备方法广泛，例如硅烷法、流化床法、钠还原法、定向凝固法以及真空蒸发除杂法等，并可采用单晶硅处理技术，例如腐蚀发射结、金属吸杂、腐蚀绒面、表面和体钝化、细化金属栅电极等[4-6]。采用摩尔比为 50：1 的 HNO_3 和 HF 酸腐蚀多晶硅表面形成“蜂窝”状纹理增强了陷光效果，使得多晶硅太阳能电池的效率能够达到 19.8%[7]。与单晶硅太阳能电池相比，多晶硅太阳能电池具有对原料要求低的优点，尤其是制造成本较低，但是也存在较多的晶格缺陷导致其转换效率比单晶硅太阳能电池低的缺点[8]。因此，对于多晶硅太阳能电池的研究重点应该在于提高多晶硅生产工艺，减少多晶硅生产过程的缺陷以提高硅片的质量。此外，还需要简化多晶硅太阳能电池制造流程，降低多晶硅太阳能电池的生产成本。

6.1.2 第二代太阳能电池

(1) 碲化镉薄膜太阳能电池

CdTe 是一种带隙（E_g）为 1.45eV 的半导体陶瓷材料，因其具有较高的光吸收能力及可大面积沉积制备，使得 CdTe 成为了一种良好的新型薄膜太阳能电池材料。由于 CdTe 存在自补偿效应，难以制备出高电导率的同质结，所以此类电池为异质结薄膜电池。CdS 与 CdTe 的晶格常数差异较小，是通常被应用在 CdTe 薄膜太阳能电池的最佳窗口材料。

早期 CdTe 薄膜太阳能电池效率为 8%[9]，$ZnSnO_x$（ZTO）代替 Zn_2SnO_4 作为缓冲层，使得 CdTe 薄膜太阳能电池的效率达到了 16.5%，采用高度掺杂的 CdTe 作为背电极，优化电池的厚度和背电极的掺杂浓度来减少复合损失，所得 2.7μm 厚的电池效率达到了 26.74%，增加内吸收层 CdTe 的厚度可以提高电池的效率[10]。CdTe 薄膜太阳能电池的高效率使其在光伏市场中占有一定的份额，而且CdTe薄膜太阳能电池可实现柔性化和透明化，使其在汽车以及建筑行业具有良好的应用前景。然而Cd和Te都是有毒元素，限制了CdTe薄膜太阳能电池的推广应用。因此，未来的研究重点应该是在提升效率的同时减少有毒元素的含量，提升电池本身的稳定性，降低有毒元素泄漏的风险。

(2) 砷化镓薄膜太阳能电池

GaAs是一种直接带隙（$E_g=1.43$eV）的Ⅲ-Ⅴ族化合物半导体陶瓷材料，GaAs薄膜太阳能电池的制备方法主要包括扩散法、LPE法、金属有机化学气相沉积技术（MOCVD）等[11]。早期利用扩散法在电池结构中扩散1～3μm的锌层降低了电池的总电阻，使得GaAs薄膜太阳能电池的效率达到了11%[12]。优化电池叠层方式、减反射涂层和黏合剂，最大限度提升光吸收，使GaAs太阳能电池的效率达到了23.5%[13]。使用TiO_2/SiO_2作为减反射层，能够减少太阳能电池在可见光范围内的反射，太阳能电池的效率达到了25.54%[14]。通过优化电池背面结构、低温退火金属接触位点并结合有源层材料、栅格掩模和抗反射涂层，能够将GaAs薄膜太阳能电池的效率提升到了26.1%[15]。GaAs薄膜太阳能电池具有光电转化效率高、抗辐射和抗高温性能良好、可以制成异质衬底太阳能电池和多结太阳能电池等优点，所以GaAs薄膜太阳能电池在航天领域具有广泛的应用前景。然而，GaAs薄膜太阳能电池的制作成本过于昂贵以及As有毒的特性限制了此类太阳能电池在民用方面的应用。

(3) 铜铟镓硒薄膜太阳能电池

CIGS薄膜太阳能电池是在铜铟硒薄膜（CIS）太阳能电池的基础上用Ga元素取代部分铟制成，CIGS薄膜太阳能电池的典型结构为TCO/ZnO/CdS/CIGS/背电极/基底。CIGS薄膜太阳能电池的制备方法主要包括溅射法、MOCVD、液相喷涂法、喷涂热解、丝网印刷法和电沉积等[16]。ZnO/CdS/CIGS结构的CIGS薄膜太阳能电池的效率能够达到19.2%[17]。在真空（10^{-8}Pa）条件下在聚亚酰胺基底上共沉积出CIGS薄膜，CIGS薄膜的厚度为0.3～3.0μm，在350℃的温度下在基底上继续沉积KF和Se 15min，沉积速率1nm/min，从而制备出了K掺杂CIGS薄膜，此种K掺杂CIGS薄膜的太阳能电池的效率提升到了20.4%[18]。在CIGS中掺杂重碱金属元素，例如铷（Rb）和铯（Cs）代替元素K，可以使CIGS薄膜太阳能电池的效率达到22.6%[19]。

CIGS薄膜太阳能电池具有效率高、寿命长、没有光致衰退效应，可在柔性聚合物和金属基板上沉积等优点，但是CIGS薄膜太阳能电池也存在合成材料较多、合成过程较为复杂且合成材料中具有稀有元素In和有毒元素Cd等缺点，这些不仅使得电池成本过高，而且会造成环境污染。针对所用元素稀有或有毒等缺点，采用价格低的Zn和Sn来取代价格昂贵的In和Ga，能够得到类似于CIGS电池的$Cu_2ZnSn(S,Se)_4$（CZTSSe）薄膜太阳能电池[20]。CZTSSe薄膜太阳能电池不仅对环境无害，而且CZTSSe是直接带隙材料，具有较大的吸收系数，所以可以通过减少此类薄膜电池的厚度进而减少材料的使用量，从而降低此类太阳能电池的成本。

6.1.3 第三代太阳能电池

(1) 染料敏化太阳能电池

DSSCs是模拟绿色植物光合作用原理，将太阳光能转化为电能的一类太阳能电池。液态 DSSCs 主要是由光阳极、液态电解质和光阴极三部分构成的，电池结构如图 6.1(a) 所示[21]。光阳极主要是在导电衬底材料上制备一层多孔半导体薄膜并附着一层染料光敏化剂，光阴极主要是在导电衬底材料上制备一层含铂或碳的催化材料。在光阳极中，电极材料主要为 TiO_2，当 TiO_2 表面附着一层具有良好吸光特性的染料光敏化剂时，染料基态吸收光后变成激发态，激发态染料将电子注入到 TiO_2 的导带完成载流子的分离，再经过外部回路传输到对电极，电解质溶液中的 I_3^- 在对电极上得到电子被还原成 I^-，而电子注入后的氧化态染料又被 I^- 还原成基态，I^- 自身被氧化成 I_3^-，从而完成整个循环，工作原理如图 6.1(b) 所示[22]。采用多吡啶钌染料作为光敏化剂，所得 DSSCs 太阳能电池的效率达到了 7.1%[23]。使用磷配位的钌系染料敏化剂（DX1），这种敏化剂可以部分利用近红外光，增加了电池的电流密度，所得 DSSCs 太阳能电池的效率达到了 12.1%[24]。采用共敏化方式增强光吸收也可以增强太阳能电池的效率，例如采用卟啉染料与噻吩基染料共敏化的方式可以将 DSSCs 电池的效率提升到 12.3%[25]。由于有机染料价格昂贵且大多数有毒，使用天然染料敏化剂代替合成的有机染料敏化剂可以降低原料的成本，例如铜叶绿素敏化 DSSCs 电池的光电转化效率达到了 2.6%[26]。

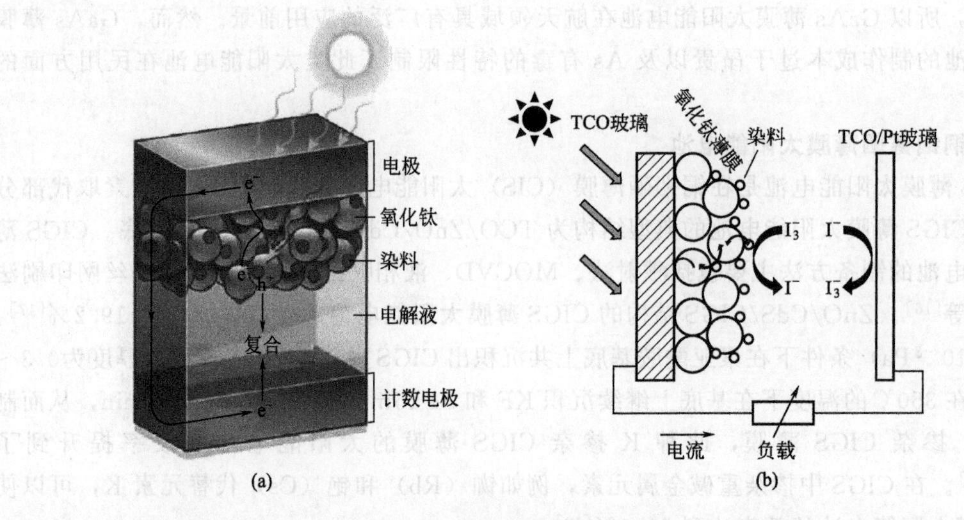

图 6.1 染料敏化太阳能电池的结构[21]与工作原理[22]

(a) 电池结构；(b) 工作原理

(2) 钙钛矿太阳能电池

钙钛矿的化学式为 ABX_3，其中 A 为碱金属阳离子（如 Cs^+ 等），在有机-无机杂化钙钛矿中，A 位置也可为有机甲胺离子 CH_3NH^{3+}（MA^+）等，占据立方八面体的体心位置，B 为过渡金属元素，通常为可配位形成八面体的金属阳离子（如 Pb^{2+}、Sn^{2+} 等），X 为可与 B 配位形成八面体的阴离子（如 Cl^-、Br^-、I^-、O^{2-} 等），钙钛矿材料的晶体结构示意图如图 6.2 所示[27]。钙钛矿太阳能电池一般分为有机-无机杂化钙钛矿太阳能电池和全无机钙钛矿太阳能电池两类。有机-无机杂化钙钛矿光伏器件效率仅为 3.8%，目前其光电效率已经达到了 23.3%[28]，但是有机-无机杂化钙钛矿太阳能电池中的有机成分 MA^+ 和甲脒离子 $HC(NH_2)^{2+}$（FA^+）易挥发，所以此类电池存在稳定性较差的问题。相较于有机-无机杂化钙钛矿太阳能电池，全无机钙钛矿太阳能电池的效率目前虽比不上前者，但其热稳定性良好，组分在空气中不挥发，具有广泛的应用前景。

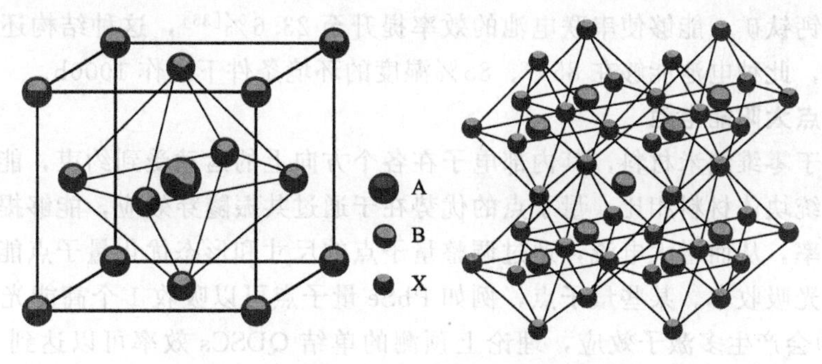

图 6.2 钙钛矿材料的晶体结构示意图[27]

有机-无机杂化钙钛矿太阳能电池和全无机钙钛矿太阳能电池均有对应的正置结构和倒置结构器件。正置结构为 FTO（或 ITO）/电子传输层/钙钛矿层/空穴传输层/电极，如图 6.3 所示[29]，倒置结构为 FTO（或 ITO）/空穴传输层/钙钛矿层/电子传输层/电极，如图 6.4 所示[30]。当太阳光照射在电池上时，能量大于禁带宽度的光子被吸收，产生电子-空穴对，随后电子与空穴在钙钛矿层分离，变为电子和空穴分别注入电子传输层和空穴传输层中，再通过外电路流向对电极，形成电流[31]。在电池结构中，决定电池效率最主要的是钙钛矿层，优化钙钛矿薄膜的制备方法，或改变其化学成分的组成能在提升电池稳定性的同时提高电池效率，改进电池其他层的薄膜也能在一定程度上提升电池效率和稳定性[32-34]。

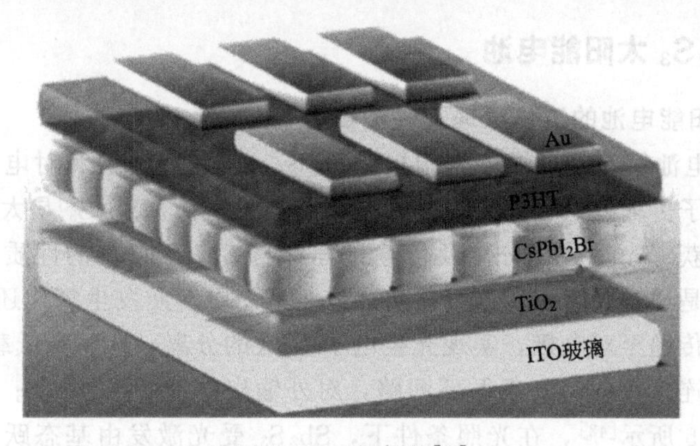

图 6.3 正置结构[29]

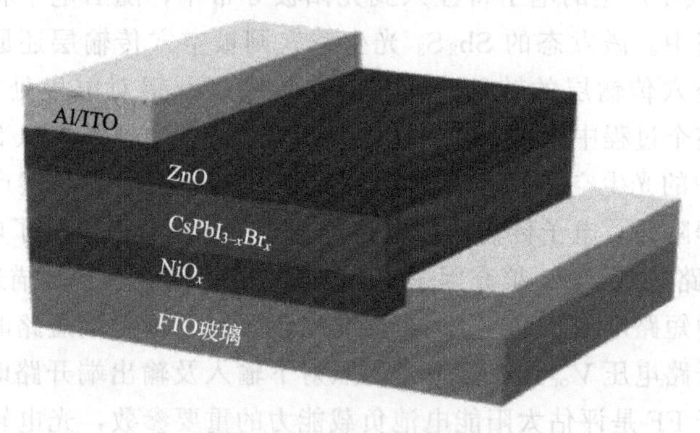

图 6.4 倒置结构[30]

由于钙钛矿材料在液态电解质中不稳定，易发生分解，导致电池效率快速衰减，采用固态电解质作为空穴传输层能够防止钙钛矿材料的分解[35]。采用异质结硅太阳能电池串联绝甲脒铅卤化物钙钛矿，能够使串联电池的效率提升至23.6%[36]，这种结构还增加了太阳能电池的稳定性，此种电池能够在85℃、85%湿度的环境条件下工作1000h。

（3）量子点太阳能电池

量子点属于零维纳米材料，其内部电子在各个方向上的运动受到约束，能够产生量子限域效应。与传统块体材料相比，量子点的优势在于通过共振隧穿效应，能够提高电池对光生载流子的收集率，从而增大电流，通过调整量子点的尺寸和形态优化量子点能级与太阳光谱的匹配度增加光吸收率。某些量子点，例如PbSe量子点可以吸收1个高能光子产生多个电子-空穴对，即会产生多激子效应，理论上预测的单结QDSCs效率可以达到44%。QDSCs主要分为异质结QDSCs和敏化QDSCs两种电池[37]，利用ZnO薄膜和PbSe制成结构为玻璃/ITO/ZnO/PbSe/Au的异质结QDSCs，但效率仅为1.6%[38]。采用TiO_2代替ZnO能够提高电子的传输能力，使得QDSCs的效率提升到5.1%[39]。通过钝化量子点表面和改进器件结构等措施增加电荷收集，能够使PbS QDSCs效率提升到10.6%，其中使用甲脒碘化物涂层使得$CsPbI_3$量子点薄膜的电子迁移率增加1倍，能够使QDSCs的效率提升至13.34%[40]。然而，由于此类电池涉及微尺度领域，制作工艺和要求都比较高，且内部电子传输原理仍处在研究阶段，导致其效率远低于其他种类的太阳能电池。对于此类太阳能电池，目前的研究主要集中于材料的选择、器件的优化以及内部电子的传输机理方面，以期提高QDSCs的效率和稳定性。

6.1.4 Sb_2S_3太阳能电池

（1）Sb_2S_3太阳能电池的工作原理及性能参数

Sb_2S_3太阳能电池结构由半导体光阳极、Sb_2S_3、空穴传输层和对电极构成，其中半导体光阳极不仅为电子传输提供通路，也是Sb_2S_3附着的载体。Sb_2S_3是太阳能电池光吸收的核心，电池的光捕获、光生电荷分离及传输过程都与Sb_2S_3自身的性质密切相关。空穴传输层的主要作用就是通过固态电解质直接传递或与液态电解质发生氧化还原反应，将Sb_2S_3价带上的空穴向外传递至对电极，实现光生电子-空穴的分离，从而降低载流子复合的概率。将对电极与光阳极连接负载，实现循环回路，对外输出电能[41]。Sb_2S_3太阳能电池的工作原理示意图如图6.5所示[42]，在光照条件下，Sb_2S_3受光激发由基态跃迁到激发态，同时产生电子-空穴对，其中产生的电子将注入到光阳极导带中，随后电子将传输到光阳极的背接触并流出到外电路中。激发态的Sb_2S_3光生空穴则被空穴传输层还原到基态，实现空穴从Sb_2S_3的价带到空穴传输层的转移，随后空穴传输层获得对电极处来自外电路的电子，完成循环回路。在整个过程中，Sb_2S_3受光激发产生的光生电子除了从Sb_2S_3注入到光阳极中，还会与Sb_2S_3中的光生空穴产生复合或者与空穴传输层中的空穴产生复合，其中后两个载流子的复合过程阻碍了电子传输到外电路，减小了光电流及降低了电池的整体性能。短路电流密度J_{sc}、开路电压V_{oc}、填充因子FF以及光电转化效率η是描述太阳能电池光电性能的重要参数，其中短路电流密度J_{sc}是在标准光源照射下输出端短路时，流过太阳能电池两端的电流密度，开路电压V_{oc}是在标准光源照射下输入及输出端开路时，太阳能电池的输出电压值，填充因子FF是评估太阳能电池负载能力的重要参数，光电转化效率η是评估太阳能电池好坏的重要参数，是最大输出功率与入射光功率的比值[43]。

（2）光阳极材料

半导体光阳极不仅是电子传输的通路，也是Sb_2S_3附着的载体，由致密层和支撑层构

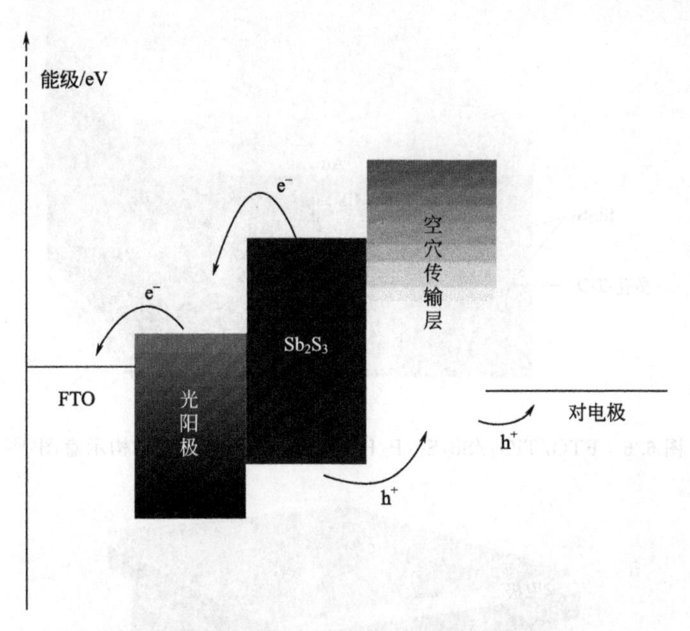

图 6.5 Sb_2S_3 太阳能电池的工作原理示意图[42]

成，其中致密层作为电子阻挡层，可以有效防止电子由氟掺杂锡氧化物（FTO）导电层逆向迁移至支撑层中，支撑层则作为 Sb_2S_3 附着的载体，用来负载 Sb_2S_3[44]。优良的光阳极需要具有良好的光透过率、大比表面积、大孔隙率和良好的电子传导性等特性，比如有利于 Sb_2S_3 对光的吸收、可以负载足够的 Sb_2S_3、便于空穴传输层渗透到其内部以提高空穴的导出效率以及良好的电子导电性，以确保电子快速传输到 FTO 导电层上，继而传输到外电路。

支撑层的结构主要分为多孔结构和有序纳米结构，具有纳米晶体多孔薄膜形貌的支撑层通常拥有超高的比表面积，可以负载大量的 Sb_2S_3，使得电池对入射光子俘获和利用效率增大，进而提高短路电流密度[45]。支撑层为 TiO_2 多孔层、结构为 FTO/TiO_2/Sb_2S_3/(LiSCN)CuSCN/Au 的太阳能电池，短路电流密度达到了 11.2mA/cm^2，光电转化效率达到了 3.7%[46]。随着 TiO_2 多孔层厚度的增加，负载的 Sb_2S_3 光吸收材料会增加，但其载流子的复合速率及电池的串联电阻也会随之增加[47]。支撑层为 TiO_2 多孔层、结构为 FTO/TiO_2/Sb_2S_3/P3HT/Au（P3HT 为 3-己基取代聚噻吩）的太阳能电池的结构示意图如图 6.6 所示[48]，此种电池降低了载流子复合并提高开路电压，短路电流密度达到了 12.3mA/cm^2，光电转化效率达到了 5.13%。由于纳米晶体多孔薄膜存在大量晶界以及无规则电子传输路径，导致电池中存在比较严重的电子-空穴对再复合，因此具有直线电子传输路径的有序纳米结构（纳米线、纳米管等）就被用来取代这种多孔结构的支撑层，从而减少了载流子的复合[49]。支撑层为 TiO_2 纳米棒、结构为 FTO/TiO_2/Sb_2S_3/P3HT/Au 的太阳能电池的结构示意图如图 6.7 所示[50]，此种电池的短路电流密度达到了 17.01mA/cm^2，光电转化效率达到了 4.65%。

除了 TiO_2 外，ZnO、SnO_2、Al_2O_3 和 ZrO_2 等也作为光阳极应用于 Sb_2S_3 太阳能电池中。支撑层为 ZnO 纳米管、结构为 ITO/ZnO/Sb_2S_3/P3HT/Au 的太阳能电池，其中 TiO_2 作为 ZnO 的保护钝化层，此种电池的短路电流密度达到了 5.57mA/cm^2，光电转化效率达到了 1.32%[51]。支撑层分别为 Al_2O_3 多孔层和 ZrO_2 多孔层、结构为 FTO/光阳极/Sb_2S_3/

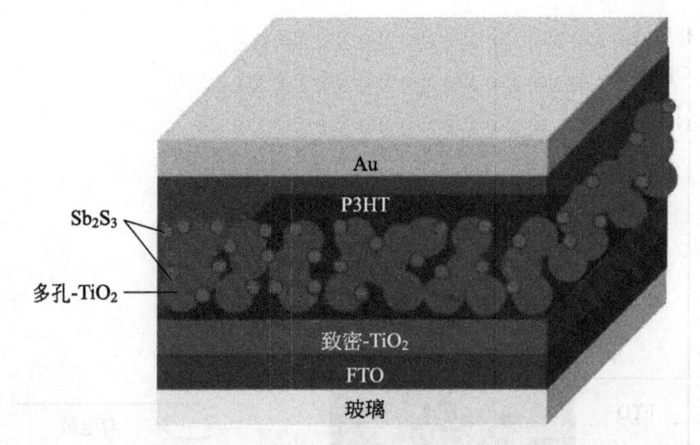

图 6.6 $FTO/TiO_2/Sb_2S_3/P_3HT/Au$ 太阳能电池的结构示意图[48]

图 6.7 $FTO/TiO_2/Sb_2S_3$/P3HT/Au 太阳能电池的结构示意图[50]

［PEDOT∶PSS 为聚(3,4-亚乙二氧基噻吩)-聚(苯乙烯磺酸)］

P3HT/Ag 的太阳能电池的短路电流密度分别是 7.8mA/cm²、6.8mA/cm²，光电转化效率分别为 2.48%、2.64%[52]。Al_2O_3 多孔层和 ZrO_2 多孔层在电池中仅作为增加 Sb_2S_3 负载的支撑部分，不参与电子的迁移过程，此种电池之所以能够正常工作是因为 Sb_2S_3 在多孔层中能够实现良好和充分的渗透，使得 Sb_2S_3 与 FTO 导电层直接接触，实现了电路的导通。支撑层为 SnO_2、结构为 $FTO/SnO_2/Sb_2S_3$/P3HT/Au 太阳能电池的短路电流密度达到了 10.57mA/cm²，光电转化效率达到了 2.8%[53]。支撑层为 ZnO 纳米棒、结构为 FTO/$ZnO/TiO_2/Sb_2S_3$/P3HT/Au 太阳能电池的结构示意图如图 6.8 所示[54]，此种电池的短路电流密度达到了 7.5mA/cm²，开路电压达到了 656mV，光电转化效率达到了 2.3%。

常用的光阳极材料 TiO_2、ZnO 和 SnO_2 的导带能级位置由高到低依次为 ZnO、TiO_2、SnO_2，光阳极导带与 Sb_2S_3 导带的能级差越大，则电子从 Sb_2S_3 注入到光阳极中的驱动力也就越大，电子注入效率也就越高，但是光阳极的导带能级也不能过低，否则会限制电池的开路电压。TiO_2 的带隙为 3.2eV，具有耐酸碱及良好的化学稳定性，能够有效提高 Sb_2S_3 吸附、电荷分离和电子传输能力[55]。ZnO 的带隙为 3.37eV，物理性质与 TiO_2 相似，但是

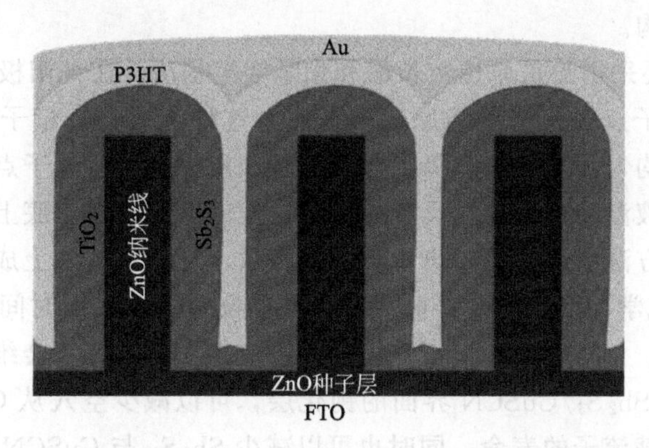

图 6.8 FTO/ZnO/TiO_2/Sb_2S_3/P3HT/Au 太阳能电池的结构示意图[54]

电子迁移速率大约为 TiO_2 的4倍。然而ZnO表面的缺陷会引起严重的表面复合，最终造成电池的光电转化效率比基于 TiO_2 光阳极的电池低。ZnO的化学稳定性低于 TiO_2，耐酸碱性差，限制了其在 Sb_2S_3 太阳能电池中的应用。SnO_2 的带隙为3.6eV，在可见光区内透射率高，化学稳定性好，其电子迁移速率是 TiO_2 的数十倍，但是 SnO_2 较低的导带能级位置降低了电池的开路电压。

(3) Sb_2S_3 的制备方法

Sb_2S_3 是 Sb_2S_3 太阳能电池光吸收的核心，电池的光捕获、电荷分离及传输过程都与 Sb_2S_3 自身的性质相关，因此也是决定电池性能的关键材料之一。Sb_2S_3 的带隙宽度为1.5～2.2eV，光吸收系数高达 $105cm^{-1}$[56]，非常适合作为太阳能电池的光吸收材料。Sb_2S_3 属于正交晶系，空间群为Pbnm62，具有高度各向异性，是一种以 $(Sb_4S_6)_n$ 八面体连接在一起的层状结构二元系化合物半导体材料，其晶体结构示意图如图6.9所示[42]。

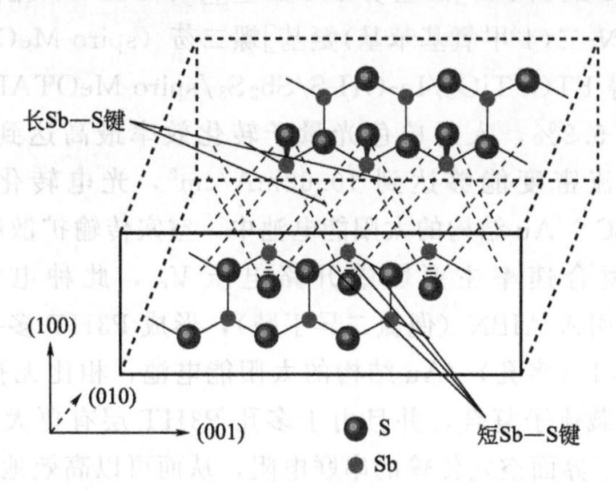

图 6.9 Sb_2S_3 的晶体结构示意图[42]

在 Sb_2S_3 晶体结构中含有两种形式的Sb原子（Sb1、Sb2）和3种形式的S原子（S1、S2、S3），其中S1为－2价，S2与S3为－3价。在链内，－3价的S2和表现为－2价的S1原子通过强共价键与Sb原子相连，这种强共价键使 Sb_2S_3 晶体更易沿着链延伸的方向生长，即晶体更易沿着 c 轴方向生长。而在链间，－3价的S3通过范德华力和与之平行的链上的Sb原子结合。由于范德华力是弱作用力，容易被破坏，因此 Sb_2S_3 晶体在链间容易沿着链的方向裂开，即在（010）面沿着 c 轴方向裂开。因此，Sb_2S_3 晶体是一种具有高度各向异性的层状结构半导体材料，容易沿着 c 轴方向生长或破裂，从而形成纳米棒、纳米线、纳米管等一维纳米结构。

Sb_2S_3 的制备主要采用的是原位生长法和化学浴沉积法。在光阳极半导体上通过化学反应直接生长或沉积量子点的方法即为原位生长法，这种方法具有量子点尺寸可控、重复性好、产率稳定、成膜均匀和附着力强等优点。将基底浸没在含有量子点阴阳离子的前驱体溶液中，控制前驱体溶液温度发生化学反应并保持一定的时间，在基底上生长量子点的方法即为化学浴沉积法，此方法中活性阴阳离子被缓慢释放，从而在基底上成核、生长量子点[57]。在 FTO 玻璃上低温化学浴沉积 Sb_2S_3 时，Sb_2S_3 颗粒会随着沉积时间增加持续长大，然而当 Sb_2S_3 在多孔 TiO_2 上沉积时，由于孔隙的限制，Sb_2S_3 的尺寸会维持在 10nm 左右[58]。形成 Sb_2S_3 层会成为 Sb_2S_3/CuSCN 界面的钝化层，可以减少空穴从 CuSCN 到 Sb_2S_3 的逆迁移，提高 Sb_2S_3 中载流子的寿命，同时也可以减少 Sb_2S_3 与 CuSCN 之间的离子交换反应形成 Cu-S 再复合中心，但是如果形成的 Sb_2S_3 太厚，则会阻碍光生空穴的正常传输[59-61]。在 FTO/TiO_2/Sb_2S_3/P3HT/(PEDOT:PSS) /Au 结构的太阳能电池中，与 380℃相比，330℃的退火温度更加有利于电池性能的提高，此种电池的短路电流密度达到了 17.36mA/cm^2，光电转化效率达到了 4.42%[62]。

(4) 空穴传输层

理想的空穴传输层材料（hole-transporting materials，HTM）需要选择具有较低的氧化还原电势，并且不能对光阳极、量子点以及对电极等产生腐蚀的材料，同时本身也要求具有良好的稳定性和较快的氧化还原反应速率等特性，以便于获得较大的电池开路电压和高效的空穴传输。由于 Sb_2S_3 在液态电解质中不稳定，所以空穴传输层主要为固态电解质。常用的固态电解质有 spiro-MeOTAD(2,2′,7,7′-四[*N*,*N*-二(4-甲氧基苯基)氨基]-9,9′-螺二芴)、P3HT(3-己基取代聚噻吩)、PCPDTBT(聚[2,1,3-苯并噻二唑-4,7-二基[4,4-双(2-乙基己基)-4*H*-环戊并[2,1-B:3,4-B′]二噻吩-2,6-二基]])、CuSCN(硫氰酸亚铜) 等[63]。

采用有机物四[*N*,*N*-二(4-甲氧基苯基)氨基]螺二芴（spiro-MeOTAD）代替 CuSCN 作为空穴传输层可以获得 FTO/TiO_2/In-OH-S/Sb_2S_3/spiro-MeOTAD/Au 结构的太阳能电池，光电转化效率高达 5.2%，入射单色光量子转化效率最高达到 88%，在太阳光照射(AM1.5) 下，短路电流密度能够达到 10.62mA/cm^2，光电转化效率为 3.1%[64]。在 FTO/TiO_2/Sb_2S_3/CuSCN/Au 结构的太阳能电池中，空穴传输扩散阻力可以同化为串联电阻，而电子-空穴对的复合速率主要影响开路电压 V_{oc}，此种电池的光电转化效率为 3.2%[65]。在 P3HT 中引入 AIBN（偶氮二异丁腈），形成 P3HT 多孔结构，并以此制备出 FTO/TiO_2/Sb_2S_3/P3HT（多孔）/Au 结构的太阳能电池，相比无孔的 P3HT 层，多孔结构会减少 P3HT 内部的载流子复合，并且由于多孔 P3HT 层有更大的粗糙度，其与 Au 电极接触面积更大，减少了界面空穴传输的串联电阻，从而可以高效地收集载流子，使光电转化效率提高到了 16%[66]。为了分析空穴迁移的过程，将空穴从 Sb_2S_3 迁移至 CuSCN 的过程分为 Sb_2S_3 内部的空穴扩散和 Sb_2S_3/CuSCN 界面空穴迁移两部分，空穴在 Sb_2S_3/CuSCN 界面的迁移是影响空穴迁移速率的关键因素，直接决定了空穴迁移速率的量级[67]。采用固体层迁移方法，将均匀亲水的 PEDOT:PSS 层均匀覆盖于疏水的 P3HT 上，能够制备出 FTO/TiO_2/Sb_2S_3/P3HT/(PEDOT:PSS)/Au 结构的太阳能电池，其制备流程如图 6.10 所示[68]，当迁移次数为两次时，光电转化效率能够达到 4.4%，最大短路电流密度达到了 13.2mA/cm^2。在 FTO/TiO_2/Sb_2S_3/CuI/Au 结构的太阳能电池中，使用 CuI 作为空穴传输层，Sb_2S_3 和 CuI 接触良好，能够促进空穴的迁移和传输，短路电流密度由 4.4mA/cm^2 提高

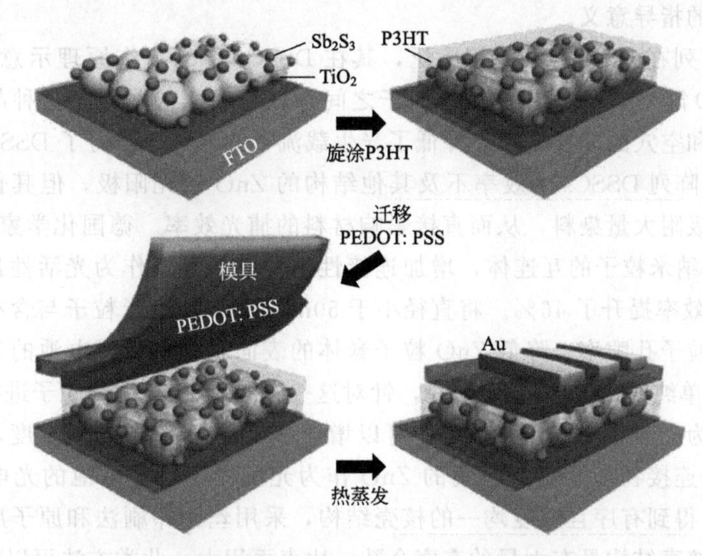

图 6.10 预成型 PEDOT:PSS 制备太阳能电池的流程[68]

到了 9.34mA/cm^2，光电转化效率由 0.56%提高到了 1.18%[69]。

6.1.5 氧化锌基阵列染料敏化太阳能电池

染料敏化太阳能电池（DSSCs）作为第三代新型高效太阳能电池具有工艺简单、成本低、无污染、效率高等优点，成为了太阳能电池的研究热点，目前 DSSCs 的光电转换效率已达到了 13%[70]。DSSCs 的工作原理模仿植物光合作用[71]，电极表面吸附在纳米级半导体材料上的染料被光照射受到激发后，将产生的电子注入到半导体的导带中，氧化态染料分子与电池中的还原性物质发生氧化还原反应，被氧化的成分在电极上还原沉积，染料分子回到基态而重复使用。纳米氧化物半导体作为光阳极在 DSSCs 具有重要作用，它不仅是吸附染料的重要载体，也是作为电荷分离和传输的载体，因此纳米氧化物半导体应具有以下特点：①具有较大的比表面积，可吸附大量染料；②具备较高的电子迁移率，有利于光生电荷的传输，减少电荷载流子在传输过程中的复合。

TiO_2 是典型的 DSSCs 光阳极材料，具有较高的光电转换效率，但由于热分散的影响及 TiO_2 较高的表面态密度，使得光生电子被其表面态能级俘获的概率增加，降低了 TiO_2 的扩散系数，电荷载流子的复合率增加，限制了 TiO_2 基 DSSCs 电池效率的提高。ZnO 的带隙为 3.3eV，激子结合能大且易形成高结晶态，有着与 TiO_2 相似的电子亲和性，电子迁移率也远超 TiO_2，ZnO 基光阳极的价格低，制备方法简单，所以 ZnO 是可望取代 TiO_2 的理想光阳极材料。然而，与 ZnO 基 DSSCs 相比较，TiO_2 的光电转换效率较低，其原因主要为 ZnO 基光阳极在酸性染料介质中不稳定，使电荷传输受阻，电子不能顺利注入 ZnO 的导带，而且光生电子从染料分子注入到 ZnO 的速率较低，导致光电转换效率降低[72,73]。

(1) 基于 ZnO 阵列的 DSSCs

ZnO 的结合能是 60meV，电子传输速率可达 200～1000cm^2/(V·s)[74]，作为 n 型半导体具有强的各向异性，能够通过控制溶液配比、反应温度、沉积时间等条件来控制 ZnO 的形貌，得到不同功能的 ZnO 材料，这可以减少 DSSCs 的制备成本。因此从纳米 ZnO 阵列的结构入手，研究零维、一维、二维以及三维的 ZnO 阵列对 DSSCs 性能的影响，对 DSSCs

的发展具有重要的指导意义。

零维 ZnO 阵列在 DSSCs 中应用广泛，其在 DSSCs 中的工作原理示意图如图 6.11 所示[75]。零维 ZnO 阵列 DSSCs 中的纳米粒子之间存在着较大的晶界，这种晶界形成的晶界势垒易增加电子和空穴的复合概率，降低了光生载流子的寿命，阻碍了 DSSCs 性能的提高。因此，零维 ZnO 阵列 DSSCs 的效率不及其他结构的 ZnO 基光阳极，但其普遍具有较大的比表面积，可以吸附大量染料，从而直接影响材料的捕光效率。德国化学家 During[76]将羧基卟啉作为 ZnO 纳米粒子的互连体，增加连接性的同时还可以作为光活性顶层，改性后的 ZnO 基光阳极的效率提升了 46%。将直径小于 50nm 的 ZnO 纳米粒子与含有乙酰丙酮的蒸馏水混合以提高粒子孔隙率，降低 ZnO 粒子膏体的表面张力，所得电池的光电转换效率能够达到 6.79%。单纯的 ZnO 聚合度很差，针对这一问题对 ZnO 纳米粒子进行包覆改性，包覆层不但可以作为光吸附剂或光感剂，还可以增加 ZnO 纳米粒子的聚合度，增加光吸收性能[77]。采用亚胺连接物和氯化钌包覆的 ZnO 作为光阳极，所得电池的光电转换效率达到 3.83%[78]。为了得到有序且厚度均一的核壳结构，采用丝网印刷法和原子层沉积法调控包覆层厚度，这种核壳结构具有大量的有序介孔，比表面积大，此类方法可以增大染料的吸附率，电解液更容易浸入介孔中，增加了反应的活性位点。TiO_2 包覆 ZnO 结构的光电转换效率达到了 3.7%，电流密度为 9.03mA/cm^2，开路电压为 0.649V[79]。将分析纯六水硝酸镍、六水硝酸锌与乙二醇混合，搅拌均匀形成绿色溶液，将混合溶液转移至圆柱形玻璃容器内，于 250℃加热，能够制备出多孔 Ni-ZnO 结构[80]。多元醇在多孔 Ni-ZnO 结构的形成过程中起到了稳定剂作用，同时也能抑制颗粒的生长，达到控制材料形貌的功能，这种多孔 Ni-ZnO 复合材料具有吸收率高、比表面积大、结晶性强等优点，其 Ni-ZnO 基 DSSCs 的光电转换效率为 0.416%，是改性前的 6 倍。

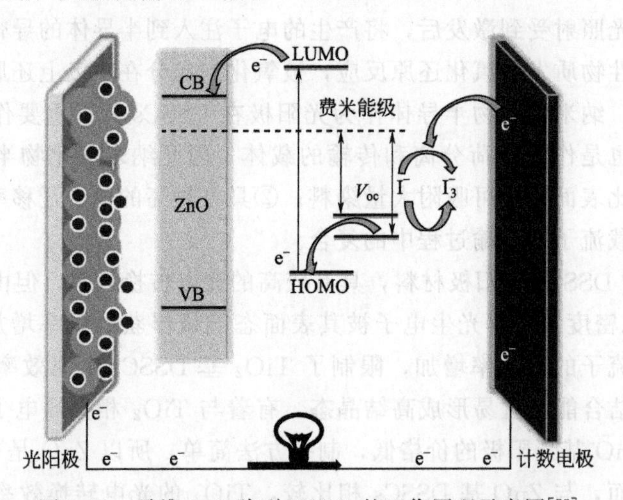

图 6.11 零维 ZnO 阵列 DSSCs 的工作原理示意图[75]

垂直有序的一维纳米 ZnO 阵列可以为电子传输提供一个直接的通道，使光生电子能够快速抵达光阳极基底，这可以减少反向电子转移和激发态染料分子与氧化电解质之间的重组。采用微波加热法在氟掺杂氧化锡（FTO）玻璃基底上可以制备出 ZnO 纳米线阵列[81]，制备方法如下：首先采用丙酮、乙醇及去离子水超声清洗 FTO 玻璃基底，基底在空气中干燥后，通过浸涂法将 FTO 玻璃基底浸入 10mmol/L 乙酸锌和乙醇溶液中在其表面获得 ZnO 层，然后将涂覆有 ZnO 层的 FTO 基底浸于浓度为 12.5mmol/L 乙酸锌和六亚甲基四胺

(HMTA)内，在微波炉内加热1.5h，微波炉能量为640W。基底经微波处理后，采用去离子水清洗并在空气中干燥。HMTA能够减少ZnO纳米线阵列的表面缺陷，增加ZnO纳米线阵列的比表面积，从而增加光的捕获量。采用溶液法能够获得ZnO纳米线[82]，制备过程如下：采用丙酮、乙醇超声清洗铟掺杂氧化锡（ITO）玻璃基底，基底在空气中干燥后，通过浸涂法将ITO玻璃基底浸入0.1mmol/L $(NH_4)_2TiF_6$ +0.2mol/L H_3BO_3 溶液中浸泡30min，在基底表面涂覆了厚度为30nm的 TiO_2 层，然后将涂覆有 TiO_2 层的ITO基底在5mmol/L乙酸锌和乙醇内浸泡后，在500℃的温度下热处理20min。基底经热处理后，采用去离子水清洗并在空气中干燥。ZnO纳米线的光电转换效率达到了7%。高比表面积的超长ZnO纳米线阵列基太阳能电池的光电转换效率达到了6.15%，ZnO纳米线的长度超过25μm（图6.12）[83]。

图6.12 ZnO纳米线阵列截面的SEM图像[83]

与一维ZnO阵列相比，二维ZnO阵列因其空间结构上的优势，通常具有大的比表面积。采用电沉积法制备出ZnO纳米片，采用水热法在ZnO纳米片上能够制备出ZnO纳米棒，这种纳米片-纳米棒复合结构通过Cd和CdSe共同敏化，将其应用于DSSCs的光阳极上，所得电池的光电转换效率达到了2.5%[84]。以氯化锌、HMT作为原料，通过氨水调整溶液pH值至10，通过水热法在130℃的温度下保温12h，能够制备出平均厚度为20～30nm、尺寸为100nm的ZnO纳米片[85]，所得ZnO纳米片的光电转换效率为3.39%。以硝酸锌、HMT和聚乙烯亚胺（PEI）作为原料，在90℃的水热温度下保温26.5h，经去离子水清洗干燥后，于350℃煅烧30min，能够制备出ZnO纳米片，然后将直径20nm的ZnO纳米棒与尺寸为20～30μm的ZnO纳米片相混合，制备出ZnO纳米片-纳米棒复合结构[86]。ZnO纳米棒提高了复合结构的光散射能力和染料吸附量，单晶ZnO片状结构不仅可以为光生电子提供直接的通道以增加电子迁移率，二维结构还可以增加比表面积以增加染料的吸附量，使其光电转换效率由单一片状结构的4.38%提高至7.95%。

三维结构的ZnO阵列通常是在一种形貌的纳米ZnO上进行形貌多样的分级生长，例如枝状、球状和花状等，多级结构有利于提高ZnO的比表面积，提高光散射效应。以乙酸锌和二氧化钛作为金属源，异丙醇作为溶剂，单乙醇酯作为稳定剂，于60℃搅拌2h获得稳定的锌钛溶胶，将锌钛溶胶涂于FTO基底上，在450℃退火1h，获得了ZnO-TiO_2种子层。然后将含有ZnO-TiO_2种子层的FTO基底置于聚四氟乙烯不锈钢反应釜内，并在釜内添加硝酸锌、聚乙烯醇、六亚甲基四胺和去离子水，在 80℃的温度下通过水热过程能够制备出 ZnO 纳米线-枝状纳米针的三维花状阵列，其生长过程示意图如图 6.13 所示[87]，枝状纳米针可以提供良好的光散射能力，花状阵列更容易吸附染料，纳米线和枝状纳米针的光电转换效率分别为 0.91%和 1.47%。

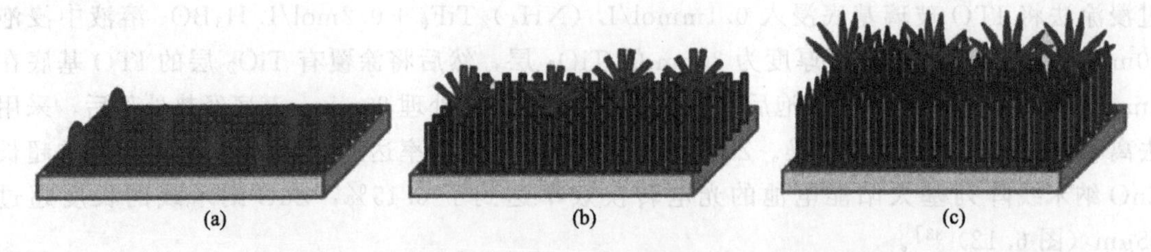

图 6.13 ZnO 纳米线-枝状纳米针结构的生长过程示意图[87]
(a) ZnO-TiO_2 种子层；(b) 纳米线，生长 3h；(c) 纳米针，生长 5h

首先采用电沉积法制备出 ZnO 纳米球，然后通过水热法在 ZnO 纳米球表面能够制备出 ZnO 纳米棒[88]，制备过程如下：通过传统的三电极系统在含有 ZnO-TiO_2 种子层的 FTO 基底上电化学沉积 ZnO 纳米球，FTO 基底作为工作电极，Pt 电极和 Ag/AgCl 电极分别作为计数电极和参考电极，含有硝酸锌、KCl、六亚甲基四胺和柠檬酸钠溶液作为电化学沉积溶液。电化学沉积温度为 70℃，沉积时间为 30min，沉积电势为－1.1～1.3V。将沉积有 ZnO 纳米球的 FTO 基底置于聚四氟乙烯不锈钢反应釜内，并向釜内添加硝酸锌、六亚甲基四胺和去离子水，在 90℃的温度下水热处理 5h，从而获得了 ZnO 纳米球-纳米棒复合结构的三维阵列。这种结构的三维阵列不仅可以增大比表面积和光散射效应，位于两种形貌之间的阻挡层可以防止反向电子的产生，能够增大 DSSCs 的光电转换效率，三维阵列结构还可以增长光生电子的寿命，减少电子-空穴的复合率。三维花状 ZnO 阵列的短路电流密度为 4.23mA/cm^2，开路电压为 738mV，填充系数为 0.74，光电转换效率为 2.23%[89]。

(2) 掺杂 ZnO 阵列的 DSSCs

将铕、铝、金等金属元素掺杂到 ZnO 纳米结构中能够提高材料的光电转换效率。图 6.14 所示为铕掺杂 ZnO 的晶胞结构示意图[90]，与纯 ZnO 相比，杂原子的加入不但会改变

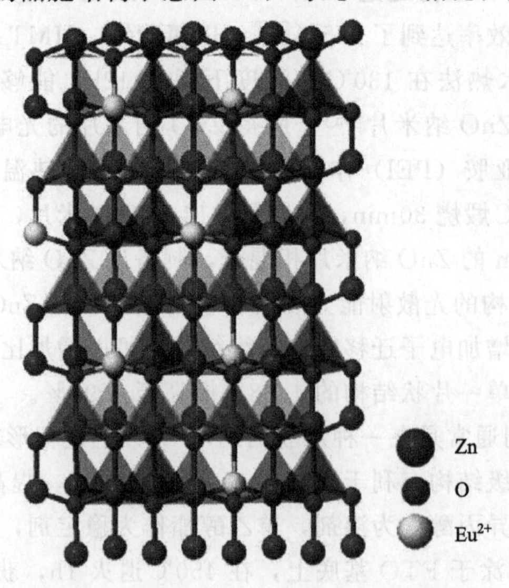

图 6.14 铕掺杂 ZnO 的晶胞结构示意图[90]

ZnO 的结晶度和晶格参数，还会引起晶格畸变，改变其光学性质（例如吸光度、扩散反射系数、带隙等），这些改变或者引起导带下移，或者引起光谱红移，都可以增大材料的吸光率，增大 DSSCs 的效率。过渡金属的加入会减小带隙，改变 ZnO 的光电性能。采用静电纺丝法能够制备出 Co 掺杂 ZnO 纳米纤维[91]，制备过程如下：将乙酸锌和乙酸钴溶解于甲醇溶液内，磁力搅拌 30min 及超声振动 15min 获得均匀的溶液；将聚环氧己烷（PEO）加入甲醇溶液中，磁力搅拌 1h。将以上两种溶液混合，搅拌 30min 获得粉红色均匀的 PEO/$Zn_{1-x}Co_xO$ 溶胶。将 PEO/$Zn_{1-x}Co_xO$ 溶胶放入静电纺丝设备的注射管内，通过静电纺丝过程制备出了 PEO/$Zn_{1-x}Co_xO$ 复合纳米纤维，电场电压为 20kV，注射管与收集器之间的距离为 10cm。在 500℃煅烧 PEO/$Zn_{1-x}Co_xO$ 复合纳米纤维得到了 Co 掺杂 ZnO 纳米纤维。Co 的加入减少了光生电荷与染料或电解液的复合，提升了 DSSCs 的电流密度，将光电转换效率从 1.63%提升到了 2.97%，在 ZnO 中掺入 Co 会对材料的费米能级造成影响，并且纤维状的多孔结构更加有利于染料的吸附以及增强光散射效应，不同染料的加入也可以扩大材料的吸光范围。

非金属掺杂可以改变 ZnO 的带隙，增加电子和空穴的数量，从而提高 DSSCs 的性能[92]。将硝酸锌、HMT 及硼酸二甲酯混合，在 90℃保温 8h 获得均匀的溶液，再将含有 ZnO 纳米团簇的 FTO 玻璃基底置入上述溶液内，在 90℃保温 8h 后，降温至 50℃并保温 16h，所得产物经去离子水清洗，于 150℃在 N_2 气氛中干燥后，在 450℃退火 1h，能够制备出 B 掺杂的 ZnO 纳米管阵列（图 6.15）[93]，此种 B 掺杂 ZnO 纳米管阵列 DSSCs 具有良好的光电性能，光电转换效率为 0.29%，电流密度为 2.2mA/cm^2，开路电压为 0.46V。

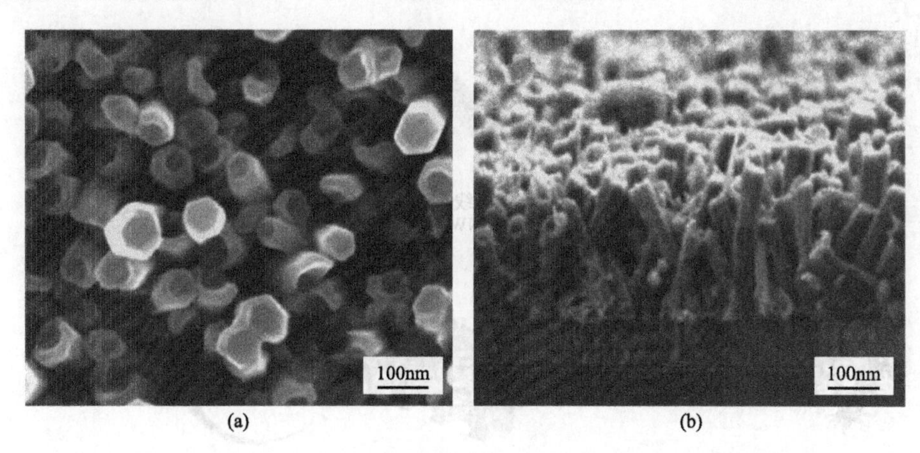

图 6.15 B 掺杂 ZnO 纳米管的 SEM 图像[93]
（a）俯视图像；（b）横截面图像

（3）异质结 ZnO

阵列结构异质结可以加快电子传输速率、延长电子寿命、增强光的捕获能力。ZnO 异质结主要包括体相异质结和贵金属沉积异质结，体相异质结又分为同型异质结和异型异质结，其中异型异质结（p-n）在 DSSCs 中应用广泛，将 ZnO 与其他材料相结合，从而提高光阳极材料的光电转换能力。与 ZnO 构筑异质结的半导体一般要求与 ZnO 具有相似的晶体结构、相近的原子间距和热膨胀系数，例如 TiO_2/ZnO 异质结[94]、ZnO/Cu_2O 异质结[95]及石墨烯/ZnO 异质结[96]。TiO_2 纳米棒/ZnO 纳米薄膜异质结构以 TiO_2 纳米棒作为衬底，将由乙酸锌-二乙醇胺-乙醇组成的前驱体浸涂于 TiO_2 纳米棒上，然后通过热分解方法于

500℃煅烧 1h[97]，此种 TiO_2 纳米棒/ZnO 纳米薄膜异质结构的光电转换效率达到 4.36%，对比于单一的 TiO_2 纳米棒（3.10%）和 ZnO 纳米薄膜（0.63%），光电转化效率有大幅度提升。表层的 ZnO 厚层比表面积较大，有利于染料的吸附，底层的 TiO_2 纳米棒不仅为电子提供快速而直接的通道，也充当了阻断层，减少了衬底与电解液之间的电子复合。

核壳结构是常见的异质结构，除了可以提高光电流密度以外，涂覆的壳层可以作为能量屏障，降低电子复合损失，使导带向下移动，增加电子注入量，提高电子的注入效率。在 ZnO/Nb_2O_5 核壳结构中，Nb_2O_5 的加入使光电转换效率由原来的 0.856% 提升至 1.995%[98]。在 ZnO-TiO_2 核壳结构中，ZnO 作为 TiO_2 的壳，所得太阳能电池的光电转换效率达到了 7.13%[99]。纳米片包覆 ZnO 纳米线掺杂有序介孔 TiO_2 的异质结构可以用于制备准固态太阳能电池，其制备过程示意图如图 6.16 所示[100]。复合水热及溶胶-凝胶方法能够制备出此种氧化锌纳米线@二氧化钛纳米片与有机多孔二氧化钛（OM-TiO_2）复合物。首先以氧化锌纳米线和四氯化钛作为原料，二亚乙基三胺作为表面活性剂，通过水热法在 200℃保温 24h 的水热条件下制备出了 ZnO 纳米线@TiO_2 纳米片（ZNW@TNS）。然后将聚氯乙烯（PVC）和聚甲基丙烯酸氧乙烯酯（POEM）聚合形成 PVC/POEM 共聚物，通过溶胶-凝胶法于室温下制备出二异丙氧钛双（乙酰丙酮）、PVC/POEM 共聚物、正丁醇溶胶，通过旋涂法在 FTO 玻璃上涂覆一层含有二异丙氧钛双（乙酰丙酮）、PVC/POEM 共聚物、正丁醇溶胶，在 FTO 玻璃表面形成有机多孔 TiO_2（OM-TiO_2）模板，再将 ZNW@TNS 水溶液置于 OM-TiO_2 模板内，于 450℃时煅烧 30min，从而在 FTO 表面形成了 ZNW@TNS 与 OM-TiO_2 复合物，此种复合物的光电转换效率最高可以达到 7.6%。

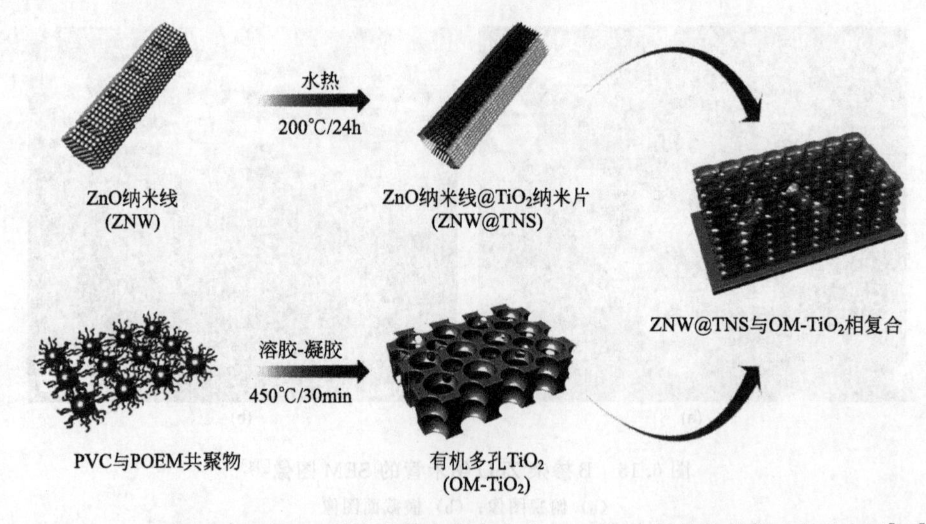

图 6.16　TiO_2 纳米片包覆 ZnO 纳米线掺杂有序介孔 TiO_2 复合材料的制备过程示意图[100]

分级结构通常是将不同的物质或者结构以覆盖的方式进行制作，这样不仅能够加厚纳米材料层以提高染料吸附率，而且复合不同的材料可以降低禁带高度以提高光电转换效率[101-103]。通过阳极氧化法制备出 TiO_2 纳米管并沉积在含有 ZnO 纳米粒子的 FTO 基底上制备出 TiO_2 纳米管负载 ZnO 纳米粒子的分级结构阵列[104]，制备过程如下：将 0.25mm 厚、纯度为 99.7%的钛箔在 N_2 气氛采用丙酮、乙醇及去离子水清洗干净，再将清洗后的钛箔作为测试电极、Pt 作为计数电极，电压为 60V，电解液为含有 0.1mol/L NH_4F 和 2%（体积分数）的去离子水的乙二醇溶液，阳极氧化时间为 2h。阳极氧化处理结束后，在

350℃时退火1h，再将产物置于0.07mol/L HF溶液中。将TiO_2纳米管、HMT和硼酸二甲酯混合形成溶胶，将含有ZnO纳米粒子的FTO基底浸于上述溶胶内，在空气中于450℃时退火1h。TiO_2纳米管负载ZnO纳米粒子的分级结构阵列的光电转换效率达到了8.3%，Cu_2O的加入可以弥补ZnO的固有缺陷，使得电荷转移的电阻降低。

6.2 无机紫外光电探测器材料

光电探测器是一种通过光电信号转变而实现感知探测的重要光电器件，广泛应用于火焰传感、转换通信、环境监测、视频成像、夜视成像、军事追踪、医学检测等领域，其工作原理是当入射光的能量大于材料本身带隙时，这时在价带的电子可以被激发转移至导带中，进而形成自由电子，改变材料本身的电导率，从而将光信号转变为电信号[105]。有机材料具有复杂的分子结构，稳定性较差，而无机陶瓷材料具有良好的稳定性、可控生长性，所以无机陶瓷材料在光电器件领域具有广泛的应用前景。硅是重要的无机光电材料之一，已经应用于光电检测领域，虽然硅的禁带宽度为1.12eV，但其在紫外波段光电转化能力较弱。采用硅制作紫外或红外探测器时，需要额外增加昂贵的滤光片来抑制干扰，限制了硅基光电探测器的实际应用。

相对于可见光与红外探测器材料，紫外探测器材料具有高电子饱和漂移速度、高热导率、高击穿强度等特点，可以应用于高温高压领域。紫外光的检测主要由光电倍增管(PMTs)、热探测器、窄带隙半导体光电二极管或电荷耦合器件（CCD）等完成[106]。用作紫外探测时，需要用到昂贵的光栅来阻挡可见光和红外光子，会减小系统的有效面积，同时增加了成本。光电探测器主要包括光导型探测器、光伏型探测器、光电晶体管三种类型。采用光导材料作为沟道，在其两端各放置与其为欧姆接触的金属作为电极，可以形成一种最为简单的光导型探测器。光电探测主要通过以下3个过程来完成：①在外界光辐射的情况下产生光生载流子；②光生载流子通过扩散和漂移的形式在半导体内部进行输运和倍增；③由光生载流子形成的光电流被两端电极收集，从而实现了对外界光辐射的检测。光导型探测器中往往会存在光增益机制，即一种类型的电荷载流子能够在与其带电类型相反的载流子重新组合之前多次循环通过外部电路，所以其光电流会增大，但是相对来说其响应速度往往会变慢。光伏型探测器主要有p-n结二极管和肖特基二极管两种形式[107]。p-n结二极管是由n型和p型材料通过转移或直接生长形成的异质结，其工作机理为：当n型与p型材料构建成异质结时，因其费米能级不同，通过能带弯曲可以达到费米能级平衡状态从而产生内建电场。肖特基二极管的内建电场是由接触金属与半导体之间的功函数差引起的电子自发扩散而形成的，它将光生电子-空穴对分离进而在回路中产生光电流。

光电晶体管是一种特殊的光导型探测器，它是把探测器的光导材料用一种薄的介电层与栅极隔离开，施加的栅极电压可以通过场效应来调节载流子密度，并且可以使器件的暗电流处于一种“关闭”状态[108]。高性能紫外探测器具有高的响应度、量子效率、响应速度以及信噪比等优势。探测器的性能主要取决于材料的固有性能。材料将光信号转化为电信号的能力是由其内部电子-空穴对的产生、分离、传输与重组过程来决定，在不同环境中也会受到不确定因素的干扰。用于紫外探测的无机陶瓷材料主要包括金属氧化物、金刚石、第Ⅲ主族氮化物等材料。

6.2.1 金属氧化物

氧化锌和氧化镓（Ga_2O_3）是典型的金属氧化物，广泛应用于紫外光电探测领域。ZnO的带隙宽度为（3.365±0.005）eV，室温下ZnO的激发能（60meV）大于热电离能，可以在室温下保持稳定激发。ZnO含有六方纤锌矿、立方闪锌矿和岩盐结构，其中纤锌矿结构在自然环境中是热力学最稳定的结构，闪锌矿结构可以在立方基底上稳定生长，在较高的压力下可以获得岩盐结构[109]。按照生长环境不同，ZnO的制备方法包括液相法和气相法两大类。水热法和溶胶-凝胶法是典型的液相法，液相法合成过程简单，成本低，通过调节反应溶液的类型、浓度以及反应温度等因素能够控制ZnO的尺寸与形貌。气相法主要包括热蒸发、脉冲激光沉积、物理气相沉积、化学气相沉积、分子束外延、氢化物或卤化物气相外延等方法[110,111]。采用这些方法可以制备出不同尺寸和形貌的ZnO微纳米材料，但是与液相法相比，气相法通常需要昂贵的设备或高温等苛刻条件。

Ga_2O_3 通常为无定形、多晶型、α相、β相、γ相、ε相和δ相[112,113]，在这些结构中，β相最稳定，其他结构都可以通过高温处理转变为β相。常温下 Ga_2O_3 具有超宽的带隙（4.9eV）、高的介电常数（10.2～14.2）、大的击穿电场（8MV/cm），所以 Ga_2O_3 被广泛用于大功率器件、紫外光电探测器、气体传感器和催化剂等。Ga_2O_3 的制备方法主要包括脉冲喷雾热解法、溶胶-凝胶法、分子束外延法、化学气相沉积法、磁控溅射法等[114-116]。

（1）金属氧化物纳米低维结构及光电探测器

采用热蒸发法在具有导电玻璃（ITO）种子涂层的玻璃基板上生长出ZnO纳米线[117]，制备过程如下：ITO玻璃基底的尺寸为10mm×10mm，通过射频溅射 In_2O_3/SnO_2（In_2O_3 和 SnO_2 质量比为9∶1）靶在玻璃基底上获得厚为75nm的 In_2O_3/SnO_2 纳米层，在空气气氛中于450℃退火15min。将含有 In_2O_3/SnO_2 纳米层的玻璃基底置于管式炉内，在 O_2 和Ar气氛中以10℃/min的速率升温至650℃，热蒸发Zn粉90min，并自然冷却。ZnO纳米线紫外探测器在无光照条件下，施加5V电压，电流为7.4μA，当用波长为365nm（光功率密度为1.5mW/cm^2）的光照射后，电流迅速增大至179μA。在不同的电压下，器件对紫外光具有良好的响应，响应的上升时间和下降时间分别为3.9s和2.6s。

（2）金属氧化物薄膜及光电探测器

通过水热过程能够得到具有栅栏结构的ZnO[118]，制备过程如下：将二水乙酸锌、单乙醇酯、2-硝基苯甲醛及2-甲氧基乙醇混合，在24℃保温3h后，置于聚四氟乙烯不锈钢反应釜内于75℃保温24h，所得产物采用乙醇和去离子水清洗，并在80℃干燥。栅栏结构ZnO紫外探测器响应速度可以达到50μs以内，这主要是因为具有栅栏结构的ZnO与电极形成了肖特基接触引起的，紫外光源频率为2kHz，0.5V的电压下，其响应上升时间为43μs，下降时间为54μs，响应度为22.1A/W。以含有 $GaCl_3$ 的乙醇溶液作为Ga源，通过热解法在800℃保温1h，在石英基底上能够制备出 Ga_2O_3 薄膜[119]。Ga_2O_3 薄膜的带隙约5.16eV，对波长大于275nm光的透过率高达80％。

采用分子束外延技术能够制备出 Ga_2O_3 薄膜[120,121]，制备过程如下：蓝宝石作为 Ga_2O_3 薄膜的沉积基底，分别采用丙酮、甲醇和去离子水清洗基底5min，在800℃热处理10min，通过300W的等离子气化Ga形成Ga气，在1000℃保温3h。Ga_2O_3 薄膜的带隙约5.0eV，在10V的电压下，暗电流为1.2nA，当用254nm波长的光对其进行照射时，其光电流达到了3.7μA，光电流和暗电流的光敏度为 3.1×10^3，响应度为0.037A/W。分别以三乙基镓（TEGa）和N_2O作为Ga源与O源，在800℃、保温1h的条件下通过MOCVD技术也可以制备出Ga_2O_3薄膜[122]。将Ga_2O_3薄膜与有机物聚二氧乙基噻吩:聚对苯乙烯磺酸（PEDOT:PSS）和p型Si结合在一起形成异质结，能够得到高量子效率的自驱动紫外光电探测器。在无外加电压下，此种光电探测器对255nm波长的光有明显的响应，量子效率达到15%，相较于其他Ga_2O_3光伏型光电探测器高1～2个数量级。

(3) 金属氧化物异质结及光电探测器

将石墨烯与ZnO纳米线构建成混维异质结，所得异质结对紫外光具有超高响应（1.87×10^5A/W），利用ZnO的压电效应，通过施加应变实现了对器件紫外光响应的调控，当在ZnO上施加仅0.44%的拉伸应变时，响应度会提高26%[123]。采用Ga_2O_3-ZnO的核壳异质结制备的雪崩型日盲探测器在－6V的外加电压下，对254nm波长的光响应度达到了1.3×10^3A/W，探测率达到9.91×10^{14}cm·$Hz^{1/2}$/W，响应时间在20μs以内，其性能可与商用Si日盲光电探测器相比拟（响应度为8A/W，探测率为10^{12}cm·$Hz^{1/2}$/W，响应时间为20ns），并具有良好的自驱动性能，在不施加电压的条件下，响应度可以达到9.7mA/W。当施加－2V的外加电压时，其响应度和抑制比可以分别达到11A/W和1200。在电压为0V时，此种器件还具有快的响应速度，上升时间在100μs以内，下降时间也可以达到900μs[124,125]。ZnO具有压电性能，可以通过施加应变调控ZnO的光电响应。对于ZnO调控的日盲光电探测器，当应变为－0.042%时，光电流可以提高3倍以上，这主要是因为载流子可以被ZnO的应变调控[126,127]。

6.2.2 金刚石

金刚石是一种固态晶体，具有高的导热性和电子饱和漂移速度、高电荷载流子迁移率等。金刚石的带隙为5.5eV，具有良好的抗辐射和耐腐蚀性能，所以可以在恶劣的条件下用作紫外探测器。可以在Si衬底上通过外延生长得到较大尺寸的多晶金刚石，但是没有掺杂的金刚石具有一定的绝缘性能，限制了金刚石在光电探测领域中的应用。通过B、N和Mg掺杂能够调控金刚石的电学性能，采用B掺杂可以得到p型金刚石，但n型掺杂相对困难，这主要是因为金刚石晶格的紧密堆积和刚性阻止了比C更大原子的掺入引起的。

(1) 金刚石薄膜及光电探测器

B掺杂金刚石薄膜作为一种高性能的平面光电导体，在没有光照的条件下，外加电压为20V时其暗电流为1pA，采用220nm波长的光照射时，此种器件的光电流比暗电流高出4个数量级。当外加电压为3V时，其光导增益为33，深紫外光对可见光的R_{210nm}/R_{400nm}高达10^8[128]。与其他材料类似，金刚石也可以与金、氮化铪等形成肖特基势垒，能够构建出肖特基二极管。p型金刚石薄膜肖特基二极管在暗态下具有明显的整流特性，对200nm波长的光具有良好的敏感性，R_{200nm}/R_{600nm}大于10^5[129]。

以CH_4作为碳源，H_2作为载气，在950℃通过等离子体化学气相沉积法制备出了单晶金刚石圆片，再通过Nd:YAG激光器激光诱导金刚石石墨化，脉冲持续时间为120ns，脉冲频率为30kHz，获得了以石墨作为电极的金刚石深紫外探测器[130]，当外加电压为1.5V时，紫外光与可见光的R_{200nm}/R_{600nm}为8.9×10^3，其日盲波段的R_{218nm}/R_{280nm}也达到了2.4×10^3。随着电压的增大，最大响应度可以达到21.8A/W，利用此种光电探测器作为成像系统的传感单元，能够获得清晰的图像。

(2) 金刚石异质结及光电探测器

Ga_2O_3 是一种高性能的深紫外探测材料。以 CH_4 作为碳源，H_2 作为载气，在 950℃通过微波等离子体化学气相沉积技术得到金刚石晶体。然后以三乙基镓及 O_2 作为原料，N_2 作为载气，于 750℃通过等离子体化学气相沉积在长有金刚石的基底上继续生长 Ga_2O_3 形成 Ga_2O_3-金刚石异质结，再通过热蒸发过程将 Ti/Au 和 Au 层分别沉积于 Ga_2O_3 及金刚石上，形成电极，制备出了 Ga_2O_3-金刚石异质结深紫外光电探测器[131]。Ga_2O_3-金刚石异质结处存在内建电场，在无外加电压条件下，此种异质结对深紫外波段具有响应，在 244nm 波长处有最高的响应度，在 0V 下可以达到 0.2mA/W。

思考题

6.1 单晶硅和多晶硅太阳能电池材料的区别与联系是什么？

6.2 碲化镉薄膜、砷化镓薄膜、铜铟镓硒薄膜太阳能电池材料的光电特性及特点有哪些？

6.3 染料敏化太阳能电池材料的结构及各部分的作用是什么？

6.4 何为钙钛矿太阳能电池材料？

6.5 Sb_2S_3 太阳能电池的工作原理是什么？

6.6 光阳极材料的作用及种类有哪些？

6.7 Sb_2S_3 材料的制备方法及其特点是什么？

6.8 零维、一维、二维以及三维 ZnO 阵列对太阳能电池光电性能的影响有哪些？

6.9 为什么将铕、铝、金等金属元素掺杂到 ZnO 纳米结构中能够提高其光电转换效率？

6.10 ZnO 异质结的种类及在太阳能电池中的作用是什么？

6.11 说明用于紫外探测的无机陶瓷材料的种类及其紫外探测工作原理。

6.12 举例说明金属氧化物异质结的光电探测性能。

6.13 为什么采用金刚石作为光电探测器需要进行元素掺杂处理？

参考文献

[1] Green M A. Third generation photovoltaics: Ultra-high conversion efficiency at low cost [J]. Prog Photovoltaics Res Appl，2001，9 (2)：123-135.

[2] Masuko K，Shigematsu M，Hashiguchi T，et al. Achievement of more than 25% conversion efficiency with crystalline silicon heterojunction solar cell [J]. J Photovoltaics，2014，4 (6)：1433-1435.

[3] Yoshikawa K，Kawasaki H，Yoshida W，et al. Silicon heterojunction solar cell with interdigitated back contacts for a photoconversion efficiency over 26% [J]. Nature Energy，2017，2 (5)：17032.

[4] 梁启超，乔芬，杨健，等．太阳能电池的研究现状与进展 [J]. 中国材料进展，2019，38 (5)：505-511.

[5] Schultz O，Glunz S W，Willeke G P. Multicrystalline silicon solar cells exceeding 20% efficiency [J]. Prog Photovoltaics: Res Appl，2010，12 (7)：553-558.

[6] Sheng J，Wang W，Yuan S，et al. Transparent conductive Mg and Ga co-doped ZnO thin films for solar cells grown by magnetron sputtering: H_2 induced changes [J]. Sol Energ Mat Sol C，2016，152：59-65.

[7] Zhao J，Wang A，Campbell P，et al. A 19.8% efficient honeycomb multicrystalline silicon solar cell with improved light trapping [J]. IEEE Trans Electron Devices，1999，46 (10)：1978-1983.

[8] Schindler F，Michl B，Krenckel P，et al. Optimized multicrystalline silicon for solar cells enabling conversion effi-

ciencies of 22% [J]. Sol Energ Mat Sol C, 2017, 171: 180-186.

[9] Mirnila-Arroyo J, Marfaing Y, Cohen-Solal G, et al. Electric and photovoltaic properties of CdTe pn homojunctions [J]. Sol Energ Mater, 1979, 1 (1): 171-180.

[10] Hossain M M, Karim M M U, Banik S, et al. Design of a high efficiency ultrathin CdTe/CdS p-i-n solar cell with optimized thickness and doping density of different layers [C]. 2016 International Conference on Advances in Electrical, Electronic and Systems Engineering (ICAEES). Pulrajaya: IEEE, 2017: 305-308.

[11] Woolall J M. Pulsed room-temperature operation of $In_{1-x}Ga_xP_{1-z}As_z$ double heterojunction lasers at high energy (6470 Å, 1.916 eV) [J]. Appl Phys Lett, 1972, 29 (2): 167-172.

[12] Gobat A R, Lamorle M F, Mciver G W. Ire Characteristics of high-conversion-efficiency gallium-arsenide solar cells [J]. Transactions on Military Electronics, 1962, 6 (1): 20-27.

[13] Mallos L S, Scully S R, Syfu M, et al. New module efficiency record: 23.5% under 1-sun illumination using thin-film single-junction GaAs solar cells [C]. 38th IEEE Photovoltaic Specialists Conference. Austin: IEEE, 2012: 3187-3190.

[14] Schmieder K J, Armour E A. Effect of growth temperature on GaAs solar cells at high MOCVD growth rates [J]. IEEE J Photovoltaics, 2017, 7 (1): 340-346.

[15] Bauhuis G J, Mulder P. 26.1% thin-film GaAs solar cell using epitaxial lift-off [J]. Sol Energ Mat Sol C, 2009, 93 (9): 1488-1491.

[16] Jackson P, Hariskos D, Lotter E, et al. New world record efficiency for Cu (In, Ga) Se_2 thin-film solar cells beyond 20% [J]. Prog Photovoltaics Res Appl, 2011, 19 (7): 894-897.

[17] Ramanathan K, Conlreras M A, Perkins G L, et al. Properties of 19.2% efficiency ZnO/CdS/$CuInGaSe_2$ thin-film solar cells [J]. Prog Photovoltaics Res Appl, 2003, 11 (4): 225-230.

[18] Chirila A, Reinhard P, Pianezzi F, et al. Potassium-induced surface modification of Cu (In, Ga) Se_2 thin films for high-efficiency solar cells [J]. Nat Mater, 2013, 12 (12): 1107-1111.

[19] Jackson P, Wuerz R, Hariskos D, et al. Effects of heavy alkali elements in Cu (In, Ga) Se_2 solar cells with efficiencies up to 22.6% [J]. Phys Status Solidi PRL, 2016, 10 (8): 583-586.

[20] Rui K, Yagioka T, Adachi S, et al. New world record Cu(In, Ga)(Se, S)$_2$ thin film solar cell efficiency beyond 22% [C]. 43th photovoltaic Specialists Conference (PVSC). Portland: IEEE, 2016: 1287-1291.

[21] Nazeeruddin M K. In retrospect: Twenty-five years of low-cost solar cells [J]. Nature, 2016, 538 (7626): 463-464.

[22] Gong J, Liang J, Sumathy K. Review on dye-sensitized solar cells (DSSCs): Fundamental concepts and novel materials [J]. Renew Sust Energ Rev, 2012, 16 (8): 5848-5860.

[23] O'Regan B, Gratzel M. Low-cost high-efficiency solar cell based on dye-sensitized colloidal TiO_2 film [J]. Nature, 1991, 353 (6346): 737-740.

[24] Kinoshita T, Dy J T, Uchida S, et al. Wideband dye-sensitized solar cells employing a phosphine-coordinated ruthenium sensitizer [J]. Nat Photonics, 2013, 7 (7): 535-539.

[25] Yella A, Gratzel M. Porphyrin-sensitized solar cells with cobalt (Ⅱ/Ⅲ)-based redox electrolyte exceed 12 percent efficiency [J]. Science, 2011, 334 (6056): 629-634.

[26] Kay A, Graetzel M. Artificial photosynthesis. 1. Photosensitization of titania solar cells with chlorophyll derivatives and related natural porphyrins [J]. J Phys Chem, 1993, 97 (23): 6272-6277.

[27] 徐晓霞. TiO_2 及 SnO_2 基电子传输层的低温制备及其在钙钛矿太阳能电池中的应用研究 [D]. 泉州：华侨大学硕士学位论文，2018.

[28] Duan J L, Zhao Y Y, He B L, et al. High-purity inorganic perovskite films for solar cells with 9.72% efficiency [J]. Angew Chem Int Ed, 2018, 57 (14): 3787-3791.

[29] Zen Q S, Zhang X Y, Feng X L, et al. Polymer-passivated inorganic cesium lead mixed-halide perovskites for stable and efficient solar cells with high open-circuit voltage over 1.3 V [J]. Adv Mater, 2018, 30 (9): 1705393.

[30] Lin J, Lai M L, Dou L T, et al. Thermochromic halide perovskite solar cells [J]. Nat Mater, 2018, 17 (3): 261-267.

[31] Stavrinadis A, Pradhan S, Papagiorgis P, et al. Suppressing deep traps in PbS colloidal quantum dots via facile iodide substitutional doping for solar cells with efficiency >10% [J]. ACS Ener Lett, 2017, 2 (4): 739-744.
[32] 刘红莎，郇昌梦，肖秀娣，等．无机钙钛矿太阳能电池研究进展 [J]. 新能源进展，2019，7 (2)：142-148.
[33] Kojima A, Teshima K, Shirai Y, et al. Organometal halide perovskites as visible-light sensitizers for photovoltaic cells [J]. J Am Chem Soc, 2009, 131 (17): 6050-6051.
[34] Im J H, Lee C R, Lee J W, et al. 6.5% efficient perovskite quantum-dot-sensitized solar cell [J]. Nanoscale, 2011, 3 (10): 4088-4093.
[35] Kim H S, Lee C R, Im J H, et al. Lead iodide perovskite sensitized all-solid-state submicron thin film mesoscopic solar cell with efficiency exceeding 9% [J]. Sci Rep, 2012, 2: 591-600.
[36] Bush K A, Palmstrom A F, Yu Z J, et al. 23.6%-efficient monolithic perovskite/silicon tandem solar cells with improved stability [J]. Nat Energy, 2017, 2 (4): 17009.
[37] Sun W T, Yu Y, Pan H Y, et al. CdS quantum dots sensitized TiO_2 nanotube-array photoelectrodes [J]. J Am Chem Soc, 2008, 130 (4): 1124-1125.
[38] Leschkies K S, Beatty T J, Kang M S, et al. Solar cells based on junctions between colloidal PbSe nanocrystals and thin ZnO films [J]. ACS Nano, 2009, 3 (11): 3638-3648.
[39] Kramer I, Debnath R, Pattantyus-Abraham A G, et al. Depleted heterojunction colloidal quantum dot solar cells employing low-cost metal contacts [C]. Frontiers in Optics. New York: OSA Publishing, 2010: 3374-3380.
[40] Lan X, Voznyy O, Pelayo G D A F, et al. New ferroelectric phase in atomic-thick phosphorene nanoribbons: Existence of in-plane electric polarization [J]. Nano Lett, 2016, 16 (7): 4630-4634.
[41] 卫会云，王国帅，吴会觉，等．量子点敏化太阳能电池研究进展 [J]. 物理化学学报，2016，32 (1)：201-213.
[42] 王心怡，王志强，张文帅，等．Sb_2S_3 太阳能电池研究进展 [J]. 化工进展，2018，37 (11)：4214-4225.
[43] 向发午．Sb_2S_3 量子点敏化 TiO_2 太阳能电池的制备和性能研究 [D]. 武汉：华中科技大学硕士学位论文，2012.
[44] 谭淼．Sb_2S_3 薄膜的制备及其在太阳能电池中的应用 [D]. 锦州：渤海大学硕士学位论文，2017.
[45] 程磊，曾涛，陈云霞，等．量子点敏化太阳能电池研究进展 [J]. 陶瓷学报，2016，37 (6)：613-620.
[46] Nezu S, Larramona G, Chon C, et al. Light soaking and gas effect on nanocrystalline TiO_2/Sb_2S_3/CuSCN photovoltaic cells following extremely thin absorber concept [J]. Jphyschemc, 2010, 114: 6854-6859.
[47] Senthil T S, Muthukumarasamy N, Kang M. Ball/dumbbell-like structured micrometer-sized Sb_2S_3 particles as a scattering layer in dye-sensitized solar cells [J]. Opt Lett, 2014, 39 (7): 1865-1868.
[48] Chang J A, Rhee J H, Im S H, et al. High-performance nanostructured inorganic-organic heterojunction solar cells [J]. Nano Lett, 2010, 10 (7): 2609-2612.
[49] Wang Q, Chen C, Liu W, et al. Recent progress in all-solid-state quantum dot-sensitized TiO_2 nanotube array solar cells [J]. J Nanopart Res, 2016, 18 (1): 7-23.
[50] Cardoso J C, Grimes C A, Feng X, et al. Fabrication of coaxial TiO_2/Sb_2S_3 nanowire hybrids for efficient nanostructured organic-inorganic thin film photovoltaics [J]. Chem Commun, 2012, 48 (22): 2818-2820.
[51] Han J, Liu Z, Zheng X, et al. Trilaminar $ZnO/ZnS/Sb_2S_3$ nanotube arrays for efficient inorganic-organic hybrid solar cells [J]. RSC Adv, 2014, 4 (45): 23807-23814.
[52] Englman T, Terkieltaub E, Etgar L. High open circuit voltage in Sb_2S_3/metal oxide-based solar cells [J]. J Phys Chem C, 2015, 119 (23): 12904-12909.
[53] Lei H, Yang G, Guo Y, et al. Efficient planar Sb_2S_3 solar cells using a low-temperature solution-processed tin oxide electron conductor [J]. Phys Chem Chem Phys, 2016, 18 (24): 16436-16443.
[54] Parize R, Katerski A, Gromyko I, et al. $ZnO/TiO_2/Sb_2S_3$ core-shell nanowire heterostructure for extremely thin absorber solar cells [J]. J Phys Chem C, 2017, 121 (18): 9672-9680.
[55] 刘英博．基于多孔 TiO_2 光阳极的量子点敏化太阳能电池 [D]. 天津：天津大学硕士学位论文，2015.
[56] Deng H, Yuan S, Yang X, et al. Efficient and stable TiO_2/Sb_2S_3 planar solar cells from absorber crystallization and Se-atmosphere annealing [J]. Mater Today Energy, 2017, 3: 15-23.
[57] Sang H I, Lim C S, Chang J A, et al. Toward interaction of sensitizer and functional moieties in hole-transporting materials for efficient semiconductor-sensitized solar cells [J]. Nano Lett, 2011, 11 (11): 4789-4793.

[58] 豆岁阳. 新型纳米结构太阳能电池的制备及性能表征 [D]. 北京：北京交通大学硕士学位论文，2014.

[59] Cardoso J C，Grimes C A，Feng X，et al. Fabrication of coaxial TiO_2/Sb_2S_3 nanowire hyrids for efficient nanostructured organic-inorganic thin film photovoltaics [J]. Chem Commun，2012，48 (22)：2818-2820.

[60] Kim K，Jung K，Lee M J，et al. Effect of processing parameters on photovoltaic properties of Sb_2S_3 quantum dot-sensitized inorganic-organic heterojunction solar cells [J]. Int J Nanotechnol，2016，13 (4/5/6)：345-353.

[61] Itzhaik Y，Bendikov T，Hines D，et al. Band diagram and effects of the KSCN treatment in TiO_2/Sb_2S_3/CuSCN ETA cells [J]. J Phys Chem C，2016，120 (1)：31-41.

[62] Choi Y C，Seok S I. Efficient Sb_2S_3-sensitized solar cells via single-step deposition of Sb_2S_3 using S/Sb-ratio-controlled $SbCl_3$-thiourea complex solution [J]. Adv Funct Mater，2015，25 (19)：2892-2898.

[63] Itzhaik Y，Nhtsoo O，Page M，et al. Sb_2S_3-sensitized nanoporous TiO_2 solar cells [J]. J Phys Chem，2009，113：4254-4256.

[64] Moon S J，Itzhaik Y，Yum J H，et al. Sb_2S_3-based mesoscopic solar cell suing an organic hole conductor [J]. J Phys Chem Lett，2010，1 (10)：1524-1527.

[65] Boix P P，Larramona G，Jacob A，et al. Hole transport and recombination in all-solid Sb_2S_3-sensitized TiO_2 solar cells using CuSCN as hole transporter [J]. J Phys Chem C，2012，116 (1)：1579-1587.

[66] Lim C S，Im S H，Chang J A，et al. Improvement of external quantum efficiency depressed by visible light-absorbing hole transport material in solid-state semiconductor-sensitized heterojunction solar cells [J]. Nanoscale，2012，4 (2)：429-432.

[67] Christians J A，Leighton D T，Kamat P V. Rate limiting interfacial hole transfer in Sb_2S_3 solid-state solar cells [J]. Energy Environ Sci，2014，7 (3)：1148-1158.

[68] Kim J K，Veerappan G，Heo N，et al. Efficient hole extraction from Sb_2S_3 heterojunction solar cells by the solid transfer of performed PEDOT：PSS film [J]. J Phys Chem C，2014，118 (39)：22672-22677.

[69] Sun P，Zhang X，Wang L，et al. Efficiency enhanced rutile TiO_2 nanowire solar cells based on Sb_2S_3 absorber and CuI hole conductor [J]. New J Chem，2015，39 (9)：7243-7250.

[70] Mathew S，Yella A，Gao P，et al. Dye-sensitized solar cells with 13% efficiency achieved through the molecular engineering of porphyrin sensitizers [J]. Nat Chem，2014，6 (3)：242-247.

[71] Sengupta D，Das P，Mondal B，et al. Effects of doping，morphology and film-thickness of photo-anode materials for dye sensitized solar cell application-A review [J]. Renewable and Sustainable Energy Reviews，2016，60：356-376.

[72] Boro B，Gogoi B，Rajbongshi B，et al. Nano-structured TiO_2/ZnO nanocomposite for dye-sensitized solar cells application：A review [J]. Renewable and Sustainable Energy Reviews，2018，81：2264-2270.

[73] 邵艳秋，于平，郑友进，等. 氧化锌基阵列染料敏化太阳能电池研究进展 [J]. 人工晶体学报，2019，78 (10)：1967-1975.

[74] Majumder T，Dhar S，Chakraborty P，et al. S，N co-doped graphene quantum dots decorated C-doped ZnO nanotaper photoanodes for solar cells applications [J]. Nano，2019，14 (1)：1950012.

[75] Rajkumar C，Arulraj A. Seed mediated synthesis of nanosized zinc oxide and its electron transporting activity in dye-sensitized solar cells [J]. Mater Res Express，2018，5 (1)：015029.

[76] During J，Kunzmann A，Killian M S，et al. Porphyrins as multifunctional interconnects in networks of ZnO nanoparticles and their application in dye-sensitized solar cells [J]. Chem Photo Chem，2018，2 (3)：213-222.

[77] Giannouli M，Govatsi K，Syrrokostas G，et al. Factors affecting the power conversion efficiency in ZnO DSSCs：Nanowire vs. nanoparticles [J]. Materials，2018，11 (3)：411.

[78] Singh S，Singh A，Kaur N. Imine-linked receptors decorated ZnO-based dye-sensitized solar cells [J]. Bull Mater Sci，2016，39 (6)：1371-1379.

[79] Zhang D，Yoshida T，Furuta K，et al. Hydrothermal preparation of porous nano-crystalline TiO_2 electrodes for flexible solar cells [J]. J Photochem Photobio A：Chem，2004，164 (1)：159-166.

[80] Philip M R，Babu R，Vasudevan K，et al. Enhanced efficiency of dye-sensitized solar cells based on polyol-synthesized nickel-zinc oxide composites [J]. J Electron Mater，2019，48 (1)：252-260.

[81] Guo H, Ding R, Li N, et al. Defects controllable ZnO nanowire arrays by a hydrothermal growth method for dye-sensitized solar cells [J]. Physica E, 2019, 105: 156-161.

[82] Xu C, Gao D. Two-stage hydrothermal growth of long ZnO nanowires for efficient TiO_2 nanotube-based dye-sensitized solar cells [J]. J Phys Chem C, 2012, 116 (12): 7236-7241.

[83] He D, Sheng X, Yang J, et al. [1010] oriented multichannel ZnO nanowire arrays with enhanced optoelectronic device performance [J]. J Am Chem Soc, 2014, 136 (48): 16772-16775.

[84] Chen Z, Li S, Wei C, et al. Preparation of ZnO nanosheets-nanorods hierarchically structured films and application in quantum dots sensitized solar cells [J]. Int J Electrochem Sci, 2017, 12 (8): 7693-7701.

[85] Han S Y, Akhtar M S, Jung I, et al. ZnO nanoflakes nanomaterials via hydrothermal process for dye sensitized solar cells [J]. Mater Lett, 2018, 230: 92-95.

[86] Cheng H, Wang Y, Guo P, et al. High-efficiency dye-sensitized solar cells based on ZnO nanorods/nanosheets hierarchical structure [J]. Energy Technol, 2017, 6 (6): 1161-1167.

[87] Marimuthu T, Anandhan N, Thangamuthu R, et al. Facile growth of ZnO nanowire arrays and nanoneedle arrays with flower structure on ZnO-TiO_2 seed layer for DSSC applications [J]. J Alloy Compd, 2017, 693: 1011-1019.

[88] Marimuthu T, Anandhan N, Thangamuthu R. A facile electrocheml-hydrothermal synthesis and characterization of zinc oxide hierarchical structure for dye sensitized solar cell applications [J]. J Mater Sci, 2018, 53 (17): 12441-12454.

[89] Saleem M, Ahamd M A, Fang L, et al. Solution-derived ZnO nanoflowers based photoelectrodes for dye-sensitized solar cells [J]. Mater Res Bull, 2017, 96: 211-217.

[90] Fonseca A F V, Siqueira R L, Landers R, et al. A theoretical and experimental investiaation of Eu-doped ZnO nanorods and its application on dye sensitized solar cells [J]. J Alloy Compd, 2018, 739: 939-947.

[91] Kanimozhi G, Vinoth S, Kumar H, et al. A novel electrospun cobalt-doped zinc oxide nanofibers as photoanode for dye-sensitized solar cell [J]. Mater Res Express, 2019, 6 (2): 25041.

[92] Choi S C, Sohn S H. Controllable hydrothermal synthesis of bundled ZnO nanowires using cerium acetate hydrate precursors [J]. Physica E, 2018, 104: 98-100.

[93] Roza L, Rahman M Y A, Umar A A, et al. Boron doped ZnO films for dye-sensitized solar cell (DSSC): Effect of annealing temperature [J]. J Mater Sci: Mater Electron, 2016, 27 (8): 8394-8401.

[94] Feng Y, Chen J, Huang X, et al. A ZnO/TiO_2 composite nanorods photoanode with improved performance for dye-sensitized solar cells [J]. Cryst Res Technol, 2016, 51 (10): 548-553.

[95] Zhou X, Xie Y, Ma J, et al. Synthesis of hierarchical structure cuprous oxide by a novel two-step hydrothermal method and the effect of its addition on the photovoltaic properties of ZnO-based dye-sensitized solar cells [J]. J Alloy Compd, 2017, 721: 8-17.

[96] Kilic B, Turkdogan S, Astam A, et al. Graphene-absed copper oxide thin film nanosturctures as high-efficiency photocathode for p-type dye-sensitized soalr cells [J]. J Photon Energy, 2017, 7 (4): 45502.

[97] John K A, Naduvath J, Mallick S, et al. Electrochemical synthesis of novel Zn-doepd TiO_2 nanotube/ZnO nanoflake heterostructue with enhanced DSSC efficiency [J]. Nano-Micro Lett, 2016, 8 (4): 381-387.

[98] Hu X, Wang H. ZnO/Nb_2O_5 core/shell nanorod photoanode for dye-sensitized solar cells [J]. Front Optoelectron, 2018, 11 (3): 285-290.

[99] Ebadi M, Zarghami Z, Motevalli K. 40% efficiency enhancedment in solar cells using ZnO nanorods as shell prepared via novel hydrothermal synthesis [J]. Physica E, 2017, 87: 199-204.

[100] Miles D O, Lee C S, Cameron P J, et al. Hierarchical growth of TiO_2 nanosheets on anodic ZnO nanowires for high efficiency dye-sensitized solar cells [J]. J Power Sources, 2016, 325: 365-374.

[101] Kilic B, Turkdogan S. Fabrication of dye-sensitized solar cells using graphene sandwiched 3D-ZnO annosturctures based photoanode and Pt-free pyrite counter electrode [J]. Mater Lett, 2017, 193: 195-198.

[102] Nayeri F D, Akbarnejad E, Ghoranneviss M, et al. Dye decorated ZnO-NWs/CdS-NPs heterostructures for efficiency improvement of quantum dots sensitized solar cell [J]. Superlattics and Microstructures, 2016, 91: 244-251.

[103] Chen C, Cheng Y, Jin J, et al. CdS/CdSe quantum dots and ZnPc dye Co-sensitized solar cells with Au nanoparticles/graphene oxide as efficient modified layer [J]. J Colloid Interf Sci, 2016, 480: 49-56.

[104] Chamanzadeh Z, Noormohammadi M, Zahedifar M. Enhanced photovoltaic performance of dye sensitized solar cell using TiO_2 and ZnO nanoparticles on top of free standing TiO_2 nanotube arrays [J]. Mater Sci Semicond, Process, 2017, 61: 107-113.

[105] 尚慧明，戴明金，高峰，等．无机紫外光电探测器材料研究进展 [J]. 中国材料进展，2019，38 (9)：875-886.

[106] Hirschman K D, Tsybeskov L, Duttagupta S P, et al. Silicon-based visible light-emitting devices integrated into microelectronic circuits [J]. Nature, 1996, 384 (6607): 338-341.

[107] Feng W, Jin Z H, Yuan J T, et al. Atomic structures and electronic properties of phosphorene grain boundaries [J]. 2D Materials, 2018, 5 (2): 025008.

[108] Feng W, Zheng W, Cao W W, et al. Back gated multilayer InSe transistors with enhanced carrier mobilities via the suppression of carrier scattering from a dielectric interface [J]. Adv Mater, 2014, 26 (38): 6587-6593.

[109] Ozgur U, Alivov Y I, Liu C L, et al. A comprehensive review of ZnO materials and devices [J]. J Appl Phys, 2005, 98 (4): 041301.

[110] Yu W D, Li X M, Gao X D. Self-catalytic synthesis and photoluminescence of ZnO nanostructures on ZnO nanocrystal substrates [J]. Appl Phys Lett, 2004, 84 (14): 2658-2660.

[111] Zhang B P, Binh N T, Wakatsuki K, et al. Formation of highly aligned ZnO tubes on sapphire (0001) substrates [J]. Appl Phys Lett, 2004, 84 (20): 4098-4100.

[112] Chen X H, Han S, Lu Y M, et al. High signal/noise ratio and high-speed deep UV detector on β-Ga_2O_3 thin film composed of both (400) and (-201) orientation β-Ga_2O_3 deposited by the PLD method [J]. J Alloy Compd, 2018, 747: 869-878.

[113] Ruan M M, Song L X, Yang Z, et al. Novel green synthesis and improved solar-blind detection performance of hierarchical γ-Ga_2O_3 nanospheres [J]. J Mater Chem C, 2017, 5 (29): 7161-7166.

[114] Qian L X, Wang Y, Wu Z H, et al. Microstructures and nano-mechanical properties of multilayer coatings prepared by plasma nitriding Cr-coated Al alloy [J]. Vacuum, 2017, 140: 106-113.

[115] Rafique S, Han L, Zhao H P. Synthesis of wide bandgap Ga_2O_3 (E_g～4.6－4.7eV) thin films on sapphire by low pressure chemical vapor deposition [J]. Phys Status Solidi A, 2016, 213 (4): 1002-1009.

[116] Wu Z P, Bai G X, Qu Y Y, et al. Deep ultraviolet photoconductive and near-infrared luminescence properties of Er^{3+}-doped β-Ga_2O_3 thin films [J]. Appl Phys Lett, 2016, 108 (21): 211903.

[117] Alsultany F H, Hassan Z, Ahmed N M. A high-sensitivity, fast-response, rapid-recovery UV photodetector fabricated based on catalyst-free growth of ZnO nanowire networks on glass substrate [J]. Opt Mater, 2016, 60: 30-37.

[118] Park C, Lee J, So H M, et al. An ultrafast response grating structural ZnO photodetector with back-to-back Schottky barriers produced by hydrothermal growth [J]. J Mater Chem C, 2015, 3 (12): 2737-2743.

[119] Ji Z G, Du J, Fan J, et al. Gallium oxide films for filter and solar-blind UV detector [J]. Opt Mater, 2006, 28 (4): 415-417.

[120] Kokubun Y, Miura K, Endo F, et al. Dynamic nuclear polarization induced by hot electrons [J]. Appl Phys Lett, 2007, 90 (3): 032102.

[121] Oshima T, Okuno T, Fujita S. Ga_2O_3 thin film growth on c-plane sapphire substrates by molecular beam epitaxy for deep-ultraviolet photodetectors [J]. Jap J Appl Phys, 2007, 46 (11): 7217-7220.

[122] Zhang D, Zheng W, Lin R, et al. Ultrahigh EQE (15%) solar-blind UV photovoltaic detector with organic-Inorganic heterojunction via dual built-In fields enhanced photogenerated carrier separation efficiency mechanism [J]. Adv Funct Mater, 2019, 29 (26): 1900935.

[123] Lord A M, Consonni V. Cossuet T, et al. Schottky contacts on polarity-controlled vertical ZnO nanorods [J]. ACS Appl Mater Interfaces, 2020, 12 (11): 13217-13228.

[124] Zhao B, Wang F, Chen H Y, et al. Solar-blind avalanche photodetector based on single ZnO-Ga_2O_3 core-shell microwire [J]. Nano Lett, 2015, 15 (6): 3988-3993.

[125] Zhao B, Wang F, Chen H Y, et al. An ultrahigh responsivity (9.7 mAW^{-1}) self-powered solar-blind photodetector based on individual ZnO-Ga_2O_3 heterostructures [J]. Adv Funct Mater, 2017, 27 (17): 1700264.

[126] Chen M X, Zhao B, Hu G F, et al. Piezo-phototronic effect modulated deep UV photodetector based on ZnO-Ga_2O_3 heterojuction microwire [J]. Adv Funct Mater, 2018, 28 (14): 1706379.

[127] Shi Z F, Xu T T, Wu D, et al. Semi-transparent all-oxide ultraviolet light-emitting diodes based on ZnO/NiO-core/shell nanowires [J]. Nanoscale, 2016, 8 (19): 9997-10003.

[128] Liao M Y, Koide Y. High-performance metal-semiconductor-metal deep-ultraviolet photodetectors based on homo-epitaxial diamond thin film [J]. Appl Phys Lett, 2006, 89 (11): 113509.

[129] Whitfeld M D, Chan S M, Jackman R B. Thin film diamond photodiode for ultraviolet light detection [J]. Appl Phys Lett, 1996, 68 (3): 290-292.

[130] Lin C N, Lu Y J, Yang X, et al. Diamond-based all-carbon photodetectors for solar-blind imaging [J]. Adv Opt Mater, 2018, 6 (15): 1800068.

[131] Chen Y C, Lu Y J, Lin C N, et al. Self-powered diamond/β-Ga_2O_3 photodetectors for solar-blind imaging [J]. J Mater Chem C, 2018, 6 (21): 5727-5732.

第7章 超导陶瓷材料

学习目标

通过本章的学习，掌握以下内容：(1) 超导材料的超导机制；(2) 超导材料的超导性能；(3) 超导陶瓷材料的应用；(4) 铜基超导陶瓷材料的结构、体系；(5) 铋基超导陶瓷材料的结构、制备方法。

学习指南

(1) BCS (Bardeen Cooper Schrieffer) 理论能够解释超导材料的超导机制；(2) 超导材料的超导性能主要包括零电阻效应、完全抗磁性、Josephson 效应、同位素效应；(3) 超导陶瓷材料在超导磁体、约瑟夫森结、磁悬浮、超导限流器、超导直流感应加热设备、超导变压器、超导电机等方面具有广泛的应用；(4) 铜基超导陶瓷材料主要包括 $YBa_2Cu_3O_{6+\delta}$、$Bi_2Sr_2Ca_{n-1}Cu_nO_{2n+2+\delta}$、$Tl(Hg)Ba_2Ca_{n-1}Cu_nO_{2n+2+\delta}$；(5) 铋基超导陶瓷材料主要包括 $Bi_2Sr_2CuO_{6+y}$、$Bi_2Sr_2CaCu_2O_{8+y}$ 和 $Bi_2Sr_2Ca_2Cu_3O_{10+y}$。

章首引言

1908 年，莱顿实验室成功制备出可以获得 4.25K 低温的液氦[1]，这一技术使超导技术

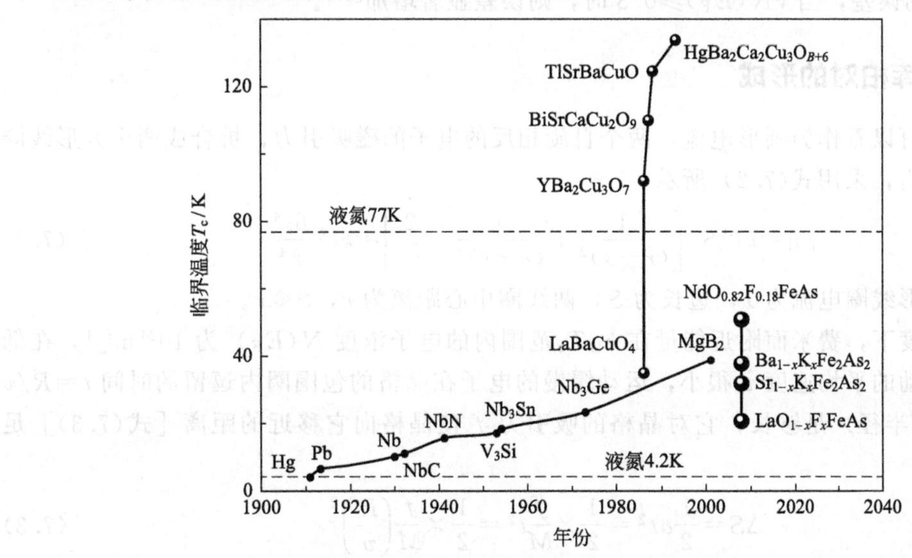

图 7.1 超导材料超导转变温度的研究历程[4]

的研究成为了可能。1911年，荷兰物理学家Onnes[2]发现在4.2K的低温下汞具有超导性能，Onnes将“超导”定义为在一定温度条件下电阻突然消失的现象，处于超导状态的导体称为超导体，具有这一性质的材料称为超导材料。目前拥有最高超导临界温度（T_c）的超导材料是在155GPa的零场冷却条件下得到的H_2S，T_c高达203K[3]。从1911年起，超导材料的临界温度T_c的研究历程如图7.1所示[4]。1911—1932年，相继发现了除Hg之外的Sn、Pb、Ta、Th、Ti、Nb等元素在低温下均具有超导电性，元素周期表中的50多种元素有超导电性[5]。预示着超导材料研究进入高温超导研究阶段的是1986年，瑞士物理学家Bednorz和Mülle[6]通过研究Ba-La-Cu-O系陶瓷的超导电性，发现其T_c值高达38K，Y-Ba-Cu-O系陶瓷超导体的T_c高达100K[7]。液氮制冷设备简单，价格仅相当于液氦的百分之一，所以超导陶瓷材料在高温超导领域具有良好的应用前景。本章系统阐述了超导材料的超导机制、超导性能、超导陶瓷材料的种类及应用。

7.1 超导材料的超导机制

应用最广泛且能较好解释高温超导材料的微观理论是1957年美国伊利诺伊大学Bardeen、Cooper和Schriefer提出的BCS（Bardeen Cooper Schrieffer）理论[8]。在BCS理论中，金属中电子间除了存在库仑斥力外，由于电-声相互作用，在费米面附近一对电子间通过交换声子还存在着吸引力，如果这种吸引力超过电子间的库仑排斥力，两两电子就会形成Cooper对，超导态就是这些Cooper对的集合表现。根据BCS理论，超导体的超导转变温度取决于三个因素：晶格中声子的德拜频率、费米面附近的电子态密度以及电声子的耦合能的大小。BCS理论可以很好地解释二元或者三元合金，例如Nb_3Al的超导机制，其公式如式(7.1)所示[9]：

$$k_B T_c = 1.14 h\omega_D \exp\left[-\frac{1}{VN(E_F)}\right] \tag{7.1}$$

与实验结果相比较，在$VN(E_F) \leqslant 0.2$时，BCS理论很准确，当$0.20 < VN(E_F) < 0.30$时，约有1%的误差，当$VN(E_F) \geqslant 0.3$时，则误差显著增加[10]。

7.1.1 库柏对的形成

电子自旋可以看作为圆形电流，两个自旋相反的电子的磁吸引力，折合成两个方形线圈电流间的作用力，采用式(7.2)所示：

$$f_H = kl^2 S^2 \left[\frac{1}{(r-s)^2} + \frac{1}{(r+s)^2} - \frac{2}{r^2}\right] \approx kl^2 \frac{6s^4}{r^4} \tag{7.2}$$

其中正方形线圈电流为I，边长为S，两线圈中心距离为r，$S \ll r$。

在临界温度下，费米面附近能量在$k_B T_c$范围内的电子浓度$N(E_F)$为$10^{24}\,m^{-3}$，在低温下电子热运动的平均速度v很小，运动缓慢的电子在晶格的包围圈内逗留的时间$t=R/v$（R为包围圈的半径）足够长，它对晶格的吸引力f使晶格向它移近的距离［式(7.3)］足够大：

$$\Delta S = \frac{1}{2}at^2 = \frac{1}{2} \times \frac{f}{M}t^2 = \frac{1}{2} \times \frac{f}{M}\left(\frac{R}{v}\right)^2 \tag{7.3}$$

使晶格的正电荷对此电子对外的库仑力产生屏蔽作用而减小，如果遇到一个动量和自旋与此电子相反的第二个电子（此电子同样受晶格正电荷的屏蔽），当这两个电子相向运动到一定距离时，两电子的磁吸引力超过了受屏蔽的库仑力，则两电子继续移近，直到两电子外的屏蔽正电荷的相互排斥，使两电子中间的屏蔽正电荷浓度变小，对两电子间库仑力的屏蔽作用减小，两电子的库仑力增大而与磁吸引力平衡而终止。这时两电子的距离为相干长度，此两电子即形成库柏对，两电子磁吸引力做的功，为电磁场势能的减小，即能隙，它与式(7.1)参数 V 有关。

在常温下，少量热运动慢的电子也会形成库柏对，但是此类库柏对很少，在其他高速热运动电子的冲击下而散开，只有到临界温度时，库柏对的数目足够多，而高速热运动的电子足够少，这时库柏对急速增多，而产生相变成为超导。超导的临界温度相当于水汽的凝结点，在超导临界温度下，电子的平均速度减小，可以吸引包围圈上的晶格向其移近有限距离 ΔS，产生屏蔽作用而形成库柏对。在低温条件下，电子热运动的速度和温度成正比，所以式(7.3)转变为式(7.4)：

$$\Delta S=\frac{1}{2}\times\frac{f}{M}\left(\frac{R}{v}\right)^2=\frac{1}{2}\times\frac{f}{M}\left(\frac{R}{T_c}\right)^2 \tag{7.4}$$

7.1.2 超导形成机制

在弹性碰撞过程中，小球 m_1 以速度 v_{10} 和初速为 v_{20} 的电子 m_2 碰撞，碰撞后球1失去动能，在 $m_2 \gg m_1$ 时有：

$$\Delta E \approx 2m_1(v_{10}-v_{20})v_{20} \tag{7.5}$$

两个小球碰撞的弹性力是由于电磁力引起的，对于两个非磁性小球，碰撞时弹性为电场力，此种力为排斥力，如果 v_{10} 和 v_{20} 都为正，而 $v_{10}>v_{20}$，则碰撞时 m_1 损失动能，m_2 得到动能。如果 v_{20} 为负，则 m_2 损失动能，m_1 得到动能。混合气体分子热运动的碰撞即是如此，其平均动能都不变。对于电子和晶格的碰撞则不同，除了上述电场的排斥力外，还有电子自旋磁场和晶格电子磁场（分子电流磁场和电子自旋磁场）的磁力相互作用，此种磁力可以是吸引力，也可以是排斥力。

在电子和晶格的碰撞中，在电的排斥力上要叠加上这种磁的作用力，但是这种磁的吸引力和排斥力的机会均等，所以碰撞的统计结果，晶格和电子的平均动能仍然不变，这就是说热运动的动能保持不变。在导体上加一电场，则自由电子在无规则热运动上叠加上一个漂移运动。根据运动独立原理，热运动情况不变时，只考虑漂移运动的能量，例如电子自旋磁场和晶格电子磁场的相互作用为排斥力，则与上述弹性力的相互作用一样，电子失去漂移动能，而晶格得到动能，晶格振动能量增大，温度升高，电子漂移动能转化为热能。电子自旋磁场和晶格电子的磁场为吸引力，则晶格使电子漂移运动加速，使电子的漂移运动速度加大，电子和晶格碰撞时自旋磁场和晶格电子磁场为排斥力，则和弹性碰撞一样，又将漂移动能传给晶格，由式(7.5)可以看出碰撞时 v_{10} 增加，电子损失动能增加。将全部的漂移动能传给晶格，电子与晶格的碰撞将漂移动能传给晶格而形成电阻，这是在常温下导体电阻形成的原因。库柏对与上述情况不同，库柏对相干长度为两个电子的平衡距离，在此距离范围内，为晶格正电荷屏蔽两电子的库仑力，相当于电子电荷由 e 减小为 e' 的两电子库仑力 $f_{电}=e'e'/r^2$，其自旋磁相互作用力 $f_{磁}=kl^2(6S^4)/r^4$，只有在以下情况时，两力相等而反向（$f_{电}$ 为排斥力，$f_{磁}$ 为吸引力）为平衡态：

$$\frac{e'^2}{r^2}=kl^2\frac{6S^4}{r^4}=\frac{c}{r^4} \tag{7.6}$$

$$r=\sqrt{\frac{c}{e'^2}}=\xi \tag{7.7}$$

当r变大或变小时，都处于非平衡状态。库柏对两电子的距离ξ为10^{-6}m，晶格距离a为10^{-10}m，一库柏对间有10^4个晶格，可以认为库柏对的第一个电子与晶格碰撞时，第二个电子也同时与晶格碰撞。在固体中声波波长以米计在库柏对的距离范围内，可以认为两晶格振动的位相相同，两晶格上电子的磁场相同。如果库柏对的第一个电子自旋磁场与晶格上电子的磁场为排斥力，使在碰撞中电子失去漂移的动能，而第二个电子自旋与第一个电子相反，其磁场与晶格上电子的磁场就是吸引力，晶格吸引电子，使其漂移运动的动能增加，增加的动能通过两电子间的电磁场传递给第一个电子，保持库柏对的漂移动能不变。与此同时第一个晶格得到的动能，传递给失去动能的第二个晶格，晶格的能量也不变，这就形成无电阻的超导现象。

7.1.3 BCS理论的缺陷

电子可以用波来表示，在没有热振动（即冷却到绝对零度）时的绝对完整晶体点阵中，这些波能够自由穿过点阵传播而不衰减，如果点阵的完整周期性被热振动所破坏，这就引起了波的部分反射或散射，电子同晶格点阵发生相互作用，即电子-晶格相互作用。一个电子被散射时，放射出了一个声子，通过晶格的联系，由下一个晶格将声子传给第二个电子，两个电子间相互吸引。如果认为两个电子为两个波，没法说明两电子在与晶格碰撞前首先形成库柏对，而两电子的作用力在与晶格碰撞之后形成库柏对，这就模糊了形成库柏对的机制，将晶格对电子的屏蔽条件漏掉。在式(7.1)中，决定T_c的有三个因素，即ω_D、V和$N(E_F)$。ω_D反映了晶格质量M，由于温度决定了晶格振动的能量，在一定的温度条件下，大质量的晶格振动频率ω_D小，从而由式(7.1)表示的T_c低，这是同位素效应的反映。V与库柏对能隙相关，V大的表示形成库柏对势能下降得多，也就是拆散库柏对需要的能量大，$N(E_F)$大表示在费米面附近的自由电子多，则形成库柏对的机会多，T_c高。但是以上分析忽略了$N(E_F)$大，自由电子多时，会有一部分自由电子受晶格正电荷的吸引一同到上述的形成库柏对的电子周围来，而减小晶格对此电子的屏蔽作用，使库柏对不易形成。导体的电阻率决定于导体的自由电子密度，电阻小的材料自由电子多，在一定温度下，费米面附近的$N(E_F)$值也大。

式(7.1)在$N(E_F)\leqslant 0.2$时，$N(E_F)$很小，几乎没有电子随着晶格向参与形成库柏对的电子移动，所以式(7.1)准确。当$N(E_F)>0.3$时，误差增加。对于铜和银，自由电子多，即使在接近绝对零度的条件下，费米面附近的$N(E_F)$仍然很大，而有许多电子随着晶格移向参与形成库柏对的电子，破坏晶格对此电子的屏蔽，使库柏对不能形成。BCS理论未能考虑这一原因是这一理论的缺陷，致使BCS理论不能解释高温超导现象。在电场力的作用下电子获得附加的漂移运动，此种运动增加了电子赶上同向运动的晶格而与之碰撞，在碰撞时如电子自旋与晶格的磁力为排斥力，则电子失去漂移动能，而晶格获得动能，振动能量增大，是电能转变为热能的过程。如果在碰撞时电子与晶格的磁力为吸引力，则晶格对电子做功，使电子的漂移动能变大，晶格的振动能量变小。

7.1.4 BCS理论的修正

BCS理论公式(7.1)是将电子的波函数作为电子取某一状态的概率推导出来的，是将电子作为粒子用统计物理方法做出的，并未将电子作为真正的行进波，统计物理的规律必然和动力学规律相一致，所以BCS理论公式(7.1)是正确的。然而，自从有了电子是波的概念，不能将两个电子在与晶格碰撞前形成库柏对，所以费米面附近自由电子多时会减小晶格对参与形成库柏对电子的屏蔽，减小库柏对形成的概率漏掉。只要将这一因素补上即可以将BCS理论公式进行修正。在费米面附近自由电子浓度 $N(E_F)$ 小，当 $N(E_F) \leqslant 0.2$ 时，式(7.1)很精确；$N(E_F)$ 大，当 $N(E_F) > 0.2$ 时，即有自由电子对晶格的屏蔽减弱使库柏对不易生成，而 T_c 降低。在BCS公式加一个修正因子，如式(7.8)所示：

$$k_B T_c = 1.14\hbar\omega_D \exp\left[-\frac{1}{VN(E_F)}\right]\left[1 - C\frac{VN(E_F) - 0.2}{VN(E_F)}\right] \tag{7.8}$$

其中系数 C 的取值可由实验确定，例如 $C = 1/10$，则对在临界温度下 $N(E_F) = 0.223$ 的超导体，修正数为1%，则此类超导材料的 T_c 值降低1%。对在临界温度下 $N(E_F) > 0.3$ 的超导材料，修正数为3.3%，矫正了BCS公式的误差。BCS理论预测临界温度与绝对零度下的能隙由式(7.9)所示：

$$E_g(0) = 2\Delta(0) = 3.5k_B T_c \tag{7.9}$$

部分超导材料的 $2\Delta(0)/k_B T_c$ 如表7.1所示[11]。从表7.1可以看出，除锡、钒与BCS理论预测的值相近外，其他金属的数值相差较大，铟、铅差为17%，汞误差为31%，这是由于理论所做的简化引起的，此种计算值未考虑 $N(E_F)$ 对晶格屏蔽电子的作用，$N(E_F)$ 大于标准值0.2时，$N(E_F)$ 减弱了晶格的屏蔽作用，使 T_c 降低，$N(E_F)$ 小于标准值时，晶格的屏蔽作用加强，T_c 升高。

表7.1　绝对零度下超导能隙与 $k_B T_c$ 之比[11]

超导体	铟	锡	汞	钒	铅
$2\Delta(0)/k_B T_c$	4.1	3.6	4.6	3.4	4.1

BCS公式中与能隙相关的参数 V 受到参与形成库柏对的电子受晶格的屏蔽作用所决定，电子受晶格屏蔽的作用强时，两电子间的库仑排斥力很小，而自旋相反电子的磁吸引力，在两电子相距较远的距离时，即超过排斥力而相接近。距离接近时，两电子周围的屏蔽正电荷相互排斥，使两电子间的屏蔽正电荷密度变小，两电子间的库仑力增加和磁力平衡而终止。两电子在磁力作用下，移动距离增长，磁力做功大，磁势能降低得多，形成的库柏对的能隙大，也即 V 值高。V 值取决于晶格的质量 M 和 $N(E_F)$，M 小时，电子在晶格包围的时间内，晶格向其靠近得多，$N(E_F)$ 小时，很少有自由电荷随晶格一起向包围的电子移动来减小屏蔽作用。与此相反，如果晶格质量 M 大、$N(E_F)$ 大，则向参与形成库柏对的电子移近的晶格走的距离小，形成有效屏蔽的正电荷少，而有些 $N(E_F)$ 自由电子随晶格一起移向这个电子，使屏蔽作用减弱，相当于被屏蔽的电子电荷自 e 减小为 e^* 的减小量小［此处 e^* 大于式(7.6)中的 e'］，而平衡距离 $r^* = (e/e^{*2})^{1/2}$ 变小（因 e^* 增大），从而 $r^* - \xi$ 变小，即磁吸引力做功变小，能隙变小，V 变小。在同一温度下，不同材料费米面附近的 $N(E_F)$ 不同，与材料的总自由电子数密度 D 成比例，单位体积中自由电子 n 大的材料在费米面附

近的自由电子 $N(E_F)$ 自然也高，对于不同材料而言，即有 $[N(E_F)-N(E_F)_0]/N(E_F)=(n-n_0)/n$，其中 n_0 为标准材料的自由电子密度，式(7.8) 可以近似地写为式(7.10)：

$$k_B T_c = 1.14\hbar\omega_D \exp\left[-\frac{1}{VN(E_F)}\right]\left(1-C\frac{n-n_0}{n}\right) \tag{7.10}$$

如果以锡作为标准超导体，铝、钨、锌的电阻都比锡小，说明这些材料的自由电子比锡多，一部分自由电子（费米面附近的自由电子）随着晶格移近参与形成库柏对的电子，削弱晶格对此电子的屏蔽，使得库柏对难以形成，超导临界温度低。相反，铅的电阻比锡大，自由电子比锡少，而超导临界温度高。陶瓷高温超导材料的自由电子密度比金属低 1～2 个数量级，以 $n_0=1$、$n=10^{-2}$、$C=1/10$ 代入式(7.10) 得到修正因子 10，所以高温超导陶瓷的超导临界温度可以比低温超导材料高 1 个数量级，临界超导温度超过 100K，甚至超过 200K。

7.2 超导材料的超导性能

7.2.1 零电阻效应

汞在 4.2K 的超导转变曲线如图 7.2 所示[12]，从图中可以看出零电阻效应是超导材料的基本特性，由于没有电阻，超导材料作为导体传输电流时没有能耗，是理想的导体。超导材料由于具有零电阻效应，所以超导材料在实际生活中具有广泛的应用前景。零电阻效应可以使得电线电缆中的传输电流大、损耗小，超导电缆比常规电缆损耗降低 60%，总费用可降低 20%，具有良好的经济效益，能够有效解决能源短缺的问题。将超导材料用于超导发电机降低能耗，超导储能装置是发电站的必备装置，使用普通电线储能会有能量损失，如果使用超导线圈储存电能，储存电磁能时电阻为零，理想状态下线圈中所储存的能量没有损耗，可以永久储存下去直到需要释放为止[13]。滤波器是无线电接收装置的关键器件，起着提取、分离或抑制电信号的作用，但是常规滤波器中的金属电阻使得信号传播有干扰，如果使用高温超导材料制作滤波器，可以减少热噪比，提高信噪比，提高网络信号的质量及数据

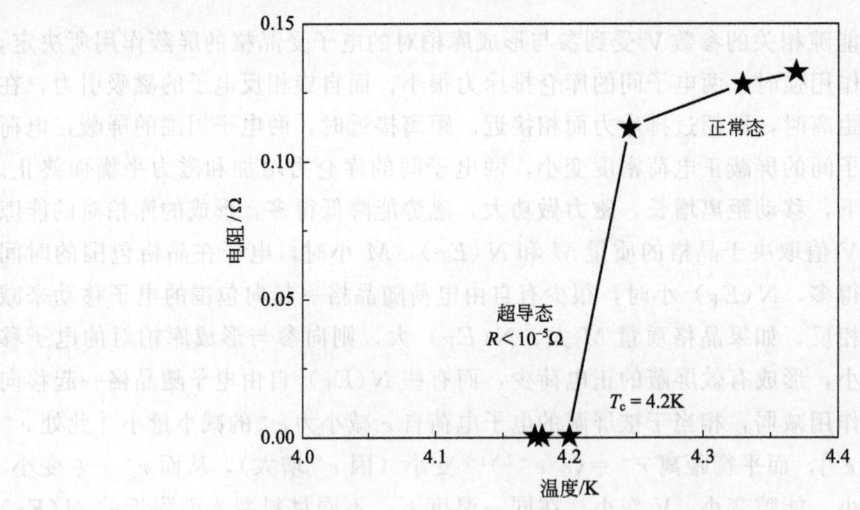

图 7.2 汞在 4.2K 的超导转变曲线[12]

传输速率。

7.2.2 完全抗磁性

通过改变所加磁场的顺序，超导体内的磁感应强度总为零，超导体即使在外磁场中冷却到超导态，也永远没有内部磁场。以上揭示了超导材料的另外一个基本特性：完全抗磁性，又称为 Meissner 效应。超导态下磁化率为−1。外磁场并不是完全不能进入超导体，而实际是外磁场进入了超导体的表面。通常能够破坏超导态的磁场称为临界场 H_c，部分超导体只存在一个临界场，称为第Ⅰ类超导体。大部分超导体存在两个临界场，即下临界场 H_{c1} 和上临界场 H_{c2}，这类超导体被称为第Ⅱ类超导体，如图 7.3 所示[4]。当磁场达到下临界场时，磁场进入超导体内部，完全抗磁性被破坏，但是超导电子对仍然以超导环流的形式存在，此时超导体仍为零电阻态，这种中间状态被称为混合态，当磁场进一步增加到上临界场时，此时的零电阻态将被彻底破坏，超导体恢复到正常态[14]。

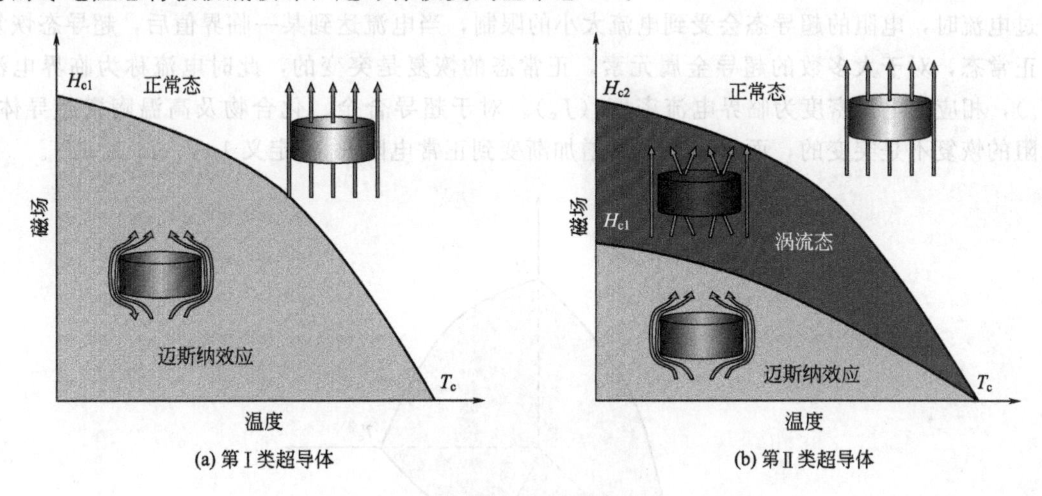

图 7.3 外加磁场下两种类型超导体的差异[4]

7.2.3 Josephson 效应

1962 年英国剑桥大学卡文迪许实验室 Josephson[15] 在理论上预测了 Josephson 效应，并从实验上证实了此预测。Josephson 效应是电子能够通过两块超导体之间薄绝缘层的量子隧道效应，两块超导体通过薄绝缘层（厚度约 1nm）连接起来，绝缘层对电子来说为势垒，一块超导体中的电子可以穿过势垒进入另一个超导体中，这就是特有的量子力学隧道效应。

Josephson 结是超导电子学应用的基础元件，可以用来制作多种精密电子学仪器。超导量子干涉仪（SQUID）就是利用 Josephson 结制作的目前灵敏度最高的磁传感器，此种传感器可以分辨微弱的地磁场变化，具有灵敏度高、噪声低、功耗小、响应速度快等特点[16]。这种仪器已经在微弱磁场测量、生物磁场测量、大地测量、无损探伤等领域获得了广泛应用。

7.2.4 同位素效应

费米面附近动量和自旋方向都相反的一对电子通过晶格而发生的吸引力可以超过它们之

间的屏蔽的库仑排斥力，使得净相互作用为吸引力，这种净吸引力的作用是导致形成超导态的因素。吸引力是通过晶格而产生的，如果晶格离子质量大、惯性大，那么声子的频率降低，一对电子形成库柏对的数量减少，所以吸引作用变弱，T_c值降低，即超导体的临界温度与同位素的质量有关。同一种元素，所选的同位素质量较高，那么临界温度 T_c就较低，定量分析得到 T_c与 $M^{-\beta}$（β为常数，一般为 1）成正比，这就是同位素效应[17]。

7.2.5 超导临界参数

在超导体基本特性的基础上，超导态取决于 3 个相关的物理参数，即温度、外加磁场以及电流密度，每个参数都有一个临界值去区分超导态和正常态，3 个参数彼此关联，其相互关系如图 7.4 所示[4]。金属汞在 4.2K 附近电阻突然消失，此时汞为超导态，此时的温度称为超导临界温度 T_c，把超导体冷却至临界温度以下，超导体由正常态转变为超导态。超导态在外加磁场超过某个临界值后转变为正常态，这个临界值称为临界磁场（H_c）。当超导线通过电流时，电阻的超导态会受到电流大小的限制，当电流达到某一临界值后，超导态恢复至正常态，对于大多数的超导金属元素，正常态的恢复是突变的，此时电流称为临界电流（I_c），相应的电流密度为临界电流密度（J_c）。对于超导合金、化合物及高温陶瓷超导体，电阻的恢复不是突变的，而是随着 I 的增加渐变到正常电阻 R_n，定义 $1\mu V/cm$ 为 RI_c。

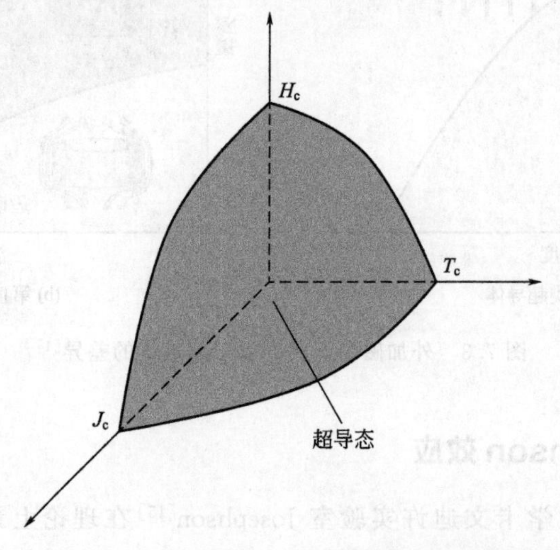

图 7.4 温度、外加磁场和电流密度的超导相图[4]

7.3 超导材料的分类

根据材料的超导临界温度，超导材料可以分为低温超导材料和高温超导材料。超导物理中将临界温度在液氦温区（4.2K）的超导体称为低温超导体，也称为常规超导体，将临界温度在液氮温区（77K）的超导体称为高温超导体[18]。根据微观配对机制，超导理论符合 BCS 理论的超导体称为常规超导体，其他超导材料则称为非常规超导体[19]。一般低温超导体都是常规超导体，高温超导体为非常规超导体，但是 MgB_2 陶瓷的临界温度高达 39K，远超过常规超导体，BCS 理论仍然可以解释 MgB_2 陶瓷的超导机理，所以 MgB_2 陶瓷是高温常规超导体。

按照化学成分超导材料可以分为金属超导材料、超导陶瓷材料、有机超导材料及半导体超导材料四大类。对于金属超导体，包括超导金属单质、合金，在常压下具有超导电性的金属单质有 28 种，其中金属 Nb 具有最高的 T_c值，达到了 9.26K。在超导金属单质中加入其他元素形成合金，可以提高超导材料的超导性能，例如 NbZr 合金的 T_c值为 10.8K，H_c值为 8.7T；虽然 NbTi 合金 T_c值比较低，但是其 H_c值高，在磁场作用下可以承载更大的电流。超导金属单质与其他元素化合得到的超导化合物具有良好的超导性能，例如 Nb_3Sn 的 T_c值为 18.1K，H_c值为 24.5T，V_3Ga 超导体的 T_c值为 16.8K，H_c值为 24T，Nb_3Al 的 T_c值为 18.8K，H_c值为 30T。超导陶瓷材料包括铜基氧化物和铁基化合物等，Y-Ba-Cu-O 超导体在 77.3K 温度以上具有良好的超导性能。

根据超导体在磁场中具有的迈斯纳效应，可以把超导体分为第Ⅰ类超导体和第Ⅱ类超导体[20]。第Ⅰ类超导体主要包括常温下具有良好导电性的纯金属，例如 Al、Zn、Ga、Ge、Sn、In 等，此类超导体的熔点低、硬度低，被称作软超导体，其特征是由正常态过渡到超导态时没有中间态，并且具有完全抗磁性。第Ⅰ类超导体由于其临界电流密度 J_c和临界磁场 H_c较低，因而没有实用价值。第Ⅱ类超导体主要包括金属化合物及其合金以及陶瓷超导材料，与第Ⅰ类超导体的区别主要在于：第Ⅱ类超导体由正常态转变为超导态时存在中间态（混合态），第Ⅱ类超导体的混合态中存在磁通线，而第Ⅰ类超导体中不存在磁通线，第Ⅱ类超导体比第Ⅰ类超导体有更高的 H_c、更大的 J_c和更高的 T_c值。

7.4 超导陶瓷材料的应用

超导陶瓷材料的应用领域如表 7.2 所示[21]。

表 7.2　超导陶瓷材料的应用领域[21]

应用方向		应用领域	说明
超导电力技术	超导电力电缆	高效大容量电力输送	基于零电阻、高密度载流特性、正常态-超导态转变特性及其完全抗磁性的电工学应用
	超导限流器	输电网的安全稳定性	
	超导储能系统	电力质量调节和电网稳定性	
	超导变压器	高效大容量电力变压器	
	超导电动机	船舶电力推进	
	超导发电机	大型发电机和同步调相机	
微波应用与单光子探测	滤波器	微波通信	基于零电阻特性的电子学应用
	谐振器	微波通信	
	延迟线	微波通信	
	单光子探测器	精密测量	
结型器件应用	量子干涉仪	用于微弱信号检测，例如脑磁、心磁、大地探测、无损检测等	基于约瑟夫森效应的电子学应用
	超导芯片	低能耗超级计算机	
	高频应用	THz 高频电磁波的发射与接收	

7.4.1 超导磁体

超导磁体是超导材料应用最多的领域，可以实现常规导体无法实现的磁场强度、磁场梯度和磁场均匀度。采用超导磁体的核磁共振成像（MRI）已被广泛应用于医疗检测、诊断领域，成为了最为精确的医学检测手段之一。医用核磁共振成像仪自 20 世纪 70 年代后期问世以来已经在全世界得到了推广应用，是目前市场规模最大的民用超导应用产品。图 7.5 所示为医用核磁共振成像仪的实物图，强磁场超导核磁共振谱仪（NMR）可以测量液态物质光谱、鉴定有机化合物结构，已被用于物质成分分析和化学动力学领域的研究。所有用于重大科学研究工程的高强磁场，例如各类粒子加速器、高能粒子对撞机以及热核聚变实验堆（ITER）的磁场均需要超导磁体。

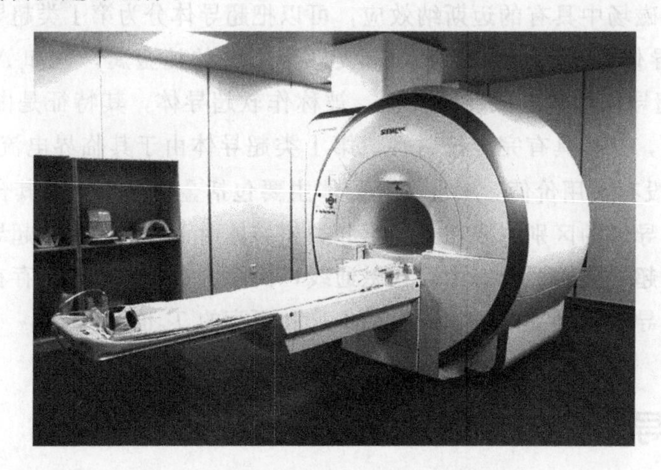

图 7.5 医用核磁共振成像仪的实物图

7.4.2 约瑟夫森结

约瑟夫森结是利用超导体约瑟夫森效应构成的器件，一般由 2 个超导体（多选用铌或铅合金）构成，超导体被电子能够通过的绝缘薄层隔开，也有采用超导体间纤细的弱连接实现约瑟夫森结，图 7.6 所示为两种典型约瑟夫森结的结构示意图。约瑟夫森结是超导电子学应用的基础元件，可以用来制作多种精密电子学仪器。由 SQUID 和超导磁体结合的磁学测量系统（MPMS）可以提供高磁场的低温测量环境，分辨率高、参数测量精确，已经在全球科研机构和高等院校中得到普遍应用。在实现对微观量子态操纵的量子计算机硬件结构机理

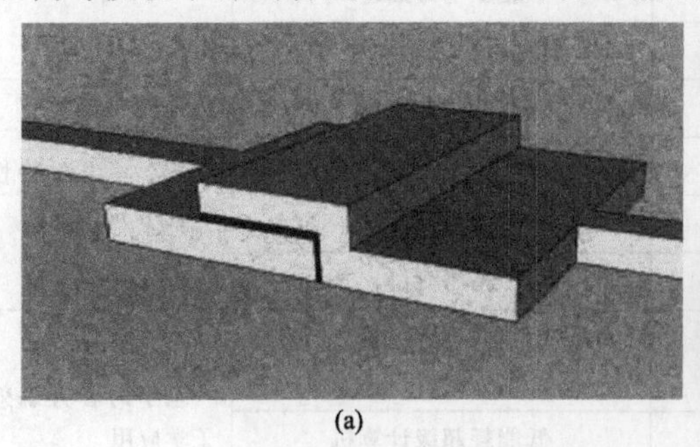

(a)

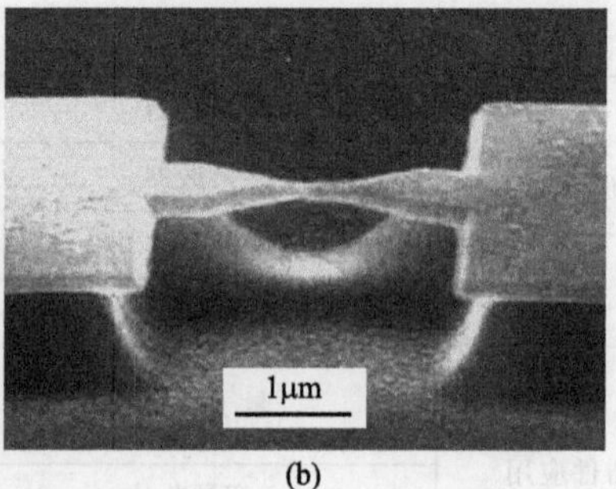

(b)

图 7.6 两种典型约瑟夫森结的结构示意图

(a) 超导体被绝缘薄层隔开；(b) 弱连接

中，约瑟夫森结是解决方案之一。

7.4.3　磁悬浮

磁悬浮也是超导材料的重要应用，利用超导磁体和路基导体中感应涡流之间的磁性排斥力将列车悬浮起来运行。图 7.7 所示为超导磁悬浮列车原理图，列车底部安装超导磁体，在轨道两旁埋设一系列闭合的铝环，整辆列车由埋在地下的线性同步电动机来驱动。当列车运行时，超导磁体产生的磁场相对于铝环运动，根据电磁感应原理，在铝环内将产生感应电流，再根据楞次定律，超导磁体和导体中感应电流之间的电流相互作用必然产生向上的浮力（排斥力），浮力大于重力时，列车会凌空浮起。列车停止时，铝环内感应电流也随之消失，所以在开车和停车时仍需要车轮。当时速超过 550km/h，列车前进的阻力只剩空气阻力。在导体截面相同时，超导体制作的导线可以比铜导线（传统电磁铁由铜导线绕制）承载高出数十倍的电流，所以由超导线圈制作的磁悬浮器件会产生比传统磁悬浮器件大得多的悬浮力。另外，铜线圈通电时会不断产生焦耳损耗，而超导线圈因为无电阻不会产生焦耳损耗，所以在磁悬浮轨道交通系统中使用超导电磁线圈不但可以产生更大的悬浮力和驱动力，而且更加节能、环保。

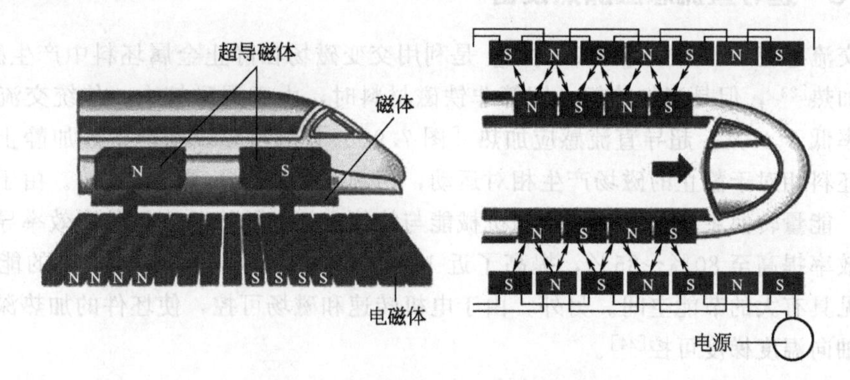

图 7.7　超导磁悬浮列车原理图

在高温超导磁悬浮轨道交通系统中，高温超导块材一般安置在车辆的底部，而轨道由永磁铁铺设，利用高温超导体的抗磁性对磁通的钉扎作用将列车悬浮于空中并进行导向，实现列车与地面轨道间既无机械接触，又不会脱离轨道。高温超导磁悬浮还可以作为悬浮轴承应用到飞轮储能和定向陀螺等装置。2006 年 4 月 27 日，中国首条线路上海磁悬浮列车示范运营线开通运营（图 7.8），轨道悬空距离地面可达到 12～13m。在上海磁悬浮列车上试运行的列车单程行驶需要 8min，其中有 80％的路段速度可以超过 100km/h，60％的路段速度可以超过 300km/h，有 10km 的超高速路段时速超过 400km/h。

7.4.4　超导限流器

随着电力系统规模的不断扩大，短路电流超标问题日益严重，很多区域实际短路电流已经超过该电压等级断路器的遮断容量，超导限流器被认为是解决该问题的一个有效方案。例如超导限流器接入直流系统后，系统短路电流由 39kA 下降到 20.4kA，限流比达到了 47.71％，系统短路电流上升时间由 5ms 变为了 2.4ms，系统短路电流的分离点出现在短路发生后 1.5ms，可认为超导限流器的响应时间为 1.5ms，系统失超恢复时间为 15s，超导限

图 7.8 上海超导磁悬浮列车实物图

流器起到了明显的稳压效果[22]。超导限流器是高温超导领域率先进入实用阶段的设备之一，随着超导材料成本的降低和整体设计与运行技术的成熟，超导限流器具有广阔的应用前景。

7.4.5 超导直流感应加热设备

传统交流感应加热方式［图 7.9(a)］是利用交变磁场在静止金属坯料中产生感应涡流，实现坯料加热[23]，但是当加热铝、铜等非铁磁材料时，由于漏磁较大，传统交流感应加热的加热效率低于 40%，超导直流感应加热［图 7.9(b)］由超导线圈产生外加静止磁场，坯料旋转，坯料相对于静止的磁场产生相对运动，切割磁感线，实现坯料加热。由于超导磁体能耗很小，能量转换主要是电机产生的机械能与热能之间的转换，电机的高效率导致整个加热系统的效率提高至 80%～85%，提高了近 1 倍，而整个铝型材制造中加热的能耗占据了 60%，可见具有大的节能空间。另外，由于电机转速和磁场可控，使坯件的加热深度方向温度均匀和轴向温度梯度可控[24]。

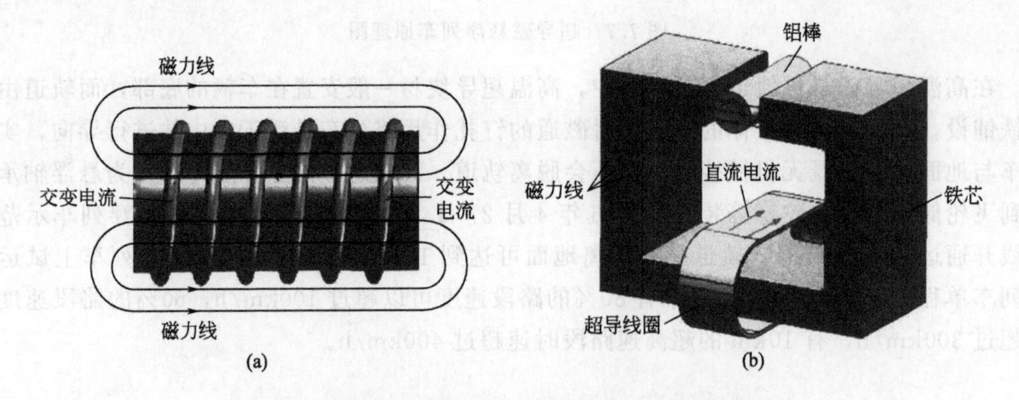

图 7.9 传统交流感应与超导直流感应的加热原理[23]

(a) 传统交流感应加热；(b) 超导直流感应加热

7.4.6 超导变压器

高温超导变压器具有体积小、重量轻、效率高、节能、安全、环保、寿命长、耐过载等优点，国内外超导变压器代表项目如表 7.3 所示[25]。2014 年上海交通大学超导应用团队展开了10kV/1MW超导变压器研究，经端部径向磁场、并联绕组环流、低温套管漏热和低温杜瓦制作工艺等优化，尤其是突破了制作工艺不稳定的难关，完成了工程样机的制造，并顺利通过了型式试验，样机实物图如图7.10所示[26]，变压器空载电流和空载损耗分别为0.23A和1221.47W，均小于传统变压器。在考虑制冷功率条件下，50%、100%和150%负载下的效率分别为99.09%、97.57%和93.71%，效率基本与传统变压器相当，但其承受过负荷的能力更强。

图7.10 高温超导变压器工程样机实物图[26]

表7.3 国内外超导变压器代表项目[25]

国家	单位机构	参数	相数	年份	超导材料
瑞士	ABB	630kV·A/10kV/0.4kV	3	1996	Bi-2223
日本	九州大学	500kV·A/6.6kV/3.3kV	1	1997	Bi-2223
美国	Waukesha	1MV·A/13.8kV/6.9kV	1	1998	Bi-2212
韩国	首尔大学	1MV·A/22kV/6.6kV	1	2003	Bi-2223
中国	华中科技大学	300kV·A/25kV/0.86kV	3	2005	Bi-2223
中国	特变电工	630kV·A/10.5kV/0.4kV	3	2005	Bi-2223
日本	名古屋大学	2MV·A/22kV/6.9kV	1	2009	Bi-2223/YBCO
德国	KIT	60kV·A/1kV/0.6kV	1	2010	Cu/YBCO
新西兰	工业研究所	1MV·A/11kV/0.4kV	3	2013	YBCO
中国	中科院电工所	1.25MV·A/10.5kV/0.4kV	3	2014	Bi-2223
德国	KIT	1MV·A/20kV/1kV	1	2017	Cu/YBCO

7.4.7 超导电机

与常规电机相比，高温超导电机（图7.11）具有功率密度高、体积小、重量轻、效率高以及振动噪声小等特点，在船舶电力推进和大容量直驱式风力发电领域具有广泛的应用，国内外高温超导电机研究成果如表7.4所示[27]。与常规发电机相比，高温超导风力发电机的同步电抗小，被认为是大容量海上风力发电机的理想解决方案。

图 7.11 高温超导电机实物图

表 7.4 国内外高温超导电机研究成果[27]

年份	国家	单位机构	电机功率	电机类型
2001	德国	西门子公司	400kW	高温超导电动机
2003	美国	美国超导公司和美国海军	5MW	船舶推进高温超导同步电动机
2005	中国	中科院电工所	500W	高温超导磁阻电机
2007	中国	中船重工 712 所	100kW	高温超导同步电机
2008	美国	美国通用电气公司	5MW	高温超导单极感应电机
2009	美国	美国超导公司	36.5MW	船舶推进高温超导同步电机
2010	英国	Converteam 公司	1.25MW	高温超导水力发电机
2011	美国	美国超导公司	10MW	高温超导风力发电机
2012	中国	中船重工 712 所	1MW	船舶推进高温超导同步电机
2012	中国	哈尔滨工业大学	400kW	高温超导永磁同步电机
2012	中国	清华大学	2.5kW	高温超导永磁同步电机
2013	日本	川崎重工	3MW	船舶推进高温超导同步电机
2015	日本	京都大学	20kW	高温超导感应同步电机
2017	中国	中科院电工所和上海电气集团	500kW	高温超导发电机

7.5 铜基超导陶瓷材料

铜基超导陶瓷材料通常含有稀土、Bi、Tl、Hg 等昂贵、易挥发、有毒的重金属元素，这些体系相应称为钇系（$YBa_2Cu_3O_{6+\delta}$，简称 YBCO123）、铋系［$Bi_2Sr_2Ca_{n-1}Cu_nO_{2n+2+\delta}$，简称 Bi22($n-1$)$n$］、铊（汞）系［$Tl(Hg)Ba_2Ca_{n-1}Cu_nO_{2n+2+\delta}$，简称 Tl(Hg)12($n-1$)$n$］等不同类型的铜基超导陶瓷材料体系[28]。

$CuBa_2Ca_{n-1}Cu_nO_{2n+2+\delta}$（简称“铜基”）超导材料体系[29]仅含有铜和碱土氧化物，铜基超导陶瓷材料在常压下具有良好的超导特性，是目前唯一仅含铜和碱土氧化物，且 T_c 能够达到 120K 以上的超导陶瓷材料体系[30]。

7.5.1 结构

图 7.12 所示为高温超导陶瓷晶体的结构模型[31]，铜基超导材料结构主要由含铜氧平面的导电区和电荷库区两部分构成，两者通过顶角氧连接。铜氧配位是铜基超导材料的核心结构，如图 7.13(a) 所示[31]，通常具有六配位八面体、五配位金字塔和平面四配位三类不同构型。虽然配位构型不同，但是这三种构型具有共同点，即都含有［CuO_2］平面。铜基高温超导材料的导电区由这三种铜氧配位结构的有序组合形成，如图 7.13(b) 所示。电荷库层通常由岩盐结构和萤石结构的重金属氧化物构成，这些重金属组分对于铜基超导结构的形成具有重要作用。根据所含特征重金属类型，铜基高温超导材料包括钇系（稀土）、铋（铅）系、铊（汞）系等多种不同的体系，这些体系可在常压条件合成。如图 7.13(c) 所示，通过导电层和电荷库层的有序组装，可以获得不同铜基超导材料体系的晶体结构。

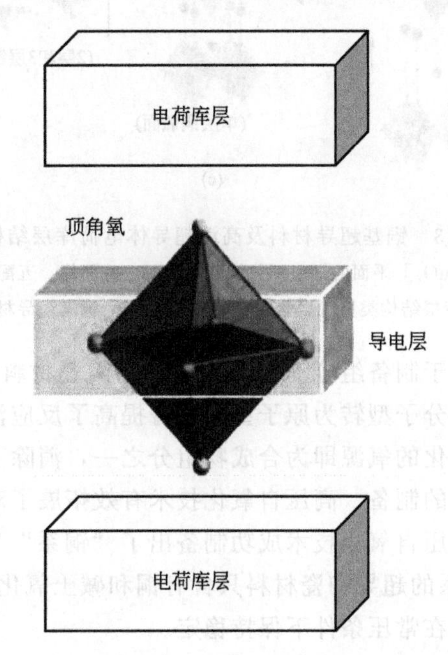

图 7.12 铜基超导材料晶体的结构模型[31]
（由［CuO_2］平面的导电区和电荷库区两部分构成，二者通过顶角氧连接）

7.5.2 高温高压对铜基超导陶瓷材料的作用

压力作为一个基本参量，对材料结构的形成具有重要作用，高压适用于形成和稳定具有高配位的致密晶体结构。钙钛矿结构是地幔高压区域的主要结构形态，结构高度致密，高压高温有助于获得稳定 ABO_3 型的钙钛矿型结构。决定 ABO_3 型钙钛矿氧化物结构稳定性的容许因子为 $t=(\text{A-O})/(\text{B-O})^{1/2}$，其中 A-O 为 A 位原子和氧的键长、B-O 为 B 位原子和氧的键长，在常压条件能够形成钙钛矿结构所对应的 t 因子范围为 $0.7 \leqslant t \leqslant 1.05$。高压可以有效调控化学键长和 t 因子，使得许多在常压条件无法形成钙钛矿结构的组分，通过高压高温合成产生新的钙钛矿结构。

氧是铜基超导陶瓷材料的重要组分，常压条件对氧的调控尺度有限，常压条件下主要依靠改变电荷库的重金属组成来获得不同的铜基超导陶瓷体系[30]。通过高压自氧化能够拓展

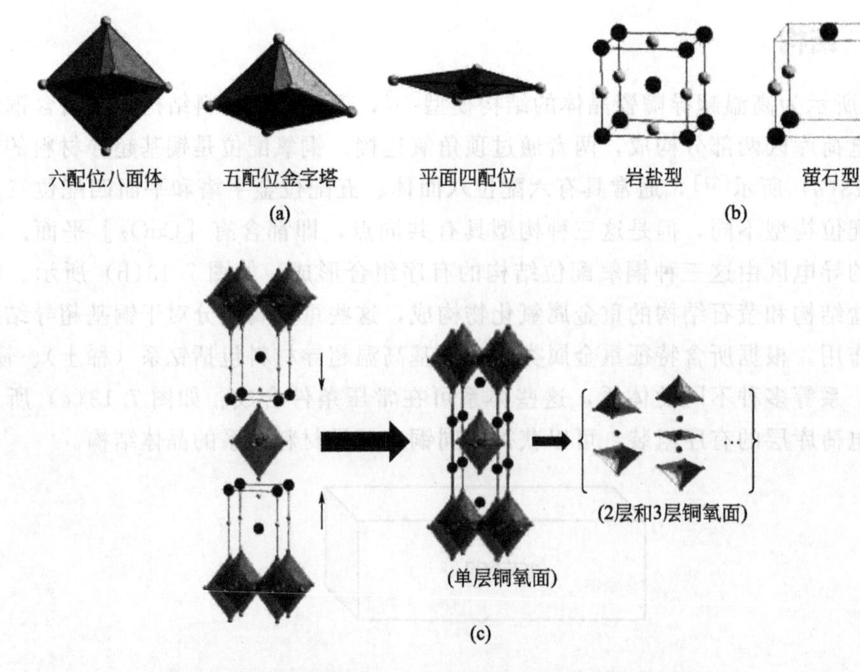

图 7.13 铜基超导材料及高温超导体电荷库层结构[32]

(a) 铜基超导三类含有 [CuO_2] 平面的铜氧配位构型（六配位八面体、五配位金字塔和平面四配位）；(b) 高温超导体电荷库层结构类型（岩盐型和萤石型）；(c) 铜基超导材料的结构组合示意图

对氧的调控范围，成功应用于制备组分简单的铜基超导陶瓷材料新体系[32,33]。高压自氧化的特点在于将氧源从传统的分子型转为原子型，显著提高了反应活性，可以有效获得传统方法难以合成的新结构。自氧化的氧源即为合成物组分之一，消除了传统氧化剂分解物引起的杂相污染，促进了单相材料的制备。高压自氧化技术有效拓展了对氧的调控范围，提高了对含氧量的精确控制，采用高压自氧化技术成功制备出了“铜系”“顶角氧”等铜基超导陶瓷材料新体系[34]，这些新体系的超导陶瓷材料只含有铜和碱土氧化物，组分简单、环境友好，这些高压合成的新材料可以在常压条件下保持稳定。

7.5.3 铜基超导陶瓷材料体系

铜基超导陶瓷材料的化学组成为 $CuBa_2Ca_{n-1}Cu_nO_{2n+2+\delta}$，根据铜基超导材料的命名规则，可以简写为 Cu12(n−1)n：其中“Cu”为电荷库所含的特征重金属元素，“1”代表特征重金属层数，“2”代表紧邻 [CuO_2] 面的电荷库层数，“n”代表晶胞所含 [CuO_2] 导电平面层数，“(n−1)”代表 [CuO_2] 导电平面之间隔离层数。铜基超导陶瓷材料的结构示意图如图 7.14 所示，随着晶胞所含 [CuO_2] 平面个数的不同，可以形成 Cu1212（化学组成为 $CuBa_2CaCu_2O_{6+\delta}$）、Cu1223（化学组成为 $CuBa_2Ca_2Cu_3O_{8+\delta}$）、Cu1234（化学组成为 $CuBa_2Ca_3Cu_4O_{10+\delta}$）等系列结构组元[35]。图 7.15 所示为铜基超导材料在常压下的电学和磁性测量结果[32]，从图中可以看出 Cu1234 电学测量的超导起始转变温度可达 120K [图 7.15(a)]，迈斯纳效应测量结果 [图 7.15(b)] 显示 Cu1234 具有良好的超导性能，在空气环境条件下保存 3 年后，Cu1234 超导材料具有相似的超导转变温度和特性，说明 Cu1234 材料具有稳定的超导性能，稳定的超导性能为 Cu1234 材料的应用提供了重要的基础。

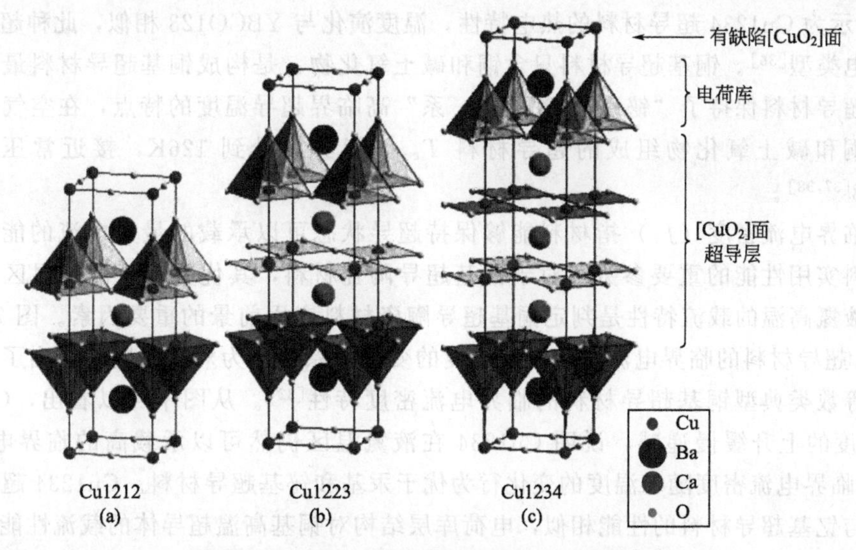

图 7.14 铜基超导陶瓷材料的结构示意图[35]

(a) Cu1212 结构；(b) Cu1223 结构；(c) Cu1234 结构

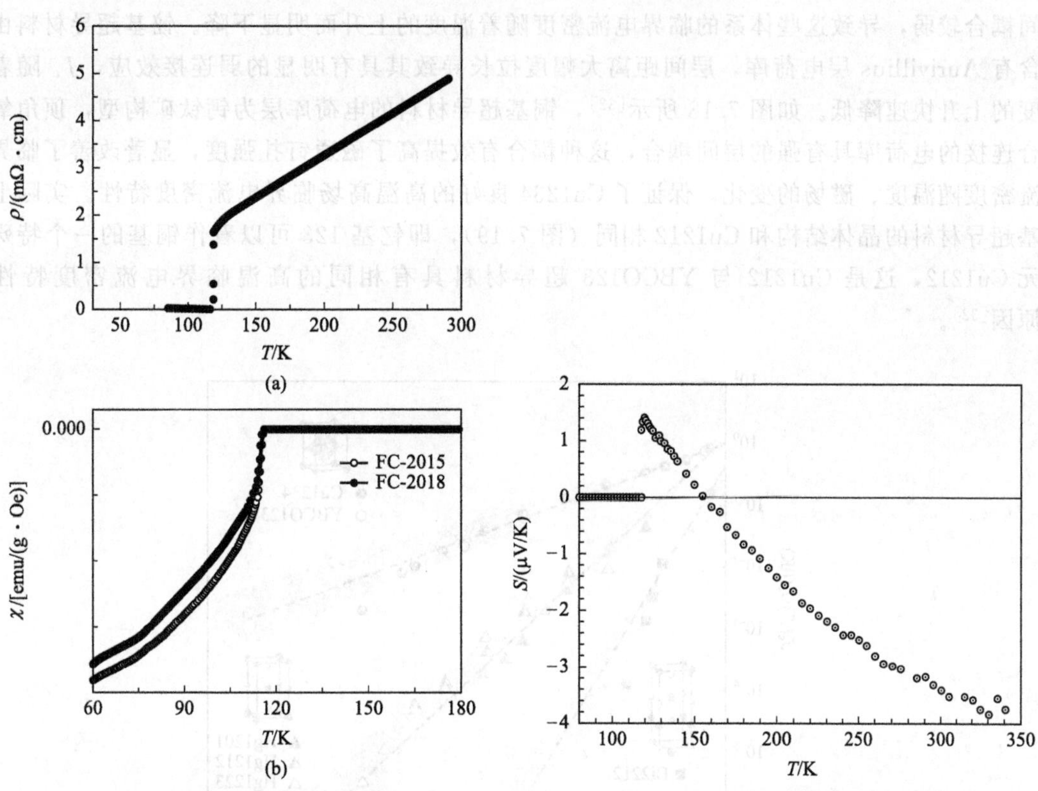

图 7.15 Cu1234 的超导性能[32]

(a) 电学测量结果；(b) 迈斯纳效应（30Oe），相同的 Cu1234 超导样品在 2015 年和 2018 年的测量结果，保持相同的超导转变，说明 Cu1234 材料具有稳定的超导特性

图 7.16 Cu1234 的热电特性[36]

图 7.16 所示为 Cu1234 超导材料的热电特性，温度演化与 YBCO123 相似，此种超导材料为空穴型导电类型[36]。铜基超导材料只含铜和碱土氧化物，是构成铜基超导材料最简单的组分。铜基超导材料保持了“铋系”“铊（汞）系”高临界超导温度的特点，在空气环境中非常稳定，铜和碱土氧化物组成的超导材料 T_c 值能够提升到 126K，接近常压 T_c 最高的 Hg1223[37,38]。

超导临界电流密度（J_c）指材料能够保持超导状态可以承载的最大电流的能力，是衡量超导材料实用性能的重要参数。对于铜基超导陶瓷材料，其优势在于液氮温区的超导特性，因而液氮高温的载流特性是判定铜基超导陶瓷材料应用前景的重要因素。图 7.17 所示为 Cu1234 超导材料的临界电流密度随着温度的变化关系，作为对比，同时列出了钇基、铋基、汞基等数类典型铜基超导材料的临界电流密度特性[32]。从图中可以看出，Cu1234 的 J_c 随着温度的上升缓慢递减，说明 Cu1234 在液氮温区仍然可以承载高的临界电流密度，Cu1234 的临界电流密度随着温度的变化行为优于汞基和铋基超导材料。Cu1234 超导材料的综合性能与钇基超导材料的性能相似，电荷库层结构对铜基高温超导体的载流性能具有本征影响，钇基（$YBa_2Cu_3O_{7-\delta}$）的高温高场特性明显优于其他铜基超导材料体系，这与钇基超导材料具有低各向异性的特殊电荷库结构密切相关。铊（汞）系的电荷库为岩盐构型，层间耦合较弱，导致这些体系的临界电流密度随着温度的上升而明显下降。铋基超导材料由于含有 Aurivillius 层电荷库，层间距离大幅度拉长导致其具有明显的弱连接效应，J_c 随着温度的上升快速降低。如图 7.18 所示[32]，铜基超导材料的电荷库层为钙钛矿构型，顶角氧键合连接的电荷库具有强的层间耦合，这种耦合有效提高了磁通钉扎强度，显著改善了临界电流密度随温度、磁场的变化，保证了 Cu1234 良好的高温高场临界电流密度特性。实际上钇基超导材料的晶体结构和 Cu1212 相同（图 7.19），即钇基 123 可以看作铜基的一个特殊组元 Cu1212，这是 Cu1212 与 YBCO123 超导材料具有相同的高温临界电流密度特性的原因[32]。

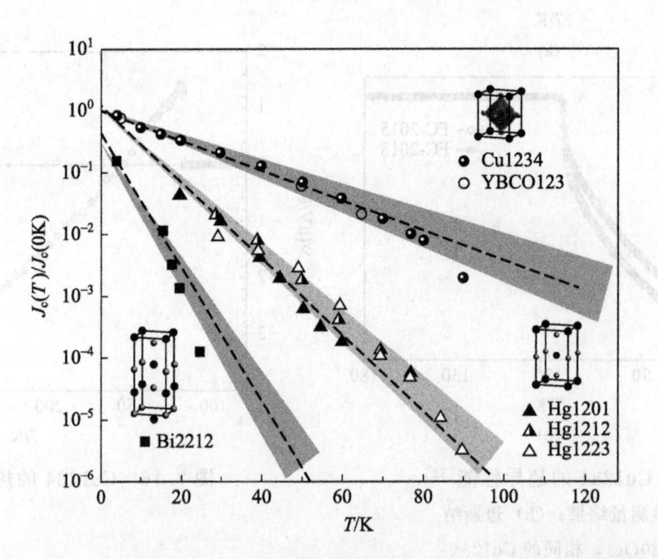

图 7.17 Cu1234 超导材料具有良好的高温高场载流特性，优于铋基、汞基超导材料，与钇基超导材料的综合性能相似（图中同时显示了这些体系的电荷库结构，铜基和钇基超导材料具有强层间耦合的钙钛矿型电荷库结构，铋基和汞基超导材料长的电荷库距离导致其具有明显的弱连接效应）[32]

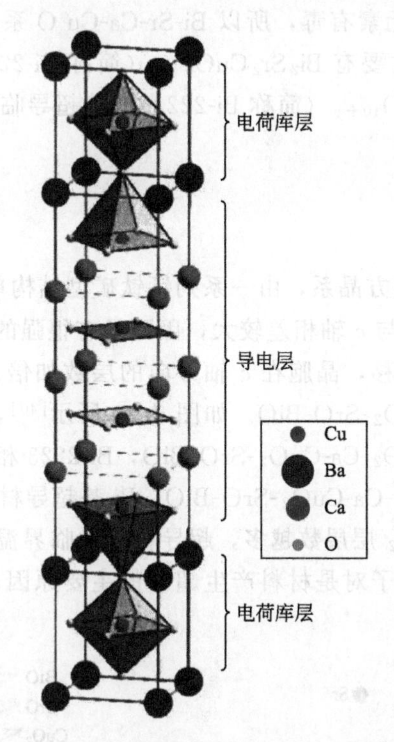

图 7.18　铜基超导材料的钙钛矿结构[32]

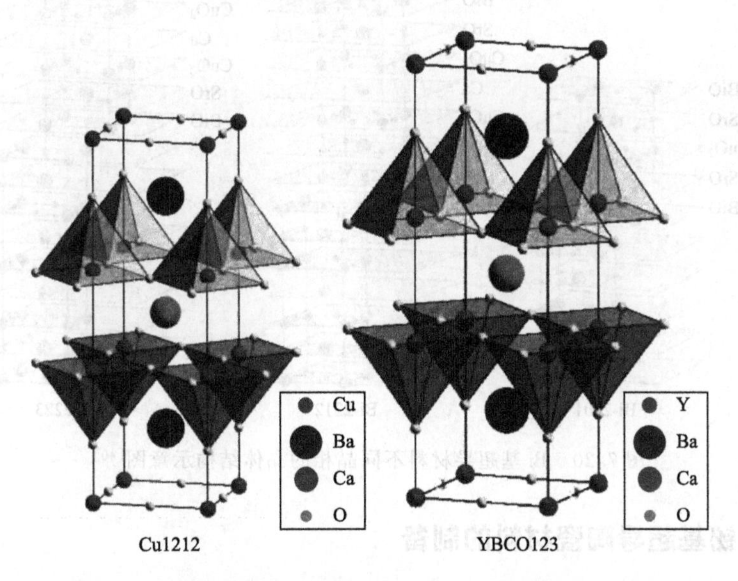

图 7.19　铜基超导材料的结构与 YBCO123 的结构示意图[32]

(Cu1212 与 YBCO123 结构相同，晶体学上 YBCO123 可以归类于 Cu12($n-1$)n 的一个组元 Cu1212)

7.6 铋基超导陶瓷材料

在超导材料的实用化方面，铜氧化物超导材料可以达到的使用温度在 77K 以上，高温铜氧化物超导材料主要有 Bi-Sr-Ca-Cu-O 系、Y-Ba-Cu-O 系、Hg-Ba-Ca-Cu-O 系、Tl-Ba-

Ca-Cu-O 系，但是 Hg 和 Tl 元素有毒，所以 Bi-Sr-Ca-Cu-O 系和 Y-Ba-Cu-O 系在实用化上更具有优势。Bi 基超导材料主要有 $Bi_2Sr_2CuO_{6+y}$（简称 Bi-2201）、$Bi_2Sr_2CaCu_2O_{8+y}$（简称 Bi-2212）和 $Bi_2Sr_2Ca_2Cu_3O_{10+y}$（简称 Bi-2223），其超导临界温度 T_c 分别为 10K、85K 和 110K[39]。

7.6.1 结构

Bi 基超导材料是一种准四方晶系，由一系列钙钛矿型结构单元 ABO_3 和 BiO 双层构成，a 轴和 b 轴只有微小差异，但与 c 轴相差较大，因而具有很强的各向异性。由于 BiO 双层之间沿 a-b 面对角线有 1/2 的位移，晶胞在 c 轴方向的层数加倍。Bi-2201 相晶胞中总层数为 10，各层依次为 BiO-SrO-CuO_2-SrO-BiO。如图 7.20 所示[40]，Bi-2212 相晶胞中总层数为 14，各层依次为 BiO-SrO-CuO_2-Ca-CuO_2-SrO-BiO，Bi-2223 相晶胞中总层数为 18，各层依次为 BiO-SrO-CuO_2-Ca-CuO_2-Ca-CuO_2-SrO-BiO。Bi 基超导材料的临界温度 T_c 与其相结构中 CuO_2 层的数目有关，CuO_2 层层数越多，超导材料的临界温度越高，这种高度对称的层状结构以及 CuO_2 层多余的电子对是材料产生超导的主要原因，因此 Bi 基超导材料又被称为"CuO_2 面二维超导体"。

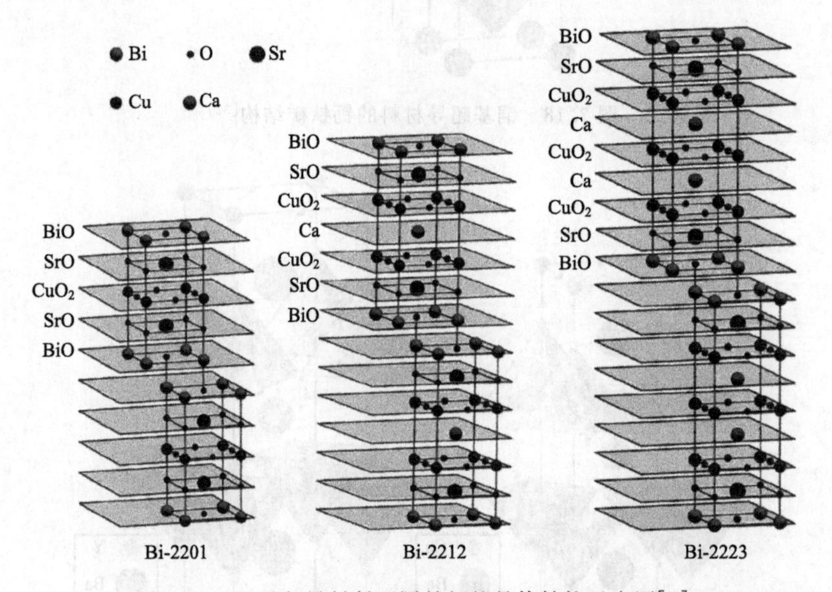

图 7.20 Bi 基超导材料不同晶相的晶体结构示意图[40]

7.6.2 铋基超导陶瓷材料的制备

由于 Bi 基超导材料具有强烈的各向异性，超导电性主要在 a-b 面上，Bi 基超导材料通常需要采用挤压或轧制工艺，以使材料在长度方向与 a-b 面平行，目前 Bi 基超导材料主要包括 Bi-2212 线材、Bi-2212 薄膜以及 Bi-2223 带材。在制备 Bi-2212 线材的挤压工艺中，挤压力的作用迫使 Bi-2212 晶粒发生转向，使其 a-b 面方向与挤出方向一致，从而导致线材长度方向上获得超导电性，如图 7.21 所示[41]。在 Bi-2223 带材的轧制工艺过程中，轧制压力的作用迫使 Bi-2223 晶粒发生转向，使 c 轴垂直于带材的表面，从而导致带材长度方向上获得良好的超导电性，如图 7.22 所示[42]。

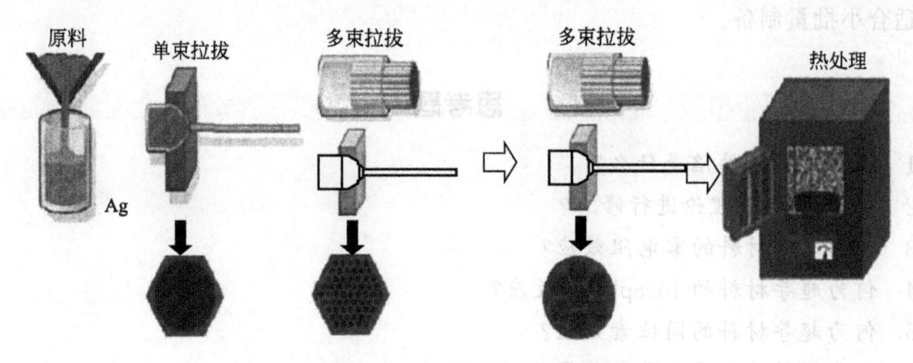

图 7.21　Bi-2212 线材的制备工艺示意图[41]

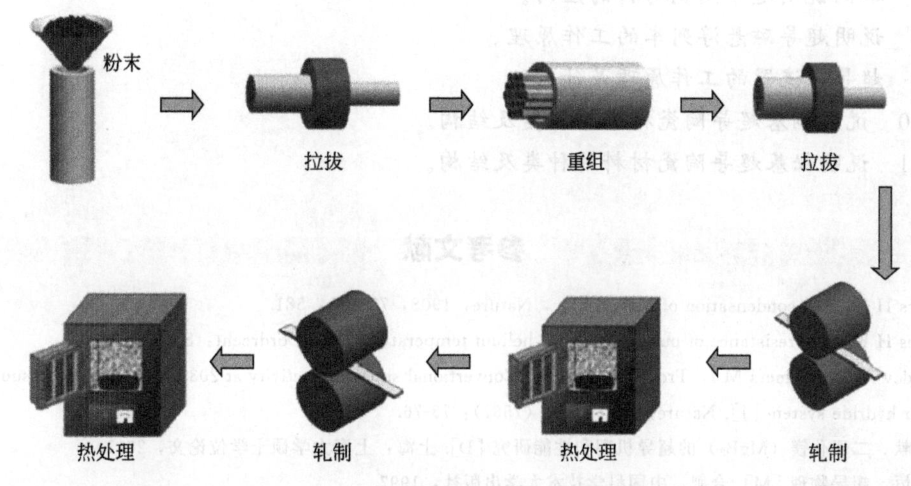

图 7.22　Bi-2223 线材的制备工艺示意图[42]

(1) 喷雾分解法

喷雾分解法制备 Bi-2212、Bi-2223 粉末的流程如下：首先称量所需原料 Bi_2O_3、$SrCO_3$、$CaCO_3$、CuO、PbO 等，然后采用硝酸分别将原料粉末溶解、混合并充分搅拌。使用去离子水调整溶液中的金属总浓度到所需浓度，采用滤纸过滤掉不溶物，将溶液从喷雾设备中喷出形成雾化液滴，雾化后的液滴在 600～900℃的高温下水分迅速蒸发，形成粉末微粒，微粒在高温作用下热分解形成氧化物，在出水口利用冷却气流引导微粒至收集装置中，将收集后的粉末在 780～900℃进行热处理，去除粉末中残留的水分和 NO_2。通过喷雾分解法制备的 Bi-2212、Bi-2223 粉末粒度尺寸可小至纳米级，尺寸分布较均匀，适合大批量制备。

(2) 共沉淀法

共沉淀法制备 Bi-2212 粉末的流程如下：根据元素比例分别配制含有 Bi^{3+}、Sr^{2+}、Ca^{2+}、Cu^{2+}、Pb^{2+} 的硝酸溶液，然后混合均匀，采用乙醇溶解草酸制备草酸乙醇溶液，在快速搅拌条件下将金属离子混合溶液滴入到草酸乙醇溶液中进行沉淀，并滴入氨水调节 pH 值。由于溶液中各种金属离子可以同时生成沉淀物，析出物的各金属元素比例与配制溶液中各组分的比例一致，最后过滤出沉淀物并干燥处理后得到草酸盐粉末，对 Bi-2212 粉末进行多次热处理和研磨后获得了 Bi-2212 粉末。采用同样的方法可以制备出 Bi-2223 粉末。共沉淀法制备出的 Bi-2212、Bi-2223 粉末的尺寸较大，工艺制备流程也较为复杂，但是所需设备简单，适合小批量制备。

思考题

7.1 BCS理论的缺陷是什么？

7.2 如何对BCS理论进行修正？

7.3 何为超导材料的零电阻效应？

7.4 何为超导材料的Josephson效应？

7.5 何为超导材料的同位素效应？

7.6 超导材料的超导临界参数是什么？

7.7 举例说明超导陶瓷材料的应用。

7.8 说明超导磁悬浮列车的工作原理。

7.9 超导限流器的工作原理是什么？

7.10 说明铜基超导陶瓷材料的种类及结构。

7.11 说明铋基超导陶瓷材料的种类及结构。

参考文献

[1] Onnes H K. The condensation of helium [J]. Nature，1908，77 (3)：581.

[2] Onnes H K. The resistance of pure mercury at helium temperature [M]. Dordreeht：Springer，1911.

[3] Drozdov A P，Eremets M I，Troyan I A，et al. Convertional superconductivity at 203 kelvin at high presuures in the sulfur hydride system [J]. Nature，2015，525 (7567)：73-76.

[4] 李文献．二硼化镁（MgB_2）的超导机理和性能研究［D］. 上海：上海大学硕士学位论文，2011.

[5] 张裕恒．超导物理［M］. 合肥：中国科学技术大学出版社，1997.

[6] Bednorz J C，Müller K A. Possible high T_c superconductivity in the Ba-La-Cu-O system [J]. Zeitsehrifi Für Physik B Condensed Matter，1986，64 (2)：189-193.

[7] 赵忠贤，陈立泉，杨乾声，等．Ba-Y-Cu氧化物液氮温区的超导电性［J］. 科学通报，2017，32 (34)：3923-3924.

[8] Bardeen J，Cooper L，Schrieffer J. Theory of superconductivity [J]. Physica，1964，24 (4)：137-138.

[9] 赵佩章，路庆凤，赵文桐．超导的纯电子机制［J］. 河南师范大学学报（自然科学版），2002，30 (3)：48-53.

[10] 解思海．高温超导［M］. 长沙：湖南教育出版社，1996.

[11] 罗斯-英尼斯 A C，罗德里克 E H. 超导电性导论［M］. 章立源，毕金献，译．北京：人民教育出版社，1981.

[12] 邹芹，李瑞，李艳国，等．超导材料的研究进展及应用［J］. 燕山大学学报，2019，43 (2)：95-107.

[13] 闻程．超导发电机中超导磁体的设计及其实践［D］. 南京：东南大学硕士学位论文，2016.

[14] 章立源．超越自由：神奇的超导体［M］. 北京：科学出版社，2005.

[15] Josephson B D. The discovery of tunneling supercurrents [J]. Review of Modern Physical，1974，62 (6)：838-841.

[16] 江忠胜，丁红胜．超导量子干涉器无损检测的应用与研究进展［J］. 无损检测，2009，31 (1)：61-67.

[17] 管惟炎，刘兵．超导研究75年［M］. 北京：知识出版社，1988.

[18] 马衍伟．实用化超导材料研究进展与展望［J］. 物理，2015，36 (10)：674-683.

[19] 史庆志．二硼化镁的形成机理及其成相控制［D］. 天津：天津大学硕士学位论文，2008.

[20] 向涛．d波超导体［M］. 北京：科学出版社，2007.

[21] 肖立业，刘向宏，王秋良，等．超导材料及其应用现状与发展前景［J］. 中国工业和信息化，2018，31 (8)：31-38.

[22] 信赢．超导材料的发展现状与应用展望［J］. 新材料产业，2017，19 (7)：2-8.

[23] 金之俭，洪智勇，赵跃，等．二代高温超导材料的应用技术与发展综述［J］. 上海交通大学学报，2018，52 (10)：1159.

[24] Choi J, Kim K, Park M, et al. Practical design and operating characteristic analysis of a 10kW HTS DC induction heating machine [J]. Physica C: Superconductivity and its Applications, 2014, 504: 120-126.

[25] 金之俭，洪智勇，赵跃，等．二代高温超导材料的应用技术与发展综述 [J]. 上海交通大学学报，2018，52 (10)：1160.

[26] Hu D, Li Z, Hong Z, et al. Development of a single-phase 330kVA HTS transformer using GdBCO tapes [J]. Physica C: Superconductivity and its Applications, 2017, 539: 8-12.

[27] 郑军．高温超导电机技术的研究现状与应用前景浅析 [J]. 新材料产业，2017，19 (8)：60-65.

[28] Schilling A, Cantoni M, Guo J D, et al. Superconductivity above 130 K in the Hg-Ba-Ca-Cu-O system [J]. Nature, 1993, 363: 56-58.

[29] Jin C Q, Adachi S, Wu X J, et al. A new superconducting homologous series of compounds: Cu-12($n-1$)n. Adv Supercond, 1995, 7: 249-254.

[30] Park C, Synder R L. Structures of high-temperature cuprate superconductors [J]. J Am Ceram Soc, 1995, 78: 3171-3194.

[31] 赵建发，李文敏，靳常青．组分简单环境友好的铜基高温超导材料："铜系" [J]. 中国科学，2018，48 (8)：087405.

[32] Jin C Q. Using pressure effects to create new emergent materials by design [J]. MRS Adv, 2017, 2: 2587-2596.

[33] Draper R C J, Saunders G A, Chapman B, et al. Growth of $GdBa_2Cu_3O_{7-x}$ single crystals exhibiting high-temperature superconductivity [J]. J Mater Sci Lett, 1988, 7: 1281-1283.

[34] Jin C Q, Wu X J, Laffez P, et al. Superconductivity at 80 K in $(Sr, Ca)_3Cu_2O_{4+\delta}Cl_{2-y}$ induced by apical oxygen doping [J]. Nature, 1995, 375: 301-303.

[35] Jin C Q, Adachi S, Wu X J, et al. 117 Ksuperconductivity in the Ba-Ca-Cu-O system [J]. Phys C: Supercond, 1994, 223: 238-242.

[36] Liu C J, Jin C Q, Yamauchi H. Thermoelectric power of high-temperature synthesized $CuBa_2Ca_3Cu_4O_{11-\delta}$ [J]. Phys Rev B, 1996, 53: 5170-5173.

[37] Chu C W, Xue Y Y, Du Z L, et al. Superconductivity up to 126 kelvin in interstitially doped $Ba_2Ca_{n-1}Cu_nO_x$ [02 ($n-1$)n-Ba] [J]. Science, 1997, 277: 1081-1083.

[38] Norton D P, Chakoumakos B C, Budai T D, et al. Superconductivity in $SrCuO_2$-$BaCuO_2$ superlattices: Formation of artificially layered superconducting materials [J]. Science, 1994, 265: 2084-2077.

[39] 郑贝贝，邵玲．国内Bi系高温超导材料制备工艺研究进展 [J]. 材料导报，2019，33 (Z1)：1155-1165.

[40] 吴力军．Bi系和Y系高温超导材料的形成机理、结构与缺陷的研究 [D]. 长沙：湖南大学博士学位论文，2012.

[41] 白利锋．实用高温超导材料及其在电机中的应用 [D]. 西安：西北工业大学博士学位论文，2017.

[42] 戴超．Bi-2212高温超导线性能及铠装导体性能研究 [D]. 合肥：中国科学技术大学博士学位论文，2018.

第8章 磁性陶瓷材料

学习目标

通过本章的学习，掌握以下内容：(1) 磁性陶瓷材料的磁性参数；(2) 磁性陶瓷材料的种类及应用；(3) 稀土永磁陶瓷材料的种类；(4) 提高稀土永磁陶瓷材料电阻率的方法；(5) 纳米复相永磁材料的耦合机制与制备方法。

学习指南

(1) 磁导率、最大磁能积、损耗系数、品质因数是磁性陶瓷材料主要的性能指标；(2) 磁性陶瓷材料主要包括软磁铁氧体、硬（永）磁铁磁体、微波铁氧体、磁致伸缩铁氧体、矩磁铁氧体；(3) 对磁体中的主相晶粒或原料颗粒进行绝缘隔离能够提高稀土永磁体的电阻率；(4) 高电阻率烧结磁体主要包括无机纳米材料掺杂 Nd-Fe-B 烧结磁体和无机材料分层磁体；(5) 熔体快淬法、机械合金化法是纳米复相永磁材料的主要制备方法。

章首引言

由于金属和合金磁性材料的电阻率低（$10^{-8}\sim10^{-6}\Omega\cdot m$），损耗大，无法应用于高频领域。磁性陶瓷材料电阻率高（$10\sim10^{6}\Omega\cdot m$），可以从商用频率到毫米波范围以多种形式得到应用。磁性陶瓷材料是以氧和铁为主的一种或多种金属元素组成的复合氧化物，又称为铁氧体，典型的铁氧体是以 MFe_2O_4、M_3FeO_{12} $MFeO_3$、$MFe_{12}O_{19}$ 表示的化合物，其中 M 代表金属。磁性陶瓷材料在无线电电子学、自动控制、微波技术、电子计算机、信息储存、激光调制等领域具有广泛的应用。本章系统阐述了磁性陶瓷材料的磁学性能、种类以及应用。

8.1 磁性陶瓷的磁学性能

物质的磁性来自原子磁矩，原子以由原子核为中心的电子轨道运动为特征。原子核外的电子沿着一定的轨道绕着原子核作轨道运动，由于电磁感应产生轨道磁矩，电子本身也不停地作自旋运动，产生自旋磁矩，原子磁矩就是这两种磁矩的总和。在一些物质中，存在一种特殊的相互作用，从而影响物质中磁性原子、离子的磁矩的相对方向性的排列状态。当这种作用较强的物质处在较低温度时，磁矩可以形成有序的排列，物质中磁矩排列方式如图 8.1 所示[1]，其中铁磁性、亚铁磁性、反铁磁性排列方式为有序排列，通常所说的磁性材料是指常温下为铁磁性或亚铁磁性，在宏观上表现出强磁性的物质。磁性陶瓷大多属于亚铁磁性，由于陶瓷具有复杂的晶体结构，实际上根据原子（或离子）的种类和晶体结构的不同，在外部可观察到更复杂的磁性现象。磁性陶瓷按照晶体结构可以分为尖晶石型、石榴石型、磁铅石型、钙钛矿型、钛铁石型、氯化钠型、金红石型、非晶结构八类。以尖晶石结构的铁氧体为例，其化学通式为 MFe_2O_4，式中的 M 为 2 价金属离子。尖晶石结晶的单胞由 8 个分子组成，含有 8 个 2 价金属、16 个 3 价金属、32 个氧，为空间群 D7h-F3dm 的立方晶体，其晶体结构如图 8.2 所示。氧作最密集的排列（面心立方），金属离子嵌入到氧离子堆积的空隙中，其中被 4 个氧离子包围的位置为 A 位置，被 6 个氧离子包围的位置为 B 位置。A、B 离子通过氧产生超交换作用，其中最主要的超交换作用为 A-B 间作用，这种位置的磁性离

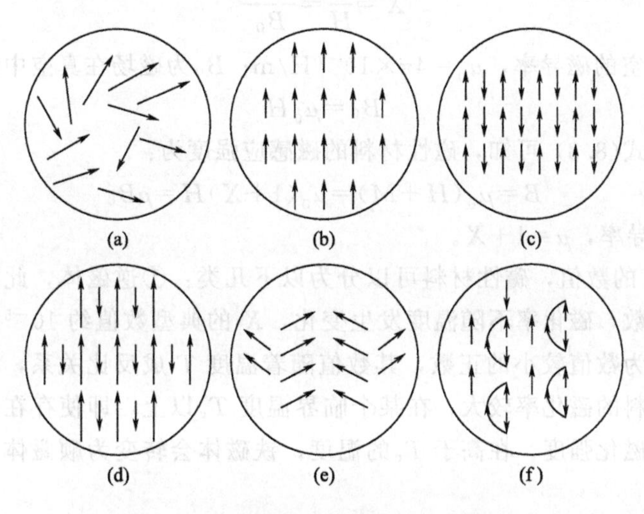

图 8.1 原子或离子磁矩的排列示意图[1]

(a) 顺磁性；(b) 铁磁性；(c) 反铁磁性；(d) 顺磁性；(e) 弱铁磁性；(f) 准铁磁性

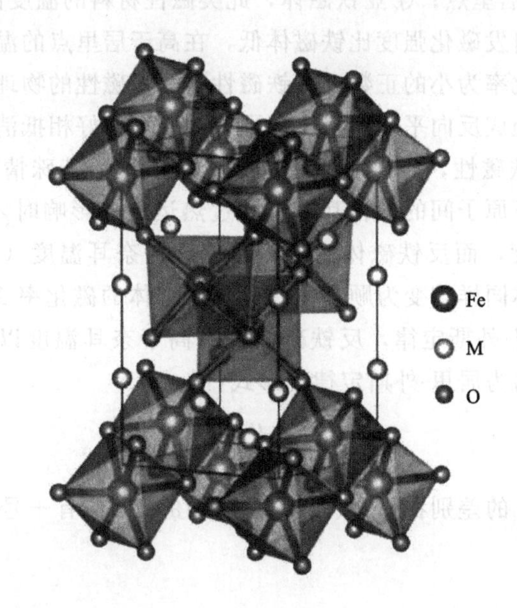

图 8.2 尖晶石的晶体结构

子的磁矩呈平行排列。B-B 间、A-A 间的相互作用与 A-B 间相比，成了弱的负相互作用。如果 A-B 不产生相互作用（例如在 A 的位置没有磁性离子时），B-B 间为反铁磁排列。物质内部的原子磁矩即使在没有外加磁场作用时，就已经以某种方式排列，也就是说已经达到一定程度的磁化，称为自发磁化。当磁性物质被加热升温到一定数值时，热运动会破坏磁矩的有序排列，使自发磁化完全消失，这个温度称为居里温度，也称为居里点。

固体的磁性在宏观上是以物质的磁化率 X 来描述，对于处于外磁场强度为 H 中的磁介质，其磁化强度 M 为：

$$M=XH \tag{8.1}$$

$$X=\frac{M}{H}=\frac{\mu_0 M}{B_0} \tag{8.2}$$

式中，μ_0 为真空的磁导率，$\mu_0=4\pi\times10^{-7}\,\mathrm{H/m}$；$B_0$ 为磁场在真空中的磁感应强度，T。

$$B_0=\mu_0 H \tag{8.3}$$

由式(8.2) 和式(8.3) 可知，磁性材料的磁感应强度为：

$$B=\mu_0(H+M)=\mu_0(1+X)H=\mu B_0 \tag{8.4}$$

式中，μ 为磁导率，$\mu=1+X$。

按照磁化率 X 的数值，磁性材料可以分为以下几类：①逆磁体，此类磁性材料的磁化率为数值很小的负数，磁化率不随温度发生变化，X 的典型数值约 10^{-5}；②顺磁体，此类磁性材料的磁化率为数值较小的正数，其数值随着温度 T 成反比关系，$X=\mu_0 C/T$；③铁磁体，此类磁性材料的磁化率较大，在某个临界温度 T_c 以上，即使存在外磁场，材料中也会出现自发磁化的磁化强度，在高于 T_c 的温度，铁磁体会转变为顺磁体，其磁化率服从居里-外斯定律[2]：

$$X=\mu_0 C(T-T_c) \tag{8.5}$$

式中 T_c 称为居里温度或居里点；④亚铁磁体，此类磁性材料的温度低于居里点 T_c 时类似于铁磁体，但是磁化率和自发磁化强度比铁磁体低，在高于居里点的温度时，其特性类似于顺磁体；⑤反铁磁体，磁化率为小的正数。反铁磁性与亚铁磁性的物理本质相同，即原子间的相互作用使相邻自旋磁矩成反向平行，当反向平行的磁矩正好相抵消时为反铁磁性，部分抵消而存在合磁矩时为亚铁磁性，所以反铁磁性为亚铁磁性的特殊情况。亚铁磁性和反铁磁性，均要在一定温度以下原子间的磁相互作用胜过热运动的影响时才能出现，对于此温度，亚铁磁体仍称为居里温度，而反铁磁体的这一温度称为奈耳温度（T_N）。在此临界温度以上，亚铁磁体和反铁磁体同样转变为顺磁体，但亚铁磁体的磁化率 X 和温度 T 的关系比较复杂，不满足简单的居里-外斯定律，反铁磁体则在高于奈耳温度以上（$T>T_N$），磁化率随着温度的变化仍可以写为居里-外斯定律的形式：

$$X=\frac{\mu_0 C}{T+T_N} \tag{8.6}$$

式(8.5) 和式(8.6) 的差别在于式(8.6) 分母中的 T_N 前有＋号，说明反铁磁体的磁化率有一个极大值。

8.1.1 磁滞回线

图 8.3 所示为磁性陶瓷材料的磁滞回线，图中横轴表示测量磁场 H（外加磁场），纵轴

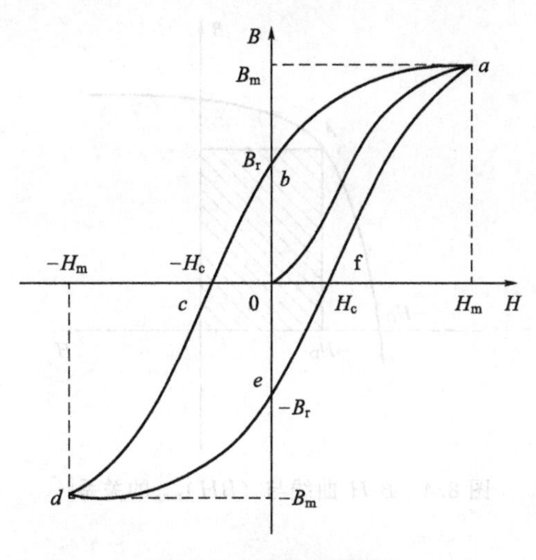

图 8.3　磁滞回线[2]

表示磁感应强度 B，H_c称为矫顽力，H_m称为最大磁场，B_r称为剩余磁感应强度，B_m称为最大磁感应强度（饱和磁感应强度）。磁介质处于外磁场 H 中，当外磁场 H 按照下列方向变化时，$0 \to H_m \to 0 \to H_c \to H_m \to 0 \to H_c \to H_m$，磁感应强度 B 则按 $0 \to B_m \to B_r \to 0 \to B_m \to B_r \to 0 \to B_m$顺序变化。

8.1.2　磁导率 μ

磁导率为表征磁介质磁化性能的重要物理量，铁磁体的磁导率高，随着外磁场的强度而变化。顺磁体和抗磁体的磁导率不随着外磁场而发生变化，前者略大于 1，后者略小于 1。对于铁磁材料，从实用角度考虑，磁导率越大越好，磁导率为鉴别磁性材料性能的主要指标。由磁化过程可知，畴壁移动和畴内磁化方向旋转越容易，磁导率 μ 值越高。

如果要获得高 μ 值的磁性材料，必须满足以下三个条件：①无论在哪个晶向上磁化，磁能的变化均不大（磁晶各向异性小）；②磁化方向改变时产生的晶格畸变小（磁致伸缩小）；③磁性材料中的成分均匀，没有杂质、气孔及残余应力。满足以上三个条件，磁性材料的磁导率 μ 值高，矫顽力 H_c低。金属材料在高频下，涡流损失大，μ 值难以提高，而铁磁体磁性陶瓷的 μ 值高，即使在高频下也能获得高的 μ 值。

8.1.3　最大磁能积 $(BH)_{max}$

通过图 8.4 所示的磁化曲线可以说明最大磁能积的意义。图中第Ⅳ象限的磁化曲线相应于 A 点下的（BH）乘积（即图中划斜线的矩形面积）称为磁能积，退磁曲线上某点下的（BH）乘积的最大值与该磁体单位体积内储存磁能的最大值成正比，因此用（BH）$_{max}$表示最大磁能积，（BH）$_{max}$值由铁氧体的成分所决定。

8.1.4　损耗系数和品质因数

利用磁性材料制作线圈或变压器磁芯时，希望磁芯内的能量损耗小到尽可能忽略的程度，但实际上磁芯工作时必然会产生损耗。磁性材料的损耗系数为能量损耗与有效工作磁能

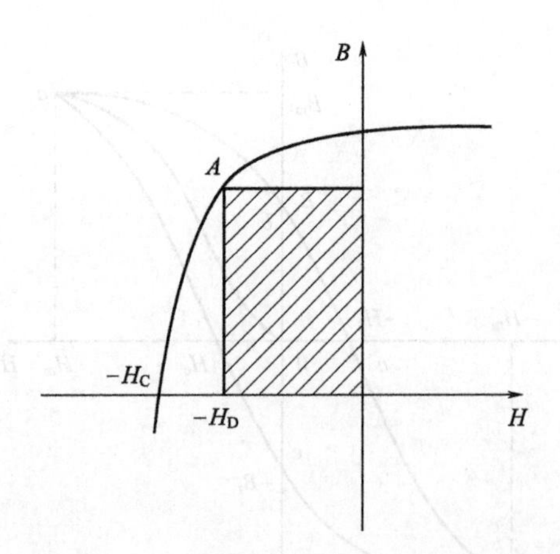

图 8.4 B-H 曲线与 $(BH)_{max}$ 的关系[2]

之比，如式(8.7) 所示：

$$\tan\delta=\frac{R}{2\pi fL} \tag{8.7}$$

其中，f 指的是磁芯的交流磁场频率，单位 Hz，$\tan\delta$ 主要是由于涡流损耗（$\tan\delta_1$）引起的。$\tan\delta/\mu$ 称为品质因数，是表征铁氧体材料损耗大小的重要常数，特别对于不同 μ 值的磁性材料，磁性材料取决于品质因数值。

8.2 磁性陶瓷的种类

8.2.1 软磁铁氧体

软磁铁氧体是易于磁化和去磁的一类铁氧体，其特点是具有高的磁导率和小的剩磁、矫顽力。从应用要求来看，软磁铁氧体还应具有电阻率高、损耗系数 $\tan\delta$ 低、稳定性良好等性能。目前应用较多的软磁铁氧体主要有 Mn-Zn 铁氧体、Ni-Zn 铁氧体，Cu、Mn、Mg 掺杂 Ni-Zn 铁氧体以及 $NiFe_2O_4$ 等。根据制备工艺，软磁铁氧体可以分为普通烧结铁氧体、热压铁氧体、真空烧结高密度铁氧体、单晶铁氧体、取向铁氧体等。软磁铁氧体可以作为高频磁芯材料，用于制作电子仪器的线圈和变压器等的磁芯；作为磁头铁心材料用于录像机、电子计算机等领域；利用软磁铁氧体磁化曲线的非线性和磁饱和特性，可以用于制作非线性电抗器件，例如饱和电抗器、磁放大器等器件[3]。

8.2.2 硬（永）磁铁氧体

硬磁铁氧体与高磁导率软磁材料相反，具有高矫顽力、高剩余磁感应强度和最大磁能积高等特性。由于经过磁化后，不需再从外部提供能量，就能够产生稳定的磁场，所以硬磁铁氧体又称为永磁铁氧体。根据成分，硬磁铁氧体可以分为钡铁氧体和锶铁氧体，其典型成分分别为 $BaO\cdot6Fe_2O_3$ 和 $SrO\cdot6Fe_2O_3$。压制成型工艺是决定硬磁铁氧体性能的关键工艺之一，根据压制工艺，硬磁铁氧体又分为干式与湿式硬磁铁氧体、各向同性与各向异性（在磁场中加压，使晶体定向排列）硬磁铁氧体。湿法磁场中加压已经成为了改善各向异性硬磁铁氧体性能的主要手段。硬磁铁氧体广泛用于电信领域（例如扬声器、微音器、磁录音拾音器、磁控管、微波器件等)、电器仪表领域(例如电磁式仪表、磁通计、示波器、振动接收器等)、控制器件领域(例如极化继电器、电压调整器、温度和压力控制器、限制开关、永磁“磁扭线”记忆器等)等。

8.2.3 微波铁氧体

微波铁氧体是在高频磁场作用下,平面偏振的电磁波在铁氧体中一定的方向传播时,偏振面会不断绕传播方向旋转的一种铁氧体,又称为旋磁铁氧体,此类铁氧体的旋磁特性是由于磁性体中电子自旋和微波相互作用引起的特殊现象。按照晶体结构分类,微波铁氧体主要包括尖晶石型、六方晶型、石榴石型铁氧体三类。尖晶石型主要包括镁系微波铁氧体,例如 Mg-Mn 铁氧体,镍系微波铁氧体,例如 Ni-Co 铁氧体、Ni-Ti-Al 铁氧体,锂系微波铁氧体,例如 Li-Ti 铁氧体、Li-Zn-Ti-Co 铁氧体。六方晶型主要包括 Ba 系铁氧体,例如 $BaFe_{18}O_{27}$、$BaZnFe_{17}O_{17}$等。石榴石型主要包括钇系铁氧体,例如 Y-Al 铁氧体、Y-Ca-V 铁氧体等。采用微波铁氧体的微波器件主要有环行器、隔离器等不可逆器件,即利用其正方向通电波、反方向不通电波的所谓不可逆功能,也有利用电子自旋磁矩运动频率同外界电磁场的频率一致时,发生共振效应的磁共振型隔离器。另外,微波铁氧体在衰减器、移相器、调谐器、开关、滤波器、振荡器、放大器、混频器、检波器等方面具有广泛的应用。

8.2.4 磁致伸缩铁氧体

磁致伸缩铁氧体是具有显著磁致伸缩特性的铁氧体,磁致伸缩是指经过退磁的磁性体被磁化时,其外形将产生极小变形的特性。当磁致伸缩铁氧体处在一定的偏磁场和交变磁场的双重作用下,根据磁致伸缩特性,材料的长度将产生相应的改变,于是产生与交变磁场频率相同的机械振动。如果外界力的压缩作用使材料长度发生变化,这时材料的磁感应强度也相应发生变化,这就是所谓的换能过程(电能转变为机械能、机械能转变为电能)。因此,磁致伸缩铁氧体材料通常用来制作超声波换能器和接收器,在电信方面制作滤波器、稳压器、谐波发生器、微音器、振荡器等,在电子计算机及自动控制方面制作超声延迟线存储器、磁扭线存储器等。常用的磁致伸缩铁氧体主要为镍系铁氧体,例如 Ni-Co 系、Ni-Cu-Co 系、Ni-Zn 系铁氧体等。

8.2.5 矩磁铁氧体

矩磁铁氧体是指磁滞回线呈矩形,剩余磁感应强度 B_r 和工作时最大磁感应强度 B_m 的比值接近 1。矩磁铁氧体通常分为常温矩磁材料和宽温矩磁材料两类,前者居里温度较低,适宜在常温下使用,Mn-Mg 系铁氧体为典型的矩磁铁氧体,后者居里温度较高,能够在较宽的温度范围内使用,Li 系铁氧体为典型的矩磁铁氧体。矩磁铁氧体可以用于制作磁放大器、脉冲变压器等非线性器件和磁记忆元件。Fe_2O_3、Co-Fe_3O_4、Co-Y-Fe_2O_3、CrO_2 等矩磁铁氧体能够作为存储材料制成磁鼓、磁盘、磁卡和磁带等,主要用于计算机外存储装置和录音、录像和信息记录卡等。

8.2.6 磁泡铁氧体

将磁泡铁氧体切成厚度 50μm 的薄片或厚度为 2~15μm 的薄膜,使易磁化轴垂直于表面，当未加磁场时薄片由于自发磁化，会有带状磁畴形成。当加入一定强度的磁场方向与膜面垂直的磁场时，那些反向磁畴就局部缩成分立的圆柱形磁畴，在显微镜下观察此种圆柱形磁畴的形貌类似于气泡，所以称为磁泡，其直径为1～100μm。

由于磁泡畴具有能在单晶片中稳定存在、易于移动的特性，所以磁泡铁氧体通常被用于制作存储器，即把传输磁泡的线路制作于单晶面上，使磁泡适当排列，利用某一区域的磁泡存在与否表示二进位制的数码“1”和“0”的信息，从而实现信息的存储和处理。磁泡铁氧体与矩磁铁氧体相比，具有存储器体积小、容量大的特点。主要包括以下几种铁氧体：①稀土正铁氧体 $RFeO_3$，其中R代表钇和稀土元素，晶体结构属于斜方晶系，具有变形的钙钛矿型结构，稀土正铁氧体基本上是反铁磁性，Fe^{3+}的磁矩稍微倾斜、呈现弱的自发磁化；②氧化铅铁氧体 $MFe_{12-x}Al_xO_{19}$，其中M代表铅、钡和锶，是六角晶系晶体；③稀土石榴石铁氧体 $R_3Fe_5O_{12}$，其中R为钇和稀土元素，为立方晶系晶体。

8.3 稀土永磁陶瓷材料

稀土永磁材料在生物医学诊疗设备、航空航天装备、新型能源设备、先进轨道交通装备、高档数控机床和机器人等领域具有广泛的应用。牵引电机和发动机等旋转电力设备稀土永磁材料的缺点是具有高的电导率导致其服役过程中由于槽纹波、逆变器等产生较大的涡流损耗。满流损耗是由磁性材料在磁场中产生的涡流引起的功率耗散。在钕铁硼磁体中如果存在较大的涡流损耗，磁体温度会升高，甚至引起热退磁。随着电机功率、速度和永磁体体积的增加，永磁体中存在的涡流将引起较高的温度，可能会导致永磁体失磁，电机性能降低。稀土永磁电机中磁体的性能和使用寿命取决于其电阻率，但是磁体通常具有高导电性和低耐热稳定性，涡流会产生热量，导致磁体退磁，这将恶化电机的性能。增加磁性材料的电阻率是降低涡轮损耗的有效方法，通过掺杂改性可以提高稀土永磁材料的电阻率，从而降低高频条件下的涡流损耗和温升[4]。

8.3.1 提高稀土永磁体电阻率的绝缘技术及机理

稀土永磁体的电阻率与其微观结构组成相关，具有单相、双相和多相结构的稀土永磁体，其电阻率是其各相电阻率加和效应的体现。商品稀土永磁体的电阻率均在 10^{-6}～10^{-4} Ω·m之间。$Sm_2(Co,Fe,Cu,Zr)_{17}$磁体由2:17R胞、1:5H胞壁相和贯穿其中平行的富Zr薄片状相组成[5]。在服役过程中，高电导率的Cu原子位于1:5H胞壁相中，此处聚集涡流电子，并穿行、汇集成定向运动，由于Cu为涡流电子穿过胞壁相运动提供了阻力很小的畅通路径，进而形成连续的涡流场，造成胞壁相放热，从而引起磁体升温。对于由 $Nd_2Fe_{14}B$ 主相和富Nd相构成的Nd-Fe-B磁体，由于非磁性、非良导体的富Nd相将主相包围[6]，使得Nd-Fe-B磁体的抗涡流能力稍好于 Sm_2Co_{17} 基合金，所以Nd-Fe-B磁体比 Sm_2Co_{17} 具有更高的电阻率。但是由于Nd与氧之间的结合能低，使富Nd相易氧化，所以在服役过程中，由于涡流损耗放热，富Nd相首先遭到破坏，导致磁体矫顽力降低，性能急剧下降。为了提高稀土永磁体的电阻率，需要对磁体中的主相晶粒或原料颗粒进行绝缘隔离，从磁体内部减少电子输运的途径，改善其抗涡流损耗的能力。对块状磁体进行表面整体包覆绝缘，能够有效降低由于集肤效应造成的较大的表层涡流损耗，从而达到局部降低涡流损耗的目的。

常用的绝缘包覆材料主要包括有机聚合物和高电阻率无机物两大类。有机聚合物主要为具有高电阻率和良好相容性的聚合物成分，例如绝缘环氧聚酯漆、聚乙烯醇缩丁醛等[7]。无机物主要有氧化物、氟化物、硫化物等[8]。在 Nd-Fe-B 磁体中引入硫（磷）化物会形成 NdS（NdP），使包覆层冶金结合降低，或造成包覆不连续，难以提高 Nd-Fe-B 磁体的电阻率。CaF_2 的引入使包覆层与磁体界面处形成了 $Nd_{1-x}Ca_x(F,O)_8$ 界面相，提高了 Nd-Fe-B 磁体的界面结合强度和电阻率。氧化物掺杂 Nd-Fe-B 复合磁体中，由于 Nd 易与氧化物中的氧结合形成 Nd 氧化物，造成磁性主相和富 Nd 相的损失，降低了 Nd-Fe-B 磁体的磁学性能。相对于氧化物、硫化物、磷化物，氟化物与稀土永磁材料之间的惰性最好。

磁体包覆方法主要包括浸润包覆、干法/湿法混粉、液相化学合成、高能球磨法等[9]。浸润包覆方法是选配具有良好相容性和高电阻率的聚合物成分，含量（质量分数，下同）控制在 12%以内，对稀土永磁粉末进行一定时间的浸润处理，使磁粉表面完全被有机绝缘物覆盖，然后再进行磁体成型处理，此种浸润包覆方法只适用于有一定黏度的有机绝缘物包覆。干法混粉是将无机绝缘材料与稀土永磁粉末直接混合均匀后再进行成型处理获得包覆的磁体。为了实现无机绝缘材料均匀包覆于稀土永磁粉的颗粒表面，可以适当添加有机溶剂进行湿混，接着将有机溶剂蒸发掉，再进行成型处理获得包覆的磁体。无论是干法混粉还是湿法混粉，由于绝缘掺杂物与磁粉的粒径差异，无机物无法牢固包覆在磁粉表面，造成磁粉表面无机物包覆不均匀或不连续，未包覆在磁粉表面的无机绝缘物会在后续成型过程中形成团聚，影响磁体的取向和组织均匀性，使复合磁体性能下降。高能球磨法是将纳米无机绝缘掺杂物与稀土永磁原料粉按一定比例混合，添加有机溶剂作为球磨介质，通过高能球磨获得表面包覆有纳米无机绝缘材料的各向异性稀土永磁粉体的方法。采用高能球磨法球磨 $SmCo_5$，球粉末质量比为 10∶1，正庚烷作为球磨介质，球磨时间为 2h 时，能够获得单晶 $SmCo_5$ 片状结构，球磨时间为 5h 时，能够获得多晶 $SmCo_5$ 片状结构（图 8.5）[10]，所得 $SmCo_5$ 片状晶粒的 c 轴垂直于片的表面，其磁性能具有各向异性。CaF_2 添加量对磁性能有着重要影响，当 CaF_2 添加量为 40%时，球磨 2h 和 5h 所得 $SmCo_5$ 片状粉末的矫顽力高达 13.6kOe 和 16.4kOe，当 CaF_2 添加量减少到 15%时，球磨 5h 后所得 $SmCo_5$ 片状粉末的矫顽力减小到了 9.2kOe。

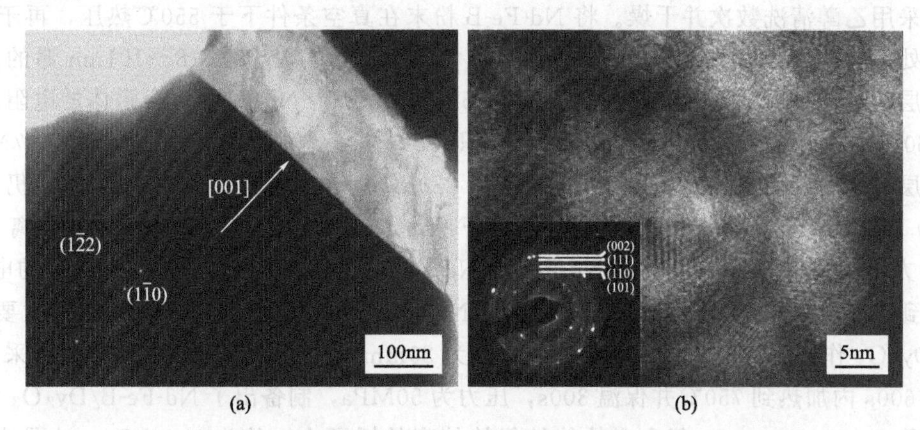

图 8.5　采用高能球磨所得 SmCo5 的透射电子显微镜图像[10]

（a）球磨 2h 所得单晶样品的 TEM 图像；（b）球磨 5h 所得多晶样品的 HRTEM 图像，左下角插入图为选区电子衍射（SAED）花样

液相化学合成法是将稀土永磁粉末加入绝缘包覆层溶液中，在一定的反应条件下在稀土永磁粉末颗粒表面合成绝缘包覆层，此种方法的优点是可以通过改变反应物类型、浓度、溶剂及合成工艺实现对绝缘包覆层的厚度、微结构及成分的调控，获得最优的绝缘包覆层[11]。

8.3.2 高电阻率复合稀土永磁体的成型技术

根据绝缘材料的类型，高电阻率永磁材料分为聚合物绝缘永磁材料和无机物绝缘永磁材料。根据磁体成型技术，绝缘复合磁体又可分为黏结复合磁体、热压复合磁体和烧结复合磁体。聚合物绝缘高电阻率复合磁体通过以下方法制备：首先将磁性粉末浸润在以高电阻率聚合物为主的黏结剂中，使磁粉表面被高电阻率聚合物包覆，接着采用成熟的成型技术，通过模具将其模塑成预期形状[12]。

热压/热变形技术是一种制备高电阻率复合磁体的常用技术，采用此种技术可以将包覆/掺入无机纳米材料的磁性粉末制备成高电阻率热压磁体。如果原料是各向异性的磁性薄片，则此种技术能够简化为取向热压成型技术。烧结高电阻率磁体是通过将无机材料与稀土永磁材料的混合粉末取向压制成素坯再进行烧结制备而成。爆炸压实技术是利用爆炸的巨大冲击力压制包覆有连续绝缘涂层的稀土永磁粉末，从而获得块状磁体的技术。此种技术采用包覆有连续铁氧体涂层、粒径 2μm 的 Sm-Fe-N 粉末，在 100MPa 下压制成型，形成复合磁体坯体，再通过爆炸固结法可以使磁体的致密度达到 92%～94%[11]。

8.3.3 高电阻率热压磁体

为了提高磁体的电阻率，通常采用无机材料，例如 Fe_3O_4、Dy_2O_3、SiO_2、DyN_3、NdF_3、DyF_3、CaF_2 等，用于包覆稀土永磁粉末或作为掺杂物制备复合磁体，无机包覆膜可以有效地对磁性粉末进行绝缘，从而制备高电阻率的磁体[13]。采用涂覆有二氧化硅壳层的 Nd-Fe-B 作为原料，通过热压和热变形能够制备出 Nd-Fe-B 复合磁体[14]，制备过程如下：原料为涂覆有二氧化硅膜的 $Nd_{30}Fe_{64.8}Co_4Ga_{0.3}B_{0.9}$，正硅酸乙酯作为溶胶前驱体，异丙醇作为溶剂，氨作为催化剂。将以上原料与去离子水混合，在室温下搅拌 2h 后，在真空条件下采用乙醇清洗数次并干燥。将 Nd-Fe-B 粉末在真空条件下于 550℃热压，再于 850℃热变形处理。Nd-Fe-B 粉末的表面可以通过液相化学合成方法包覆 18～101nm 厚的二氧化硅绝缘层，当绝缘层的平均厚度为 24nm 和 45nm 时，所得 Nd-Fe-B 复合磁体的电阻率增大到了 260μΩ·cm 和 280μΩ·cm，最大磁能积 $(BH)_{max}$ 分别为 47.8MGOe 和 50.7MGOe。当绝缘层平均厚度增大到 64nm 时，电阻率为 280μΩ·cm，复合磁体的 $(BH)_{max}$ 仍然保持在了 30.7MGOe。与由二氧化硅包覆的 Nd-Fe-B 粉末制成的磁体相比，放电等离子烧结（SPS）方法制备出的 Dy_2O_3 掺杂 Nd-Fe-B（Nd-Fe-B/Dy_2O_3）复合磁体具有更高的电阻率，能够达到 1270μΩ·cm[15]。制备方法如下：$Nd_{10.15}Pr_{1.86}Fe_{80.41}Al_{1.67}B_{5.91}$ 作为主要原料，Zn 与 Dy_2O_3 作为添加剂，将原料压制成直径为 20mm、高 10mm 的圆柱形样品，采用 SPS 设备在 600s 内加热到 750℃并保温 300s，压力为 50MPa，制备出了 Nd-Fe-B/Dy_2O_3 复合磁体。此种 Nd-Fe-B/Dy_2O_3 复合磁体能够保持较高的矫顽力，约为 9.64kOe，这是由于 Dy 向 Nd-Fe-B 基体中扩散和形成 $(Nd, Dy)_2Fe_{14}B$ 化合物有助于矫顽力的提高。

无机高电阻率材料中，氧化物涂层可以有效隔离磁性粉末，获得高电阻率磁体。然而，由于氧化物中的氧极易与稀土磁体发生反应，在界面处形成稀土氧化物，消耗硬磁相

$NdFe_{14}B$ 和富 Nd 晶界相，导致磁性能劣化。与氧化物相比，氟化物与稀土永磁体间具有较大的惰性。NdF_3、DyF_3、CaF_2 等氟化物能够将热压 Pr-Fe-B 磁体的电阻率提高 200%[16]，但是这些磁体均表现出了各向异性电阻率。与未添加氟化物的磁体相比，添加氟化物的热压/热变形 Pr-Fe-B 磁体在垂直于所施加的压力的方向（难磁化的方向）电阻率仅略有增加。此外，添加氟化物可以在一定程度上提高 $Pr_{14.5}Fe_{79.5}B_6$ 热压/热变形磁体的本征矫顽力。

在这些氟化物中，DyF_3 的添加可以补偿由于电绝缘 DyF_3 的存在而导致的热变形压缩率降低，当添加 1.6%的 DyF_3、磁体总高度减少 63%时，不会影响热变形磁体的剩磁，其矫顽力增大[17]。同时，剩磁和矫顽力变化有力证明了 Nd-Fe-B 磁体中添加 DyF_3 可以有效节省重稀土 Dy 的用量。高电阻率 Nd-Fe-B/Dy_2O_3 复合磁体也具有较高的电阻率，其值达到了 1180$\mu\Omega\cdot$cm[18]。Nd-Fe-B/Dy_2O_3 复合磁体的 SEM 图像（图 8.6）显示 CaF_2 相为层状结构，当 CaF_2 含量增加到 20%时，CaF_2 相中间绝缘层变为连续状态。CaF_2 的加入对 Nd-Fe-B/Dy_2O_3 复合磁体的最大磁能积 $(BH)_{max}$ 有重要影响，当 CaF_2 的添加量增加到 20%时，$(BH)_{max}$ 下降到了 13.89MGOe。

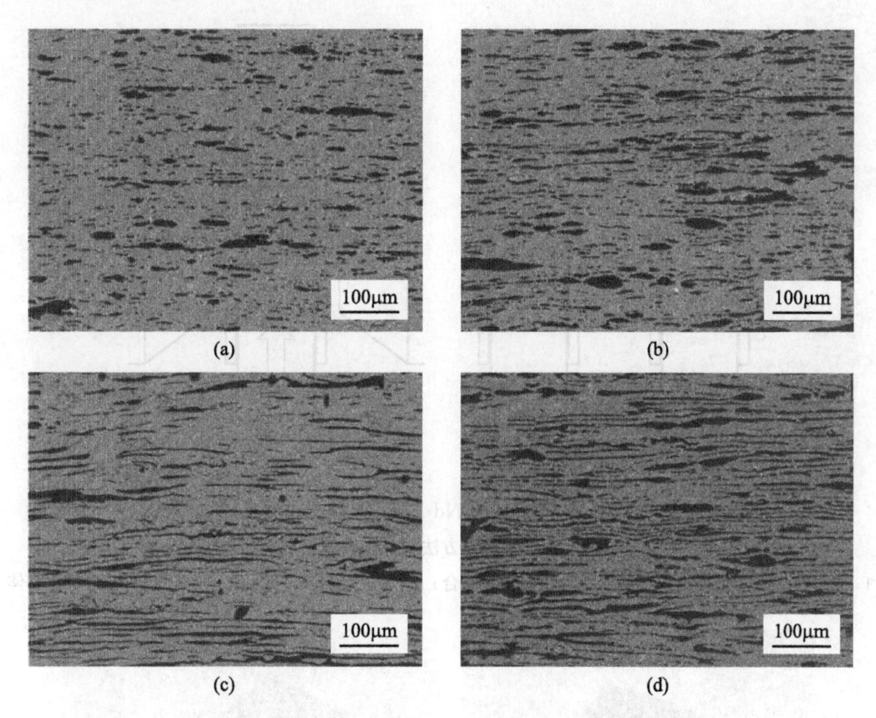

图 8.6　Nd-Fe-B/Dy_2O_3 复合磁体的 SEM 图像[18]

(a) CaF_2 质量含量 15%，简单混合；(b) CaF_2 质量含量 20%，简单混合；
(c) CaF_2 质量含量 15%，乙醇湿法混合；(d) CaF_2 质量含量 20%，乙醇湿法混合

8.3.4　高电阻率烧结永磁体

高电阻率烧结磁体主要包括无机纳米材料掺杂 Nd-Fe-B 烧结磁体和无机材料分层磁体。通过将 Nd-Fe-B 粉末和 CaF_2 纳米粉末均匀混合，然后在 300MPa 压力下压制成坯体，再于 1050℃真空烧结 1h，分别在 900℃和 500℃回火处理 2h，获得了 CaF_2 掺杂的 Nd-Fe-B 烧结磁体[19]。当 CaF_2 含量增加到 9%时，CaF_2 掺杂烧结 Nd-Fe-B 复合磁体的最高电阻率为 400$\mu\Omega\cdot$cm。由于 CaF_2 在磁体中分散分布，不能形成能有效阻止电子输运的隔离层，所以

非磁性 CaF_2 掺杂对烧结 Nd-Fe-B 磁体电阻率的影响有限。

在烧结磁体中添加无机绝缘层获得无机材料分层磁体，能够有效提高烧结磁体的电阻率。内部嵌入有绝缘层的 Nd-Fe-B 烧结磁体的制备过程如图 8.8 所示[8]，将添加剂引入压坯中的绝缘层，先将一半用于制备磁体的 Nd-Fe-B 干燥粉末注入 12.7mm×12.7mm 的模具中，采用两种方式制备绝缘层。第一种制备方式如图 8.7(a) 所示，此种方式将一定量粉末和绝缘添加剂粉末的 75/25 或 50/50 共混物倒入模具中已平整后的 Nd-Fe-B 粉末上。第二种制备方式如图 8.7(b) 所示，此种方式将添加剂粉末分散在无水乙醇中后，沉积在模具中已平整后的 Nd-Fe-B 粉末上。最后注入剩余的另一半干燥粉末，通过施加平行于添加层的直流磁场于 90MPa 压力下进行横向挤压，最终得到了如图 8.7(c) 所示两段式磁场取向的致密坯体。对坯体先进行烧结，再进行退火制备出 Nd-Fe-B 烧结磁体。通过上述成型方式，每平方毫米添加 0.2～0.3mg 添加剂的 CaF_2 层可以使烧结磁体的电阻率增加 2 个数量级。绝缘层与磁体之间形成了冶金结合界面层，界面层包含有面心立方相的 $Nd_{1-x}Ca_x(F,O)_8$，此界面相提供的强度足以进行分层磁体的切割和抛光处理（图 8.8）。

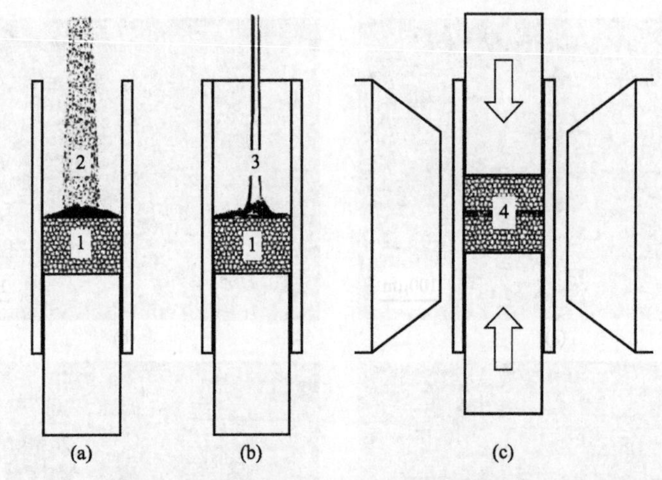

图 8.7 内部嵌入有绝缘层的 Nd-Fe-B 烧结磁体的制备示意图[8]

(a) 干粉混合方法；(b) 无水乙醇沉积方法；(c) 两段式磁场取向的 Nd-Fe-B 坯体

1—绝缘沉积层在 Nd-Fe-B 粉末上；2—干粉混合；3—无水乙醇沉积；4—制备出的 Nd-Fe-B 坯体

图 8.8 内有绝缘分割层的 Nd-Fe-B 烧结磁体[8]

(a) 绝缘层中的 CaF_2 含量为 0.09mg/mm^2；(b) 绝缘层中的 CaF_2 含量为 0.19mg/mm^2

8.4 纳米复相永磁材料

8.4.1 纳米复相永磁材料的耦合机理

单相硬磁材料包括 Nd-Fe-B、Sm-Co、$SrFe_{12}O_{19}$ 等，具有较大的 H_c 值，单相软磁材料包括 Fe、Co、FeCo 等，矫顽力 H_c 值低，但具有高的饱和磁化强度。复相永磁材料结合了二者特性，利用两相间的交换耦合，使软磁相的磁化取向固定在硬磁相的磁化取向上，磁滞回线显示出单相硬磁的磁化特性，从而获得高的饱和磁化强度和高矫顽力，产生了剩磁增强效果。软硬磁双相耦合的过程如图 8.9 所示[20]，当没有外加磁场时，软硬磁两相磁矩都是沿其易磁化轴方向，当外加磁场时，两相磁化方向被迫转向，由于软硬磁两相之间耦合作用很强，并且两相之间共格，晶粒的磁矩趋于平行排列。除去外加磁场后，由于软磁相的磁晶各向异性非常低，在交换耦合的作用下，硬磁相迫使软磁相的磁矩偏转到硬磁相的易磁化方向，使晶界两侧的磁矩倾向于平行排列，导致磁矩分量沿外磁场方向增加，从而产生剩磁增强效应[21]。当在纳米尺度内相互耦合时，由于交换耦合引起强烈的剩磁增强效应，使得纳米复相永磁材料具有高的 $(BH)_{max}$ 值。当软磁相和硬磁相的晶粒直径为 10～20nm，并且两相分布和晶粒尺寸均匀时，才能产生良好的耦合作用。因此，提高 NdFeB 纳米复合磁体矫顽力的方法主要有两种：一是通过添加元素来细化晶粒，抑制不利相的产生；二是通过热处理工艺来增强材料的晶粒取向。

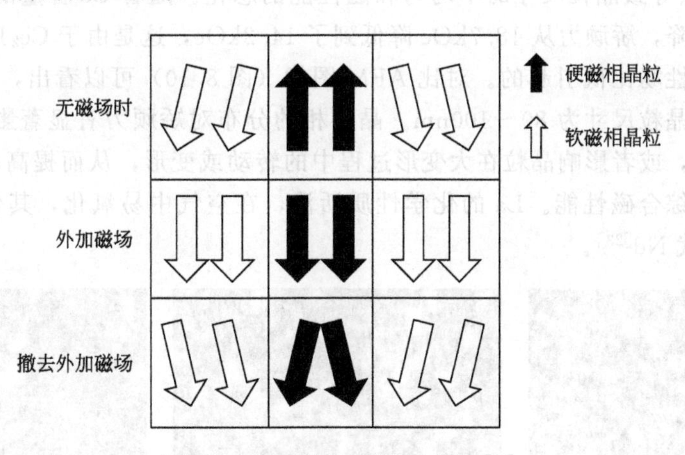

图 8.9　软硬磁相交换耦合模型[20]

8.4.2 纳米复相永磁材料的制备方法

熔体快淬法是纳米复相永磁材料的主要制备方法，采用该法可以获得高的冷却速度，并且制备过程简单，可以得到纳米晶态或部分非晶态组织。此种方法利用单辊真空熔融淬火设备冶炼母合金，然后将熔体从石英管孔中喷射到旋转的铜轮表面，可以获得晶粒尺寸约 30nm 的薄带，其经粉碎和适当热处理后可以得到细粉。然而，采用熔体快淬法制备的纳米复相永磁材料由于快淬薄带冷速不均匀，难以控制材料的晶粒尺寸，从而影响晶粒间相互耦合作用。熔体快淬法可以有效细化晶粒，得到纳米晶，调整辊速可以控制材料的晶粒尺寸。

采用机械合金化方法也可以制备出纳米复相永磁材料，此种方法是对粉末进行长时间的高能球磨，然后退火处理获得纳米复合永磁材料。合金粉末在球磨过程中经受反复的变形、焊合、破碎，达到元素间原子级水平合金化的复杂物理化学变化。机械合金化方法可以用于制备纳米材料，获得纳米尺度的弥散相粒子。机械合金化法的主要机理是原子扩散和高温自蔓延反应（SHS），SHS也称为铝热反应，利用该原理可以将金属从其氧化物中还原出来。机械合金化高温自蔓延反应还可以缩短球磨时间，可以用于多种金属化合物的制备，但是所得纳米磁性粉末易氧化，甚至自燃，因此，在加工过程中不能与空气接触，这对工艺条件的要求更高，并且粉末易于污染，不利于工业化生产。

8.4.3 合金对纳米复相永磁材料性能的影响

添加元素可以改变磁性材料的结晶机制和磁化机制，从而获得形状规则、尺寸分布均匀的磁性晶粒。然而，添加合金元素通常只能改善某种或数种磁学性能，甚至降低其他性能。因此，为了全面提高材料的综合磁性能，必须添加多种不同的元素，降低合金元素对磁性能的不利影响。纳米复相永磁材料中的稀土元素含量能够降低到18%以下，可以降低永磁材料的成本。采用与Nd、Sm、Co等轻稀土的结构类似的元素代替这些元素，也可以降低永磁材料的成本，例如Ce在地壳中的丰度大，所以此种元素的成本低。而Ce与Nd的晶格结构和电负性类似，可以部分取代Nd来降低成本。当Ce的质量分数为0.2%时，(NdCe)-Fe-B纳米复合相永磁材料具有尺寸最小、均匀的微观结构，这是硬磁相之间的交换耦合作用引起的[22]。小尺寸的显微组织有助于提高复相磁性材料的矫顽力（达到了18.3kOe），但是Ce含量过量会导致晶粒尺寸的不均匀和磁性能的恶化。随着Ce含量的增加，磁滞回线的矩形比开始下降，矫顽力从18.7kOe降低到了14.2kOe，这是由于$Ce_2Fe_{14}B$的磁极化强度和磁晶各向异性场比低引起的。对比AFM图像（图8.10）可以看出，Ce20具有更均匀的硬磁相，平均晶粒尺寸为80～100nm。晶界相的分布对矫顽力有显著影响，晶界相可以控制晶粒的取向，或者影响晶粒在大变形过程中的转动或变形，从而提高材料的各向异性，进而提高材料的综合磁性能。La的化学性质活泼，在空气中易氧化，其化合物呈反磁性，所以La可以替代Nd[23]。

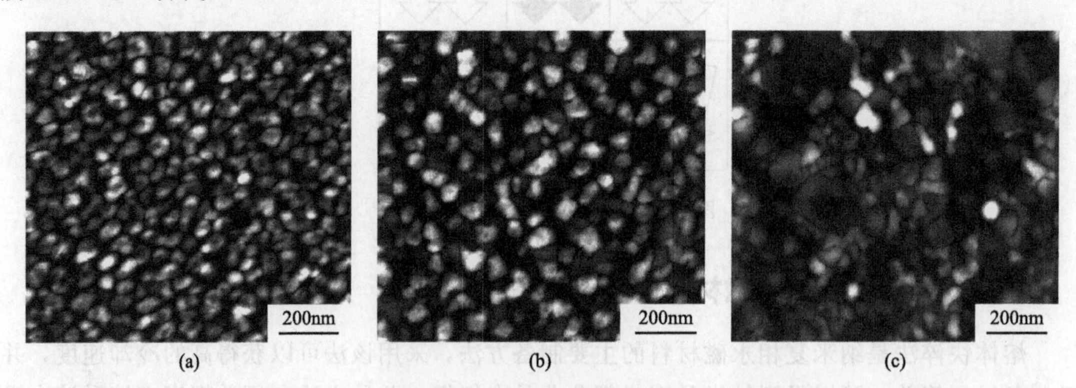

图8.10 (NdCe)-Fe-B纳米复合材料的AFM图像[22]

(a) Ce10；(b) Ce20；(c) Ce50

材料中超过1/2的Nd被代替，但是最大磁能积仍然高达12.10MGOe。当退磁曲线中辊速为20～24m/s时，退磁曲线中出现了扭结现象（图8.11），这是软磁相与硬磁相之间的相互耦合作用不均匀造成的。这种现象是由于熔体快淬薄带中α-Fe相体积分数较高，使软磁晶粒和硬磁晶粒间的交换耦合作用减弱引起的。在这种情况下，软磁相的分布可能不均匀，所以软磁相的区域只会部分交换耦合到相邻的硬磁相上，这种不均匀就会表现出一种带有扭结的磁滞回线。Zr具有细化晶粒和提高材料晶化温度的作用，Zr加入熔体快淬薄带中有利于快速凝固结晶过程中平面型断层的形成，此过程促进了Sm与Co形成Sm_2Co_7相和$SmCo_5$基体相，表现出软磁相Fe与$SmCo_5$相的共存。

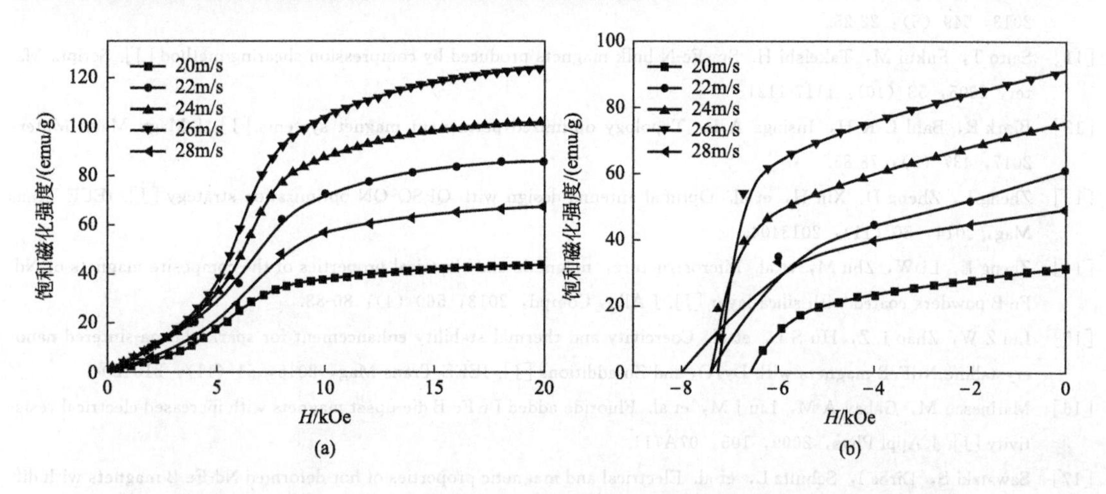

图8.11 室温下$(Nd_{0.4}La_{0.6})_{15}Fe_{77.5}B_{7.5}$熔体快淬薄带的初始磁化曲线和退磁曲线[23]

(a) 初始磁化曲线；(b) 退磁曲线

思考题

8.1 说明磁性陶瓷材料的分类。

8.2 如何获得高磁导率的磁性材料？

8.3 如何分析磁性材料的磁滞回线？

8.4 何为磁性材料的损耗系数和品质因数？

8.5 说明软磁铁氧体的分类及应用。

8.6 说明硬磁铁氧体的分类及应用。

8.7 说明微波铁氧体的分类及应用。

8.8 为何需要提高稀土永磁体的电阻率及稀土永磁体的绝缘技术？

8.9 纳米复相永磁材料的耦合机制是什么？

8.10 举例说明纳米复相永磁材料的制备方法。

参考文献

[1] 邵海成，戴红莲，黄健，等．铁氧体磁性陶瓷材料的研究动态及展望［J］．山东陶瓷，2004，27（5）：11-13.

[2] 徐政，倪宏伟．现代功能陶瓷［M］. 北京：国防工业出版社，1998.

[3] 钟代英．磁性陶瓷［J］. 西安邮电学院学报，1998，3（1）：54-59.

[4] 郑立允，房刊，李卫．高电阻率稀土永磁材料研究进展［J］. 中国材料进展，2018，37（9）：54-59.

[5] Sun X，Zhu M G，Fang Y K，et al. Magnetic properties and microstructures of high-performance Sm_2Co_{17} based alloy［J］. J Magn Magn Mater，2015，378：214-216.

[6] Stankiewicz J，Bartolome J. Magnetotransport properties of $Nd_2Fe_{14}B$［J］. Phys Rev B，1999，59（2）：1152-1156.

[7] 常颖，李卫，喻晓军，等．高磁性能2:17型SmCo永磁体绝缘特性的研究［J］. 功能材料，2008，39（6）：

899-904.

[8] Gabay A M, Marinescu-Jasinski M, Liu J F, et al. Internally segmented Nd-Fe-B/CaF_2 sintered magnets [C]. REPM22 International Workshop on Rare-Earth Permanent Magnets and Their Applications. 2012: 2-18.

[9] Gabay A M, Marinescu-Jasinski M, Chimasamy S N, et al. Eddy-current-resistant $SmCo_5/CaF_2$ magnets produced via high-energy milling in polar and non-polar liquids [J]. J Magn Magn Mater, 2012, 324 (18): 2879-2884.

[10] Zheng L, Cui B, Zhao L, et al. A novel route for the synthesis of CaF_2-coated $SmCo_5$ flakes [J]. J Alloy Compd, 2013, 549 (5): 22-25.

[11] Saito T, Fukui M, Takeishi H. Sm-Fe-N bulk magnets produced by compression shearing method [J]. Scripta Mater, 2005, 53 (10): 1117-1121.

[12] Bjørk R, Bahl C R H, Insinga A R. Topology optimized permanent magnet systems [J]. J Magn Magn Mater, 2017, 437 (9): 78-85.

[13] Zheng L, Zheng D, Xin H, et al. Optimal antenna design with QPSO-QN optimization strategy [J]. IEEE Trans Mag, 2014, 50 (11): 2013404.

[14] Zheng L, Li W, Zhu M, et al. Microstructure, magnetic and electrical properties of the composite magnets of Nd-Fe-B powders coated with silica layer [J]. J Alloy Compd, 2013, 560 (4): 80-83.

[15] Liu Z W, Zhao L Z, Hu S L, et al. Coercivity and thermal stability enhancement for spark-plasma-sintered nanocrystalline NdFeB magnets with Dy_2O_3 and Zn additions [J]. IEEE Trans Mag, 2015, 51 (11): 2101204.

[16] Marinescu M, Gabay A M, Liu J M, et al. Fluoride-added Pr-Fe-B die-upset magnets with increased electrical resistivity [J]. J Appl Phys, 2009, 105: 07A711.

[17] Sawatzki S, Dirba I, Schultz L, et al. Electrical and magnetic properties of hot-deformed Nd-Fe-B magnets with different DyF_3 additions [J]. J Appl Phys, 2013, 114 (13): 133902.

[18] Li W, Zheng L, Zhu M, et al. Microstructure, magnetic properties, and electrical resistivity of Nd-Fe-B/NdF_3 composite magnets [J]. IEEE Trans Mag, 2014, 50 (11): 2013303.

[19] Li W, Zheng L, Bi W, et al. Effect of CaF_2 addition on the microstructure and magnetic and electrical properties of sintered Nd-Fe-B magnets [J]. IEEE Trans Mag, 2014, 50 (1): 1001504.

[20] 王坤宇，冯运莉，柳昆．纳米复相永磁材料的研究进展 [J]. 材料导报，2019，33 (Z1)：116-120.

[21] Riadh B, Karim Z, Maria B, et al. Structure and magnetic properties of $Sm(Fe,Si)_9C/\alpha$-Fe nanocomposite magnets [J]. J Alloy Compd, 2017, 695: 810-817.

[22] Song L W, Yu N J, Zhu M G, et al. The microstructure and magnetization reversal behavior of melt-spun $(Nd_{1-x}Ce_x)$-Fe-B ribbons [J]. J Rare Earths, 2018, 36 (1): 95-98.

[23] Wang L, Wang J, Rong M H, et al. Effect of wheel speed on phase formation and magnetic properties of $(Nd_{0.4}La_{0.6})$-Fe-B melt-spun ribbons [J]. J Rare Earths, 2018, 36 (11): 1179-1183.

第9章

生物陶瓷材料

学习目标

通过本章的学习，掌握以下内容：(1) 生物陶瓷材料的分类；(2) 生物陶瓷材料的应用；(3) 3D打印生物陶瓷材料的种类及成型技术。

学习指南

(1) 生物陶瓷材料主要包括生物吸收性陶瓷材料、生物活性陶瓷材料和生物惰性陶瓷材料；(2) 医用生物陶瓷材料主要用于移植生物陶瓷材料以及具有分析及科学仪器的医疗设备；(3) 羟基磷灰石生物陶瓷材料在生物诊断和生物检测、基因和药物传递及免疫治疗、骨组织工程、软组织修复方面具有广泛的应用；(4) 激光选区熔化技术、电子束熔融技术、光固化技术是3D打印生物陶瓷骨主要的成型技术。

章首引言

生物陶瓷材料是指植入生物体内并具有一定功能作用的陶瓷材料，其表面结构、摩擦系数、密度、导热性和强度等方面与骨质材料类似。生物陶瓷材料具有良好的亲水性，可以与生物体内的生物组织和细胞保持良好的亲和性。生物陶瓷材料主要用于人体硬组织修复和重建，不同于传统的陶瓷材料，不仅包括多晶体，还包括单晶体、微晶玻璃、涂层材料、梯度材料、无机与金属复合材料、有机陶瓷生物复合材料，其中羟基磷灰石［分子式 $Ca_{10}(PO_4)_6(OH)_2$，简称HAP或HA］是目前生物陶瓷材料中应用最为广泛的生物活性陶瓷材料之一。生物陶瓷材料作为重要的生物材料，由于没有毒副作用、与生物体组织有良好的生物相容性等优点，具有广泛的应用。本章系统阐述了生物陶瓷材料的种类、应用以及生物陶瓷的3D打印技术。

9.1 生物陶瓷材料的分类

根据在生物体内的活性，可将生物陶瓷材料分为生物吸收性陶瓷材料、生物活性陶瓷材料和生物惰性陶瓷材料。

9.1.1 生物吸收性陶瓷材料

生物吸收性陶瓷（absorbable ceramics）材料存在新骨形成，并伴随陶瓷材料降解，所以又称为生物可降解性陶瓷材料。最初报道的β-$Ca_3(PO_4)_2$多孔陶瓷材料植入生物体后，可以被快速吸收，并发生骨置换[1]。可吸收生物陶瓷材料在生物体内的作用是使缺损部位被新生的骨组织取代，而自身则被体液溶解吸收或被代谢系统排出体外，但其降解速率快，不利于诱导成骨。可吸收生物陶瓷材料在生物体内可以逐渐降解，参与生物体的新陈代谢，被组织吸收，这类材料目前主要包括聚磷酸钙、α-磷酸三钙、β-磷酸三钙及多孔羟基磷灰石。磷酸钙基生物材料与骨骼有着相似成分，并且具备良好的生物降解性、生物活性和骨传导性，可以通过成型、烧结工艺制备成与骨结构相似的高强度功能性支架，植入材料降解后的钙磷产物可以作为原料被成骨细胞吸收并用于新骨重建。因此，以羟基磷灰石、β-磷酸三钙（β-TCP）为代表的磷酸钙基陶瓷材料成为了生物医用材料的研究热点，关注度已超过聚乙醇酸（PGA）和聚乳酸（PLA）等生物医用有机高分子材料，并于20世纪80年代初期在国外开始市场化应用，国内在20世纪90年代开始相关生物陶瓷材料的应用研究。

9.1.2 生物活性陶瓷材料

生物活性陶瓷材料是指陶瓷材料本身具有良好的生物相容性，但不能在生物体内发生降解。生物活性陶瓷材料是一类能对机体组织进行修复、替代与再生，具有能使组织和材料之间形成键合作用的材料。"生物活性"概念最早由美国的Hench教授提出，此概念改变了人们传统所认为的"任何人造植入体在人体内都将引发异体反应并在界面形成非黏附性瘢痕组织"的观点，从而开创了生物活性材料的研究新领域。在生物活性陶瓷材料中通常含有羟基，可以将其做成多孔结构，诱发新生骨的生长，并与生物组织表面发生牢固键合，且能被生物组织长入，最具代表性的生物活性陶瓷材料主要有羟基磷灰石陶瓷。

9.1.3 生物惰性陶瓷材料

生物惰性陶瓷材料是指在生物体内不发生变化的材料，通常此种生物陶瓷材料生物相容性好，具有稳定的化学性能。生物惰性陶瓷材料具有不能降解、耐腐蚀、耐磨损的优点以及较高的硬度和抗弯强度，作为医用陶瓷材料主要用于人体骨骼、关节的修复与替换，以及人造牙根、中耳小骨和心脏瓣膜等。常用的生物惰性陶瓷材料主要有氧化铝陶瓷和氧化锆陶瓷。

常用生物陶瓷材料的特性及应用如表9.1所示[2]。

表9.1 常用生物陶瓷材料的特性及应用[2]

生物陶瓷材料	特性	应用
氧化锆陶瓷	高断裂韧性、高强度、耐高温及低弹性模量等	牙科修复材料、人工髋关节等
氧化铝陶瓷	高强度、良好的耐磨性、耐高温等	人工骨、牙根、关节等
羟基磷灰石陶瓷	无毒、无刺激性、良好的生物相容性、能诱导新骨的生长等	牙槽、骨缺损、脑外科手术修补、填充等，耳听骨链和整形整容材料、人工骨核治疗结核等
磷酸三钙陶瓷	良好的生物降解性、强度低等	人体硬组织缺损修复和替代材料等
硫酸钙陶瓷	良好的生物相容性、生物可吸收性，易加工性、高力学性能以及良好的骨诱导生长性等	人工骨替代物

9.2 生物陶瓷的应用

9.2.1 医用生物陶瓷材料

医用生物陶瓷材料主要用于移植生物陶瓷材料以及具有分析及科学仪器的医疗设备。移植生物陶瓷材料会用于牙齿和骨头替换的医疗设备及移植体。生物陶瓷材料主要包括含氧类的生物陶瓷材料，其中氧化锆和氧化铝陶瓷材料具有良好的化学稳定性，在牙齿（图 9.1）和骨代替移植生物陶瓷（图 9.2）方面具有广泛的应用。

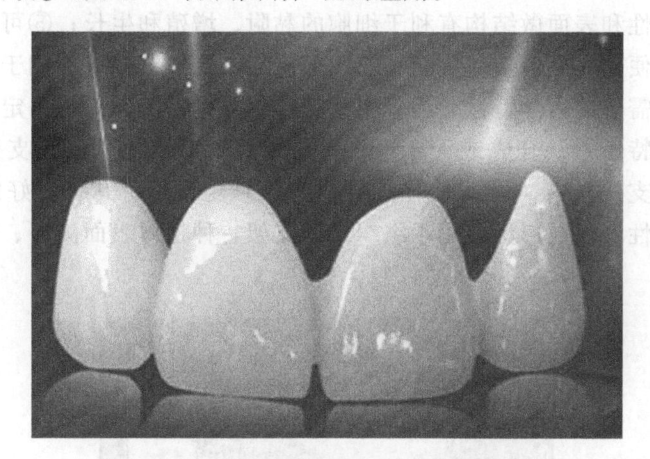

图 9.1　氧化锆陶瓷牙齿的实物图

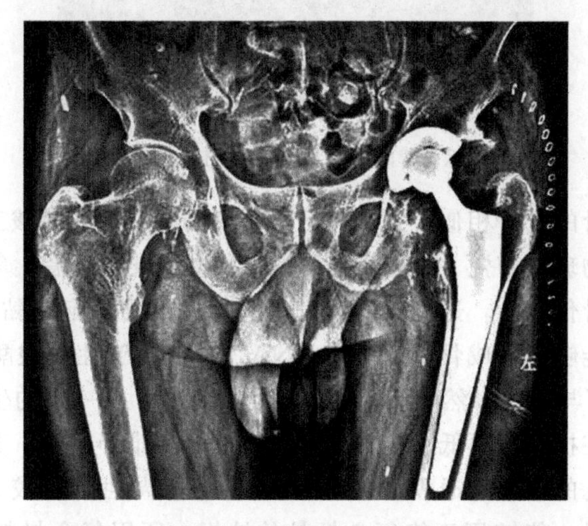

图 9.2　陶瓷人工骨材料在人体内的实物图

生物陶瓷材料在修复骨缺损方面具有广泛的应用前景。目前修复骨缺损的方法主要包括自体骨移植、异体骨移植、人工骨移植、骨组织工程、引导性骨再生等方法。随着现代材料科学与生物技术的发展，骨组织工程在修复骨缺损治疗方面展示了良好的应用可能性。支架材料是骨组织工程中的关键材料，此种支架材料一是提供一个有利于细胞黏附、增殖、分化及生长的三维支架式外环境，并能为细胞提供结合位点，诱发生物反应，诱导基因的正常表达和细胞的正常生长，起到传递“生物信号”的作用，一些特殊的位点能与组织起特异性反应，有选择黏附的功能，对不同类型细胞起到“身份鉴别”的作用；二是营养物质、氧气和生物活性物质（例如生长因子）的载体，能够储藏、运输这些物质，排泄代谢废物，在组织生长形成过程中不断降解、被机体吸收利用或通过循环系统排出体外，可以起到“可消失的桥”的作用，可以调节细胞生理功能，进行免疫保护；三是具有一定力学性能、形貌结构和尺寸的三维支架材料，能够传递应力且能精确控制再生组织的形貌、结构和尺寸，引导组织按照预定形貌生长，实现组织的“复制”[3]。

骨组织工程理想的支架材料应具有如下要求：①良好的生物相容性，例如不引起免疫排异反应、无毒性、不致畸、不致癌；②具有可降解的功能，最终被自体再生组织替代；③降解速率可以根据不同的细胞组织再生情况进行有效调控，保证机体缺损组织修复的顺利进行；④表面化学特性和表面微结构有利于细胞的黏附、增殖和生长；⑤可塑性，可以根据缺损情况设计外形，便于一次性整体修复；⑥内部有三维孔道结构，有利于细胞进入和物质输运；⑦有满足生理需要的力学特性，为新生组织提供支撑，能够保持一定时间直至新生组织具有自身生物力学特性[4]。合成或天然钙材料是重要的工程化骨组织支架材料，其中生物陶瓷材料为重要的支架材料（图 9.3），能够作为骨修复材料，具有良好的生物相容性、生物活性和生物安全性，已被广泛应用于组织工程支架、种植体表面涂层、骨水泥、药物缓释载体等领域。

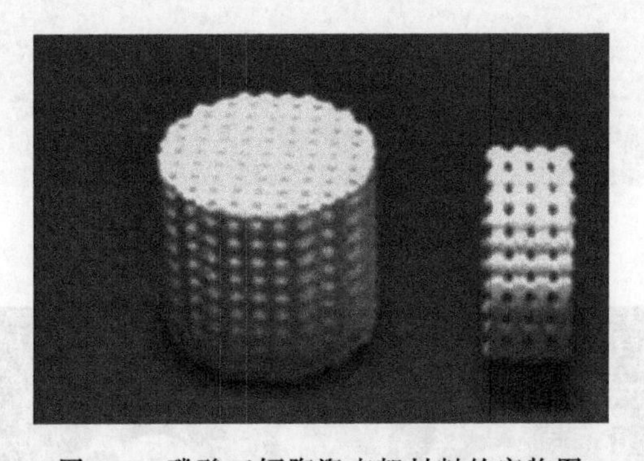

图 9.3 磷酸三钙陶瓷支架材料的实物图

生物陶瓷材料与骨的成分相似，主要包括磷酸钙陶瓷（例如磷酸三钙、羟基磷灰石等）、碳酸钙陶瓷、活性生物玻璃陶瓷、惰性生物陶瓷（例如氧化铝陶瓷）等，这些生物陶瓷具有良好的生物相容性和骨传导性，这种作用可以有效促进成骨细胞的黏附、增殖及分泌基质，且材料中微量氟元素能够促进成骨细胞合成 DNA，并提高碱性磷酸酶的活性。羟基磷灰石 HA 生物相容性好，可与人体自然骨形成牢固的化学键合，有一定的生物力学强度，可以用于承重部位，但是存在抗弯强度低、降解性较差、成型困难等问题，其脆性也不利于新生骨的生长，同时其材料孔的相互连通程度及连通大小对骨传导性能有较大影响。将羟基磷灰石与聚酰胺复合成人工骨，能够用于修复兔颅骨的缺损，所用复合材料具有良好的生物相容性，未对颅内代谢产生不良影响，植入 12 周后材料和颅骨之间界线模糊，显示出了羟基磷灰石与聚酰胺复合材料的骨引导作用[5,6]。

磷酸三钙（tricalcium phosphate，TCP）的生物相容性高，能与骨直接结合，但缺点是在生物体内降解过快、疲劳极限低、脆性大、力学性能低，抗冲击性能不能满足高负荷人工骨的要求。β-TCP 与纳米胶原纤维在细胞活性方面具有协同作用，支架材料中 β-TCP 占 40％的质量时效果最佳[7]。

9.2.2　羟基磷灰石生物陶瓷材料

羟基磷灰石生物陶瓷材料具有良好的生物相容性，在人体和动物体内能够与骨骼进行紧密结合，并且能够在体液作用下部分溶解，同时羟基磷灰石生物陶瓷材料能够被人体吸收、利用生长出新的组织，实现骨骼的内部传导。另外，羟基磷灰石生物陶瓷材料具有较强的吸附能力、良好的生物活性、大的比表面积以及高的溶解性，在生物领域具有广泛的应用。

(1) 生物诊断和生物检测

在生物诊断和生物检测中，细胞和活体的荧光成像具有重要作用。羟基磷灰石的纳米颗粒能够吸入有机荧光分子和部分发光基团，羟基磷灰石也是常用的生物成像试剂之一，能够用于生物诊断和生物检测中。

(2) 基因和药物传递及免疫治疗

多孔羟基磷灰石具有独特的多孔组织结构、强的释放性以及良好的生物活性，广泛应用于药物传递、基因传递和肿瘤治疗领域。利用羟基磷灰石生物陶瓷材料负载治疗用药物时能够预防药物活性成分的降解，控制释放速度，提高药物性能。

(3) 骨组织工程

为了扩大羟基磷灰石生物陶瓷材料在骨组织工程中的应用范围，满足多样化的需求，羟基磷灰石生物陶瓷材料能够与多种材料进行复合，增强羟基磷灰石生物陶瓷材料的力学性能[8]。羟基磷灰石复合生物陶瓷材料不仅保留了羟基磷灰石生物陶瓷材料天然骨的类似结构，而且充分发挥了其生物相容性的优势，提高了复合材料的加工性能和可生物降解性，从而形成理想的骨组织替代材料，在骨组织工程领域具有广泛的应用。

(4) 穿皮器件及软组织修复

羟基磷灰石是典型生物活性陶瓷材料，羟基磷灰石生物陶瓷材料具有较强的吸附能力，使骨细胞附着于其表面，随着新骨的生长，通过晶体外层成为骨的一部分，新骨可以从结合处孔隙攀附生长。将羟基磷灰石生物陶瓷材料进行表面涂层处理，植入人体后，人体骨骼能够及时与羟基磷灰石生物陶瓷材料表面进行融合、沉淀，并与羟基磷灰石生物陶瓷材料的钙离子、磷离子形成化学键，加强羟基磷灰石生物陶瓷材料与骨骼的紧密融合。将羟基磷灰石生物陶瓷材料植入肌肉或韧带等软组织中，微毛细管和无炎性细胞不复存在。当羟基磷灰石生物陶瓷材料用作穿皮种植时，能够与上皮组织紧密结合，防止细菌感染和炎症的出现。因此，羟基磷灰石生物陶瓷材料可以应用于软组织修复和穿皮器件。

不同种类生物陶瓷材料的物理、化学和生物学性质差别很大，在医学领域中有着不同的用途。在临床应用中，生物陶瓷材料主要用于肌肉-骨骼系统的修复和替换，用于骨科、整形外科、牙科、口腔外科、心血管外科、眼外科、耳鼻喉科及普通外科等方面，在临床上已用于髋、膝关节、人造牙根、牙峤增高和加固、颌面重建、心脏瓣膜（图9.4）、中耳听骨等，也可以用于测量和诊断，用于心血管系统的修复和制作药物释放和传递载体。

(5) 羟基磷灰石的掺杂

生物体内的磷灰石是一种晶体结构不完善的HA，呈针状结构，结构中沿六方轴存在一个“隧道”，其中的氢氧根离子易被其他离子替换，使得磷灰石中结合有少量的碳酸根离子、氟离子、硅离子、镁离子、钠离子、柠檬酸离子等[9]。

碳酸根离子（CO_3^{2-}）是骨磷灰石中含量最多的掺杂离子，占人体骨矿物质总质量的5%～8%[10]。磷灰石中CO_3^{2-}的含量对龋齿、病理性骨折、骨癌和人体结石的形成有着重

图 9.4 陶瓷心脏瓣膜实物图

要的影响。通常 CO_3^{2-} 在磷灰石中包括 A 型替换（CO_3^{2-} 替换 OH^-）和 B 型替换（CO_3^{2-} 替换［PO_4］四面体）两种替换类型，从而形成碳羟基磷灰石（CHA）生物陶瓷材料。通过干法和湿法两种方法可以制备出 CHA 生物陶瓷材料。在磷酸钙反应溶液中加入 CO_3^{2-}，保持溶液中 Ca/P 摩尔比高于 1.67∶1，过滤后富 CO_3^{2-} 的 CHA 在 CO_2 气氛中烧结能够得到单相 CHA 晶体[11,12]。此种方法制备所得 CHA 不含由原料带入的钠离子和铵根离子，致密化烧结温度降低了近 200℃，力学性能和生物活性均有所提高。在低温中和反应合成 HA 的过程中通入 CO_2 气体作为 CO_3^{2-} 的引入剂，整个过程不受溶液 pH 值的控制，没有副产物的产生。烧结参数为在湿 CO_2 的气氛下于 900℃烧结，此时 CO_3^{2-} 的含量较高，A/B 摩尔比较低，有利于 B 型 CHA 的生成[13,14]。将钙离子溶胶与磷酸根离子溶胶混合，并加入碳酸氢铵，通过氨水调节溶液 pH 值至 10～12，所得溶胶在室温下陈化 24h，经乙醇清洗、干燥能够制备出不同 CO_3^{2-} 含量的 CHA，所得 CHA 属于 AB 混合型替换结构[15]。CHA 的 A 型替换方式为［CO_3］三角配位体替换通道位置的 OH^-，CHA 的 B 型替换方式是［$CO_3\cdot OH$］四面体替换［PO_4］四面体。对于 AB 混合型替换，当 CO_3^{2-} 质量百分比 $W(CO_3^{2-})\leqslant 3.34\%$时，随着 CO_3^{2-} 含量的增加，A 型替换量增大，当 $W(CO_3^{2-})=3.34\%$时，A 型替换量达到最大值，当 $3.34\%<W(CO_3^{2-})\leqslant 7.52\%$时，随着 CO_3^{2-} 含量的增加，B 型替换量增大，当 $W(CO_3^{2-})=7.52\%$时，总固溶量饱和。

骨磷灰石与牙齿中均含有少量的氟化物，人体每天摄入 1.5～4mg 的氟化物能够有效预防龋齿。通常采用湿化学方法能够制备出人工氟羟基磷灰石（FHA），其氟化机制分为以下两种：①当 F^- 浓度较低时，F^- 吸附于 HA 的表面，与 OH^- 结合，形成 OH…F 氢键，最后在 HA 表面形成 FHA，OH…F 和 OH…F…OH 氢键会阻碍 OH^- 沿六方轴传质；②当 F^- 浓度较高时，HA 的表面会溶解，形成 CaF_2。HA 表面的 HPO_4^{2-}、$H_2PO_4^-$ 不会和 F^- 发生置换。F^- 的加入会增加晶粒的长径比，使 FHA 中的 Ca(Ⅱ)—OH 的键长显著增长，a 轴的长度变短。采用 $Ca(NO_3)_2$ 和 P_2O_5 的乙醇溶液作为前驱物，六氟磷酸（HPF_6）作为氟引入剂，控制 Ca 与 P 的摩尔比为 1.67∶1，经回流后作为涂膜液，通过浸渍涂膜法在 600℃的温度下进行热处理，在玻璃和钛合金基板上制备出了不同氟含量的氟羟基磷灰石薄膜[16]，HPF_6作为氟引入剂不仅能改变薄膜中的氟含量，适量加入还可以明显改善氟羟基磷灰石薄膜的微观均匀性。以氟磷酸钙［FA，$Ca_{10}(PO_4)_6F_2$］、羟基磷酸钙［HA，$Ca_{10}(PO_4)_6(OH)_2$］、Y掺杂二氧化锆（YY-TZP）或者氧化铝作为原料，在空气气氛中1400℃无压烧结3h能够制备出FHA/Y-TZP或Al_2O_3复合材料[17]，此种复合材料能够抑制FHA在烧结中分解，达到致密化，例如强度、硬度等力学性能高于普通HA或HA复合材料的2～4倍。此种FHA复合材料无细胞毒性，细胞附着生长能力强于普通HA陶瓷材料。

硅参与骨早期钙化，其吸收与骨的矿化有一定关系，在HA陶瓷中加入硅离子，能够提高其生物活性，但是制备出的硅羟基磷灰石（SiHA）易产生第二相或者掺入其他离子，这些杂质的存在影响了对硅生物活性的评价[18]。将含Si 0.8%、1.5%、1.6%（质量分数）的SiHA，在低温烧结（900～1150℃）时，Si会阻碍SiHA的烧结致密化，随着Si含量的增加影响越显著，从而降低SiHA陶瓷材料的硬度和杨氏模量。高温烧结（1200～1300℃）时，SiHA陶瓷材料的致密度与HA陶瓷材料的类似，硬度高于或等于HA，同时Si会抑制HA晶粒的长大。Si掺杂对HA表面电荷和结构有一定影响，以0.8 SiHA和1.2 SiHA为样品，Si在HA中以SiO_4^{2-}的形式替换PO_4^{3-}，替换后SiHA中未产生TCP和CaO等第二相。SiHA陶瓷材料的表面电荷比HA的少，在仿生体液（SBF）中能更快形成磷灰石，将SiHA陶瓷材料植入新西兰大白兔和绵羊体内，SiHA陶瓷材料的表面与自然骨间新骨的长出时间明显比HA短，SiHA陶瓷材料的表面细胞吸附点增多，细胞增殖加快，说明Si提高了HA的生物活性[19,20]。铝在骨和牙齿中属于微量元素，能够抑制牙中矿物质的脱落，尤其是Ti-Al合金用作骨植入材料，需要在其表面涂覆HA[21]。

稀土广泛存在于磷酸盐岩石和动物骨骼中，是千百万年来自然进化的结果，稀土元素作为药物等在生物医学领域已经得到了广泛的应用。因此，微量稀土对生物机体组织不仅无害，而且是有利的。采用湿化学法可以制备出纯度高、结晶度高的含镧HA，体外生物稳定性较HA更高[22]。制备方法如下：将$Ca(NO_3)_2$、NH_4HPO_4及$La(NO_3)_2$加入去离子水内，采用氨水调整溶液的pH值至9，在50℃时搅拌24h，经乙醇清洗后于80℃干燥24h，在200MPa压力下将粉末压制成尺寸为13mm×1.5mm的片状试样，将片状试样在900℃烧结1h。

硼离子掺杂可以提高HA的力学性能，以$CaCO_3$、$(NH_4)_2HPO_4$、H_3BO_3作为原料能够制备出硼羟基磷灰石（BHA）。在BHA中，硼酸盐可加到P/B摩尔比7.22∶1，但是要得到单相BHA，P/B摩尔比需要达到4.95∶1。硼酸盐以直线形BO_2^-和三角形BO_3^{3-}的形式进入HA，并且具有对称性，这两种正硼酸盐替代［PO_4］、OH^-形成AB型的BHA。随着硼离子含量的增加，BO_2^-含量会降低。锶（Sr）在骨和牙中的含量为0.008%～0.01%，Sr的化学性质与钙相似，所以在骨中替换钙相对容易，能够形成锶羟基磷灰石（SrHA）。在老年人的骨内适当补充Sr，能够减轻老年人因癌症引起的骨痛[23]。

9.2.3 生物陶瓷材料在活髓保存术中的应用

牙髓是一种被坚硬的牙本质包绕的结缔组织。深龋、外伤或牙体预备、备洞过程的医源性露髓常会导致牙髓损伤。牙髓损伤的治疗方法一般可分为两种：根管治疗术和活髓保存术。根管治疗后的牙齿易发生牙根折断及牙冠变色，尤其对于年轻恒牙，其牙根的完全发育、根尖封闭有赖于活髓。因此，尽可能保存活髓在牙体牙髓病的治疗中具有重要作用。活髓保存术是在牙髓组织受损或暴露时，将具有治疗作用的盖髓剂覆盖于近髓处或暴露的牙髓组织表面，形成一种保护性屏障，抑制了牙髓感染，促进了牙本质的形成，维持了牙髓活力。利用生物陶瓷材料作为盖髓材料促进牙本质的形成，可以提高活髓保存术的成功率，已在临床中获得广泛应用。由于传统氢氧化钙盖髓剂抗压程度和密封性差、促牙本质桥形成能力和抗菌作用局限等缺陷，生物陶瓷材料作为一种具有优良生物性能的陶瓷化合物盖髓剂，在活髓保存术中具有良好的促牙本质形成能力及抗菌性能，目前已广泛用于活髓保存术中。牙本质细胞外基质含有多种生物活性分子，包括生长因子（转化生长因子-β_1）、细胞外基质分子（骨钙素、牙本质涎磷蛋白）等，这些生物活性分子能够通过成牙本质细胞或成牙本质细胞样细胞刺激牙本质分泌活性。而生物陶瓷材料能够通过激活促分裂原活化的蛋白激酶/胞外信号调节激酶、核因子 κB、p38 促分裂原活化的蛋白激酶等信号通路，促进生物活性分子释放，刺激牙髓细胞向牙本质细胞分化，形成牙本质[24]。

(1) 钙硅类生物陶瓷材料

三氧化矿物凝聚体（mineral trioxide aggregate，MTA）呈沙砾样，主要由波特兰水泥构成，最初商品化的 MTA 为灰色 MTA，包括 ProRoot MTA Gray（1988 年，美国）、MTA Angelus（Angelus 公司，巴西）等，因含较多氧化铋、硫酸钙而呈灰色，所以不宜在美学要求较高的前牙中使用。白色 MTA（ProRoot MTA White、MTA Angelus White）中的氧化铋和铝铁四钙的量大大减少，硅酸钙水平升高，更适合用于前牙[25]。与氢氧化钙类盖髓剂相比，MTA 具有良好的生物相容性、封闭性能及生物活性，可促进形成更均匀、更厚的牙本质桥，减轻牙髓炎症反应。将 MTA 与氢氧化钙对比进行活髓保存术后发现，MTA 用于直接盖髓的成功率高于氢氧化钙[26]。MTA 陶瓷材料对于促进年轻恒前牙本质桥形成及牙根发育、根尖封闭的能力均优于氢氧化钙[27]。MTA 陶瓷材料的缺点为其抗炎作用只针对某些特定的细菌，对厌氧菌无效，且 MTA 材料凝固时间较长、操作不方便，易造成牙冠变色[28]。在使用白色 MTA 的过程中，如果存在血液污染、与次氯酸钠接触等也会造成牙冠变色[29]。虽然 MTA 材料一旦凝固，便不会继续溶解吸收，产生的微渗漏较氢氧化钙少[30]，但是由于其不能黏结到牙本质上，所以与牙本质间仍会出现不同程度的微渗漏。另外，MTA 价格昂贵，限制了其在临床的使用。

iRoot BP 和 iRoot BP Plus 是加拿大创新生物陶瓷公司研发生产的新型盖髓材料，主要成分为硅酸钙。两者成分相似，剂型不同，iRoot BP 为注射糊剂、iRoot BP Plus 为膏体[31]。iRoot BP 和 iRoot BP Plus 具有强碱性，这两种材料对于感染根管中的粪肠球菌、白假丝酵母菌等常见致病菌的抗菌性较强[32]。两者均具有良好的生物相容性能，对牙髓组织毒性刺激性较小，可以促进其生物矿化和再生，iRoot BP Plus 的细胞毒性作用较 MTA 小，且对其促进牙髓细胞形成牙本质细胞的作用优于 MTA。iRoot BP Plus 盖髓后可以形成同 MTA 盖髓后类似甚至更厚的钙化桥[33-35]。iRoot BP Plus 具有良好的黏结性，能与牙体组织紧密连接。iRoot BP 的反应需要水参与，血液的存在不会影响材料的固化，也不会导致牙冠变色，通过对比 iRoot BP 和 MTA 修复髓室底穿孔的封闭效果，均发现 iRoot BP 的封闭性能优于 MTA，iRoot BP Plus 在封闭性、黏结性、生物组织相容性、促进生物矿化和诱导牙本质形成等性能上具有优势。与 MTA 相比，iRoot BP 和 iRoot BP Plus 临床使用时有可减少患者就医次数、操作简单、不导致牙齿变色等优点。

生物聚集体（BioAggregate）的成分主要包括硅酸三钙、硅酸二钙、磷酸钙单体、氢氧化钙、羟基磷灰石、氧化钽和无定形二氧化硅等。从成分来看，生物聚集体与MTA基本相似，但生物聚集体采用氧化钽作为放射线阻射材料，取代了MTA中的氧化铋，避免了有害成分的释放，将对人体的毒害降至最低[36,37]。在生物聚集体硬固过程中，其中的亲水颗粒可促进骨水泥的形成，从而具有良好的封闭作用。在生物聚集体、MTA、氢氧化钙三种材料直接盖髓的动物实验中发现，生物聚集体、MTA盖髓后形成的修复性牙本质较氢氧化钙更厚、更均一，封闭效果更佳，但因MTA具有不易操作、硬固时间较长、费用高等问题，所以生物聚集体被认为是MTA的替代品[38]。

生物牙本质（Biodentine）是双组分材料，其中粉剂主要由硅酸三钙组成，液剂包括氯化钙促凝剂和减水剂[39,40]。使用时，将粉剂和液剂混匀后，部分硅酸钙材料溶解形成水合硅酸钙，沉淀在剩余未溶解硅酸钙颗粒表面上，降低材料的孔隙率和增加其抗压性[41]。生物牙本质界面下的牙本质小管被矿化晶体堵塞，具有良好的微观机械固位作用和边缘封闭效果。分别采用MTA和生物牙本质用于第三磨牙直接盖髓，6周后这两种盖髓材料的下方均出现牙本质桥，且牙髓未出现炎症反应[42]，生物牙本质形成的牙本质桥更为均匀连续，总体密度和厚度更佳。临床试验将生物牙本质和MTA应用于活髓保存术后发现，两者的成功率均较高，且差异无统计学意义。生物牙本质可以减少牙源性疼痛受体的表达和功能的发挥，减少促炎细胞因子分泌，降低活髓保存术后疼痛和敏感的发生率。生物牙本质组成成分中没有MTA中的阻射剂成分氧化铋，临床应用观察48个月后发现，其不会导致牙冠变色[43]。此外，生物牙本质较MTA还有凝固时间短的优势，缺点主要为临床应用时，因其固定的调拌方式，使用时较浪费。

TheraCal是一种光固化的盖髓材料，是由改性树脂和硅酸钙组成的单糊剂。盖髓材料中钙离子的连续释放是诱导牙髓干细胞增殖分化的主要因素，钙离子可以调节骨桥蛋白和骨形态发生蛋白-2水平，释放钙离子提高焦磷酸酶的活性，有助于维持牙本质矿化及牙本质桥的形成[44]。与氢氧化钙和MTA相比，TheraCal释放钙离子的时间更长，释放量更大[45]。然而，由于TheraCal的水合反应较少或不完全，其形成的氢氧化钙较生物牙本质和MTA少，又因为其组成成分中树脂成分中多达50%的甲基丙烯酸单体双键在树脂聚合物中未反应，所以当非聚合单体从材料中渗透出并作用在牙髓上时，TheraCal会对牙髓细胞产生细胞毒性，同时可以抑制牙本质磷蛋白、牙本质涎蛋白、牙本质基质蛋白等的分泌及其在内质网中的积聚[46]。由于这些蛋白参与了矿化过程，所以抑制其分泌可能导致TheraCal用于盖髓术中所形成的牙本质桥减少。

(2) 钙磷类生物陶瓷材料

磷酸钙类材料是一类主要由钙、磷组成的生物陶瓷材料，此类陶瓷材料的成分与牙本质成分相似，具有良好的组织相容性。富钙混合物（calciumen enriched mixture，CEM）是富含钙的混合物，与MTA在成分上最大的不同是含有磷酸盐，CEM可以提供非常丰富的钙磷离子，这些元素在羟基磷灰石的形成中具有重要作用[47,48]。CEM的粉末颗粒粒径较MTA小，具有更为优良的封闭性能、流动性及合理的薄膜厚度，所以有效缩短了固化时间。CEM与MTA具有相似的生物相容性及诱导细胞成骨或成牙的能力，能够增强矿化相关基因的表达。临床上将CEM用于活髓保存术后发现，年轻恒牙牙根继续发育，根尖封闭，而完全发育的恒牙牙髓症状消失，所以得以保存活髓[49]。

纳米羟基磷灰石是颗粒直径为1～100nm的羟基磷灰石，具有比普通磷灰石更好的物理化学性质，例如溶解度提高、表面能增大、生物活性更好、微渗漏小等特点。纳米羟基磷灰石颗粒小，易与组织结合，可以诱导早期牙本质桥的形成。在纳米羟基磷灰石直接盖髓诱导牙本质桥早期形成过程中，纳米羟基磷灰石诱导早期牙本质形成的能力与氢氧化钙相比差异无统计学意义，当纳米羟基磷灰石用作盖髓剂时，其覆盖下的牙髓组织炎症反应和坏死程度较轻[50]。然而，纳米羟基磷灰石的抗弯强度低、脆性大、无抑菌作用等缺点，在一定程度上限制了其临床应用。将纳米羟基磷灰石与生物大分子结合形成聚合物纳米羟基磷灰石复合物可以解决以上问题，例如将纳米羟基磷灰石与聚酰胺66结合用作盖髓剂观察到，纳米羟基磷灰石/聚酰胺66作为盖髓剂对牙本质细胞的诱导能力强，血管扩张程度小，其降解产物己二胺和己二酸等具有良好的抗菌作用，相比单纯使用纳米羟基磷灰石效果良好[51]。

9.3 生物陶瓷3D打印技术

生物陶瓷传统加工方法加工人工骨时，自动化程度低，操作比较复杂，所得人工骨比较简单，加工出的细微结构在尺寸、形状、数量及分布等方面难以满足患者的个性化需求。而将3D打印技术应用到生物陶瓷加工，可以加工出形体复杂的骨骼或生物支架，减少了材料的浪费和后期的加工量。另外，利用医学的CT影像成型技术，通过反向3D建模，形态拟合程度高，减少了手术创伤，可以实现患者的个性化需求[52]。

9.3.1 3D打印生物陶瓷材料

(1) 羟基磷灰石

羟基磷灰石作为骨骼、牙齿的主要无机成分，具有良好的生物相容性，在人工骨替代材料领域具有广泛的应用，但是HA也具有强度低、脆性大、易碎等缺点。采用3D打印成型技术可以将多孔羟基磷灰石植入人体，烧结处理前后3D打印成型制件无明显变形，制件的抗压强度达到了80MPa，尺寸为100～200μm的多孔植入体能够满足作为植入人体材料的孔径要求，有利于细胞的黏附和生长[53,54]。与HA生物陶瓷成型制件相比，氧化锆复合HA生物陶瓷的抗弯强度由30.8MPa提高到了48.7MPa，断裂韧度提高了3倍，氧化锆的增韧作用明显[55]。氧化锆复合HA生物陶瓷的制备工艺如下：以过氧化氢作为成孔剂，将原料HA、ZrO_2和Y_2O_3混合，通过行星球磨18h，在15MPa压力下冷压成型制备出陶瓷生坯，然后在1450℃烧结4h。

(2) 磷酸三钙

磷酸三钙（TCP）也具有良好的生物相容性和可降解性，是目前应用较多的人体硬组织修复材料和骨组织工程支架材料[56,57]。通过孔隙为400μm的三维多孔β-TCP负载异烟肼(isonicotinic acid hydrazide，INH)、利福平/聚乳酸-羟基乙酸共聚物［rifampicin/poly(lactic-co-glycolic acid) RFP/PLGA］缓释微球动物体内实验，3D打印制备的β-TCP支架负载抗结核药物缓释微球复合材料在修复结核性骨缺损时较为理想，可以作为治疗骨结核的一种新方法[58,59]。在磷酸钙骨水泥中掺杂碳纤维能够提高样品的致密性，缩短固化时间，提高样品的抗压强度，当掺杂质量分数0.5%的碳纤维时，样品的抗压强度能够达到38.24MPa[60]。在TCP中掺杂有机复合物，会改善成型制件的生物性能及力学性能，在医学领域具有广泛的应用。

(3) 其他生物陶瓷材料

除了常见的HA及TCP生物陶瓷材料外，在3D打印技术方面，也可以采用氧化铝、氧化锆、碳素生物材料、生物玻璃陶瓷及各类复合材料。利用低温3D打印技术，将镁有机复合加入聚乳酸-乙醇酸（PLGA）、β-TCP多孔支架中，可以设计制造出具有生物活性的可降解PLGA/TCP/Mg多孔支架[61]，此种PLGA/TCP/Mg多孔支架具有良好的互连多孔结构，能够满足骨重建适宜的机械强度，植入患者体中，有利于新骨的生长及血液的流通。

9.3.2 生物陶瓷3D打印性能优化

数字微喷3D打印是一种新型无模具、快速、柔性直接成型的先进“增材制造”（AM）技术，在生物陶瓷3D打印工艺成型过程中，粉末性能、黏结剂性能和打印参数（压电驱动电压、喷射参数、喷嘴出口直径、打印速度、搭接率、打印路径、叠加层距）等工艺参数是影响制件精度、强度和韧性的主要因素[62]。

(1) 生物陶瓷粉末性能

生物陶瓷3D打印制件的材料主要是陶瓷粉末，例如HA粉末、β-TCP粉末、氧化锆粉末等。粉末粒径尺寸、粉末加入量、粉末黏结性等参数对3D打印制件的性能（力学性能、生物性能）具有重要影响。当生物玻璃粉末加入量为20%时，所得β-TCP多孔生物陶瓷的抗压强度最高，能够作为软骨组织工程支架使用[63]。此种β-TCP多孔生物陶瓷的制备过程如下：采用固相反应法首先制备出β-TCP粉末和P_2O_5-CaO生物玻璃粉末。将摩尔比2∶1的$CaHPO_4 \cdot 2H_2O$和$CaCO_3$混合、过筛，加无水乙醇球磨，充分混合均匀，把混合后的粉末放入坩埚中，于960℃保温2h获得了β-TCP粉末。将P_2O_5、CaO、Na_2O、MgO和Al_2O_3混合，加无水乙醇球磨，充分混合均匀，置于坩埚内，于850℃煅烧0.5h，并在冷水中急冷干燥后获得了P_2O_5-CaO生物玻璃粉末。以β-TCP粉末作为骨料，P_2O_5-CaO生物玻璃粉末作为高温黏结剂，聚乙烯醇溶液作为成型黏结剂，硬脂酸作为致孔剂，将以上原料混合均匀，模压成型，自然干燥12h后脱模得到生坯，随后按照以下烧结参数烧结：30～300℃烧结3h，300～1100℃烧结4h，1100℃保温2h后自然冷却，从而获得β-TCP多孔生物陶瓷。粒径低于20μm、平均粒径为5.5μm的Ti-Ni-Hf合金3D打印结构制件的图像如图9.5所示，丙烯酸基黏结剂喷射量比最优参数为170%，叠加距离为35μm，对于20～150μm粒径分布的粉末，粒径越小形成制件的强度越高[64]。

图9.5 Ti-Ni-Hf合金3D打印结构制件的图像[64]

(a) 实物图；(b) SEM图像

(2) 黏结剂

黏结剂分为有机黏结剂和无机黏结剂，所用的黏结剂要求无毒无害、黏度不宜过大，避免堵塞3D打印机的喷头，并且在打印过程中，黏结剂的喷射量需要控制[65,66]。0.7mm厚度的制件制造偏差为0.5mm，当层厚相同时，随着黏结剂喷射量比由90%增加到125%，其抗拉强度和抗压强度增加，表面粗糙度变小，当黏结剂喷射量比相同时，层厚由100μm减小到87μm时，所得3D制件的抗拉强度增加，而抗折强度和表面粗糙度降低[67]。在满足制件要求下，应适当增加黏结剂的喷射量和减小制件层厚。生物陶瓷3D打印制件具有结构复杂、致密度高等特点[68-70]。

9.3.3 生物陶瓷骨成型技术

生物陶瓷3D打印成型的理想人工多孔骨植入物应具有合理的内部多孔结构和外部形状，其内外部多孔结构影响着多孔植入部件的生物和力学性能，所以多孔植入部件的设计应建立在可控的结构参数和力学参数基础上，同时满足仿生力学性能。目前常见的实体骨成型技术主要包括电子束熔融技术、光固化技术[71,72]。

(1) 电子束熔融技术

电子束熔融技术（EBM）是一种应用电子束作为热源来熔融金属粉末的分层制造工艺，具有精准、复杂成型的特点。采用EBM技术成型的骨植入物，能够诱导新骨生长，具有个性化定制的优势。采用蜂窝状多孔Ti_6Al_4V植入体模型，通过EBM成型工艺能够制备出多孔Ti_6Al_4V植入体实体，如图9.6所示[73]。此种EBM技术主要有送粉、铺粉、熔化烧结等步骤，设计数据经分层切片处理后，得到试件每层的截面轮廓信息，送粉机构将Ti_6Al_4V粉体送至预定区域，由铺粉部件将粉体铺平并压实，然后电子束在计算机控制下按照试件的截面轮廓进行扫描，熔化烧结粉体材料，然后再送粉、铺粉、熔化烧结粉体，重复以上过程，直到形成整个试件。制造好的试件放置在真空室中的粉体堆里缓慢冷却，待温度降至150℃后取出，进一步冷却至室温后去除残留在试件上的多余粉末。所制造的试件无须进行热处理，整个制造过程都是在真空条件下完成，其工艺参数分别为：真空度<0.5Pa，电子束功率4kW，加工层厚0.07mm，扫描速率1km/s，制造速度60cm^3/h，加工精度±0.05mm。

所得多孔植入体的孔隙率为61.5%，抗压强度为172MPa，弹性模量为3.1GPa，与人体骨组织的弹性模量接近，证明多孔钛合金植入体模型适用于骨科植入物的制造。对患者受损骨进行CT扫描，再反向建成三维骨模型，然后使用EBM打印机熔化钛合金，通过层层累积成型可以制备出人工骨植入物，人工骨与宿主骨具有良好的形态匹配度，受损处恢复良好[74,75]。

(2) 光固化成型技术

光固化成型技术（SLA）为不能制作或难以用传统方法制作的人体器官或骨骼模型提供了一种新方法。通过陶瓷激光光固化技术，可以直接3D打印生成β-TCP陶瓷坯体，通过烧结工艺可以制造出特定形态与微结构的骨生物多孔预置管道植入体，所得植入体抗压强度达到了23.54MPa，与松质骨类似，此种多孔植入体可以体外复合细胞及生长因子，可以实现早期血管植入，快速建立循环系统及活化的骨坏死区，符合理想骨移植替代物的需求。采用SLA方法能够制备出骨生物多孔预置管道植入体[76]，制备过程如下：首先将乙二醇、丙烯

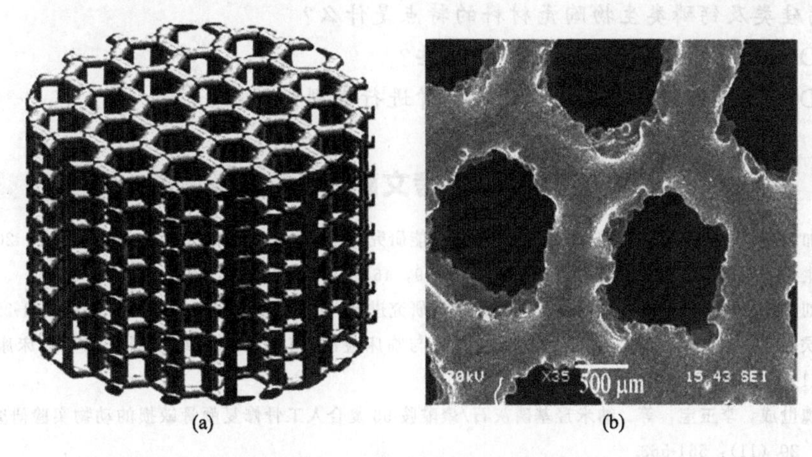

图 9.6 蜂窝状多孔 Ti_6Al_4V 植入体的模型与实物图[73]

(a) 模型；(b) 实物图

酰胺和亚甲基双丙烯酰胺加入去离子水中得到预混液，然后将陶瓷粉末及聚丙烯酸钠分别加入上述预混液中，然后将陶瓷浆料进行球磨，得到分散均匀的陶瓷浆料。加入光引发剂，将陶瓷浆料加入光固化成型机槽中，调整成型机工作参数：激光光源为固体激光器（波长355nm），光斑直径0.2mm，分层厚度0.10mm，填充扫描速度5000mm/s，填充向量间距0.10mm，支撑扫描速度2000mm/s，跳跨速度8000mm/s，轮廓扫描速度3000mm/s，补偿直径0.12m，工作台升降速度4mm/s，点支撑扫描时间0.50ms。将分层数据在成型控制软件RPBuild中加载，按照光固化成型的方法直接成型陶瓷素坯，然后将光固化直接成型的β-TCP陶瓷支架坯体放入聚乙二醇中浸渍24h，除去坯体中残留的有机溶液，随后将其放入无水乙醇中浸渍24h，除去聚乙二醇，最后于40℃干燥24h。真空下高温烧结除去有机质，使陶瓷坯体致密化。温度控制如下：从室温以80℃/h升至180℃、保温1h，以80℃/h升至390℃、保温1h，以80℃/h升至550℃，以115℃/h升至700℃，以360℃/h升至1150℃、保温1h并自然冷却。

利用CT扫描人体下颌骨得到的数据，通过MIMICS软件进行优化和三维重建能够得到下颌骨模型，再使用SLA工艺的3D打印机打印出生物可降解的组织工程骨支架，通过计算机逆向与正向建模技术，利用3D打印机可以快速建立生物可降解的骨组织工程支架，其仿生三维微观结构对于复合细胞和打印骨实体具有重要的研究价值，但是SLA对成型材料有限制，在研究成型工艺的同时，也应发展能够适用于SLA工艺的新型生物陶瓷材料[77]。

思考题

9.1 说明生物陶瓷材料的分类。

9.2 生物活性陶瓷材料与生物惰性陶瓷材料的区别是什么？

9.3 陶瓷支架材料在修复骨缺损方面能够起到何种作用？

9.4 陶瓷支架材料的结构与性能要求有哪些？

9.5 为何羟基磷灰石生物陶瓷材料能够替代生物骨骼？

9.6 将羟基磷灰石用于生物体时，为何需要对其进行掺杂处理？

9.7 钙硅类及钙磷类生物陶瓷材料的特点是什么？

9.8 3D打印生物陶瓷材料的种类有哪些？

9.9 3D打印方法中，如何对生物陶瓷骨进行成型？

参考文献

[1] 周欣．添加氧化锌的氮化硅生物陶瓷材料的制备与性能研究［D］．济南：济南大学硕士学位论文，2018.

[2] 张文毓．生物陶瓷材料的研究与应用［J］．陶瓷，2019，46（8）：22-27.

[3] 李佳乐，刘一儒，杜宝霞，等．生物陶瓷支架材料的研究进展［J］．饮食保健，2016，3（9）：251-252.

[4] 刘顺振，侯玉东．骨组织工程支架材料的研究进展与临床应用［J］．中国组织工程研究与临床康复，2011，15（42）：7911-7914.

[5] 周立伟，魏世成，李玉宝，等．纳米羟基磷灰石/聚酰胺66复合人工骨修复颅骨缺损的动物实验研究［J］．口腔医学，2009，29（11）：561-563.

[6] Sotome S，Uermure T，Kjkuchi M，et al. Synthesis and dinvivo evaluation of a novel hydroxyl apatite/collagenase bone filler and adrug delivery carrier of bone morphogenetic prote in［J］. Mat Sci Eng C，2004，24（18）：341-349.

[7] Yeo M G，Lee H，Kim G H. Three-dimensional hierarchical composite scaffolds consisting of polycaprolactone，β-tricalcium phosphate，and collagen nanofibers：Fabrication，physical properties，and invitro cell activity for bone tissue regeneration［J］. Biomacromolecules，2011，12（2）：501-510.

[8] 邱凯，陈馨，万昌秀，等．骨组织工程支架材料聚磷酸钙生物陶瓷研究进展［J］．生物医学工程学杂志，2005，22（3）：614-617.

[9] 张敏，高家诚，王勇，等．HA生物陶瓷的掺杂改性研究进展［J］．材料导报，2005，19（2）：20-22.

[10] Merry J C，Gibson I R，Best S M，et al. Synthesis and characterization of carbonate hydroxyapatite［J］. J Mater Sci，1998，58：779-785.

[11] Barralft J E，Best S M，Bonfield W. Effect of sintering parameters on the density and microstructure of carbonate by droxyapatite［J］. J Mater Sci，2000，60：719-725.

[12] Gibson I R，Bonfield W. Novel synthesis and characterization of an AB-type carbonate-substituted hydroxyapatite［J］. J Biomedical Mater Res，2002，59（4）：697-703.

[13] Landi E，Tampieri A，Celotti G，et al. Influence of synthesis and sintering parameters on the characteristics of carbonate apatite［J］. Biomaterials，2004，25（10）：1763-1769.

[14] 王友法，闫玉华．含部分碳酸根的针状羟基磷灰石晶体的均相合成［J］．武汉理工大学学报，2001，23（11）：23-29.

[15] 黄志良，王大伟，刘羽，等．不同类型的CO_3替换羟基磷灰石固溶体晶体化学FT-IR研究［J］．无机化学学报，2002，18（5）：469-476.

[16] 曲海波，翁文剑，韩高容，等．六氟磷酸对含氟羟基磷灰石薄膜形成的影响［J］．硅酸盐学报，2003，31（2）：194-199.

[17] Kim H W，Noh Y J，Koh Y H，et al. Enhanced performance of fluorine substituted hydroxyapatite composites for hard tissue engineering［J］. J Mater Sci，2003，14（10）：899-905.

[18] Patel N，Best S M，Bonfield W，et al. A comparative study on the in vivo of hydroxyapatite and silicon substituted hydroxyapatite granules［J］. J Mater Sci，2002，62（13）：1199-1208.

[19] Lee J H，Lee K S，Chang J S，et al. Bio-compatibility of Si-substituted hydroxyapatite［J］. Key Eng Mater，2004，254-255：135-140.

[20] Porter A E，Patel N，Skepper J N，et al. Effect of sintered silicate-substituted hydroxyapatite on remodeling processes at the bone-implant interface［J］. Biomaterials，2004，25（16）：3303-3309.

[21] Mayer I，Cohen H，Voegel J C，et al. Synthesis，characterization and high temperature analysis of Al-containing hydroxyapatites［J］. J Cryst Growth，1997，172：149-156.

[22] 张玉梅，付涛，许可为，等．含镧羟基磷灰石的合成和性能研究［J］．牙体牙髓牙周病学杂志，2000，10（3）：149-156.

[23] Thouraya N, Beama H, Jean M S, et al. Substitution mechanism of alkali metals for strontium in strontium hydroxyapatite [J]. Mater Res Bull, 2003, 38: 221-228.
[24] 张梦霖，李毅．生物陶瓷在活髓保存术中的应用现状 [J]. 医学综述，2019，25 (23)：2333-2338.
[25] Komabayashi T, Zhu Q, Eberhart R, et al. Current status of direct pulp-capping materials for permanent teeth [J]. Dent Mater J, 2016, 35 (1): 142-149.
[26] Hilton T J, Ferracane J L, Manel L. Comparison of CaOH with MTA for direct pulp capping: A PBRN randomized clinical trial [J]. J Dent Res, 2013, 92 (7S): 16-22.
[27] 张琳．年轻恒前牙因外伤露髓后使用MTA材料直接盖髓保存牙髓活力的临床疗效观察 [J]. 中国民康医学，2017，29 (15)：56-58.
[28] Portella F F, Collares F M, Santos P D, et al. Glyeerol salicylate-based pulp-capping material containing Portland cement [J]. Braz Dent J, 2015, 26 (4): 357-364.
[29] Camilleri J. Color stability of white mineral trioxide aggregate in contact with hypochlorite solution [J]. J Endod J, 2014, 40 (3): 436-440.
[30] Bogen G, Kim J S, Bakland L K. Direct pulp capping with mineral trioxide aggreage: An observational study [J]. J Am Dent Assoc, 2018, 139 (3): 305-315.
[31] 李羽弘，韦曦．iRoot BP 和 iRoot BP Plus 应用于牙髓治疗的研究现状 [J]. 中华口腔医学院研究杂志，2016，10 (3)：208-211.
[32] Zhang S, Yang X, Fan M. BioAggregate and iRoot BP Plus optimize the proliferation and mineralization ability of human dental pulp cells [J]. Int Endod J, 2013, 46 (10): 923-929.
[33] Shi S, Bao Z F, Liu Y, et al. Comparison of in vivo dental pulp responses to capping with iRoot BP Plus and mineral trioxide aggregate [J]. Int Endod J, 2016, 49 (2): 152-160.
[34] Azimi S, Fazlyab M, Sadri D, et al. Comparison of pulp response to mineral trioxide aggregate and a biocermaic paste in partial pulpotomy of sound human premolars: A randomized controlled trial [J]. Int Endod J, 2014, 47 (9): 873-881.
[35] Zhu L, Yang J, Zhang J, et al. In vitro and in vivo evialution of a nanoparticulate bioceramic paste for dental pulp repair [J]. Acta Biomater, 2014, 10 (12): 5156-5158.
[36] 曾畅，许安安，樊明文，等．新型材料 BioAggregate 的研究进展 [J]. 牙体牙髓牙周病学杂志，2014，24 (10)：611-614.
[37] Park J W, Hong S H, Kim J H, et al. X-Ray diffraction analysis of white ProRoot MTA and diadent BioAggregate [J]. Oral Surg Oral Med Oral Pathol Oral Radiol Endod, 2010, 1098 (1): 155-158.
[38] 胡雅静．BA、MTA、CH 三种材料直接盖髓的动物实验研究 [D]. 武汉：武汉大学硕士学位论文，2013.
[39] 孙妍，邹玲．新型钙硅材料在活髓保存治疗中的研究进展 [J]. 口腔疾病防治，2018，26 (1)：56-60.
[40] Aggarwal V, Singla M, Miglani S, et al. Comparative evaluation of push-out bond strength of ProRoot MTA, Biolentine, and MTA Plus in furcation perforation repair [J]. J Conserv Dent, 2013, 16 (5): 462-465.
[41] About I. Bindentine: From biochemical and bioactive properties to clinical applications [J]. Giornale Italiano Di Endodonzia, 2016, 30 (2): 81-88.
[42] Nowieka A, Lipski M, Parafiniuk M, et al. Response of human dental pulp capped with biodentine and mineral trioxide aggregate [J]. J Endod, 2013, 39 (6): 743-747.
[43] Marconyak I J J, Kirkpatrick T C, Roberts H W, et al. A comparison of coronal tooth discoloration elicited hyvarious endodonlic reparative materials [J]. J Endod, 2016, 42 (3): 470-473.
[44] Gandolfi M G, Siboni F, Botero T, et al. Calcium silicate and caleium hydroxide materials for pulp capping: Biointeractivity, porosity, solubility and bioactivity of current formulations [J]. J Appl Biomater Funct Mater, 2015, 13 (1): 43-60.
[45] Camilleri J. Hydration characteritics of biodentine and theracal used as pulp capping mateirlas [J]. Dent Mater, 2014, 30 (7): 709-715.
[46] Diamanti E, Mathieu S, Jeanneau G, et al. Endoplasmic reticulum stress and mineralization inhibition mechanism by the resinous monomer HEMA [J]. Int Endod J, 2013, 46 (2): 160-168.

[47] Dawood A E，Parashos P，Wong R H K，et al. Calcium silicate-based cements：Composition，properties，and clinical applications [J]. J Investig Clin Dent，2017，8 (2)：85-92.
[48] 王丹，魏习，周鹏．新型材料 CEM 的研究现状 [J]. 现代口腔医学院杂志，2018，32 (1)：56-59.
[49] Nosral A，Seifi A，Asgary S. Pulpotomy in caries-exposed immature permaent molars using calcium-enriched mixture cement or mineral trioxide aggregate A randomized clinical trial [J]. Int J Paediatr Dent，2013，23 (1)：56-63.
[50] 邱伟，时咏梅，徐进云．纳米羟基磷灰石直接盖髓诱导牙本质桥早期形成的可行性 [J]. 中国组织工程研究与临床康复，2010，14 (21)：2869-3872.
[51] 佟玮玮，王健平，赵千宁，等．纳米羟基磷灰石/聚酰胺 66 盖髓对造牙本质细胞及微血管的影响 [J]. 中国组织工程研究，2016，20 (16)：2418-2424.
[52] 司云强，李宗安，朱莉娅，等．生物陶瓷 3D 打印技术研究进展 [J]. 南京师范大学学报（工程技术版），2017，17 (1)：1-11.
[53] 钱超，樊英姿，孙健．三维打印技术制备多孔羟基磷灰石植入体的实验研究 [J]. 口腔材料器械杂志，2013，22 (1)：22-27.
[54] 张海峰，杜子婧，姜闻博，等．3D 打印 PLA-HA 复合材料与骨髓基质细胞的相容性研究 [J]. 组织工程与重建外科，2015，11 (6)：349-353.
[55] 诏月军，唐月锋，王心玲，等．氧化锆增韧羟基磷灰石纳米复相多孔生物陶瓷的制备与性能 [J]. 中国组织工程研究与临床康复，2009，13 (29)：5723-5726.
[56] Zhu Y Z，Liu Q B，Xu P，et al. Bioactivity of calcium phosphate bioceramic coating fabricated by laser cladding [J]. Laser Phys Lett，2016，13 (5)：055601.
[57] Fahimipour F，Kashi T S J，Khoshroo K，et al. 3D-printed β-TCP/collagen scaffolds for bone tissue engineering [J]. Dent Mater，2016，32 (1)：57.
[58] 曹雪飞．3D 打印 β-磷酸三钙负载 INH、REP/PLGA 缓释微球的生物安全性及成骨作用的研究 [D]. 兰州：兰州大学硕士学位论文，2016.
[59] Fielding G A，Bandyopadhyay A，Bose S. Effects of SiO_2 and ZnO doping on mechanical and biological properties of 3D printed TCP scaffolds [J]. Dent Mater，2012，28 (2)：113-122.
[60] 张睿，张彭凤，薛润苗，等．碳纤维增强磷酸钙骨水泥 [J]. 大连工业大学学报，2012，3 (6)：465-468.
[61] 赖毓霄，李龙，李烨，等．基于新型 3D 打印技术的复合活性多孔骨修复支架的研发 [C]. 2015 年全国高分子学术论文报告会论文摘要集-F-生物医用高分子．北京：中国学术期刊电子杂志社，2015.
[62] Hwang S，Reyes E I，Moon K S，et al. Thermo-mechanical characterization of metal/polymer composite filaments and printing parameter study for fused deposition modeling in the 3D printing process [J]. J Electron Mater，2015，44 (3)：771-777.
[63] 郑云佩，王彦平，强小虎，等．生物玻璃含量对 β-TCP 生物陶瓷结构性能的影响 [J]. 兰州交通大学学报，2015，34 (6)：153-157.
[64] Lu K，Hiser M，Wu W. Effect of particle size on three dimensional printed mesh structures [J]. Powder Technol，2009，192 (2)：178-183.
[65] Huang M T，Juan P K，Chen S Y，et al. The potential of the three-dimensional printed titanium mesh implant for cranioplasty surgery applications：Biomechanical behaviors and surface properties [J]. Mater Sci Eng C，2019，97 (4)：412-419.
[66] 邢金龙，何龙，韩文，等．3D 砂型打印用无机粘结剂的合成及其使用性能研究 [J]. 铸造，2016，65 (9)：851-854.
[67] Vaezi M，Chua C K. Effects of layer thickness and binder saturation level parameters on 3D printing process [J]. Int J Adv Manufact Technol，2011，53 (1)：275-284.
[68] 刘骥远，吴懋亮，蔡杰，等．工艺参数对 3D 打印陶瓷零件质量的影响 [J]. 上海电力学院学报，2015，31 (4)：336-340.
[69] Cox S C，Thornby J A，Gibbons G J，et al. 3D printing of porous hydroxyapatite scaffolds intended for use in bone tissue engineering applications [J]. Mat Sci Eng C，2015，47：237-247.
[70] Wiria F E，Maleksaeedi S，He Z. Manufacturing and characterization of porous titanium components [J]. Prog Cryst

Growth Charact Mater，2014，60 (3-4)：94-98.

[71] Olakanmi E O，Cochrane R F，Dalgarno K W. A review on selective laser sintering/melting (SLS/SLM) of aluminium alloy powders：Processing，microstructure，and properties [J]. Prog Mater Sci，2015，74：401-477.

[72] 麦淑珍，杨永强，王迪．激光选区熔化成型 NiCr 合金曲面表面形貌及粗糙度变化规律研究 [J]. 中国激光，2015，42 (12)：88-97.

[73] 李祥，王成焘，张文光，等．多孔 Ti_6Al_4V 植入体电子束制备及其力学性能 [J]. 上海交通大学学报，2009，43 (12)：1946-1949.

[74] 马健超．3D 打印技术在骨结构重建的应用 [D]. 长春：吉林大学硕士学位论文，2015.

[75] 王财儒．多孔钛合金股骨头支撑棒的设计及其治疗早期股骨头坏死的实验研究 [D]. 西安：第四军医大学硕士学位论文，2015.

[76] 边卫国，李涤尘，连芩，等．多孔预置管道股骨头坏死髓芯植入体的设计与制造 [J]. 生物医学，2011，28 (5)：961-967.

[77] 张嘉宇，米雪，刘勤，等．三维打印组织工程骨支架计算机辅助建模及快速成型技术 [J]. 口腔医学研究，2013，29 (12)：1097-1101.

第10章 热敏陶瓷材料

学习目标

通过本章的学习，掌握以下内容：(1) PTC热敏陶瓷材料的性能参数；(2) PTC热敏陶瓷材料的分类及应用；(3) NTC热敏陶瓷材料的分类及应用；(4) CTR热敏陶瓷材料的种类及应用。

学习指南

(1) 居里温度、电阻温度系数、电阻率是PTC热敏陶瓷材料的主要性能参数；(2) PTC热敏陶瓷材料主要包括$BaTiO_3$基陶瓷材料和氧化钒基陶瓷材料，在温度传感器、气流传感器和限流器、发热体等方面具有广泛应用；(3) NTC热敏陶瓷材料主要分为低温型、中温型及高温型热敏陶瓷材料，在温度检测、热反应器等方面应用广泛；(4) V_2O_5基半导体陶瓷材料是常见的CTR热敏陶瓷材料，在火灾传感器等方面具有广泛应用。

章首引言

敏感陶瓷材料指某些性能随外界条件（例如温度、湿度、气氛、电压）的变化而发生改变的陶瓷材料。根据敏感陶瓷材料的电阻率、电动势等物理量对热、湿、电压及气体、离子的变化特别敏感这一特性，可以分为热敏陶瓷材料、湿敏陶瓷材料、气敏陶瓷材料、压敏陶瓷材料等。热敏陶瓷材料属于半导体陶瓷材料，半导体陶瓷材料的电阻率为$10^{-4}\sim10^{7}\Omega\cdot cm$。在半导体的能带分布中，禁带较窄，所以价带中的部分电子易被激发越过禁带，进入导带成为自由电子，获得导电性。半导体陶瓷材料具有导电性随着环境而变化的特点，根据这一特性可以制备成热敏、湿敏、气敏、压敏等不同类型的敏感陶瓷器件。

热敏陶瓷器件是利用半导体陶瓷材料的电阻随着温度而变化的现象制成的器件，可用于制作温度测定、线路温度补偿及稳频等元件，具有灵敏度高、稳定性好、制造工艺简单及价格低等特点。根据电阻-温度特性，热敏陶瓷可以分为以下三类：(1) 电阻随着温度的升高而增大的陶瓷材料称为正温度系数热敏陶瓷材料，简称正温度系数热敏电阻器（positive temperature coefficient thermister，PTC）热敏陶瓷材料；(2) 电阻随着温度的升高而减小的陶瓷材料称为负温度系数热敏陶瓷材料，简称负温度系数热敏电阻器（negative temperature coefficient thermister，NTC）热敏陶瓷材料；(3) 电阻在某特定温度范围内急剧变化的陶瓷材料称为临界温度电阻（critical temperature resistor，CTR）热敏陶瓷材料[1]。本章系统阐述了热敏陶瓷材料的特性、种类及应用。

10.1 PTC热敏陶瓷材料

10.1.1 PTC热敏陶瓷材料的基本特性

(1) 居里温度 T_c

PTC热敏陶瓷的电阻率-温度（ρ-T）曲线如图10.1所示。PTC陶瓷材料属于多晶铁电半导体陶瓷材料，在陶瓷体上施加工作电压，温度低于 $T_{\min}$，PTC陶瓷体的电阻率随着温度的上升而下降，电流增大，呈现负温度系数特性，服从 $e^{\Delta E/2kT}$ 规律，ΔE 值为0.1～0.2eV。由于 $\rho_{\min}$ 很低，所以有大的冲击电流，使陶瓷体温度迅速上升。当温度高于 $T_{\min}$ 以后，由于铁电相变（铁电相与顺电相转变）及晶界效应，陶瓷体呈正温度系数特征，在居里温度（相变温度）T_c 附近的一个窄的温区内，随着温度的升高（降低），其电阻率急剧升高（降低），约变化数个数量级（10^3～10^7），电阻率在某一温度附近达到最大值，这个区域即称为PTC区域。其后电阻率又随着 $e^{\Delta E/2kT}$ 的负温度系数特征变化，此时 ΔE 值为0.8～1.5eV。通过掺杂可以调控PTC热敏陶瓷材料的 T_c 值，例如（$Ba_{1-x}Pb_x$）TiO_3 基PTC陶瓷，增加Pb的含量，可以提高 T_c 值，掺加Sr或Sn，可以降低 T_c 值。

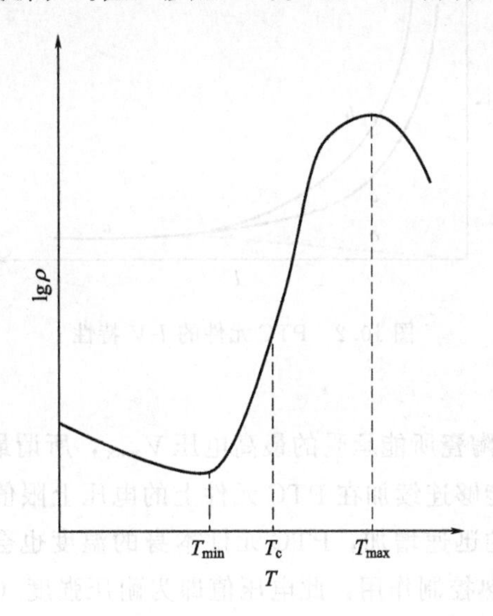

图10.1 PTC陶瓷的电阻率 ρ 与温度 T 的关系曲线

(2) 电阻温度系数 α

电阻温度系数指零功率电阻值的温度系数，温度为 T 时的电阻温度系数定义为：

$$\alpha_T=\frac{1}{R_T}\times\frac{\mathrm{d}R_T}{\mathrm{d}T} \tag{10.1}$$

对于PTC陶瓷材料，由图10.1的 ρ-T 曲线可知，当曲线在某一温区发生突变，ρ-T 曲线近似线性变化。如果温度从 T_1 转变为 T_c，则相应的电阻值由 R_1 转变为 R_2，因此，式(10.1)可以表示为：

$$\alpha_T=\frac{2.303}{T_2-T_1}\lg\frac{R_2}{R_1} \tag{10.2}$$

当PTC陶瓷作为温度传感器使用时，要求具有较高的电阻温度系数。通常温度为40℃

时，α 值可以达到 0.3%/℃。

(3) 室温电阻率 ρ_a

通常室温电阻率指的是 25℃时的零功率电阻率 ρ_a(Ω·cm)，不同领域的应用对于 ρ_a 值的要求不同，例如彩色电视机消磁器和电冰箱压缩机启动用的 PTC 保护器均需要大电流，所以要求 ρ_a 值在 10～400Ω·cm 之间，而作为加热器的 PTC 元件，其 ρ_a 值一般控制在 10^2～10^4Ω·cm。

(4) 电压-电流特性

PTC 热敏陶瓷的 *R-T* 曲线中存在电阻率反常特性，所以它也具有独特的伏安特性，如图 10.2 所示。当电压很小时，不足以加热样品至居里温度，此时电流随着电压的增加而呈正比例增加（图 10.2 中的 *a* 线）。当电压增加到某一值时，PTC 元件的温度达到 T_c，此时电流达到最大值。进一步增加电压，会使 PTC 元件的温度超过 T_c，此时电阻迅速增加，电流减小（图中的 *b* 线）。由以上分析可知，随着电压的增加，电流呈反比例减小，此时电压-电流特性曲线接近于恒定功率下的抛物线（图中的 *c* 线），这是由于 PTC 元件趋向于维持在 T_c温度，电流反比例减小引起的。

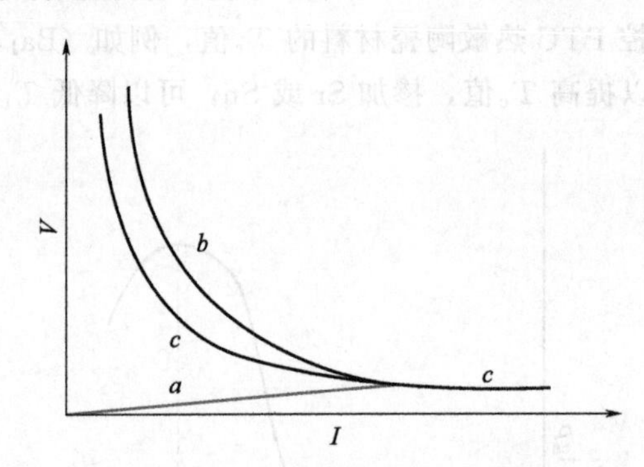

图 10.2 PTC 元件的 *I-V* 特性

(5) 耐压特性

耐压指的是 PTC 热敏陶瓷所能承受的最高电压 V_{max}，所谓最高电压指的是在 25℃环境温度时，于静止的空气中能够连续加在 PTC 元件上的电压上限值。PTC 元件的温度在居里温度以上时，由于电阻率的迅速增加，PTC 元件本身的温度也会上升，当电压低于某一定值时，PTC 元件不会失去热控制作用，此电压值即为耐压强度（V_B）。V_B值与 PTC 热敏陶瓷材料的晶粒尺寸和晶界层厚度密切相关，晶粒尺寸越小及晶界层越厚，V_B值越高。V_B值还与 T_c值有关，对于 T_c值为 120℃的 PTC 陶瓷材料，其 V_B值可以达到 200V/mm。不同的应用领域对于V_B值有不同要求，例如彩电消磁 PTC 元件，要求 V_B值超过 200V/mm。当 PTC 元件的使用电压低于 1/2 V_B时，其 V_B值几乎不随时间而发生变化，所以可以长时间使用。因此，为了使 PTC 元件能够可靠地工作，标准电压值应低于 1/2V_B。

(6) 电流-时间特性

电流-时间特性指的是电流随着时间的变化规律，当 PTC 元件通电时，通过元件的初始电流 I_0很大，经过时间 t_0后，PTC 元件的温度达到了 T_c，电流即迅速降至稳定值。初始电流 I_0和延迟时间 t_0取决于 PTC 元件的热容量、电阻值、热交换条件、负载电阻以及所加电压值等。

(7) 放热特性

根据用途，PTC 热敏陶瓷元件具有不同的形状，例如制作温度传感器时通常为圆盘形，制作发热体时，可以做成圆盘形、平板形、口琴形和蜂窝形等。当 PTC 元件通过一定电流时，由于功耗本身将发热，同时向周围环境散发一部分热量。在稳定状态时，从 PTC 元件表面放出的热能 P 为：

$$T=C(T-T_a) \tag{10.3}$$

式中，T 为 PTC 热敏陶瓷的表面温度，K；T_a 为环境温度，K；C 为放热系数，W/(m² · K)。C 可由下式表示：

$$C=C_0(1+h\sqrt{v}) \tag{10.4}$$

式中，v 是风速，m/s；h 是与 PTC 元件形状有关的常数；C_0 是当 $v=0$ 时的 C 值，W/(m² · K)。C_0 值主要取决于 PTC 元件的有效表面积，有效表面积越大，C_0 值越大。PTC 热敏陶瓷材料的放热特性与 PTC 元件的几何形状、表面积、材料导热性能、环境温度及风速等因素有关。

10.1.2　PTC 热敏陶瓷材料的种类

PTC 热敏陶瓷材料主要包括 $BaTiO_3$ 基陶瓷材料和氧化钒（V_2O_3）基陶瓷材料。$BaTiO_3$ 基 PTC 热敏陶瓷材料具有良好的 PTC 效应，在 T_c 温度时电阻率跃变（ρ_{max}/ρ_{min}）达到 $10^3 \sim 10^7$，电阻温度系数 $\alpha_T \geqslant 0.2\%/℃$，所以 PTC 热敏陶瓷材料是理想的测温和控温元件，具有广泛的应用。通过掺施主杂质能够形成 n 型半导体，施主杂质选择与 Ba^{2+} 半径相近，而化学价高于二价的离子，例如 La^{3+}、Sm^{3+}、Y^{3+} 等，也可以选择化学价高于四价而半径与 Ti^{4+} 相近的离子掺杂，例如 Nb^{5+}、Ta^{5+} 等。半导体 $BaTiO_3$ 热敏陶瓷的电阻率在居里点附近随着温度的升高而增大，其突变温度与居里点相对应。如果以 Sr^{2+} 或 Pb^{2+} 置换 Ba^{2+} 的位置，或者以 Zr^{4+} 或 Sn^{4+} 置换 Ti^{4+} 的位置形成固溶体，可以改变和调节其居里点，以适应不同温度范围的应用[2]。Ba 过量所得 $BaTiO_3$ PTC 热敏陶瓷材料具有良好的 PTC 特性，因而需要研究 Ba、Ti 摩尔比（m）对 $BaTiO_3$ 热敏陶瓷电学性能及 PTC 特性的影响[3]。m 为 1.005～1.01 时所得钛酸钡陶瓷材料的 PTC 效应较好，尤其是 m 为 1.002 时钛酸钡陶瓷材料的 PTC 热敏效应最佳[4]，这是由于与 Ti 位过量样品相比，Ba 位过量样品的晶界电阻更易于再氧化热处理，从而样品的晶界电阻值就比较高[5]。表 10.1 所示为 $BaTiO_3$ 和 V_2O_3 基 PTC 热敏陶瓷材料的主要特性。

表 10.1　$BaTiO_3$ 和 V_2O_3 基 PTC 热敏陶瓷材料的主要特性

性能	$BaTiO_3$	V_2O_3
室温电阻率 ρ_{20}/Ω · cm	3～10000	$(1\sim3)\times10^{-3}$
无负载电阻增加比	$10^3\sim10^7$	5～400
最大负载电阻增加比	约 150	5～30
转变温度/℃	−30～320	−20～150
温度系数/(%/℃)	约 20	约 4
最大额定电流密度/(A/mm²)	约 0.01	约 1
最大电流密度/(A/mm²)	—	约 400
电压/频率相关	有/有	无/无

10.1.3 PTC热敏陶瓷材料的应用

(1) 温度传感器

PTC热敏陶瓷元件作为过热保护装置，例如能对电动机、冰箱、冰柜等进行过热保护(图10.3)。利用PTC元件与负载串联，可以构成负载的过热保护装置，其优点是无须附加电子电路就能够直接自动控制电路的电流，达到防止过热的目的。图10.4所示为电动机过热保护装置电路图，当因过载而使电动机过热时，会破坏电动机绕组的绝缘，缩短电动机的寿命。使用PTC元件（图中三个PTC元件串联使用），并与辅助继电器串联。电动机正常运行时，PTC元件处于低阻状态，控制主继电器使之吸合，一旦电动机过热，PTC元件电阻突变为高阻状态，辅助继电器切断主继电器回路，从而切断电源，达到保护电动机的目的。

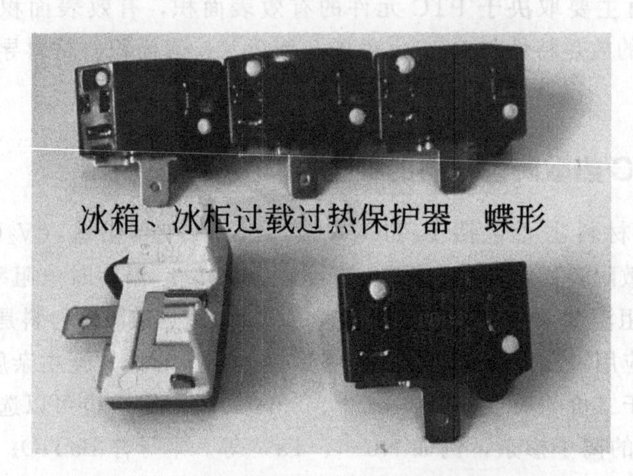

图10.3　PTC陶瓷冰箱、冰柜过载过热保护器

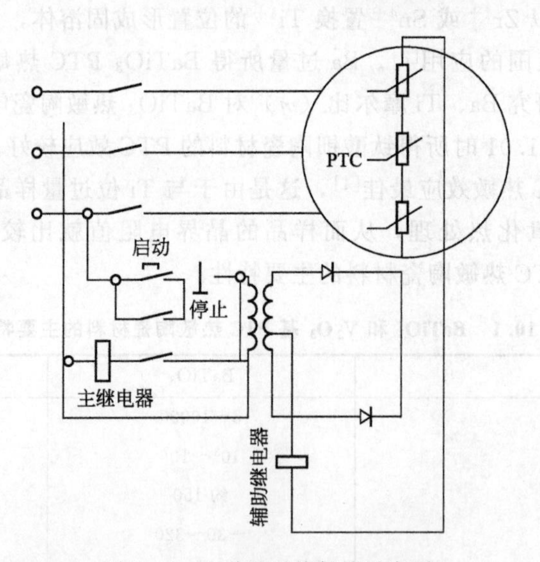

图10.4　电动机过热保护示意图

(2) 气流传感器和限流器

PTC陶瓷元件的放热系数可以随着气流而变化，从而导致V-I曲线的PTC区发生改

变，因而PTC陶瓷元件作为传感器可以检测气流的变化。将PTC陶瓷元件与负载串联，可以用于家用电器的限流器（图10.5）。正常情况下，PTC陶瓷元件允许流过某一安全电流，如果由于故障电路中流过反常大电流时，由于PTC陶瓷元件的自热作用，其电阻值增加，所以PTC陶瓷元件能够限制通过负载的电流。在电子设备的电源电路中串联一个PTC陶瓷元件，如果发生故障使负载短路时，由于PTC陶瓷元件的抑制作用，所以能够使负载电流保持一定，从而防止烧毁电源设备。因此，PTC陶瓷限流器的作用类似于既无触点，又能自动复原的“保险丝”。

图10.5 限流器实物图

(3) PTC延迟特性的应用

当外加电压加于PTC热敏陶瓷元件上时，在居里温度以下，PTC陶瓷元件中将有一大电流通过，经过一段时间t_a后，温度达到居里点时，电流急剧降低，电流持续时间t_a为几分之一秒到数分钟。根据应用场合，对t_a有不同的要求，例如彩色电视机消磁，t_a为几分之一秒，但启动电动机要求t_a为数秒，而延迟开关根据需要可以长达0.5～2min。在利用PTC陶瓷元件的延迟特性时，必须分析PTC陶瓷元件的热容量对延迟时间t_a的影响。在一个延迟作用后，为了重现相同的延迟时间，需要一定的时间间隔，直到PTC陶瓷元件恢复到起始温度为止。因此，在利用延迟特性时，应避免快速的重复使用。由于元件所承受的电压高，所以要求所使用的PTC陶瓷元件具有高的耐压值，对于消磁和启动用的PTC陶瓷元件还应具有较低的常温电阻和大的电阻温度系数。

利用PTC陶瓷元件的延迟特性可以制成彩色电视机的自动消磁器（图10.6），对PTC热敏陶瓷消磁器的要求如下：①室温电阻率低；②具有良好的电流-时间特性，冲击电流较大（$I_0 \geqslant 10A$）、小的阻尼电流（1s后的电流$I_1 \leqslant 450mA$）和小的残余电流（120s后的电流$I_{120} \leqslant 10mA$）；③耐压强度高，一般耐压要求是实际工作电压的1.5～3.5倍；④电压系数小，在220V的工作电压下，热平衡电阻$R_t \geqslant 22k\Omega$即可达到要求；⑤居里温度要求在50～65℃温度范围内。利用PTC热敏陶瓷材料的延迟特性，可以制作成延迟开关及冰箱启动器（图10.7）等，具有无触点启动、防爆安全等优点。

(4) 发热体

PTC陶瓷元件作为发热体，可以同时起到电阻和开关作用，能够使发热温度恒定于居里

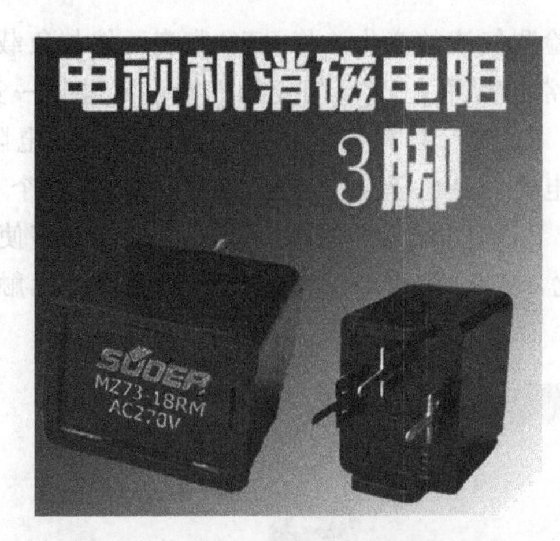

图 10.6　消磁器实物图

图 10.7　冰箱启动器实物图

温度附近，所以又称为恒温发热体。PTC 陶瓷元件与其他电热元件相比，具有省电 30%以上、无明火、安全可靠、升温速度快、发热温度取决于居里温度、受外界环境影响小、装置结构简单、寿命长等特点。PTC 热敏陶瓷元件的热功率由下式表示：

$$P=\alpha(T-T_a) \tag{10.5}$$

式中，α 是与 PTC 陶瓷元件结构有关的热导率，$W/(m^2 \cdot K)$；T_a是 PTC 陶瓷元件的环境温度，K。由上式可知，通过增加 PTC 陶瓷元件的居里温度及热导率，能够有效提高 PTC 陶瓷元件的热功率。表 10.2 所示为 PTC 热敏陶瓷元件在日用电器中的应用。

表 10.2　PTC 热敏陶瓷元件在日用电器中的应用

在日用电器中的应用	应用元件
电子脚炉、电子长筒靴	恒温发热体
彩色电视自动消磁器、微风机的启动装置、室内暖炉的温度检测装置	限流器
液面计	温度传感器
保温电饭锅	恒温发热体
电子驱蚊器	恒温发热体
电子开水器、电子干燥器、电子按摩器、屏风式取暖器、保温饭盒	发热体
室内取暖板式加热器、自动开关式电饭锅	恒温发热体
电香炉、电子温酒器	发热体
空调机辅助加热器、温风暖房机、被服干燥机、食具干燥机、服装干燥机、电热牛奶器、吹风机、烫发器	发热体
发酵器、电暖脚器、电热熨斗、空调	发热体
加湿器、吸入器、美容器、电子被炉、鞋类干燥器	发热体
石油恒风暖炉、电子消毒器、电热式吸入器、热风板式暖房机、电热毯、内衣干燥器、地毯取暖器、饮料加热器	高居里点发热体
气缸盖防止凝结	发热体

10.2 NTC 热敏陶瓷材料

10.2.1 NTC 热敏陶瓷材料的电阻-温度特性

NTC 热敏陶瓷是随着温度的升高，其电阻率按照指数关系降低的一类陶瓷材料，其电阻-温度关系可以由下式表示：

$$R_T = R_0 \exp\left(\frac{B}{T} - \frac{B}{T_0}\right) \tag{10.6}$$

$$B = \frac{\lg R_2 - \lg R_0}{(1/T) - (1/T_0)} \tag{10.7}$$

式中，R_T、R_0是温度为 T、T_0时热敏陶瓷材料的电阻值，Ω；B 是热敏陶瓷材料的热敏电阻常数，K。通过热敏陶瓷材料电阻常数 B 能够分析陶瓷材料的温度特性，B 值越高，热敏陶瓷材料的电阻对于温度的变化率越大。常用的热敏陶瓷材料的 B 值为 2000～6000K，高温型热敏陶瓷材料的 B 值为 10000～15000K。NTC 热敏陶瓷材料的电阻温度系数为：

$$\alpha_T = \frac{1}{R_T} \times \frac{dR_T}{dT} = -\frac{B}{T^2} \tag{10.8}$$

由上式可以看出，NTC 热敏陶瓷材料的温度系数 α_T 在工作温度范围内并不是常数，是随着温度的升高而迅速减小。B 值越大，相同温度下的 α_T 越大，即制成的传感器的灵敏度越高。因此，温度系数只表示 NTC 热敏陶瓷材料在某个特定温度下的热敏性。

10.2.2 NTC 热敏陶瓷材料的种类及其应用

根据应用范围，通常将 NTC 热敏陶瓷材料分为低温型、中温型及高温型热敏陶瓷材料。最早的过渡金属氧化物材料是应用于 300℃以下的低温型 NTC 陶瓷材料，主要为 AB_2O_4 型尖晶石结构氧化物半导体陶瓷材料，例如 MnO、CoO、NiO、Fe_2O_3 和 CuO 为主要成分的二元或多元氧化物混晶结构材料。此种热敏陶瓷材料的制备工艺比较简单、成本低，但热敏性能会受到烧结温度、保温时间、烧结气氛、降温速度以及热处理等因素的影响，电阻率范围为 10^2～10^8 Ω·cm，热敏电阻常数 B 为 1000～6000K，一般制成（2～5mm)×(1～2mm）的片状或直径 1mm 的球珠状元件，外部通常涂以玻璃釉以提高其可靠性。由于成分复杂，与基片的膨胀系数相差大，一般不制成薄膜而制成厚膜元件[6]。厚膜元件是在 NTC 陶瓷材料中添加质量分数为 10%的玻璃，并在电阻表面施加玻璃釉以提高其可靠性。中温型 NTC 热敏陶瓷器件采用尖晶石结构的 $MgCr_2O_4$ 和钙钛矿结构的 $LaCrO_3$ 组成的二元系材料，通过改变两者比例可调节其电阻值和 B 值，以满足使用要求，通常用于 300～600℃温区[7]。

高温型 NTC 热敏陶瓷器件的材料种类众多，主要包括 ZrO_2、CeO_2、NiO、BaO、SrO 等陶瓷材料。在氧化物陶瓷材料中加入 Y^{3+} 和 Ca^{2+} 等进行离子改性，利用氧离子空位移动和温度的依赖关系制成高温检测敏感器件。如果采用摩尔分数为 6%～15%的 Y_2O_3 置换 ZrO_2，埋入 Ir-Rh 合金线，在 1400～1700℃温度下烧结，可以制备成用于 700～2000℃温度范围的测温器件，$R_{750℃}$ = 10kΩ、$R_{1000℃}$ = 400kΩ、$B_{750℃}$ = 12500K、$B_{1000℃}$ = 16500K。$Mg(CrFeAl)_2O_4$ 尖晶石结构的固溶体材料是一种应用广泛的高温热敏陶瓷材料，通过改变

Cr、Fe、Al 三者比例可以调节其电阻值，按摩尔分数为 1%添加 SiO_2，并于 1650℃下烧结，可制备出 B 值大于 10000K、阻值为 400～1000Ω 的用于 600～1000℃的热敏陶瓷器件[8]。Cr_2O_3-Co_2O_3 系刚玉型陶瓷材料在 600℃温度下使用，电阻值为 4500Ω，B 值为 11300K[9]。

利用高频溅射工艺能够将薄膜型热敏陶瓷器件小型化，例如在 Al_2O_3 陶瓷基片上，先制作出 10μm 厚的白金电极，然后高频溅射 SiC 薄膜，并以 0.3mm 直径的 Pt 丝作为电极引线，一起封入耐热玻璃管中，可以有效防止 SiC 的氧化，能够制备出高温高精度热感器件，室温（25℃）以下电阻为 2.6kΩ，B 值为 1800K，温度系数为 1.9%/℃。

表 10.3 所示为 NTC 热敏陶瓷材料的主要成分及应用。

表 10.3 NTC 热敏陶瓷材料的主要成分及应用

种类	成分	晶系	应用
低温型 NTC 热敏陶瓷材料(低于 300℃)	MnO、CuO、NiO、Fe_2O_3、CoO 等	尖晶石型	低温测温、控温元件
中温型 NTC 热敏陶瓷材料(低于 300～600℃)	CuO-MnO-O_2 系、CoO-MnO-O_2 系、NiO-MnO-O_2 系、MnO-CoO-NiO-O_2 系、MnO-CuO-NiO-O_2 系、MnO-CoO-CuO-O_2 系、MnO-CoO-NiO-Fe_2O_3 系	尖晶石型	取暖设备、家用电器、工业温度检测
高温型 NTC 热敏陶瓷材料(高于 600℃)	ZrO_2、CaO、CeO_2、Y_2O_3、Nd_2O_3、TbO_2 等	萤石型	汽车排气、喷气式发动机和工业高温设备的温度检测、催化剂转化器和热反应器等
	MgO、NiO、Al_2O_3、Cr_2O_3、Fe_2O_3、CoO、MnO、NiO、$CaSO_4$、CoO 等	尖晶石型	
	BaO、SrO、MgO、TiO_2、Cr_2O_3、NiO-TiO_2 系等	钙钛矿型	
	Al_2O_3、Fe_2O_3、MnO	刚玉型	

10.3 CTR 热敏陶瓷材料

CTR 热敏陶瓷元件是利用材料从半导体相转变到金属相时电阻的急剧变化而制成，所以称为临界温度急变热敏陶瓷。此种敏感器件主要是以 V_2O_5 为基本成分的半导体陶瓷材料[10]，并掺加各类氧化物改善其性能，例如添加 MgO、CaO、SrO、BaO、B_2O_3、P_2O_5、SiO_2、GeO_2、NiO、WO_3、MoO_3 或 La_2O_3 等。制备方法是先将 V_2O_5 材料在还原气氛中烧结，冷却时采用急冷工艺制成四价 V^{4+} 存在的 VO_2 材料。VO_2 陶瓷材料在 65～67℃存在着急变临界温度，其临界温度偏差可以控制在±1℃，温度系数在－100～－30%/℃，响应速度为 10s，这可能是由于 VO_2 在 67℃以上时呈四方晶系的金红石结构，当温度降至 67℃以下时，VO_2 晶格畸变，转变为单斜结构，这种结构上的变化，使原处于金红石结构中氧八面体中心的 V^{4+} 的晶体场发生变化，使得 V^{4+} 的 3d 带产生分裂，从而导致 VO_2 由导体转变为半导体。

利用 CTR 热敏陶瓷材料在特定温度附近电阻剧变的特性，可以将其用于电路的过热保护和火灾报警等领域。利用 CTR 热敏陶瓷材料的电流-电阻特性与温度有关系的特性，在剧变温度附近，电压峰值有很大变化，这是可以利用的温度开关特性，能够用于火灾传感器等各种温度报警装置，具有可靠性高、反应速度快等特点。

思考题

10.1 热敏陶瓷的分类有哪些?

10.2 为什么需要对PTC热敏陶瓷材料进行掺杂处理?

10.3 说明PTC热敏陶瓷元件作为过热保护装置的工作原理。

10.4 为什么PTC陶瓷限流器的作用类似于既无触点、又能自动复原的"保险丝"?

10.5 举例说明NTC热敏陶瓷材料的分类。

10.6 举例说明CTR热敏陶瓷材料的工作机制。

参考文献

[1] 徐政,倪宏伟.现代功能陶瓷[M].北京:国防工业出版社,1998.

[2] 黄勇,陈国华.敏感陶瓷材料的制备及展望[J].佛山陶瓷,2003,13(3):4-8.

[3] 程绪信,赵肇雄,周东祥,等.叠层式PTC热敏陶瓷与基体研究进展[J].电子元件与材料,2014,33(7):4-8.

[4] Niimi H, Mihara K, Sakabe Y, et al. Preparation of multilayer semiconducting $BaTiO_3$ ceramics Co-fired with Ni inner electrodes [J]. Jpn J Appl Phys, 2017, 46 (10A): 6715-6718.

[5] Niimi H, Mihara K, Sakabe Y. Influence of Ba/Ti ratio on the positive temperature coefficient of resistivity characteristics of Ca-doped semiconducting $BaTiO_3$ fire in reducing atmosphere and reoxidized in air [J]. J Am Ceram Soc, 2007, 90 (6): 1817-1821.

[6] Chen M X, Zhang H M, Liu T, et al. Preparation, structure and electrical properties of $La_{1-x}Ba_xCrO_3$ NTC ceramics [J]. J Mater Sci, Mater Electron, 2017, 28: 18873-18878.

[7] Yang T, Zhang B, Luo P, et al. New NTC thermistors based on $LaCrO_3$-$Mg(Al_{0.7}Cr_{0.3})_2O_4$ composite ceramics [J]. J Mater Sci: Mater Electron, 2017, 28: 7558-7561.

[8] Zhang B, Zhao Q, Chang A M, et al. Spark plasma sintering of $MgAl_2O_4$-$YCr_{0.5}Mn_{0.5}O_3$ composite NTC ceramics [J]. J Eur Ceram Soc, 2014, 34 (12): 2989-2995.

[9] Park K, Lee J K, Kim J G, et al. Improvement in the electrical stability of Mn-Ni-Co-O NTC thermistors by substituting Cr_2O_3 for Co_3O_4 [J]. J Alloy Compd, 2007, 437 (1-2): 211-214.

[10] Diniz M O, Golin A F, Santos M C, et al. Improving performance of polymer-based ammonia gas sensor using POMA/V_2O_5 hybrid films [J]. Org Electron, 2019, 67 (4): 215-221.

第11章 湿敏陶瓷材料

学习目标

通过本章的学习，掌握以下内容：(1) 湿敏陶瓷材料的性能参数；(2) 湿敏陶瓷材料的分类；(3) 湿敏陶瓷材料的应用。

学习指南

(1) 湿度量程、灵敏度、响应时间、分辨率、温度系数是湿敏陶瓷材料的主要性能参数；(2) 湿敏陶瓷材料主要包括 TiO_2 基、SnO_2 基、石墨烯类、钛酸盐、钨酸盐等湿敏陶瓷材料；(3) 湿敏陶瓷材料在磁头、控制空气状态、呼吸器系统等方面具有广泛的应用。

章首引言

电解质、有机聚合物和陶瓷材料是三类主要的湿敏材料。电解质、有机聚合物材料的主要缺点是适用温、湿区有限，也不能在有污染、结露和含有有机溶剂的环境下工作。陶瓷材料具有良好的物性、热稳定性及抗污性，可以采用薄、厚膜平面工艺批量生产，成本低，在湿度传感器领域具有广泛的应用。湿敏陶瓷材料指的是对空气或其他气体、液体和固体物质中水分含量敏感的陶瓷材料。空气中湿度的变化或物质中水分含量的变化，能够引起陶瓷材料的某些物理化学性质（例如电阻率、相对介电常数等）明显的变化，这种变化具有良好的规律性、稳定性、重复性和可逆性，因而可以利用这种变化规律精确测量和控制空气中的湿度或物质中的水分含量。本章系统阐述了湿敏陶瓷材料的特性、种类及应用。

11.1 湿敏陶瓷材料的特性

湿度有两种表示方法，即绝对湿度和相对湿度，一般采用相对湿度表示。相对湿度为某一待测蒸汽压与相同温度下的饱和蒸汽压比值的百分数，用 RH 表示，单位为%。湿敏元件的技术参数是衡量其性能的主要指标。

(1) 湿度量程

在规定的环境条件下，湿敏元件能够正常地测量的测温范围称为湿度量程，测湿量程越宽，湿敏元件的使用价值越高。

(2) 灵敏度

湿敏元件的灵敏度可以用元件的输出量变化与输入量变化之比来表示。对于湿敏电阻器而言，常以相对湿度变化 1%时电阻值变化的百分率来表示，其单位为%/%。

(3) 响应时间

响应时间指的是湿敏元件在湿敏变化时反应速率的快慢，一般以在相应的起始湿度和终止湿度这一变化区间内，63%的相对湿度变化所需时间作为响应时间。通常，吸湿的响应时间比脱湿的响应时间短。

(4) 分辨率

分辨率是指湿敏元件测湿时的分辨能力，以相对湿度来表示，单位为%。

(5) 温度系数

温度系数表示温度每变化 1℃时，湿敏元件的阻值变化相当于一定量相对湿度的变化，单位为%/℃。

湿敏陶瓷材料的主晶相成分一般以氧化物半导体构成，其电阻率 $\rho=10^{-2}\sim10^{6}\Omega\cdot cm$，其导电形式一般认为是电子导电和质子导电，或者两者共存。根据湿敏特性，湿敏陶瓷材料可以分为负特性湿敏陶瓷（电阻率随着湿度的增加而减小）和正特性湿敏陶瓷（电阻率随着湿度的增加而增加）两类。

11.2 湿敏陶瓷材料的种类

11.2.1 TiO_2 基湿敏陶瓷材料

(1) TiO_2-SnO_2 基复合氧化物

采用 TiO_2-SnO_2 基复合氧化物构成的湿敏元件多为厚膜元件，具有灵敏度高、响应快、稳定性好、工艺过程容易实现、价格低等特点。此类元件典型的制备方法是将 TiO_2、SnO_2 按照一定的摩尔比配料，掺入适量的 V_2O_5、Ta_2O_5 或 Sb_2O_5 等用来改善烧结体的特性和机械强度。原料配制后研磨细化，能够提高感湿性能。将混合后的粉末加水成悬浮液，再将悬浮液通过筛子过滤使颗粒逐渐沉积到绝缘陶瓷衬底上，之后烘干，放入高温炉内于 950～1200℃烧结。提高烧结温度能够提高陶瓷膜的牢固性，但是温度升高，所得湿敏陶瓷元件的阻值也会提高。此类湿敏陶瓷的结构为金红石型，导电类型为 n 型。随着 Ta_2O_5 和 Sb_2O_5 含量的增加，所得湿敏陶瓷元件的电阻下降。由于材料在制备过程中形成多孔陶瓷，所以其湿敏特性主要由表面和界面特性所决定。采用悬浮沉淀法制成厚膜型湿敏元件，工艺简单、可靠性好，湿敏特性可以通过调整 TiO_2、SnO_2 的量来控制，便于调控，成本低，元件中毒后，可以采用加热清洗来恢复[1]。

(2) TiO_2-V_2O_5 陶瓷材料

TiO_2-V_2O_5 湿敏陶瓷元件采用典型陶瓷工艺制成，其工艺流程为：配料→研磨→压片→烧结→清洗→印电极→烧结→封装→测试。TiO_2-V_2O_5 湿敏陶瓷元件基体的烧结温度为 1000～1350℃，保温 0.5～14h 后自然冷却。湿敏陶瓷元件的电极材料采用 RuO_2 或 Ag，测试的湿度环境为过饱和盐溶液，变化范围在 11%～98%之间[2]。为了避免直流极化的影响，采用交流法测量，电压为 8V，频率为 150Hz。TiO_2-V_2O_5 湿敏陶瓷元件的主要性能参数为：响应时间（吸湿、脱湿）＜20s，测湿范围 10%～100%，阻抗范围 $10^{4}\sim10^{7}\Omega$，温度系数 0.3%/℃。

(3) $BaTiO_3$-$SrTiO_3$ 陶瓷材料

采用 $BaTiO_3$-$SrTiO_3$ 陶瓷材料制作湿敏元件能够同时测量湿度和温度，此种 $BaTiO_3$-$SrTiO_3$ 陶瓷材料是多孔陶瓷体，其介电常数随着环境温度变化，而电阻率则随着周围湿度而变化。此种湿敏元件可以同时检测环境湿度和温度，具有测量速度快、互不干扰、灵敏度高等特点。由于陶瓷材料不受高温下反复加热清洗的影响，所以陶瓷材料是解决以电信号形式同时分别检测环境温度和湿度的多功能传感器的理想材料。此种 $BaTiO_3$-$SrTiO_3$ 陶瓷材料在空调系统中具有广泛应用。

11.2.2 SnO_2 基湿敏陶瓷材料

纯 SnO_2 湿敏陶瓷的主要问题是低湿电阻高，湿度敏感性较差，电阻-湿度关系非线性较差，以及具有响应滞后的问题，给后续电信号监控带来了困难。加入适当的添加剂（例如 $LiZnVO_4$ 和 K^+ 等）可以降低 SnO_2 基湿敏陶瓷的低湿电阻，提高灵敏度以及响应恢复特性[3]。

(1) 氧化物对 SnO_2 基湿敏陶瓷微结构和电性能的影响

SnO_2 陶瓷材料具有金红石结构，是一种 n 型半导体，纯 SnO_2 湿敏陶瓷具有低湿电阻高和湿度敏感性较差等缺点，所以一般不直接用作湿敏材料，需要加入添加剂调节其电性能[4]。在 SnO_2 中加入 Cr_2O_3、ZnO，于 1300℃烧结 1h 能够获得微米级多孔湿敏陶瓷[5]。在 SnO_2-TiO_2 陶瓷材料中掺杂少量稀土离子 La^{3+} 和 Ce^{4+} 能够制备出 La^{3+}、Ce^{4+} 掺杂 SnO_2-TiO_2 薄膜。此种薄膜制备方法如下：首先采用溶胶-凝胶法制备氧化钛基复合溶胶，原料为分析纯的钛酸四丁酯、$SnCl_2\cdot 2H_2O$、碳酸镧、硝酸铈和无水乙醇。将钛酸四丁酯、$SnCl_2\cdot 2H_2O$、碳酸镧和硝酸铈分别溶于无水乙醇，钛酸四丁酯和无水乙醇的体积比为 1∶3，$SnCl_2\cdot 2H_2O$ 与无水乙醇的比例为 1∶3，碳酸镧或硝酸铈与无水乙醇的比例均为 1∶2。将以上原料混合加入浓度为 1%（体积分数）的盐酸，剧烈搅拌均匀，置于阴凉处密封陈化 96h，即制得稳定的氧化钛基复合溶胶。将玻璃片浸入上述氧化钛基复合溶胶内，通过浸渍-提拉（dip-coating）过程镀膜，提拉速度为 3cm/min。将镀膜的玻璃片在 80℃干燥 30min，升温至 500℃烧结 2h，随炉冷却后即获得 TiO_2 基湿敏元件。La^{3+}、Ce^{4+} 掺杂 SnO_2-TiO_2 薄膜可以显著提高电阻-湿度特性曲线的线性度，湿度为 22% 时，电阻比纯 TiO_2-SnO_2 复合薄膜降低 1 个数量级，低湿时电阻也有显著降低，电阻随湿度的变化范围明显增加了 2～3 个数量级[6]。

在 SnO_2 湿敏陶瓷中，掺入不同量的 $LiZnVO_4$ 后，能够得到棒状形貌晶粒和良好湿敏性能的 $LiZnVO_4$ 掺杂 SnO_2 湿敏陶瓷[7,8]。此种湿敏陶瓷制备方法如下：原料为分析纯的 $SnCl_4\cdot 5H_2O$、$ZnCl_2$、$LiVO_3$ 和尿素。将 $SnCl_4\cdot 5H_2O$ 与 $ZnCl_2$ 和尿素按材料化学计量比采用蒸馏水配成混合溶液，在 80℃水浴中搅拌使溶液充分反应，得到乳状沉淀 $Sn(OH)_4$ 和 $Zn(OH)_2$，所得沉淀静置后采用蒸馏水反复洗涤直至用 $AgNO_3$ 检验无 Cl^- 为止。向以上溶液中添加 $LiVO_3$，搅拌均匀干燥，将干燥后的粉末在 600℃煅烧 1h，球磨烘干后压制成直径 9mm、厚 0.9mm 的圆片试样，最后将圆片试样在 850℃烧结 1h 获得 $LiZnVO_4$ 掺杂 SnO_2 湿敏陶瓷。通过对 SnO_2 湿敏陶瓷进行液相掺杂，$x(LiZnVO_4)$ 的量为 10%（质量分数）时，能够获得规则的棒状晶粒微结构和良好的感湿特性，在湿度 33%～94% 内变化近 3 个数量级，低湿电阻较小，灵敏度适中（图 11.1 和图 11.2）。

图 11.1　$LiZnVO_4$ 含量为 10% 的 SnO_2 基湿敏陶瓷的 SEM 图像[7]

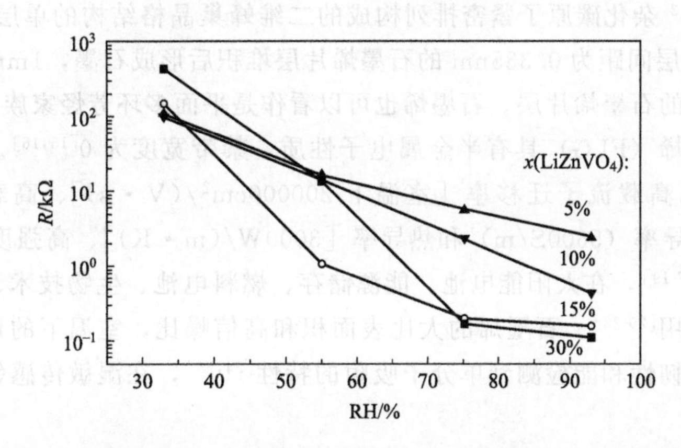

图 11.2　$LiZnVO_4$ 含量不同时 SnO_2 基湿敏陶瓷的 R-RH 曲线[7]

(2) 碱金属对 SnO_2 基湿敏陶瓷电性能的影响

对于掺入 $LiZnVO_4$ 和碱金属 K^+ 的 SnO_2 基湿敏陶瓷，随着 $x(K^+)$ 的增加，湿敏陶瓷的低湿电阻有较大下降（图 11.3[9]）。当 $x(K^+)$ 小于 2.5% 时，高湿线性变差；当 $x(K^+)$ 为 2.5% 时，其电阻-湿度特性曲线线性较好，且感湿灵敏度最高，全湿度范围内电阻变化超过 3 个数量级。掺入 K^+ 的目的是为了降低 SnO_2 的内阻，增加水分子吸附位置，并微溶于吸附水中，以水合离子的形式参与导电，提高陶瓷的感湿灵敏度。掺入 Li、Zn、V 的目

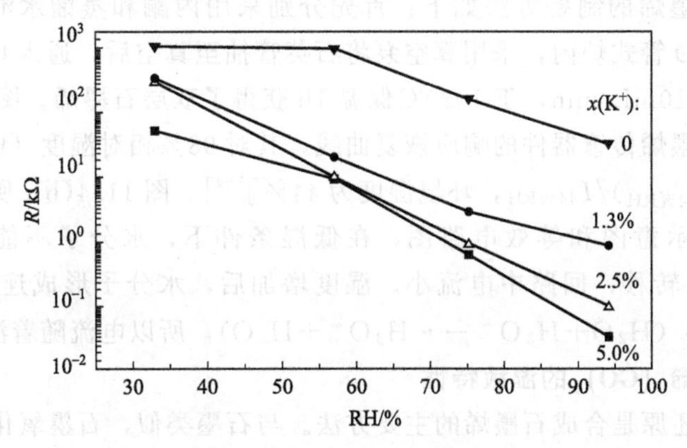

图 11.3　K^+ 含量不同时 SnO_2 基湿敏陶瓷感湿特性曲线[9]

的在于通过热处理形成玻璃态 $LiZnVO_4$，使 $LiZnVO_4$ 导电玻璃存在于 SnO_2 的晶界中，或者覆盖在 SnO_2 的晶粒表面，遮蔽陶瓷表面的高价态离子，改善陶瓷的导电性能，阻止陶瓷表面对水分子和污染物的化学吸附以及碱金属离子的溶解损失，提高湿敏陶瓷的长期稳定性。

11.2.3 石墨烯湿敏陶瓷材料

石墨烯是碳的同素异形体，也属于陶瓷材料，由于具有独特的电子学、化学、机械学、热学和光学性质引起了人们的广泛关注，在能源储存、生物医学、电子学等领域具有广泛应用[10,11]。由于石墨烯的高比表面积和独特的电学性质（例如高的电子迁移率和低噪声），可以用作敏感材料制成传感器，用于检测多种化学物质、水蒸气和生物分子[12-14]。

(1) 石墨烯的性质

石墨烯是由 sp^2 杂化碳原子紧密排列构成的二维蜂巢晶格结构的单层石墨，C—C 键长为 0.142nm。大量层间距为 0.335nm 的石墨烯片层堆积后形成石墨，1mm 厚的石墨片包含约 3000000 个堆积的石墨烯片层。石墨烯也可以看作是平面多环芳烃家族的一员。由几个原子层面构成的石墨烯（FLG）具有半金属电子性质，禁带宽度为 0[15,16]。石墨烯具有多种优良的性能，例如高载流子迁移率［室温下 $200000cm^2/(V \cdot s)$］、高载流子密度（$10^{13} cm^{-2}$）、优良的电导率（5600S/m）和热导率［$3000W/(m \cdot K)$］、高强度（1.2GPa）和高模量（1.05TPa）[17-19]，在太阳能电池、能源储存、燃料电池、生物技术、电子学和光学等领域具有广泛的应用[20-23]。石墨烯的大比表面积和高信噪比，室温下的量子霍尔效应、双极性电场效应、高韧性和能检测到单分子吸附的特性[24,25]，在湿敏传感领域具有良好的应用前景。

(2) 本征石墨烯（PG）的湿敏特性

PG 是纯净无缺陷的石墨烯，主要通过石墨剥离或 CVD 生长方法制备。单层石墨烯是零禁带宽度半导体，当层数增加时，禁带宽度增大，大于 10 层时，呈现和石墨相同的性质。FLG 传感器能够检测到单个分子的吸附或解吸附行为，对 0.0001% 的 H_2O 具有良好的响应灵敏度，通过霍尔效应测试发现吸附在 FLG 上的 H_2O 作为受主接受电子，这种单分子水平的检测灵敏度显示出石墨烯用作湿敏材料具有良好的应用前景[26,27]。

通过 CVD 法在 Cu 基底能够直接制备出双层石墨烯，所得双层石墨烯具有良好的湿敏性能。此种双层石墨烯的制备方法如下：首先分别采用丙酮和蒸馏水清洗 Cu 片基底，将 Cu 片基底放入 CVD 管式炉内，采用真空泵将石英管抽至真空后，通入 CH_4 和 H_2，速率分别为 20mL/min 和 10mL/min，于 1020℃保温 1h 获得了双层石墨烯。图 11.4(a) 所示为不同湿度下，双层石墨烯传感器件的响应恢复曲线，其对 98%相对湿度（RH）响应为 18.1%［$R=(I_{variousRH}-I_{44\%RH})/I_{44\%RH}$，环境湿度为 44%］[28]。图 11.4(b) 所示为双层石墨烯表面吸附水分子后的示意图和等效电路图，在低湿条件下，水分子不能形成连续的水层，H_2O 或 H_3O^+ 难以转移，回路中电流小。湿度增加后，水分子形成连续的水层，有助于 H_2O 或 H_3O^+ 转移（$H_2O+H_3O^+ \longrightarrow H_3O^+ + H_2O$），所以电流随着湿度的增加而增大。

(3) 氧化石墨烯（GO）的湿敏特性

石墨氧化物的还原是合成石墨烯的主要方法。与石墨类似，石墨氧化物为层状结构，不同的是，石墨氧化物被含氧官能团，例如羟基、环氧基、羰基和酯基所修饰，这些官能团不

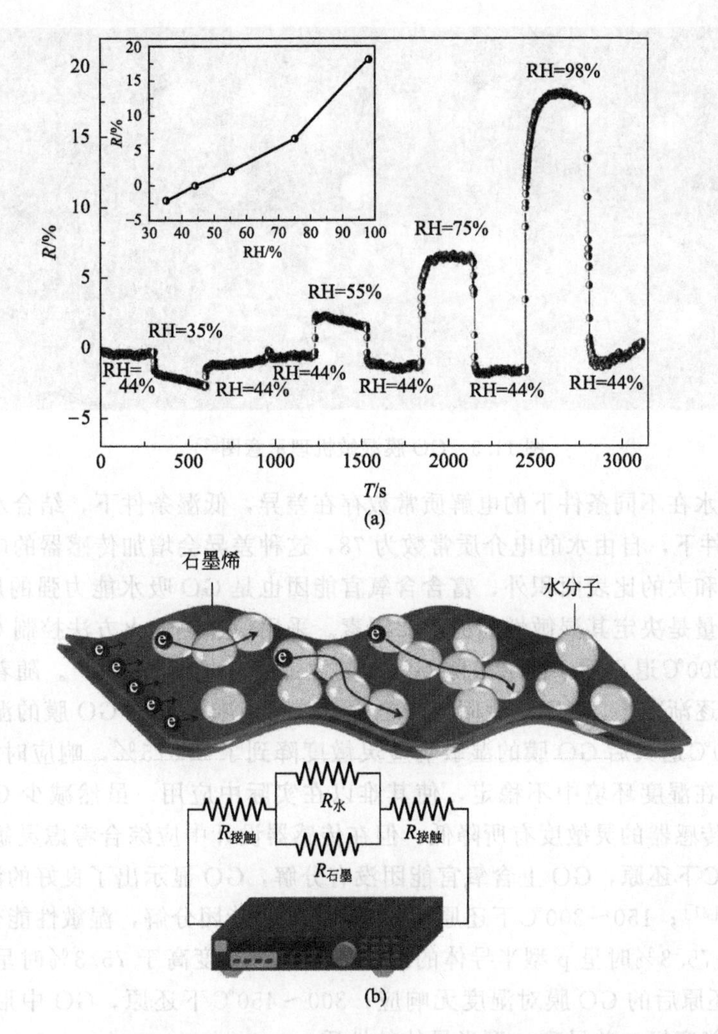

图 11.4　石墨烯的湿度响应及水分子吸附在石墨烯表面的示意图和等效电路图[28]
(a) 1.0V 偏压下双层石墨烯的湿度响应；(b) 高湿下，水分子吸附在双层石墨烯表面的示意图（下方为等效电路）

仅使石墨氧化物内层间距增大，还让其更具亲水性，在适度的超声搅拌下，这些氧化层在水中能够剥离，单层或几层剥离的石墨氧化物即为 GO。由于 GO 表面富含含氧官能团，具有强亲水性，所以 GO 为一种具有良好应用前景的湿敏材料。在 15%～95%范围内，GO 湿度传感器的响应时间为 10.5s，这主要是由于 GO/Ag 的强吸水能力引起的[29]。在低湿条件下，水分子主要通过双重氢键吸附于 GO 表面的活性位点（亲水基团、空位）上，第一层物理吸附水被束缚（图 11.5），由于双重氢键的限制不能够自由移动，相邻羟基间质子转移需要很高的能量，GO 膜表现出了高的电阻。当湿度增加时，GO 膜表面有多层物理吸附水，从第二层开始，水分子通过单个氢键物理吸附在羟基上并可移动，逐渐与液态水一样。多层物理吸附过程中，在静电场作用下，物理吸附水电离形成大量的电荷载流子 H_3O^+，GO 膜中通过 Grotthuss 链式反应（$H_2O+H_3O^+ \longrightarrow H_3O^+ + H_2O$）发生质子转移和电荷转移，GO 膜电阻减小。此外，在高湿条件下，物理吸附水会渗透进 GO 层间，这有利于 GO 上官能团（羰基或羟基）的水解，而水解离子能提供离子电导。GO 上大量存在的环氧基团也能

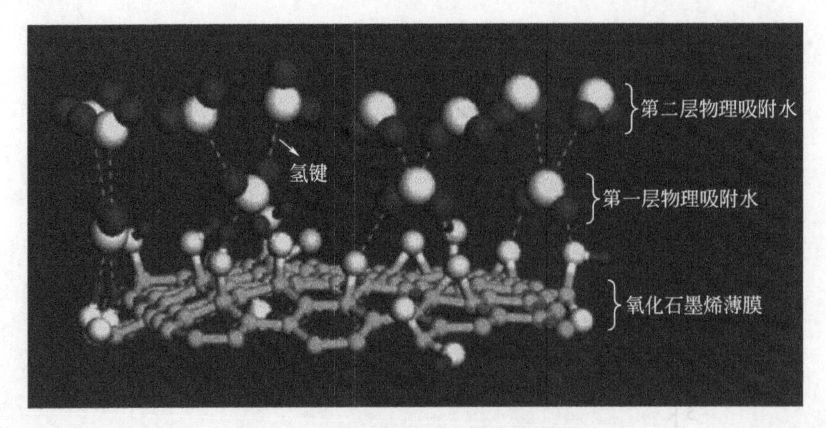

图 11.5 GO 膜湿敏机理示意图[29]

帮助质子迁移，水在不同条件下的电解质常数存在差异，低湿条件下，结合水的电介质常数为 2.2，高湿条件下，自由水的电介质常数为 78，这种差异会增加传感器的电容。

除了高强度和大的比表面积外，富含含氧官能团也是 GO 吸水能力强的原因，所以 GO 中含氧官能团含量是决定其湿敏性能的重要因素。采用快速热退火方法控制 GO 中含氧官能团的数量，于 1200℃退火后，能够去除 GO 中的大部分含氧官能团[30]。随着退火温度的升高，样品的电阻逐渐减小，GO 的吸附能力也逐步减弱。未退火的 GO 膜的湿敏响应灵敏度为 35.3%，1200℃退火后 GO 膜的湿敏响应灵敏度降到了 0.075%，响应时间延长。然而，未退火的 GO 膜在湿度环境中不稳定，使其难以在实际中应用。虽然减少 GO 的含氧官能团，GO 膜湿度传感器的灵敏度有所降低，但在传感器设计中应综合考虑灵敏度和长期稳定性。60℃和 100℃下还原，GO 上含氧官能团没有分解，GO 显示出了良好的湿敏性能，为 n 型半导体的性质[31]；150～200℃下还原，GO 上含氧官能团分解，湿敏性能变差，此时 GO 在相对湿度低于 75.3%时呈 p 型半导体的性质，在相对湿度高于 75.3%时呈 n 型半导体的性质；250℃下还原后的 GO 膜对湿度无响应；300～450℃下还原，GO 中形成新的结构缺陷，GO 湿敏性能变好，并呈现 p 型半导体的性质。

采用不同氧含量的 GO 膜能够制备出石英晶体微天平（QCM）湿度传感器[32]。通过在 H_2SO_4 溶液中 $KMnO_4$ 氧化石墨烯能够获得不同氧含量的 GO，制备过程如下：将石墨烯粉末放入温度为 0℃的 H_2SO_4 溶液中，再缓慢加入 $KMnO_4$ 和浓度为 30%（体积分数）的双氧水并持续搅拌 15min，溶液温度保持在 20℃以下。反应完成后将所得混合物过滤，采用 5%的盐酸溶液清洗，直至溶液的 pH 值为中性，干燥后获得不同氧含量的 GO。QCM 湿度传感器的制备过程如下：分别采用去离子水和乙醇清洗 QCM 换能器（频率 10MHz）后，于 40℃干燥 6h，然后将 GO 分散液覆于 QCM 换能器电极的表面，并于室温下干燥 6h，最终制备出了含有 GO 膜的 QCM 湿度传感器，GO 膜的厚度为 110～150nm。图 11.6(a) 所示为不同含氧官能团含量的 GO 悬浮液和相应的扫描电子显微镜（SEM）图像，图 11.6(b) 分别为含氧官能团含量由低到高的三种 GO 膜的 QCM 湿度传感器（S1、S2、S3）的响应恢复曲线。从图中可以看出，随着 GO 中含氧官能团含量的增加，水的吸附位点也增加，从而湿度传感器的响应增加。在高湿条件下，随着含氧官能团含量的增加，传感器的稳定性降低、湿滞增大、响应时间延长。

(4) 还原氧化石墨烯（RGO）的湿敏特性

GO 通过移除含氧基团可被部分还原，产物为 RGO。GO 的还原过程对生成的 RGO 性

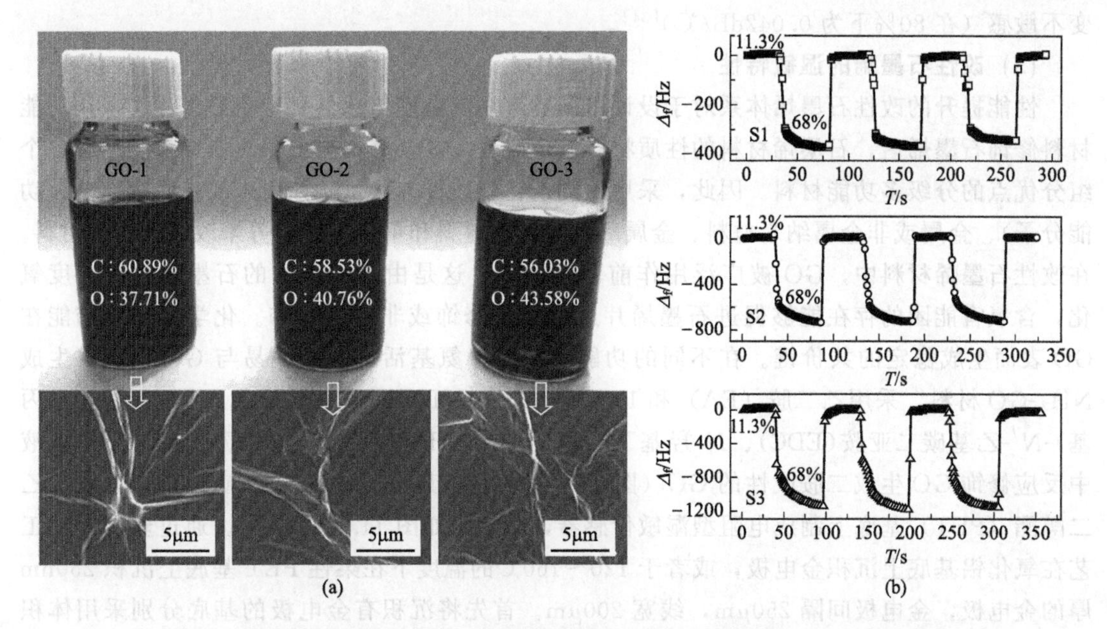

图 11.6 GO 悬浮液实物图和 SEM 图像及 S1～S3 传感器的动态响应曲线[32]

(a) 不同氧含量（原子分数）GO 悬浮液实物图和 SEM 图像；(b) 湿度在 11.3%～68%间变化 S1～S3 传感器的动态响应曲线

能有着重要影响，决定了 RGO 的结构和 PG 结构的接近程度。RGO 和 PG 结构相近，但是 RGO 材料具有一定的含氧基团，与 PG 相比，RGO 材料的成本低、结构和性质（例如电导、在水中的分散性等）可调，其在湿敏领域也具有良好的应用前景。

传感器的基底选择在调控传感器的性质中至关重要。柔性基底具有重量轻、成本低、柔性好等特点，因而被广泛使用。亲水性湿敏材料的一个严重不足就是当将其置于高湿条件下一段时间后，湿敏层会收缩、膨胀或从基底剥离。采用层层自组装和原位还原的方法能够制成 RGO 柔性湿度传感器[33]，此种方法首先在聚对苯二甲酸乙二醇酯（polyethylene terephthalate，PET）柔性基底上于 120～160℃的温度下溅射沉积厚度 50nm 的 Cr、250nm 的 Au 制备出叉指金电极，叉指金电极的宽度为 0.2mm。分别采用体积比为 1∶2 的 H_2O_2/H_2SO_4 混合物、去离子水清洗柔性 PET 基底，再浸泡于丙酮中清洗 3min。室温下将处理好的柔性 PET 基底在浓度为 2mmol/L 盐酸半胱胺的丙酮溶液中浸泡 24h，于 80℃干燥获得了盐酸半胱胺改性金（CH/Au）电极；将含有 CH/Au 电极的柔性 PET 基底在 1-(3-二甲氨基丙基)-3-乙基碳二亚胺盐酸盐（EDC）、*N*-羟基丁二酰亚胺（NHS）、GO 溶液中在室温下浸泡 12h 后，在去离子水中清洗以去除电极表面未固定的 GO，在柔性 PET 基底上获得了 GO-CH/Au 叉指电极，将含有 GO-CH/Au 叉指电极的柔性 PET 基底置于浓度为 0.04%的 $NaBH_4$ 溶液中进行还原反应 5h，使用去离子水清洗后在 80℃干燥，从而制备出了 RGO 柔性湿度传感器。RGO 柔性湿度传感器具有湿滞小（<2.5%）、响应迅速（28s）、恢复时间短（48s）、长期稳定性好、不依赖于温度响应等特点。

石墨烯电湿度传感器不宜在强电磁干扰环境下使用，也不能用于远距离测量。石墨烯材料光学湿度传感器因其诸多优点（例如高灵敏度、对电磁场干扰免疫、长程信号传输等）而受到研究者们的广泛关注。由于 RGO 的折射率随着水分子的吸附而改变，所以 RGO 涂层中空纤维湿度传感器可以实现湿度的无毒无害检测，检测的灵敏度为 0.22dB/%，对温度改变不敏感（在 80%下为 0.042dB/℃）[34]。

(5) 改性石墨烯的湿敏特性

性能提升的改性石墨烯体系对于设计可商业应用的湿度传感器具有重要作用。采用功能材料修饰石墨烯后，石墨烯材料的性质将会发生改变，复合修饰会使得石墨烯成为结合各个组分优点的分级多功能材料。因此，采用不同的化学改性方法（例如引入缺陷、掺杂剂及功能分子）、金属或非金属纳米材料、金属氧化物纳米材料和聚合物修饰等来改性石墨烯材料。在改性石墨烯材料中，GO 被广泛用作前驱体材料，这是由于 GO 中的石墨烯片被高度氧化，含氧官能团的存在能够促进石墨烯片层的共价修饰或非共价修饰。化学共价修饰能在 GO 表面生成稳定的共价键。在不同的功能基团中，氨基活性较高，易与 GO 反应，生成 NH_2-GO 材料。采用乙二胺（EA）和 1,6-环己二胺（HA），于室温下在 *N*-(3-二甲基氨丙基)-*N'*-乙基碳二亚胺(EDC)、*N*-羟基丁二酰亚胺（NHS）及二甲基甲酰胺（DMF）溶液中反应修饰 GO 生成二胺改性的 GO（图 11.7）[35]，将其涂覆在 Al_2O_3 或聚对苯二甲酸乙二醇酯（PET）基底上制成电阻型湿敏传感器，其结构如图 11.8[35] 所示。通过丝网印刷工艺在氧化铝基底上沉积金电极，或者于 120～160℃的温度下在柔性 PET 基底上沉积 250nm 厚的金电极，金电极间隔 250μm，线宽 200μm。首先将沉积有金电极的基底分别采用体积比为 1∶2 的 H_2O_2/H_2SO_4 混合溶液、蒸馏水及丙酮清洗 3min，再将二胺改性的 GO 水溶液刷涂在氧化铝或 PET 基底上，将所得基底在空气中于 60℃热处理 0.5h 从而制备出电阻型

图 11.7 GO 与二胺之间反应示意图[35]

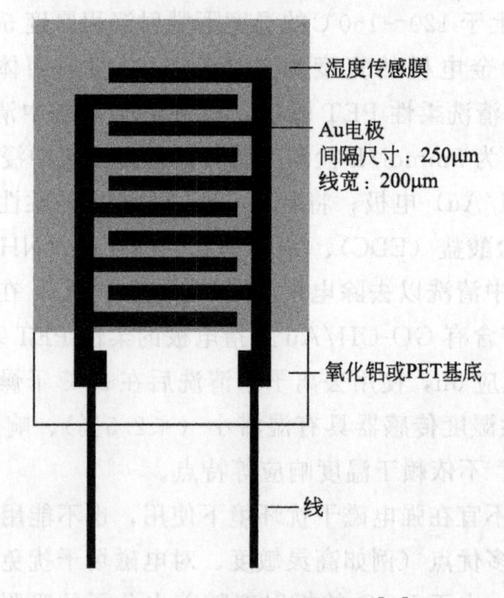

图 11.8 湿度传感器结构[35]

湿敏传感器。氨基能增强 GO 的表面性能，增强其湿敏响应。二胺化合物的链长在二胺改性 GO 的电学性质和湿敏性质中占主导地位，EA-GO 膜湿度传感器表现出了良好的湿敏性能，湿滞小于 2.0%，响应时间为 52s，恢复时间为 72s，长期稳定性好。

采用金属、非金属或金属氧化物纳米材料改性石墨烯是一种增强湿敏性能的有效方法，纳米粒子与石墨烯能够协同增强复合材料的湿敏性能。采用溶胶-凝胶法结合自组装法能够制备成柔性金纳米颗粒（AuNPs）/GO/3-巯基丙基三甲氧基硅烷膜湿度传感器[36]，此种湿度传感器的制备过程如下：将 1mL 3-巯基丙基三甲氧基硅烷（MPTMOS）、0.8mL 乙醇、4mL 水及 0.2mL HCl 酸混合，超声振动分散 30min 制备出了 MPTMOS 溶胶；将浓度为 38.8mmol/L 的柠檬酸钠与 1mmol/L 的 $HAuCl_4$ 相混合，于 100℃ 反应 15min 获得了 AuNPs 溶胶。在 PET 柔性基底上于 120～160℃ 的温度下溅射沉积厚度 50nm 的 Cr、250nm 的 Au 制备出叉指金电极，叉指金电极的宽度为 0.2mm。分别采用体积比为 1∶2 的 H_2O_2/H_2SO_4 混合物、去离子水清洗柔性 PET 基底，再浸泡于丙酮中清洗 3min。然后将 MPTMOS 溶胶与 GO 相混合制备出了均匀的 GO/MPTMOS 溶胶，再将 GO/MPTMOS 溶胶涂覆于含有一对叉指金电极的柔性 PET 基底上，并于 4℃ 进行干燥处理；最后将柔性 PET 基底于 4℃ 在 AuNPs 溶胶中浸泡 5h。含巯基的 MPTMOS 溶胶能在 Au 电极上形成三维网络结构，为 AuNPs 和 GO 的附着提供立体位点，GO 的引入提高了膜的柔韧性，MPTMOS 溶胶上 AuNPs 的自组装能够提供导电通道以增加电导，从而增加敏感膜的灵敏度和线性[37]。

多孔金属氧化物，例如 TiO_2、SnO_2、ZnO 和 CuO 等在陶瓷湿度传感器中具有广泛的应用，这些氧化物具有良好的化学、机械和热稳定性。陶瓷湿度传感器相较于其他类型的湿度传感器具有成本低、易于制造、小尺寸、与现代电子器件相兼容等优点。SnO_2 是 n 型半导体材料，禁带宽度为 3.6eV，是一种广泛使用的湿敏材料。然而，SnO_2 的电阻高，纯 SnO_2 湿度传感器在高湿条件下，会发生电阻值的突变，这严重制约着 SnO_2 的实际应用。PG、RGO 电阻小，载流子迁移率高，能有效促进 SnO_2 纳米材料中的电子转移。通过水热合成法可以制备出 SnO_2/RGO 复合膜[38]，制备过程如下：首先将浓度为 0.5mg/mL 的 GO 溶液与 $SnCl_4 \cdot 5H_2O$ 加入去离子水内，超声搅拌（频率 40kHz）70min，然后将混合溶液转入聚四氟乙烯不锈钢反应釜内，在 180℃ 反应 12h，通过水热还原反应 GO 转变为了 RGO，采用去离子水清洗数次去除产物中的氯离子，获得了 SnO_2/RGO 复合物。图 11.9(a) 所示为 SnO_2/RGO 复合膜柔性湿敏传感器结构示意图，在制备 SnO_2/RGO 复合膜柔性湿度传感器的过程中，首先在 75μm 厚的 PI 基底上溅射一层 20μm 厚的 Cu/Ni 层，随后采用光刻技术在 PI 基底上刻蚀一对 Cu/Ni 叉指电极（IDEs），IDEs 的长度和宽度均为 5μm，厚度为 20μm，IDEs 的间距为 75μm，再将 SnO_2/RGO 复合物涂覆于含有 IDEs 的 PI 基底上，于 50℃ 干燥 2h，在 PI 基底上获得了 SnO_2/RGO 传感膜。图 11.9(b) 所示为柔性聚亚酰胺基底上的湿敏传感器的光学图像。图 11.10 为不同湿度下 SnO_2/RGO 传感器的响应恢复曲线，从图中可以看出响应和恢复均很迅速，并拥有超高的灵敏度（1604.89pF/%）。RGO 的吸水能力主要取决于其高比表面积和表面亲水基团（羟基和羰基），SnO_2 纳米粒子插入 RGO 片层间能够带来更多的活性位点（空位和缺陷），在两种纳米材料表面会形成异质结，增强湿敏性能。

Ti^{3+} 缺陷位点处存在游离吸附的水分子，所以 TiO_2 具有亲水性，能够被用于湿敏材料。在不同的 TiO_2 相中，锐钛矿相由于具有高的水吸附容量，表现出了最佳的湿敏性能。

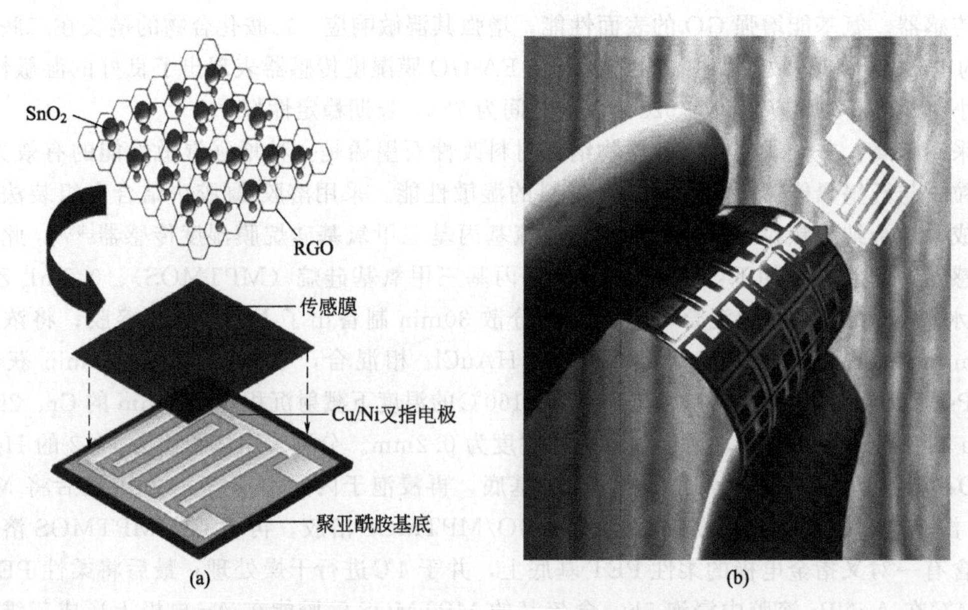

图 11.9 柔性湿敏传感器的结构示意图及光学图像[38]

(a) 柔性湿敏传感器结构示意图；(b) 柔性聚亚酰胺基底上的湿敏传感器的光学图像

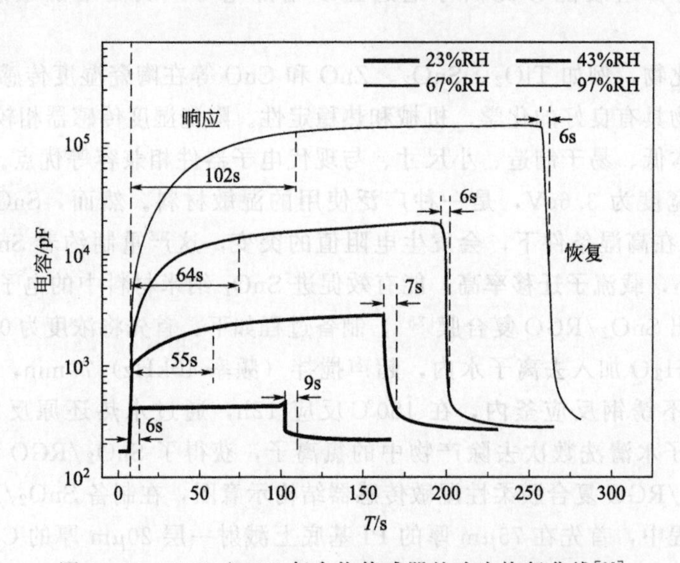

图 11.10 SnO_2/RGO 复合物传感器的响应恢复曲线[38]

相较于金红石相 TiO_2，物理吸附水更容易从锐钛矿相 TiO_2 上脱附，高电阻和严重的湿滞特性限制了 TiO_2 的湿敏性能。采用溶胶-凝胶法能够制备出不同石墨烯含量的 PG/TiO_2 复合材料[39]，制备过程如下：首先将 Ti（OC_4H_9）$_4$ 溶解于乙醇内，Ti（OC_4H_9）$_4$ 与乙醇的体积比为 1∶4，在 60℃的温度下搅拌 30min，再加入乙酸和蒸馏水并搅拌 30min，乙酸与蒸馏水的体积比为 2∶5，从而合成了二氧化钛溶液；将石墨烯加入二氧化钛溶液中，在室温下陈化数天直至形成溶胶，将所得溶胶干燥后于 400℃煅烧 2h。将质量比为 1∶1 的 PG/TiO_2 复合材料与聚氯乙烯（PVC）混合后在 70℃干燥 1h，并在 400℃煅烧 1h 获得了传感材料，PVC 起到了粘接作用。在含有一对梳状 Au 电极的氧化铝基底上涂覆一层传感材料，在 110℃干燥 1h，制备出了 PG/TiO_2 复合膜湿敏传感器。在 12%～90%范围内，PG/TiO_2 中石墨烯含量为 10%（质量分数）时，PG/TiO_2 复合膜湿敏传感器的湿敏性能最佳，石墨烯的高电导和大比表面积与 TiO_2 的介孔结构的协同效应使 PG/TiO_2 的湿敏性能大大增强，优于纯石墨烯或纯 TiO_2（比表面积：TiO_2 111.2m^2/g、PG 12.4m^2/g、10% PG/TiO_2 169.5m^2/g；灵敏度：TiO_2 $R_{12\%}/R_{90\%}=8.47$、PG $R_{12\%}/R_{90\%}=1.30$、10% PG/TiO_2 $R_{12\%}/R_{90\%}=151$；72%RH 下湿滞：TiO_2 5.55%；10% PG/TiO_2 0.11%）。

ZnO 是一种环境友好的 n 型半导体，室温下电子结合能为 60meV，禁带宽度为 3.37eV，电子迁移率高，化学和热稳定性好，在传感器、光电器件和光子探测器等领域具有广泛的应用。CuO 是一种 p 型半导体材料，禁带宽度小，室温下为 1.2eV，水分子和 CuO 表面强的相互作用会导致 CuO 电导的快速下降，说明 CuO 的电导对湿度极度敏感。GO/ZnO（GO 为上层、ZnO 为下层）QCM 湿度传感器的灵敏度和响应恢复时间均短于 ZnO/GO 传感器、ZnO 传感器和 GO 传感器[40]。敏感组分（GO 和 ZnO）性能的叠加致使双层膜传感器的湿敏性能优于单层湿敏膜的湿敏性能。GO/ZnO 和 ZnO/GO 膜传感器的性能差别是由于它们不同的结构特征引起的，如图 11.11 所示。GO/ZnO 中 ZnO 纳米粒子作为基底支撑 GO 纳米片，水分子能够扩散到 GO、ZnO 的表面和缝隙的吸附位点，GO/ZnO 膜中底层 ZnO 粒子比 ZnO/GO 膜中的小。因此，GO/ZnO 膜中湿敏接触面积、相间边界和颗粒边界都会增大，从而导致灵敏度的增加和响应恢复时间缩短。

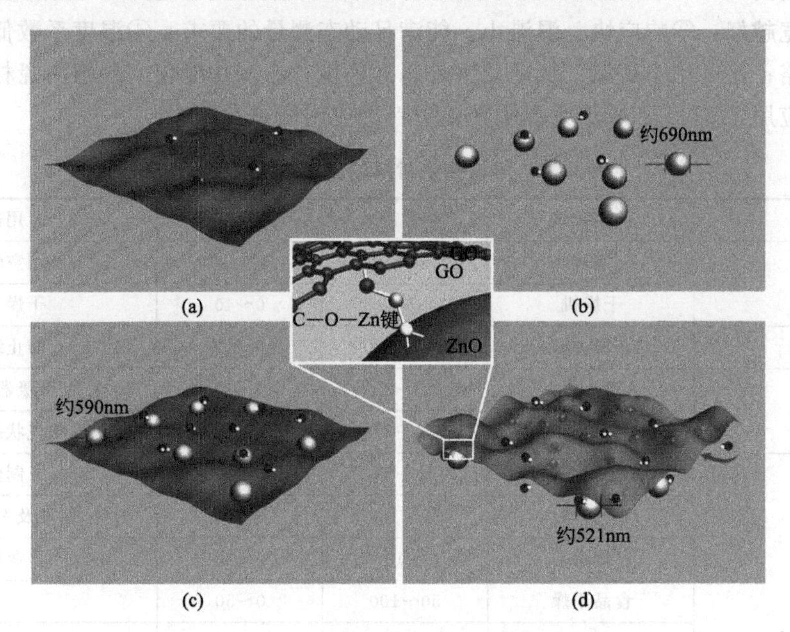

图 11.11　湿度传感器湿敏机理示意图[40]

(a) GO 传感器；(b) ZnO 传感器；(c) ZnO/GO 传感器；(d) GO/ZnO QCM 传感器

GO；ZnO；水分子

11.2.4　其他湿敏陶瓷材料

除了以上湿敏陶瓷材料外，还有多种钛酸盐、钨酸盐等在湿敏元件中的应用。表 11.1 所示为部分湿敏陶瓷材料及其特性。

表 11.1 部分湿敏陶瓷材料及其特性

成分	晶型	烧结温度/℃	电阻率/(Ω·m)	湿敏度/(%/%)	湿度温度系数/(%/℃)
$CoTiO_3$	钛铁矿型	1100	7.3×10^4	7.2	—
$MnTiO_3$	钛铁矿型	1200	3.6×10^4	7.7	—
$BaNiO_3$	钙钛矿型	1000	1.3×10^4	8.0	—
$MgCr_2O_4$	尖晶石型	1300	2.5×10^4	9.2	—
$ZnCr_2O_4$	尖晶石型	1400	3.9×10^4	14.5	0.13
$NiWO_4$	钨锰矿型	900	5.7×10^4	13.6	0.25
$MnWO_4$	钨锰矿型	900	6.2×10^4	14.5	0.26
$Ca_{10}(PO_4)_6(OH)_2$	磷灰石型	1100	1.1×10^4	—	0.29

11.3 湿敏陶瓷材料的应用

将湿敏陶瓷材料用于湿敏器件，对其提出了多种性能要求：①具有良好的稳定性、一致性及互换性，工业要求长期稳定性不超过±2%，家电要求5%～10%；②精度高，使用湿区宽，灵敏度高，在10%～95%湿区内，要求阻值变化在3个数量级，低湿阻值尽可能低，使用湿区越宽越好；③响应快、湿滞小，能满足动态测量的要求；④湿度系数低，尽量不用温度补偿线路；⑤可用于高温、低温及室外恶劣环境；⑥多功能化。湿敏陶瓷材料在多种领域具有广泛应用，表11.2所示为湿敏陶瓷材料的应用领域及用途。

表 11.2 湿敏陶瓷材料的应用领域及用途

行业	应用领域	温度/℃	湿度/%	用途
家电	空调	5～40	40～70	控制空气状态
	干燥机	80	0～40	干燥衣物
汽车	车窗去雾	−20～80	50～100	防止结露
医疗	治疗器	10～30	80～100	呼吸器系统
	保育器	10～30	50～80	空气状态调节
工业	纤维	10～30	50～100	制丝
	干燥器	50～100	0～50	窑业及木材干燥
	粉体水分	5～100	0～50	窑业原料
	食品干燥	50～100	0～50	—
	电器制造	5～40	0～50	磁头、IC
农、林、畜牧业	房屋空调	5～40	0～100	空气状态调节
	茶田防冻	−10～60	20～100	防止结露
	肉鸡饲养	20～25	40～70	—
计测	恒温恒湿箱	−5～100	0～100	精密测量
	无线电探测器	−50～40	0～100	气象台高精度测定
	湿度计	−5～100	0～100	控制记录装置

思考题

11.1 湿敏陶瓷材料的主要性能参数是什么？

11.2 举例说明 TiO_2 基湿敏陶瓷材料的特点。

11.3 为何需要对纯 SnO_2 湿敏陶瓷材料进行复合处理。

11.4 不同种类石墨烯湿敏特性的特点有哪些？

11.5 为何金属、非金属或金属氧化物纳米材料能够增强石墨烯的湿敏性能？

11.6 举例说明钛酸盐、钨酸盐的湿敏性能。

11.7 湿敏器件对于湿敏陶瓷材料的性能要求有哪些？

11.8 举例说明湿敏陶瓷材料的应用。

参考文献

[1] 王希萌，王弘．TiO_2 系湿敏材料的国内外研究进展 [J]．传感器技术，1995，16（5）：7-10.

[2] Ray A，Roy A，De S，et al. Frequency and temperature dependent dielectric properties of TiO_2-V_2O_5 nanocomposites [J]. J Appl Phys，2018，123（10）：104102.

[3] 胡素梅，陈海波．添加剂对 SnO_2 系湿敏陶瓷影响的研究进展 [J]. 电子元件与材料，2010，29（9）：74-76.

[4] 于继荣，黄光周．掺杂对 SnO_2 超微粒薄膜湿敏特性的影响 [J]. 华南理工大学学报，1995，23（8）：102-104.

[5] 孙大千，余树昌．$ZnCr_2O_4$-SnO_2 陶瓷湿敏材料烧结机理的探讨 [J]. 华中工学院学报，1986，14（6）：905-908.

[6] 闫龙，史志铭，金丽娜．稀土掺杂氧化钛基材料的相变及其湿度-电阻关系 [J]. 人工晶体学报，2007，36（2）：480-483.

[7] 胡素梅，傅刚，陈海波．SnO_2-$LiZnVO_4$ 系棒状与球形晶粒湿敏陶瓷特性研究 [J]. 压电与声光，2010，32（2）：281-283.

[8] 胡素梅，傅刚，陈海波．SnO_2-$LiZnVO_4$ 系纳米湿敏陶瓷湿敏特性研究 [J]. 传感器与微系统，2006，25（5）：19-24.

[9] 胡素梅，陈海波，傅刚．SnO_2-K_2O-$LiZnVO_4$ 系材料湿敏性能及导电机理的研究 [J]. 功能材料与器件学报，2006，12（4）：357-359.

[10] 杨芳，张龙，余堃，等．石墨烯湿敏性能研究进展 [J]. 材料导报 A，2018，32（9）：2940-2948.

[11] Novoselov K S，Fal'ko V I，Colombo I，et al. A roadmap for graphene [J]. Nature，2012，490（7419）：192-195.

[12] Yuan W J，Shi G Q. Graphene-based gas sensors [J]. J Mater Chem A，2013，1（35）：10078-10085.

[13] He Q Y，Wu S X，Yin Z Y，et al. Graphene-based electronic sensors [J]. Chem Sci，2012，3（6）：1764-1770.

[14] Liu Y X，Dong X C，Chen P. Biological and chemical sensors based on graphene materials [J]. Chem Soc Rev，2012，41（6）：2283-2290.

[15] Novoselov K S，Geim A K，Morozov S V，et al. Electric field effect in atomically thin carbon films [J]. Science，2004，306（5596）：666-673.

[16] Li X L，Zhang G Y，Bai X D，et al. Highly conducting graphene sheets and Langmuir-Blodgett films [J]. Nat Nanotechnol，2008，3（9）：538-542.

[17] Subrahmanyam K S，Panchakarla L S，Govindaraj A，et al. Simple method of preparing graphene lakes by an arc-discharge method [J]. J Phys Chem C，2009，113（11）：4257-4262.

[18] Berger C，Song Z M，Li X B，et al. Electronic confinement and coherence in patterned epitaxial graphene [J]. Science，2006，312（5777）：1191-1198.

[19] Kim K S，Zhao Y，Jang H，et al. Large-scale pattern growth of graphene films for stretchable transparent electrode [J]. Nature，2009，457（7230）：706-713.

[20] Balandin A A. Thermal properties of graphene and nanostructured carbon materials [J]. Nat Mater，2011，10（8）：569-573.

[21] Lee C, Wei X D, Kysar J W, et al. Measurement of the elastic properties and intrinsic strength of monolayer graphene [J]. Science, 2008, 321 (5887): 385-390.

[22] Luo B, Liu S M, Zhi L J. Chemical approaches toward graphene-based nanomaterials and their applications in energy-related areas [J]. Small, 2012, 8 (5): 630-637.

[23] Wang Y, Li Z H, Wang J, et al. Graphene and graphene oxide: Bio-functionalization and applications in biotechnology [J]. Trends in Biotechnology, 2011, 29 (5): 205-212.

[24] Zhu Y W, Murali S, Cai W W, et al. Graphene and graphene oxide: Synthesis, properties, and applications [J]. Adv Mater, 2010, 22 (35): 3906-3912.

[25] Bolotin K I, Ghahari F, Shulman M D, et al. Observation of the fractional quantum Hall effect in graphene [J]. Nature, 2009, 462 (7270): 196-203.

[26] Schedin F, Geim A K, Morozov S V, et al. Detection of individual gas molecules adsorbed on graphene [J]. Nat Mater, 2007, 6 (9): 652-661.

[27] Ghosh A, Late D J, Panchakarla L S, et al. NO_2 and humidity sensing characteristics of few-layer graphenes [J]. J Exper Nanosci, 2009, 4 (4): 313-320.

[28] Chen M C, Hsu C L, Hsueh T J. Fabrication of humidity sensor based on bilayer graphene [J]. IEEE Electr Dev Lett, 2014, 35 (5): 590-597.

[29] Bi H C, Yin K B, Xie X, et al. Ultrahigh humidity sensitivity of graphene oxide [J]. Sci Rep, 2013, 1 (1): 1-12.

[30] Phan D T, Chung G S. Effects of rapid thermal annealing on humidity sensor based on graphene oxide thin films [J]. Sens Actuat B: Chem, 2015, 220 (1): 1050-1058.

[31] Chen J G, Peng T J, Sun H J, et al. Influence of thermal reduction temperature on the humidity sensitivity of graphene oxide [J]. Fll Nanotube Car Nanostr, 2014, 23 (5): 418-426.

[32] Yao Y, Xue Y J. Influence of the oxygen content on the humidity sensing properties of functionalized graphene films based on bulk acoustic wave humidity sensors [J]. Sens Actuat B: Chem, 2016, 222 (1): 755-762.

[33] Su P G, Chiou C F. Electircal and humidity sensing properties of reduced graphene oxide thin film fabricated by layer-by-layer with covalent anchoring on flexible substrate [J]. Sens Actuat B: Chem, 2014, 200: 9-15.

[34] Gao R, Lu D F, Cheng J, et al. Humidity sensor based on power leadage at resonance wavelengths of a hollow core fiber coated with reduced graphene oxide [J]. Sens Actuat B: Chem, 2016, 222 (1): 618-625.

[35] Su P G, Lu Z M. Flexibility and electrical and humidity-sensing properties of diamine-functionalized graphene oxide films [J]. Sens Actuat B: Chem, 2015, 211 (1): 157-162.

[36] Su P G, Shiu M L, Tsai M S. Flexible humidity sensor based on Au nanoparticles/graphene oxide/thiolated silica sol-gel film [J]. Sens Actuat B: Chem, 2015, 216 (1): 467-472.

[37] Yao Y, Xue Y J. Impedance analysis of quarz crystal microbalance humidity sensors based on nanodiamond/graphene oxide nanocomposite film [J]. Sens Actuat B: Chem, 2015, 211 (1): 52-60.

[38] Zhang D Z, Chang H Y, Li P, et al. Fabrication and characterization of an ultrasensitive humidity sensor based on metal oxide/graphene hybrid nanocomposite [J]. Sens Actat B: Chem, 2016, 225 (1): 233-239.

[39] Lin W D, Liao C T, Chang T C, et al. Humidity sensing properties of novel graphene/TiO_2 composites by sol-gel process [J]. Sens Actuat B: Chem, 2015, 209 (1): 555-562.

[40] Yuan Z, Tai H L, Bao X H, et al. Enhanced humidity-sensing properties of novel graphene oxide/zinc oxide nanoparticles layered thin film QCM sensor [J]. Mater Lett, 2016, 174 (1): 28-35.

第12章 气敏陶瓷材料

学习目标

通过本章的学习，掌握以下内容：(1) 气敏陶瓷材料的性能参数；(2) 金属氧化物基气敏陶瓷材料的乙醇检测机理及影响因素；(3) 乙醇金属氧化物型气敏陶瓷材料的种类；(4) 苯系物检测气敏陶瓷材料的种类及气敏响应机制；(5) 甲烷气敏陶瓷材料的分类；(6) 氨气检测气敏陶瓷材料的种类及气敏响应机制。

学习指南

(1) 灵敏度、稳定性、响应时间、恢复时间是气敏陶瓷材料的主要性能参数；(2) 微结构、掺杂、异质结、材料酸碱性、温度、湿度对陶瓷材料的气敏性能具有重要作用；(3) SnO_2、ZnO、Co_2O_3、CuO、TiO_2、In_2O_3 和 WO_3 是常见的乙醇气敏材料；(4) SnO_2、ZnO、Pd-SnO_2、Pt-SnO_2、Co_3O_4、NiO-$NiMoO_4$ 等属于常见的苯气敏材料；(5) 甲烷气敏陶瓷材料主要包括半导体金属氧化物薄膜及其复合材料、贵金属掺杂金属氧化物气敏膜、碳纳米材料修饰的金属氧化物复合膜；(6) 氨气检测气敏陶瓷材料主要包括金属氧化物、金属硫化物、碳材料。

章首引言

大气是人类赖以生存的重要外界环境因素之一，大气的正常化学组成是保证人体生理机能和健康的必要条件。随着现代科学技术的发展，人们使用和接触的气体越来越多，其中易燃、易爆、有毒气体等会严重污染环境，危害人体健康。因此，对这些气体进行严格的检测、监控及报警，发展了多种高性能的气敏陶瓷材料，表 12.1 所示为部分气敏陶瓷材料、可

表 12.1　部分气敏陶瓷材料、可探测气体及使用温度

气敏陶瓷材料	添加成分	可探测气体	使用温度/℃
SnO_2	PdO、Pd	CO、C_3H_3、乙醇	200～300
SnO_2+SnCl_2	Pt、Pd、过渡金属	CH_4、C_3H_3、CO	200～300
SnO_2	$PdCl_2$、SbCl	CH_4、C_3H_8、CO	200～300
SnO_2	PdO、MgO	还原性气体	150
SnO_2	Sb_2O_3、MnO_2、TiO_2	CO、煤气、乙醇	250～300
SnO_2	V_2O_5、Cu	乙醇、苯	250～400

续表

气敏陶瓷材料	添加成分	可探测气体	使用温度/℃
SnO_2	稀土类金属	乙醇系可燃性气体	—
SnO_2	Sb_2O_3、Bi_2O_3	还原性气体	500～800
SnO_2	过渡金属	还原性气体	250～300
SnO_2	Bi_2O_3、WO_3	还原性气体	200～300
ZnO	—	还原性和氧化性气体	—
ZnO	Pt、Pd	可燃性气体	—
ZnO	V_2O_5、Ag_2O	乙醇、苯	250～400
Fe_2O_3	—	丙烷	—
WO_3、MoO、CrO	Pt、Ir、Rh、Pd	还原性气体	600～900

探测气体及使用温度[1]。气敏陶瓷材料主要是半导体陶瓷材料，是利用半导体陶瓷与气体接触时电阻的变化来检测低浓度的气体。半导体陶瓷表面吸附气体分子时，其电导率将随着半导体类型和气体分子种类的不同而变化。气体吸附分为物理吸附和化学吸附两大类，前者吸附热低，是无选择性的多分子层吸附，后者吸附热高，是有选择性的单分子吸附。通常物理吸附和化学吸附同时存在，常温下物理吸附是吸附的主要形式。随着温度的升高，化学吸附增加，至某一温度达到最大值，超过最大值后，气体解吸的概率增加，物理吸附和化学吸附同时减少。本章系统阐述了气敏陶瓷材料的特性、种类及应用。

12.1 气敏陶瓷材料的特性

气敏陶瓷材料吸附的气体一般分为两类，如果气敏陶瓷材料的功函数比被吸附气体分子的电子亲和力小时，则被吸附气体分子就会从材料表面夺取电子而以阴离子形式吸附。具有阴离子吸附性质的气体称为氧化性（或电子受容性）气体，例如 O_2、NO_x 等。如果材料的功函数大于被吸附气体的离子化能量，被吸附气体将电子给予材料而以阳离子吸附，具有阳离子吸附性质的气体称为还原性（或电子供出性）气体，例如 H_2、CO、乙醇等。气敏陶瓷材料由于要在较高温度下长期暴露在氧化性或还原性气氛中，所以要求气敏陶瓷元件必须具有良好的物理和化学稳定性。

12.1.1 灵敏度

气敏陶瓷材料接触到被测气体时，其电阻发生变化，电阻变化量越大，气敏陶瓷材料的灵敏度越高。假设气敏陶瓷材料在未接触被测气体时的电阻为 R_0，而接触被测气体时的电阻为 R_t，则此种气敏陶瓷材料的灵敏度为：

$$S=\frac{R_1}{R_t} \tag{12.1}$$

灵敏度反映了气敏陶瓷元件对被测气体的反应能力，灵敏度越高，可检测气体的下限浓度越低。

12.1.2 选择性

选择性是指在多种气体中，气敏陶瓷元件对某一种气体表现出高的灵敏度，而对其他气体的灵敏度低甚至不灵敏。在实际应用中，选择性地检测某种气体具有重要的意义，如果气敏陶瓷元件的选择性不佳，或在使用过程中逐渐变劣，均会给气体检测、控制或报警带来困难，甚至会造成重大事故。通过在气敏陶瓷材料中掺杂金属氧化物或其他添加物、控制调节烧结温度、改变气敏陶瓷材料的工作温度及采用屏蔽技术等方法可以提高气敏陶瓷元件的气体选择性。

12.1.3 稳定性

气敏陶瓷元件的稳定性主要包括性能随着时间及环境条件的变化。性能随着时间的变化，一般采用灵敏度随着时间的变化来表示：

$$W=\frac{S_2-S_1}{t_2-t_1}=\frac{\Delta S}{\Delta t} \tag{12.2}$$

由上式可知，W 值越小，则稳定性越好。环境条件，例如温度与湿度等会严重影响气敏陶瓷元件的性能，所以要求气敏陶瓷元件的性能随着环境条件的变化越小越好。

12.1.4 初始特性

由于气敏陶瓷元件不工作时，可能会吸附一些环境气体或杂质在其表面，所以气敏元件在加热工作初期会发生因吸附气体或因杂质挥发造成的电阻变化。另外，即使气敏陶瓷元件没有吸附气体或杂质，也会由于气敏元件从室温加热到工作温度时本身 PTC 特性和 NTC 特性造成阻值变化。在通电加热过程中，气敏元件的电阻首先急剧变化，一般经过 2～10min 后达到稳定状态，这时方可开始正常的气体检测，这一状态称为初始稳定状态，或称为气敏元件的初始特性。

12.1.5 响应时间和恢复时间

响应时间是指气敏陶瓷元件接触被测气体时，其电阻值达到了给定值的时间，表示气敏元件对被测气体的响应速度。给定值一般是气敏陶瓷元件在被测气氛中的最终值，也可以定义为最终值的 2/3。恢复时间指的是气敏陶瓷元件脱离被测气体恢复到正常空气中阻值的时间，表示气敏陶瓷元件的复原特性。气敏陶瓷元件的响应时间和恢复时间越短越好，此时接触被测气体能够立即给出信号，脱离气体时又能立即复原。

12.1.6 加热电压和电流

气敏元件在使用时需要加热，一般烧结型气敏陶瓷元件的使用温度约 300℃。加热所用加热丝或加热元件的电压和电流统称为加热电压和电流。气敏元件的加热电压和电流越小，功率越低，有利于气敏元件的小型化。利用气敏陶瓷元件检测气体时，气体在陶瓷表面的吸脱必须迅速，但一般的吸脱在常温下较为缓慢，至少在 100℃以上才会有足够快的吸脱速度。因此，在制备气敏陶瓷元件时，需要在陶瓷烧结体内埋入金属丝，作为加热丝和电极。按照气敏元件的加热方式，气敏陶瓷元件分为直热式和旁热式两种类型。

气敏陶瓷元件在较高的温度下工作不仅消耗额外的加热功率，而且增加了安装成本，带来了不安全的因素。为了使气敏陶瓷元件在常温下工作，必须采用催化剂，以提高气敏陶瓷元件在常温下的灵敏度。例如在 SnO_2 中添加 2%（质量分数）的 $PdCl_2$，能够提高 SnO_2

对还原性气体的灵敏度[2]。在添加 $PdCl_2$ 的 SnO_2 气敏陶瓷元件中，Pd 大部分以 PdO 的形态存在，元件中也含有少量 $PdCl_2$ 或金属 Pd，而起催化作用的主要是 PdO，PdO 与气体接触时可以在较低温度下促使气体解吸并使还原性气体氧化，而 PdO 本身被还原为金属 Pd，释放出 O^{2-}，增加了还原性气体的化学吸附，从而提高了气敏陶瓷元件的灵敏度。气敏陶瓷元件的催化剂主要包括 Au、Ag、Pt、Pd、Ir、Rh、Fe 以及金属盐等。

12.2 乙醇检测金属氧化物基气敏陶瓷材料

乙醇易燃，易挥发形成蒸气，与空气形成爆炸性混合物，遇高温或明火易引发火灾，所以检测环境中的乙醇气体对于保障环境安全具有重要的意义。与色谱法、分子印迹法、比色法等传统检测手段相比较，气体传感器作为一种可应用于有毒或易爆气检测的装置，能够简便、无损地将气体浓度信号转变为电学信号，从而确定检测气体的浓度。金属氧化物型半导体气体传感器（metal oxide semiconductor gas sensor，MOS 气体传感器）在气体检测领域具有广泛的应用，基于金属氧化物型半导体材料（metal oxide semiconductor materials，MO_x）的 MOS 气体传感器在乙醇检测中响应值高、响应速度快、运行稳定，同时传感器尺寸小、便于携带、制备简单、操作简便、成本低，能够检测多种气体[3]。然而，MOS 气体传感器需要较高的操作温度（150～500℃），MO_x 的选择性较低。

12.2.1 检测机理与影响因素

(1) 检测机理

当 MOS 气体传感器置于洁净空气中时，MO_x 的电阻由材料表面吸附态氧与 MO_x 的电子交换反应控制。MO_x 表面氧的吸附态主要包括 $O^-_{2(ads)}$、$O^-_{(ads)}$ 和 $O^{2-}_{(ads)}$，由于化学吸附是一种能量激活过程，因此不同吸附态氧需要不同的能量，其中 $O^{2-}_{(ads)}$ 的吸附需要较高的温度，而 $O^-_{2(ads)}$、$O^-_{(ads)}$ 的吸附温度相对较低（低于 400℃）[4]，其中 $O^-_{(ads)}$ 吸附温度约 260℃。氧原子吸附于材料表面时，会从 MO_x 晶粒导带夺取电子，在吸附氧一侧形成电子富集区，而 MO_x 表面形成一定的电子耗尽区，由此将形成空间电荷层，如图 12.1 所示。在操作温度下，空气中氧吸附遵循式(12.3)～式(12.6) 的反应。

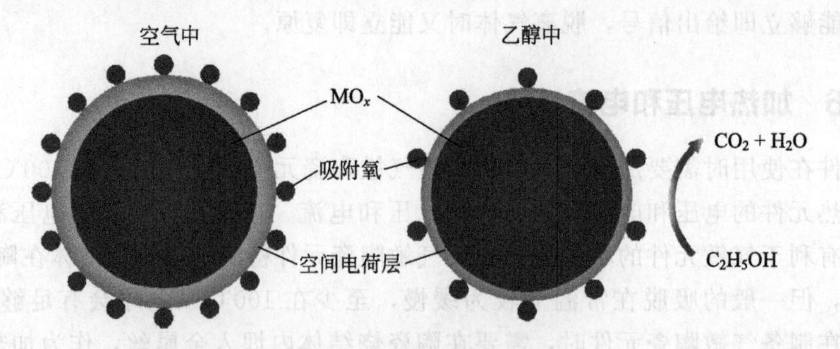

图 12.1 气体检测原理图[4]

$$O_{2(g)} \rightleftharpoons O_{2(ads)} \quad (12.3)$$

$$O_{2(g)} + e^- \rightleftharpoons O^-_{2(ads)} \quad (12.4)$$

$$O^-_{2(ads)} + e^- \rightleftharpoons 2O^-_{(ads)} \quad (12.5)$$

$$O^-_{(ads)} + e^- \rightleftharpoons O^{2-}_{(ads)} \tag{12.6}$$

当材料置于检测气体环境，由于乙醇属于还原性气体，吸附态氧与乙醇气体反应，释放电子，电子继而转移至 MO_x，从而改变材料的电导率。由于材料的电阻性质和气体分子与 MO_x 表面反应有关，因此可以通过检测传感器电学参数的变化来确定检测气体的浓度。将材料置于检测气体中，发生式(12.7)、式(12.8) 的反应[5]。

$$C_2H_5OH_{(gas)} \longrightarrow C_2H_5OH_{(ads)} \tag{12.7}$$

$$C_2H_5OH_{(ads)} + 6O^-_{(ads)} \longrightarrow 2CO_{2(gas)} + 3H_2O_{(gas)} + 6e^- \tag{12.8}$$

材料表面氧的吸附导致空间电荷层的形成，电荷层宽度随着氧吸附量发生改变，这一空间电荷层宽度称为德拜长度（L_D）。德拜长度与粒径之间存在一定的提升材料气敏性能的关系，材料微结构、酸碱性、检测温度、湿度等因素同样影响着材料的气敏性能。

(2) 微结构的影响

MO_x 的气敏性能主要受到气体的扩散与吸附过程、反应过程和电荷转移过程三种因素的影响。其中材料微结构对性能影响较大，材料粒径、孔径、比表面积等与气体分子的扩散过程、气敏反应的电荷转移过程和反应过程均存在一定关系。晶粒尺寸直接影响气敏反应电荷转移过程。氧吸附导致空间电荷层的形成，而空间电荷层的宽度，即德拜长度与晶粒尺寸（D）的关系对材料电导率存在一定的影响。当 $D>2L_D$ 时，材料电导率取决于晶粒内部载流子的迁移率，材料的表面反应对材料气敏性能影响有限；当 $D=2L_D$ 时，材料的电导率受到空间电荷层的影响，材料的表面反应对材料气敏性能影响较大，电子迁移与边界势垒和导电通道截面联系紧密；当 $D<2L_D$ 时，晶粒被认为整个存在于空间电荷层中，晶粒间电荷传输无须跨越势垒。MO_x 具有纳米尺度时，材料的电导率由晶粒间电导率决定，表面气体分子的吸附对材料电导率影响大。

以 n 型 SnO_2 为例，当 MO_x 颗粒足够小，可以认为晶粒完全处于电子耗尽层，即 SnO_2 处于容衰竭（volume depletion）状态。在此状态下，材料表面的电子浓度［e^-］可由式(12.9) 所示[6]。

$$[e^-] = N_d e^{\frac{1}{6}\left(\frac{a}{L_D}\right)^2 - p} \tag{12.9}$$

式中，N_d 为施主密度，cm^{-3}；a 为粒子半径，nm；L_D 为德拜长度，nm；p 为氧分压，Pa。由式(12.9) 可知，材料的粒径越小，［e^-］越大。气体的响应通常用 R_g/R_0 来表示，如式(12.10) 所示。

$$\frac{R_g}{R_0} = \frac{N_d}{[e^-]} \tag{12.10}$$

式中，R_g 为传感器在检测气体中的电阻，Ω；R_0 为传感器在空气中的电阻，Ω。SnO_2 基气体传感器置于乙醇等还原性气体时，表面吸附的氧与乙醇反应，$O^-_{(ads)}$ 减少，［e^-］增加，R 减小；将传感器置于空气中，$O^-_{(ads)}$ 恢复之前的水平，［e^-］相应减少，R 也会恢复到原数值。当 MO_x 晶粒尺寸足够小时，检测气体与材料的表面反应将会引起材料电导率的显著变化，从而提升材料的气敏性能。通过减小 MO_x 尺寸，还可以进一步减小 MOS 气体传感器的器件尺寸，进而减小器件的能量损耗。另外，晶粒尺寸还将影响材料的孔径，而孔径尺寸直接决定了气体分子的扩散过程，气体分子平均自由程遵循方程式(12.11)。

$$\lambda = \frac{kT}{\sqrt{2}\, p \pi d^2} \tag{12.11}$$

式中，λ 为分子平均自由程；k 为玻耳兹曼常数；T 为热力学温度；p 为压力；d 为气体分子的直径。乙醇气体的 λ 值为 25.6nm，当 λ 值小于材料的孔径时，气体分子主要进行 Knudsen 扩散[7]，如式(12.12) 所示。

$$D_k=\frac{4r}{3}\sqrt{\frac{2RT}{\pi M}} \tag{12.12}$$

式中，D_k为扩散系数；r 为孔径尺寸；M 为气体分子摩尔质量；R 为通用气体常数；T 为热力学温度。由式(12.10) 可知，D_k与 r 成正比，孔径增大，有利于气体分子扩散，MO_x晶粒尺寸的减小、分散是实现大孔径的主要手段。另外，MO_x晶粒尺寸减小有助于提升材料比表面积，增大的比表面积使表面原子增多，不饱和化学键和氧空位数量增加，表面反应活性增加，为气体吸附、反应提供更多活性位点，有利于材料气敏性能的提升。

(3) 掺杂的影响

掺杂对 MO_x气敏材料的影响主要有三个方面：①掺杂会影响材料的择优生长晶面，从而改变 MO_x的微观形貌，构建大比表面积的多孔材料；②掺杂，尤其是贵金属掺杂，金属与 MO_x接触形成肖特基势垒并夺取 MO_x的表面电子，从而在金属表面形成更多的吸附氧，MO_x也因此处于高阻状态，进而提升材料的响应度；③掺杂可以通过构建催化活性位点降低 MO_x表面的吸附能，增强检测气体的化学吸附、活化，进而提升气敏材料的响应时间、响应度、选择性等性能，尤其是过渡金属的掺杂，使 MO_x引入杂质能级，气敏材料因此产生大量的表面缺陷，使材料表面活性位点增多，促进氧及检测气体的吸附、反应，如图 12.2 所示[8]。

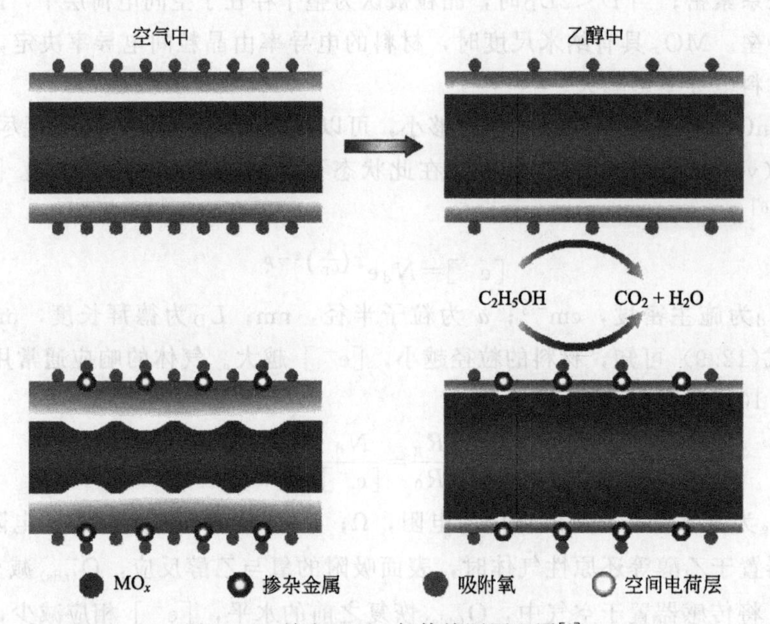

图 12.2　掺杂 MO_x 气体检测原理图[8]

上述三种作用机制共同作用，协同促进材料气敏性能的提升。以贵金属 Pd 为例，Pd 具有良好的氧化还原作用，可以在较低活化能状态下将氧分子解离形成 O^-，随后 O^- 进一步吸附于 MO_x表面形成吸附态的 $O^-_{(ads)}$，此过程可以显著降低工作温度，并缩短响应/恢复时间。将金属 Pb 掺入 In_2O_3 内可以显著提升材料的氧空位[9]。此种 Pb 掺杂采用声化学方法，制备过程如下：将 $InCl_3$、$PbCl_2$ 溶解于蒸馏水内，并加入 H_2O_2，然后采用 200W 的超声发生器超声处理以上混合溶液20min后，逐滴加入KOH溶液，直至溶液澄清，在空气中干燥24h后，于400℃煅烧3h。掺入的金属Pb作为吸附活性位，氧吸附数量的增加导致了材料在空气中的势垒、表面空间电荷层宽度和电阻的增加。通过上述类似方法将金属Co掺入ZnO内，Co的多价态特性使其可贡献更多电子，并形成CoZn* 电子供体，从而增加表面氧吸附的数量和速度，同样可提升材料的气敏性能[10]。

(4) 异质结的影响

MO_x气敏材料利用金属氧化物晶界效应，当材料吸附气体分子，材料界面电荷发生转移，电子克服界面势垒，电导率发生改变。异质结通过影响界面性质进而提升复合材料的气敏性能。不同MO_x具有不同的费米能级，当不同材料复合紧密接触，材料界面处由于材料不同的费米能级而存在高能电子的迁移，当界面处费米能级平衡时，界面处形成空间电荷区即耗尽层，空间电荷区形成的势垒会阻止界面电子的迁移，从而形成稳定的异质结构。材料的测试电阻与界面势垒遵循式(12.13) 所示[11]。

$$R_g = R_0 e^{\frac{qv}{kT}} \tag{12.13}$$

式中，R_g、R_0分别为材料在测试气体中的电阻和初始电阻；q为电子电荷；v为势垒高度；k为玻耳兹曼常数；T为材料测试温度。由式(12.11) 可知，随着势垒的增加，材料的测试电阻增加。异质结构的构建还将导致材料电子传输通道变窄，材料的电阻值也增大，这一过程遵循式(12.14)。

$$R_g = \frac{\rho L}{\pi D_c^2} \tag{12.14}$$

式中，R_g为材料测试电阻，Ω；ρ为材料电阻率，Ω·m；L为材料长度，m；D_c为电子传输通道直径，m。因此，电子传输通道变窄，材料电阻增大。上述两种机制共同作用，协同改善材料的气敏性能。在此过程中，空间电荷区的电场也会降低形成异质结的两种或多种材料中的多数载流子的复合概率，使载流子分离，增加载流子密度，提升材料的气敏响应[12]。

通过选择具有不同费米能级的MO_x材料构建异质结，可以调节气敏材料的表面势垒，从而影响MO_x表面氧的吸附。当复合材料从空气移入检测气体后，由于检测气体与吸附态氧结合释放或吸附电子，耗尽层宽度也会改变，协同促进材料电导率的变化。以n型MO_x为例，当异质结构MO_x材料暴露于空气中时，氧分子吸附于材料表面时材料电子传输通道进一步变窄，异质结MO_x材料初始电阻进一步增大，当暴露于还原性气体后，电子释放并返回材料，材料电阻将急剧减小，同时空间电荷区变窄，异质结MO_x材料电阻将进一步下降，材料响应度得到明显提升（图12.3）[13]。复合材料有时也会引入气体分子优先吸附位点的结构缺陷和晶格畸变，并促进提升氧的活化和迁移率。异质结构还存在一定的协同效应，即复合材料可发挥各组分的优点，协同促进材料的气敏性能。例如当异质结构中一种MO_x材料与某种气体存在催化反应时，可以利用此反应来增加异质结构的选择性，如CuO在含硫气体（H_2S等）和空气中分别发生式(12.15) 和式(12.16) 的反应。

$$CuO + H_2S \longrightarrow CuS + H_2O \tag{12.15}$$

$$CuS + \frac{3}{2}O_2 \longrightarrow CuO + SO_2 \tag{12.16}$$

可以利用CuO的这一催化特性构建异质结构材料，一方面增加材料的抗毒性，另一方面也可以提升材料的选择性。合理控制CuO的含量，即主体材料和客体材料比例调控是异

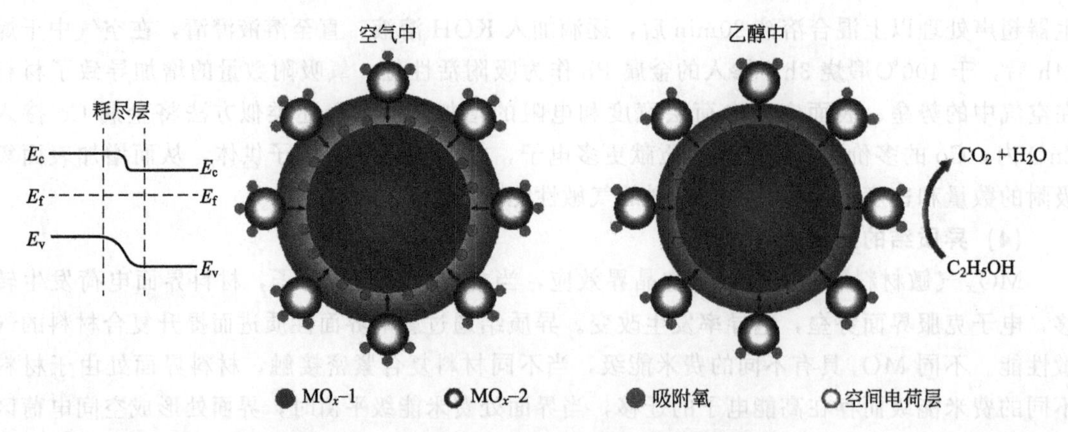

图 12.3 MO_x-MO_x 异质结气体检测原理图[13]

质结构建的关键因素。另外，新组分的增加也会改变 MO_x 材料的生长模式，从而影响材料的粒径、孔径、比表面积等性质，最终影响材料的综合性能。

(5) 材料酸碱性的影响

当气敏材料置于检测气体中，MO_x 由于存在不同的酸碱性，将与气体发生脱氢反应［式(12.17)］或是脱水反应［式(12.18)］。

$$C_2H_5OH \longrightarrow CH_3CHO + H_2 \tag{12.17}$$

$$C_2H_5OH \longrightarrow C_2H_4 + H_2O \tag{12.18}$$

MO_x 呈酸性时，发生脱水反应，当 MO_x 呈碱性时，发生脱氢反应。随着反应的进行，中间态的 CH_3CHO 和 C_2H_4 将与 MO_x 表面吸附的 O^- 进一步反应生成 CO_2 和 H_2O，并释放电子返回 MO_x，从而改变材料电阻。当材料为两性氧化物时，可进行上述两种反应，反应路径增多，气敏材料具有稳定的气敏性能。

(6) 检测温度的影响

温度一方面影响氧的吸附态，另一方面还会改变氧吸附/解吸的动力学参数，这就意味着MOS气体传感器的响应随着温度的变化而变化，所以可以通过改变操作温度，实现材料对不同气体的检测。MO_x 气敏材料在不同温度条件下，对不同气体的响应度、选择性、响应时间等存在一定差异。针对目标气体，电阻随温度的变化率可以采用 Arrhenius 方程来近似计算[14]，如式(12.19) 所示。

$$R_g = R_0 e^{\frac{\Delta E}{kT}} \tag{12.19}$$

式中，R_g、R_0 分别为传感电阻和初始电阻，Ω；ΔE 为活化能，kJ/mol；k 为玻耳兹曼常数，J/K；T 为热力学温度，K。从式(12.19) 可以看出，气体的活化能与电阻呈指数关系，通过测试电阻变化可以得到活化能与电阻的指数曲线，从而得到活化能参数。温度升高可使气体分子导带电子获得更多能量克服势垒，从而增加材料表面的化学吸附，进而增强目标气体的响应度。MO_x 在不同温度下选择性地检测气体，即随着温度的升高，材料的选择性会发生改变。这可能是由于随着温度的增加，即使是具有较高活化能的气体分子也能够获得足够的能量进入活化态，从而降低了 MO_x 针对目标气体的选择性，这也是针对如 H_2 等分子量小、活化能低、成键少的目标气体更加容易实现低温气敏检测的原因。材料的响应时间（τ）与解吸焓（ΔH_{des}）具有一定的关系[15]，如式(12.20) 所示。

$$\tau = \frac{1}{\nu_0} e^{\frac{\Delta H_{des}}{kT}} \tag{12.20}$$

式中，ν_0为平均解吸常数，10^{13} Hz；k 为玻耳兹曼常数，J/K；T 为热力学温度，K。由式(12.20) 可知，随着温度的升高，材料的响应时间增加。材料的恢复时间相对复杂，需要进一步考虑材料表面能带弯曲问题。适宜的操作温度有利于提升 MOS 气体传感器的响应度和响应时间，所以制备自加热 MOS 气体传感器具有重要意义。

(7) 检测湿度的影响

空气中的水汽可以代替氧，以分子或是羟基的形式吸附于材料表面，并作为施主，这一过程反应可以采用式(12.21)[16]表述。

$$H_2O_{2(g)} + O^-_{(ads)} \rightleftharpoons 2(MO^+ - OH^-) + V_O^* + e^- \tag{12.21}$$

式中，$O^-_{(ads)}$为吸附态的氧；V_O^*为吸附氧产生的空位；MO^+-OH^-为吸附的羟基基团。由上述反应可知，OH^- 替代吸附氧，与 MO_x 结合，因此随着湿度的增加，MO_x 中自由电子增多。如果 MO_x 中存在贵金属材料修饰，则贵金属还会催化水分子解离生成 H^+ 和 OH^-，进一步加强上述反应。由于吸附的 H_2O 分子替换了 O_2 分子的吸附，并且吸附水分子的蒸发速率较低，导致气敏性能变差。

12.2.2　乙醇金属氧化物型气敏陶瓷材料

针对 MOS 气体传感器由于 MO_x 本征特性而存在的响应度受限、选择性差等问题，通过减小 MO_x 颗粒尺寸、增大孔径、增加材料比表面积等形貌调控能够提升材料的响应度。通过掺杂以及构建异质结等方式可以改进材料的选择性。MO_x 种类繁多，其中 SnO_2 是一类典型的 n 型 MO_x 高阻材料，也是已商业化 MOS 气体传感器的主要气敏材料，在挥发性有机化合物（volatileorganic compounds，VOC)、乙醇等还原性气体的检测中应用广泛。ZnO 也是一类 n 型 MO_x 材料，具有较高的电子迁移率、良好的光电响应、优异的化学和热力学稳定性以及宽带隙（3.37eV)，同时具有成本低、毒性低、易制备、可大规模生产等特点，所以是一类常用的气敏材料。Co_3O_4 是一类 p 型 MO_x 材料，一般 p 型 MO_x 的气敏性不及 n 型 MO_x，但是 p 型 MO_x 可选择性氧化 VOC 气体，并且 p 型 MO_x 基线相对稳定，对湿度敏感性也弱于 n 型 MO_x，所以 p 型 MO_x 的研究在 MOS 气体传感器中依然具有重要研究意义。CuO、TiO_2、In_2O_3 和 WO_3 等材料也是常见的 MO_x 乙醇气体敏感材料。

(1) MO_x 材料的结构调控

MO_x 材料通常具有较快的响应速度，但材料本征特性导致材料的响应度受限。针对这一问题，结构控制、粒径调控、孔径调节、比表面积改善是提升 MO_x 响应度的主要方式。晶体尺寸、表面结构、孔径、堆叠方式、纵横比等因素直接影响 MO_x 的纳米结构。一般情况下，小尺寸颗粒、多孔结构具有较高的比表面积，有利于气体的吸附和扩散，提升材料响应度和响应/恢复时间。不同结构的 MO_x 材料对于乙醇具有不同的响应度，零维具有纳米颗粒结构，一维具有纳米棒、纳米管、纳米线、纳米纤维等结构，二维具有纳米片、纳米盘等结构，三维具有网状结构、分级结构等，MO_x 材料具有较多的气敏研究。

零维材料主要是纳米颗粒结构，例如采用微波-溶剂热法能够制备出分散的 Co_3O_4 纳米立方颗粒，制备过程如下：将 1mmol $Co(NO_3)_2 \cdot 6H_2O$、20mL 乙醇、30mL 正己烷和 3mmol 油酸相混合，随后于 70℃煅烧保温 30min，并持续搅拌，形成了油酸钴。将所得混合物加入 10mL 蒸馏水置入聚四氟乙烯反应釜内，通过微波加热于 200℃保温 20min，自然冷却至室温。此种 Co_3O_4 纳米立方颗粒尺寸约 20nm，200℃时对 100μg/g 乙醇的响应值为

5[17]。采用水热法能够制备出 In_2O_3 纳米立方颗粒，制备过程如下：将 0.3mmol $InCl_3$、1mmol 尿素溶解于 40mL 去离子水内，持续搅拌 30min，随后将以上混合溶液转入聚四氟乙烯反应釜内，于 150℃水热反应 12h 后自然冷却，所得产物经去离子水与乙醇清洗数次干燥后，在氧气气氛中于 400℃煅烧 3min。此种 In_2O_3 纳米颗粒在 200℃时对 100μg/g 乙醇、丙酮和二甲苯的响应分别约为 17、5 和 7[18]。

一维材料是常见的、具有良好气敏性能的材料，可以采用静电纺丝法、湿法化学法、模板法制备纳米线、纳米纤维、纳米棒等结构的 MO_x 材料。例如采用近场静电纺丝法在微热板上沉积出 SnO_2 纳米纤维，制备过程如下：原料为 PVA 与 $SnCl_4 \cdot 5H_2O$，首先在 90℃保温 2h、持续搅拌的条件下获得浓度为 10%（质量分数）的 PVA（分子量 80000）溶液，随后将四氯化锡（含有 1g $SnCl_4 \cdot 5H_2O$ 和 1g 水）加入 10g PVA 溶液内，搅拌均匀后获得了 PVA/$SnCl_4$ 复合物。将 PVA/$SnCl_4$ 复合物置于静电纺丝设备的容器内，通过静电纺丝过程制备出了 SnO_2 纳米纤维，所用电压为 5～10kV，电极与收集器的距离为 0.5～2.6cm，所得产物在 100℃干燥 24h，并于 300～500℃退火 4h。SnO_2 纳米纤维气体传感器在 330℃对 10μg/g 乙醇的响应为 4.5，而其检测限低至 10ng/g[19]。

采用湿法化学法在 90℃的低温条件下能够制备出花状 ZnO 纳米棒[20]，制备过程如下：将 4.5mmol $ZnCl_2$、75.0mmol KOH 溶解于 50mL 去离子水内并搅拌 5min，将以上混合溶液放入水浴锅内于 90℃加热 3h，将所得白色产物过滤、采用去离子水清洗数次后，在真空条件下于 90℃干燥 12h。此种 ZnO 纳米棒表面存在明显的缺陷和吸附氧，在 400℃下，花状 ZnO 纳米棒对 100μg/g 乙醇的响应为 149.2，响应/恢复时间为 9s/15s，对 200μg/g 乙醇、丙酮和甲醛的响应分别约为 190、100 和 38。以 $CoCl_2$ 和 NaOH 作为原料，采用共沉淀-高温煅烧法能够制备出尺寸约 50nm 的纳米片状 Co_3O_4[21]，制备过程如下：将 0.5466g $CoCl_2 \cdot 6H_2O$ 溶解于 50mL 蒸馏水内，并搅拌得到粉红色的透明溶液，再加入 6mL 浓度为 2mol/L 的 NaOH 溶液，将以上溶液搅拌 2h 后，在室温下陈化 24h，所得产物经过离心、蒸馏水清洗数次后在 50℃干燥。将干燥后的粉末分别在 250℃煅烧 2h、450℃煅烧 2h，升温速率分别为 1℃/min 和 5℃/min。由于纳米片状 Co_3O_4 的多孔结构、小尺寸结构，对 VOC 气体，例如乙醇、甲醇、丙酮、异丙醇、甲醛等气体具有良好的气敏性能。在 100℃的工作温度下，Co_3O_4 纳米片对 300μg/g 乙醇的响应为 419，而其气体响应/恢复时间为 44s/328s。

采用溶胶-凝胶法可以制备出二维层状结构的 CuO[22]，此种方法将 5.0mmol 乙酸铜溶解于 15mL 异丙醇及 1mL 乙二胺内，在 70℃搅拌 2h 后在室温下陈化 24h，最后在 500℃下煅烧 2h。二维层状结构 CuO 对于乙醇在不同温度下均具有一定的响应，在 250℃下，对 0.1μg/g、5μg/g 乙醇的响应度分别为 1.749 和 3.077，检测气体浓度范围广，此种 CuO 气体传感器的响应/恢复时间也较短，分别为 11.9s 和 8.4s。

三维结构的材料体系可以从比表面积、活性位点、气体吸脱附、电荷转移等方面提升材料的气敏性能[23]。例如采用水热法可以制备出纳米片构成的 SnO_2 空心球[24]，制备过程如下：将 0.09g $SnCl_2 \cdot 2H_2O$ 加入 30mL 浓度为 15mmol/L 的巯基乙酸溶液内，再加入 0.6g 尿素和 0.5mL 浓度为 37%（质量分数）的 HCl 溶液，随后将以上混合溶液转移至聚四氟乙烯不锈钢反应釜内，于 120℃保温 6h，所得产物经体积比 1∶1 的乙醇与水的混合物清洗并干燥后于 600℃煅烧 2h，升温速率为 5℃/min。350℃时 SnO_2 空心球对 100μg/g 乙醇的响应为 10.5，响应时间为 5s。

可以将二维 Co_3O_4 纳米材料直接生长于三维衬底上形成三维结构的材料[25]，采用水热-退火的方法能够制备出负载于N掺杂泡沫炭（NCF）三维介孔的Co_3O_4@NCF材料[26]，制备过程如下：将0.45g $Co(NO_3)_2 \cdot 6H_2O$和0.27g葡萄糖加入20mL蒸馏水内，并采用电磁搅拌形成粉红色的透明溶液，将上述溶液注入NCF内，于55℃干燥15min，持续以上“溶液注入-干燥”过程数十次以增强Co前驱物在NCF上的负载量。将0.045g $Co(NO_3)_2 \cdot 6H_2O$、0.13g六亚甲基四胺（HMT）、20mL蒸馏水和10mL乙醇相混合形成均匀的溶液，将负载有Co前驱物的NCF置入此溶液内，并转入聚四氟乙烯不锈钢反应釜中，于120℃保温10h，所得产物干燥后在空气中于250℃退火4h。泡沫炭的使用限制了Co_3O_4的生长，水热法制备的花状Co_3O_4尺寸为4μm，Co_3O_4@CF材料在320℃对乙醇气体响应最佳，对100μg/g乙醇的响应为4.2。

除了上述一维、二维和三维材料外，针对微机电系统（micro-electromechanical system，MEMS）气体传感器的结构特点，采用溅射沉积、化学气相沉积、激光脉冲沉积、溶胶-凝胶法等方法，将MO_x直接沉积在具有加热电极与测试电极的基底上形成气敏薄膜，也是增大材料比表面积的一种有效方式，同时这种方式还可以避免对粉末状MO_x的后处理，从而更为简便地制备MOS气体传感器。采用等离子喷涂法在刚玉陶瓷基片上能够制备出SnO_2薄膜[27]，制备过程如下：将SnO_2粉末在600℃煅烧1h后作为喷涂材料，氮气作为等离子形成气体，喷涂前，采用丙酮清洗刚玉基底，通过等离子喷涂在刚玉基底上形成了一层厚度为微米级的SnO_2薄膜，在600℃退火1h。300℃下，SnO_2薄膜对300μg/g乙醇响应为1.84，响应/恢复时间为8s/340s，而相同条件下对丙酮和异丙醇的响应为1.70和1.65。采用溶胶-凝胶和高温退火的方式能够制备出ZnO薄膜，制备过程如下：将乙酸锌与二乙醇胺（DEA）加入乙醇中，DEA与乙酸锌的摩尔比为6：5，并在60℃保温30min获得均匀的溶胶。将玻璃基底以35mm/min的速率浸入上述溶胶内，在空气中于室温下保温20min，然后于500℃退火1h。ZnO薄膜对甲醇、乙醇、丙醇均具有一定的响应，其中在室温下对30μg/g乙醇的响应为6，响应/恢复时间为28s/49s[28]。

以纯度为99.99%的ZnO靶作为ZnO源，在Ar气氛下，通过磁控溅射制备出了膜厚为200nm的ZnO薄膜[29]，溅射能量为70～150W，并在400℃退火6h，此种ZnO薄膜对乙醇的检测限低至0.61μg/g，在400℃对50μg/g乙醇、CO的响应分别为55和2。采用水热-退火法直接在具有叉指电极的多晶氧化铝陶瓷板上制备出了针状Co_3O_4阵列[30]，制备过程如下：将5mmol $Co(NO_3)_2 \cdot 6H_2O$、10mmol NH_4F和10mmol尿素加入50mL电阻率为18.3MΩ·m的蒸馏水内，在室温下搅拌10min后转移至聚四氟乙烯不锈钢反应釜中，再将长、宽、厚分别为13.4mm、7mm、5mm的多晶氧化铝陶瓷板浸入反应釜中的溶液中，氧化铝陶瓷板表面沉积有5对Ag-Pd叉指电极，反应釜密封后于95℃保温24h，采用蒸馏水清洗沉积后的氧化铝陶瓷板，在真空条件下于60℃干燥2h后，在空气中于350℃退火4h。此种针状Co_3O_4阵列保留了p型MO_x一维材料的导电特点，同时具有大的比表面积、大孔隙、阵列排布等特点，所以表现出了良好的气敏性能，130℃时对100μg/g乙醇的响应为89.6，检测限低至10μg/g。

由上述来看，通过材料粒径调控、孔径调节、比表面积改善等结构控制，MO_x对乙醇的响应得到了明显提升。将上述不同结构MO_x的性能对比如表12.2所示。从表中可以看出，SnO_2对乙醇的响应通常优于ZnO、Co_3O_4等材料。以Co_3O_4为例，随着材料形貌的改变、维度的增加，材料的比表面积增大，纳米片状Co_3O_4的性能优于Co_3O_4纳米线的性能，而Co_3O_4纳米线的性能又明显优于纳米颗粒的性能。对于三维MO_x材料，乙醇响应性

表 12.2 不同形貌 MO_x 乙醇气敏性能对比

材料	形貌	成分	温度/℃	检测浓度/(μg/g)	响应度	响应/恢复时间/s	选择性(响应度)			
							甲醇	甲醛	丙酮	氢气
零维材料	立方颗粒	Co_3O_4	200	100	5.0				3.0	
	团聚颗粒	Co_3O_4	300	100	5.5	150/55				5.1
	纳米颗粒	ZnO	350	400	20.3	12/14		无		
	立方颗粒	In_2O_3	200	100	17.0				5.0	
一维材料	纳米纤维	SnO_2	330	10	4.5	13/13.9		无		
	纳米线	SnO_2	380	100	17.0	22/18		无		
	纳米棒	ZnO	400	100	149.2	9/15		无		
	纳米线	Co_3O_4	350	300	5.1	无		无		20.1
	纳米棒	Co_3O_4	160	500	71.0	90/60	38.8		20.1	26.3
	纳米棒	Co_3O_4	300	100	25.7	29/13				
	纳米管	Co_3O_4	300	100	24.7	49/13				
	纳米纤维	TiO_2	300	100	14.0	3/5		3.5		
二维材料	纳米片	ZnO	350	400	23.3	12/5		无		
	纳米片	Co_3O_4	100	300	419.0	44/328	94.0	36.4	234.0	
	纳米片	Co_3O_4	300	100	57.5	66/10				56.0
	层状结构	CuO	200	5	3.1	11.9/8.4	3.0	1.6	2.5	
三维材料	介孔结构	SnO_2	225	100	17.3	8/780	2.5	2.5	3.0	
	介孔结构	SnO_2	240	500	72.0	10/15	12.0	9.0	7.0	
	空心笼状	ZnO	300	1	8.0	无			14.8	
	介孔材料	ZnO	室温	300	1.4	42/40	3.0	无		
	分级多孔	ZnO	250	50	36.6	14/8				
	分级多孔	ZnO	220	100	8.5	10/80			5.0	
	分级结构	ZnO	370	100	340.0	12/50			362.0	
	分级结构	ZnO	260	50	110.0	4/12	12.0	40.0	2.0	
	三维微孔	Co_3O_4@C	170	100	14.7	无	11.0	无	7.8	
	三维介孔	Co_3O_4@CF	320	100	4.2	44/31				
薄膜	薄膜	SnO_2	300	300	1.84	8/340			70.0	
	薄膜	ZnO	室温	30	6.0	28/49	5.1			
	薄膜	ZnO	400	50	55.0	362/147		无		
	阵列	Co_3O_4	130	100	89.6	无	25.8		55.2	
	薄膜	CuO	室温	200	1.24	15/15		无		

能明显得到提升，随着薄膜技术的应用，MO_x 薄膜作为乙醇气敏层在室温、低温状态下具有良好的气敏性能。材料的结构调控提升了材料的响应度、响应时间等气敏性能。

(2) MO_x 材料的掺杂

MO_x 材料的掺杂元素主要包括 Pt、Au、Cu、Ni、Cr 等，掺杂材料的催化性能以及通过掺杂改变的材料界面性质和材料电子结构可以显著提升 MO_x 的气敏性能。贵金属掺杂是气敏材料的重要改性方式，贵金属的催化作用以及对 MO_x 表面空间电荷层的协同促进作用，对材料气敏性能的提升有着重要作用。通过氨沉淀法能够制备出 Pt 修饰的 SnO_2 纳米棒[31]，制备过程如下：首先将0.0512g SnO_2 纳米棒加入10mL去离子水内，通过超声分散10min，随后再加入1.5mL浓度为0.077mol/L的 $HPtCl_6$ 溶液，加入 $NH_3 \cdot H_2O$ 直至溶液pH值为9，搅拌1.5h后，经无水乙醇和去离子水清洗数次，60℃干燥后于300℃退火1h。320℃时Pt修饰 SnO_2 纳米棒对200μg/g乙醇的响应为8.3，响应时间为3～5s，恢复时间为5～15s。将四氯化锶、六水硝酸锶、氨水及Pt混合干燥后，在700℃煅烧2h可以制备出Pd负载摩尔分数0.5%～4%的Sr掺杂 SnO_2[32]。Pt负载量质量分数为2.5%时，所得材料对100μg/g乙醇响应最佳（1.93、275℃），其恢复/响应时间为1s/5s，275℃时此种Pd负载Sr掺杂 SnO_2 对25μg/g乙醇、丙酮、液化气和氨气的响应分别约为1.8、1.2、1.12和1.08。中空结构提供了大的比表面积和大量的活性位点，Pd作为催化活性位点，其掺杂有利于气体分子的化学吸附和解离。SnO_2 纳米颗粒易于均匀分布，增强了材料的局域导电性，对相转移反应有促进作用，从而明显缩短了材料的响应/恢复时间。

采用溶液还原法将Au纳米颗粒覆于 SnO_2 纳米片表面能够制备出三维 Au/SnO_2[33]，制备过程如下：将0.1g SnO_2、1.5mL浓度为0.01mol/L的 $HAuCl_4$ 及1.5mL浓度为0.01mol/L的赖氨酸加入15mL去离子水内并搅拌15min，随后向上述混合溶液中加入0.2mL浓度为0.1mol/L的 $NaBH_4$，继续搅拌20min，采用无水乙醇和去离子水清洗数次，80℃干燥12h后于300℃煅烧30min。由于Au的催化效应，使得材料表面氧原子的吸脱附作用得到增强，电荷从 SnO_2 材料转移至Au纳米颗粒，可以增强 SnO_2 纳米片表面电荷耗尽层的厚度。因此，Au/SnO_2 具有良好的气敏性能和稳定性，其在340℃对150μg/g乙醇的响应为29.3，同样情况下 SnO_2 的响应仅为13.7。采用旋涂-退火工艺制备出了Pt掺杂 In_2O_3[34]，制备过程如下：将 SiO_2 膜厚为300nm的 SiO_2/Si 基底在丙酮、异丙醇（IPA）及去离子水混合溶液中超声清洗10min，在氮气气氛下干燥。将含有Pt纳米颗粒、In_2O_3 的溶液旋涂于 SiO_2/Si 基底上，转速为3000r/min，旋涂时间为30s，然后在250℃煅烧4h在 SiO_2/Si 基底上获得了Pt掺杂 In_2O_3 薄膜。Pt掺杂 In_2O_3 薄膜对0.095μg/g乙醇的响应为12.2，响应/恢复时间为1s/2s，对 CO_2、H_2、H_2S、C_3H_6O 的响应可以忽略。

采用激光烧蚀-退火法能够制备出 $Au\text{-}WO_3$[35]，Au纳米颗粒均匀分布于 WO_3 纳米片的表面，制备过程如下：首先采用砂纸抛光W靶，在乙醇和去离子水溶液中超声清洗10min，然后将W靶放置于含有15mL浓度为0.25mg/mL $HAuCl_4$ 溶液的容器底部，采用Nd:YAG激光器烧蚀W靶60min，脉冲重复频率和时间分别为10Hz和10ns，脉冲能量为150mJ。经过激光烧蚀后，所得溶胶在室温下陈化72h，所得产物经去离子水和无水乙醇清洗数次，在真空条件下60℃干燥，于500℃煅烧2h，升温速率为4℃/min。$Au\text{-}WO_3$ 在320℃对100μg/g乙醇的响应为97.2，是 WO_3 的3.5倍，而相同条件下材料对甲醇、甲醛、丙酮和甲苯的响应分别为8、3、11和10。

考虑到贵金属的经济成本，成本较低的非贵金属也是常见的掺杂源。采用溶剂热法能够制备出晶粒尺寸50nm的Cu、Zn掺杂 SnO_2[36]，制备过程如下：将0.452g $SnCl_2 \cdot 2H_2O$、0.04g乙酸锌和0.175g $CuCl_2 \cdot 2H_2O$ 溶解于15mL无水乙醇和15mL去离子水的混合溶液内，再加入1.5mL浓度为37%（质量分数）的盐酸，持续搅拌5min，随后将以上混合溶液转移至聚四氟乙烯不锈钢反应釜内，于180℃反应12h，所得产物经离心处理后于60℃干燥12h。110℃时，Cu、Zn掺杂 SnO_2 对50μg/g乙醇的响应为210，其检测限低至0.017μg/g。

由于 NiO 具有湿敏特性，Ni 掺杂也会降低 SnO_2 检测气体时湿度的影响。采用水热法可以制备出 Ni 掺杂的 SnO_2 纳米棒[37]，制备过程如下：将 $SnCl_4 \cdot 5H_2O$ 和 $NiCl_2 \cdot 6H_2O$ 溶解于 30mL 体积比为 1∶1 的无水乙醇和蒸馏水混合溶液内，持续搅拌直至形成均匀的溶液，接着加入浓度为 6mol/L 的 NaOH 溶液和无水乙醇调整 pH 值到 13。将以上混合溶液转移至聚四氟乙烯不锈钢反应釜内，于 180℃反应 15h。摩尔分数为 5.0%的 Ni 掺杂 SnO_2 纳米棒在 450℃下，对 1000μg/g 乙醇的响应为 14000，这一响应值是 SnO_2 纳米棒的 13 倍，而其对 50μg/g 乙醇的响应为 2000，响应/恢复时间分别为 30s/10min（图 12.4）。5.0%Ni 掺杂 SnO_2 纳米棒的直径和长度分别为 6nm 和 35nm，而 SnO_2 纳米棒的直径和长度分别为 25nm 和 150nm，较大的比表面积和 SnO_2 基底的氧空位显著提升了 SnO_2 的气敏性能。

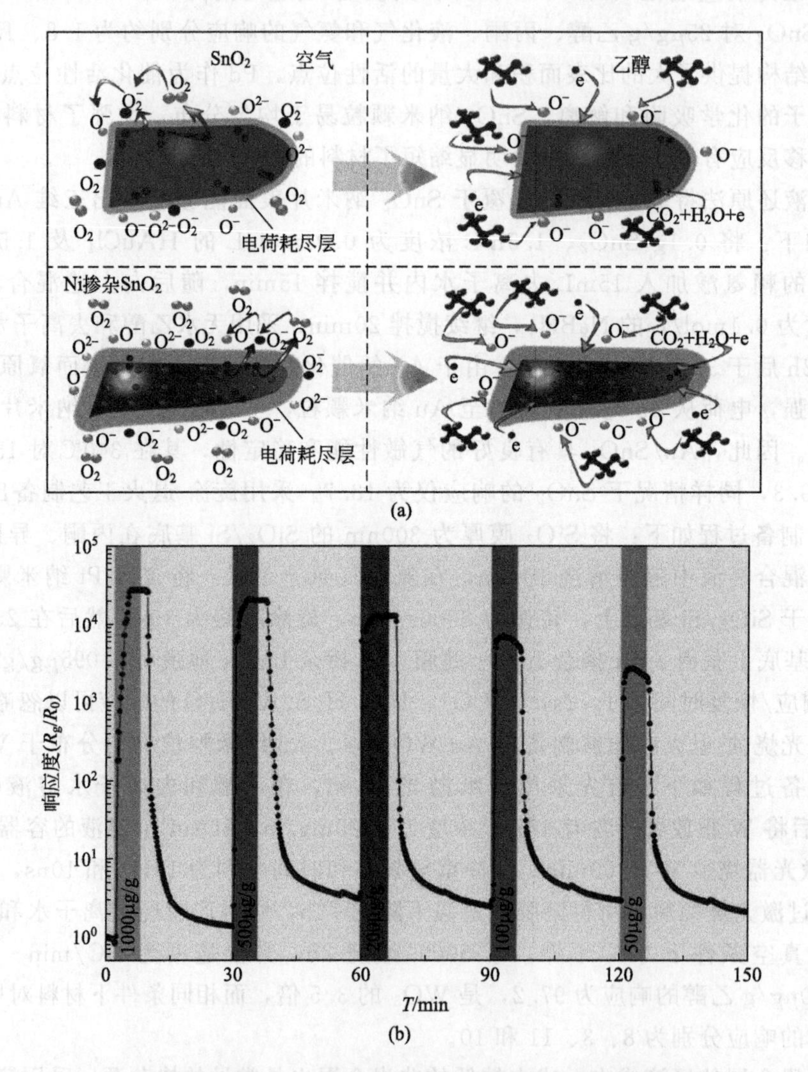

图 12.4 Ni 掺杂 SnO_2 气敏材料的作用机理图及乙醇响应曲线[37]

(a) Ni 掺杂 SnO_2 气敏材料的作用机理图；(b) 乙醇响应曲线

采用共沉淀法可以制备出 Ce 掺杂 SnO_2[38]，制备过程如下：首先将 $SnCl_4 \cdot 5H_2O$ 和 $CeCl_3 \cdot 7H_2O$ 溶解于乙醇内，再加入氨水和硬脂酸并持续搅拌，溶液的 pH 值保持在 10。所得产物在真空条件下于 95℃干燥 4h 后，在 800℃煅烧 6h。SnO_2 晶格中 Ce 的掺杂引起了

SnO_2 由 n 型 MO_x 向 p 型 MO_x 的转变，p 型 Ce-SnO_2 中，Ce 取代 Sn 有利于产生空穴作为吸附氧空位，从而提升了 SnO_2 的响应度。室温下，Ce-SnO_2 对 400μg/g 乙醇的响应为 4.82，响应时间为 5～25s，恢复时间为 30～60s，同时响应优于氨气和 NO_2。采用共沉淀-退火方法可以制备出立方中空结构的 $ZnSnO_3$[39]，制备过程如下：将 0.068g $ZnCl_2$ 和 0.147g 柠檬酸钠（$C_6H_5Na_3O_7$）分散于 10mL 去离子水内并持续搅拌，随后加入 5mL 浓度为 0.2mol/L 的 $SnCl_4$ 乙醇溶液，接着加入 25mL 浓度为 0.41mol/L 的 NaOH 溶液。经过磁力搅拌 30min 后，形成了立方中空结构的 $ZnSn(OH)_6$，60℃干燥 24h 后，在 450℃煅烧 2h，升温速率为 1℃/min。中空结构 $ZnSnO_3$ 在 260℃对 100μg/g 乙醇的响应为 34.1，响应/恢复时间为 2s/276s，而相同条件下对丙酮、甲苯、苯和氨气的响应分别为 11、5、4 和 3。

金属掺杂是有效提升气敏材料选择性、响应/恢复时间的方式。贵金属掺杂 MO_x 一方面利用贵金属的催化效应，促进氧的吸附，另一方面贵金属的加入也改变了材料的微观形貌，避免 MO_x 的团聚，从而增加了材料的乙醇响应度。而对于非贵金属，掺杂后同样可以利用元素催化效应增强气体分子吸脱附过程，也可改变 MO_x 的生长、聚集状态。金属掺杂后，材料的性能明显提升，具体参数比较如表 12.3 所示。

表 12.3 不同元素掺杂的 MO_x 乙醇气敏性能对比

掺杂物	形貌	成分	温度/℃	检测浓度/(μg/g)	响应度	响应/恢复时间/s	选择性(响应度)			
							甲醇	甲醛	丙酮	氢气
贵金属	中空纳米球	Pt-SnO_2	325	5	1399.9	1/525		600.0	700.0	200
	纳米棒	Pt-SnO_2	320	200	8.3	3～5/5～15				
	纳米颗粒	Pt-SnO_2	275	100	1.9	1/5				
	空心材料	Pt-SnO_2	300	50	2.0	1.5/18	0.9	0.9	1.0	
	纳米花	Au-SnO_2	340	150	29.3	5/10	13.3		20.3	
非贵金属	薄膜	Pt-In_2O_3	室温	0.095	12.2	1/2				
	纳米颗粒	Pt-In_2O_3	250	100	32.6	2.2/0.7			4.0	
	纳米片	Au-WO_3	320	100	97.2	无	8.0	3.0	11.0	
	纳米颗粒	CuZn-SnO_2	110	50	210.0	无				
	纳米棒	Ni-SnO_2	450	50	2000.0	30/600				
	纳米微球	Ni-SnO_2	260	100	28.9	11/54	6.0		4.0	
	纳米颗粒	Ce-SnO_2	室温	400	4.8	2～25/30～60				
	立方中空	$ZnSnO_3$	260	100	34.1	2/276			11.0	
	纳米棒	Cr-ZnO	300	400	45.0	无				
	海绵状	Co-ZnO	220	100	120.0	10/5		18.0	24.0	
	六边形	Cr-Co_3O_4	300	100	28.9	1/7	4.0		3.0	

(3) MO_x 材料的异质结构建

构建异质结也是常见的材料改性方式，异质结是通过两种具有不同费米能级的 MO_x 相互接触，界面性质改变并影响材料表面势垒，进而提升 MO_x 材料气敏性能的结构。MO_x-MO_x 异质结构研究较为广泛，例如针对 SnO_2 异质结构，采用水热法能够制备出 ZnO/

SnO_2 异质结[40]，制备过程如下：将 18.4mg $Zn(NO_3)_2 \cdot 6H_2O$ 和 21mg 柠檬酸钠溶解于 20mL 乙二醇和 3mL 去离子水的混合溶液内，持续搅拌形成均匀的溶液，再加入含有 ZnO 层的 SnO_2 中空球，搅拌 30min，将以上混合溶液转移至聚四氟乙烯不锈钢反应釜内，于 100℃反应 2h，所得产物经去离子水、乙醇清洗，在 80℃干燥 12h 后，在 400℃煅烧 2h。由于异质结与 SnO_2 和 ZnO 的协同效应，制备出的 ZnO/SnO_2 对乙醇具有低至 500μg/g 的检测限，而其特殊的结构使其在 30μg/g 乙醇中的响应为 SnO_2 的 7 倍，其在 225℃对 30μg/g 乙醇的响应为 34.8，而其响应时间更是低至 1s。5nm NiO/100nm SnO_2 薄膜在 250℃对 100μg/g 乙醇气体的响应为 7.9，其检测限低至 0.1μg/g[41]。采用沉淀-原子层沉积法（ALD）在硅片上能够制备出核壳结构的 SnO_2/ZnO 纳米片阵列[42]，制备过程如下：将浓度为 0.03mol/L $SnCl_2 \cdot 2H_2O$ 和浓度为 0.04mol/L 尿素［$CO(NH_2)_2$］在室温下溶解于去离子水中，再将含有厚 2μm 的 SiO_2 层的硅基底浸于上述溶液内，在油浴锅内于 95℃保温 8h，所得硅基底干燥后在空气气氛内于 400℃煅烧 2h。以 Zn（C_2H_5）$_2$ 和水作为前驱体，通过 ALD 过程在处理后的硅基底表面沉积 ZnO，温度为 200℃，N_2 作为保护气体。350℃时，SnO_2/ZnO 纳米片阵列对 100μg/g 乙醇的响应为 13.3，而 SnO_2 纳米片阵列的响应仅 2.7，相同条件下，对 100μg/g 甲醇、丙酮、氨气、甲苯和苯的响应分别为 4、4、1.2、1.4 和 2。

采用水热法可以制备出海胆状的 SnO_2/Fe_2O_3 微球[43]，制备过程如下：首先将 0.65g $FeCl_3 \cdot 6H_2O$ 和 0.486g 硫酸钠溶解于 80mL 去离子水内，搅拌 30min 后，再加入 0.0319g $SnCl_4 \cdot 5H_2O$，继续搅拌 1h。将以上混合溶液转移至聚四氟乙烯不锈钢反应釜内，于 120℃反应 6h，所得产物经去离子水、乙醇清洗，在 70℃干燥 6h 后，在 400℃煅烧 3h，升温速率为 15℃/min。在 260℃，海胆状的 SnO_2/Fe_2O_3 微球对 100μg/g 乙醇响应为 41.7，响应/恢复时间仅为 3s/4s，其检测限低至 0.1μg/g；相同条件下 SnO_2/Fe_2O_3 对甲醛、苯和氨气的响应分别为 9、8 和 5。以含有 65%（摩尔分数）Cu 和 35%（摩尔分数）Zn 的 Cu 靶作为溅射源，通过磁控溅射的方式，在氧化硅基底上沉积了铜和锌，沉积速率为 5.3nm/min，在氧化气氛下于 550℃保温 12h，通过热处理氧化获得了 ZnO/CuO 纳米片[44]。在 300℃下，ZnO/CuO 纳米片对 10μg/g 乙醇的响应为 2.16。

$LaMnO_3$/ZnO 异质结具有良好的氧还原性能，能够提升 ZnO 材料的气敏性能，在 300℃时对 50μg/g 乙醇的响应为 6（ZnO 相同条件下响应为 3.5），而对甲烷、丙烷、氢气和 CO 的响应为 1，$LaMnO_3$/ZnO 的响应/恢复时间为 8s/17s，优于 ZnO 在相同条件下的响应/恢复时间 37s/32s[45]。采用水热法可以制备出 CdO/ZnO 空心球，尺寸 12nm 的 CdO 纳米颗粒均匀分布于 ZnO 纳米片的表面，形成 CdO/ZnO 异质结构[46]。制备过程如下：将 ZnO 粉末分散于二甲基甲酰胺（DMF）内，经过磁力搅拌后形成均匀的溶液，再加入 $Cd(NO_3)_2 \cdot 4H_2O$ 和硫脲（CH_4N_2S），持续搅拌 10min。将异丙醇加入上述混合溶液内，并超声搅拌 30min。将混合后的溶液转移至聚四氟乙烯不锈钢反应釜内，于 160℃反应 10h，所得产物经去离子水、乙醇清洗，在 60℃干燥 10h 后，在 500℃煅烧 3h，升温速率为 1℃/min。摩尔分数为 2.6%的 CdO/ZnO 气敏性能最好，在 250℃时对 100μg/g 乙醇的响应为 65.5，是相同条件下 ZnO 的 16 倍；CdO/ZnO 的响应/恢复时间为 2s/136s，在相同条件下，CdO/ZnO 对甲醇、甲醛、甲苯、苯和丙酮的响应分别为 10、9、2、3 和 15，此种材料具有良好的气敏选择性。

WO_3、In_2O_3 也是重要的掺杂物，可以有效提升材料的气敏性能。例如采用水热法可以制备出 MoO_3/WO_3[47]，制备过程如下：将 1.51mmol WCl_6 和占 8%（摩尔分数）的

$(NH_4)_6Mo_7O_{24}\cdot 4H_2O$ 加入 60mL 乙醇内，并均匀搅拌 30min。将混合后的溶液转移至聚四氟乙烯不锈钢反应釜内，于 160℃反应 10h，所得产物在 80℃干燥 10h 后，在 500℃煅烧 2h。320℃时，MoO_3/WO_3 对 100μg/g 乙醇、丙酮的响应分别为 28.5、18.2，其中对乙醇的响应/恢复时间为 13s/10s。采用水热法也可以制备出花状 MoO_3/In_2O_3[48]，制备过程如下：将 1.2mmol $InCl_3\cdot 4H_2O$、3.6mmol 十二烷基硫酸钠（SDS）和 6mmol 尿素加入 72mL 去离子水内，再加入占比为 5%（摩尔分数）的 $(NH_4)_6Mo_7O_{24}\cdot 4H_2O$，在室温下搅拌 30min。将混合后的溶液转移至聚四氟乙烯不锈钢反应釜内，于 120℃反应 12h，所得产物在 600℃煅烧 3h。185℃时，花状 MoO_3/In_2O_3 对 100μg/g 乙醇响应为 7，响应/恢复时间为 11s/94s，检测限低至 0.05μg/g，相同条件下对甲醇、甲烷、CO 和氢气的响应分别为 2.5、1.6、1.8 和 1.5。

除了 MO_x 异质结外，非金属材料，例如有机材料、石墨烯材料也是良好的气敏材料。聚苯胺、聚吡咯及其衍生物等属于常见的有机气敏材料，聚合物具有共轭 π 电子体系，通过利用其共轭导电结构和电子的离域化特点，复合后有机聚合物气敏材料中 π 电子能带能级改变，能带间能差减小，材料电子或空穴迁移阻碍减少，导电能力增加。当有机气敏材料与检测气体接触，电子发生转移，改变了气敏材料的掺杂度，从而影响了材料的导电性能。另外，检测中还可能存在质子转移，例如质子从酸性气体分子（例如乙醇、H_2S 等弱酸性气体等）转移至聚合物高分子链上，材料掺杂度增加，有机气敏材料的电阻增大。有机气敏材料制备简单、价格低，可在室温下应用，尤其是可通过大分子链的选择及高分子链功能基团的引入增强气敏材料的选择性。然而，此类材料对水汽、有机蒸气吸附较强，稳定性有待提升。将无机金属氧化物与有机高分子材料复合，可以扩大气敏材料的应用范围，是一种有效改善气敏材料的手段。

气体吸附对石墨烯材料的电荷分布影响较大，加上石墨烯材料对低浓度气体的响应度较高，因此，尽管石墨烯对气体的选择性较差，但是通过将石墨烯材料与 MO_x 结合，可以促进 MOS 气体传感器气敏材料的研究。MO_x 负载于还原氧化石墨烯（rGO）等材料后，基于碳材料比表面积大、易于吸附气体等特点，MO_x 可以更加充分地暴露活性位点。另外，当 rGO（p 型半导体材料）与 MO_x，例如 SnO_2（n 型半导体材料）相结合，材料接触界面形成 p-n 结，当材料暴露于还原性检测气体中，由于空间电荷层与空穴耗尽层的存在，rGO 的电导率降低[49]。rGO 独特的二维层状结构有利于电子的迁移，可以显著提升材料的响应速度。例如采用水热-退火方式可以制备出负载于 rGO 表面的 Zn_2SnO_4（Zn_2SnO_4/rGO）[50]，制备过程如下：将 rGO 分散于无水乙醇内，超声搅拌 1h 形成稳定的 GO 悬浮液，将 0.525g $SnCl_4\cdot 5H_2O$ 和 0.659g $Zn(CH_3COO)_2\cdot 2H_2O$ 加入上述 GO 悬浮液中，搅拌溶解后再加入 20mL 浓度为 0.45mol/L 的 NaOH 溶液。将以上混合溶液转移至聚四氟乙烯不锈钢反应釜内，于 160℃反应 24h，所得产物经去离子水、乙醇清洗，在 60℃干燥 5h 后，在 Ar 气氛下于 800℃煅烧 2h。当 Zn_2SnO_4/rGO 的质量比为 8∶1 时，材料的气敏性能最好，在 275℃时对 100μg/g 乙醇的响应为 38（相同条件下 Zn_2SnO_4 的响应为 6.3），对 500μg/g 乙醇的响应/恢复时间为 11s/18s。此外，相同条件下 Zn_2SnO_4/rGO 对 100μg/g 甲醛、三乙胺、甲醇和丙酮的响应分别为 3.5、18、15 和 16。采用微波溶剂（MAS）法可以制备出 SnO_2/rGO[51]，制备过程如下：将 9.8mg rGO 分散于 30mL 去离子水内，再加入 1.1973g $K_2SnO_3\cdot 3H_2O$、30mL 异丙醇和 1.1976g 尿素，通过磁力搅拌 10min 后，将以上混合溶液转移至聚四氟乙烯不锈钢反应釜内，在微波系统（2.45GHz/800W）中于 140℃反应 1h，所得产物经过去离子水、乙醇清洗，在 80℃干燥。在 300℃下，SnO_2/rGO 对 100μg/g 乙醇的响应为 70.4，当测试气体相对湿度为 98%时，其响应依然高达 43，而相同条件下中空 SnO_2 纳米颗粒的响应仅为 29.2。

除了纳米 SnO_2 均匀分布于片状 rGO 上具有高比表面积等优势以外，rGO 与 SnO_2 间的异质结也对材料气敏性能的提升起到了促进作用。与石墨烯进行复合也是减少环境湿度对材料气敏性能影响的有效手段。采用水热-高温煅烧法可以制备出 Fe_3O_4/rGO 材料[52]，制备过程如下：将 0.025g rGO 分散于 50mL 去离子水内，在 N_2 气氛下超声处理 1h 获得 rGO 悬浮液，通过浓度为 25%（质量分数）的氨水调节 rGO 悬浮液的 pH 值至 11～12，随后将 0.05g $FeCl_2$ 加入上述 rGO 悬浮液中，在室温下磁力搅拌 16h。所得产物经过去离子水、乙醇清洗，在真空中于 80℃干燥 5h 后，在空气气氛中于 600℃煅烧 5h，升温速率为 2℃/min。rGO 的加入使 α-Fe_3O_4 均匀分布于 rGO 表面，并最终形成纳米多孔网状结构，此种材料在 400℃对 100μg/g 乙醇的响应为 9.02，而相同条件下对 CO、NH_3 和 H_2 的响应均低于 2，材料气敏选择性得到了提升（α-Fe_3O_4 纳米颗粒对 100μg/g 乙醇的响应为 2.2）。TiO_2 碳纳米管/多孔硅异质结的形成、比表面积的增大以及材料本身的化学特性保证了其气敏性能，最低检测限低至 0.5μg/g，而 150℃时对 100μg/g 乙醇的响应为 1.354[53]。

12.3 苯系物检测气敏陶瓷材料

苯系物（benzene，toluene，ethylbenze and xylene，BTEX）为苯及其衍生物的总称，是指包括苯、甲苯、乙苯、二甲苯在内的含苯环化合物。BTEX 是挥发性有机化合物（volatile organic compounds，VOCs）中最危险的污染物，工业中通常用作涂料、黏合剂、洗涤剂、染料和防腐剂中的有机溶剂。然而，由于苯系物具有挥发性、毒性和易燃性，在室内和室外释放都会对人体健康和环境带来危害。在 BTEX 中，苯具有致癌性，而甲苯和二甲苯即使在浓度（体积分数）低于 10^{-6} 级的条件下也可能引起类似的病态特征，吸入或皮肤吸收 BTEX 会引发血液和造血系统疾病。世界卫生组织（WHO）称即使浓度为十亿分之几的 BTEX，对人体也有致癌和致突变作用，因此对环境中 BTEX 的实时监测尤为重要。BTEX 气体的主要检测方法有荧光分析法、气相色谱法、气敏传感器法等，其中气敏传感器法具有操作简便、元件体积小、成本低、使用方便等特点，能够连续、实时、实地监测各种易燃、易爆、有毒、污染气体，具有广泛的应用前景。气敏传感器中的气敏材料主要以金属氧化物半导体为主，例如 ZnO、SnO_2、Cr_2O_3、Co_3O_4、NiO、WO_3、TiO_2 等[54-56]，可以用于检测乙醇、CO、甲醛、氨气等气体。由于气敏材料是气敏传感器的核心，其性质直接影响到传感器的性能，所以无论在基础研究还是在实际应用领域，发展高性能的气敏材料是气敏传感器研究的重点[57]。

12.3.1 苯系物气敏陶瓷材料及气敏性能

根据载流子类型，金属氧化物半导体材料可以分为 n 型和 p 型。n 型半导体（例如 ZnO、SnO_2、TiO_2 和 WO_3 等）的载流子为自由电子，对周围环境敏感度高，可以对低于 10^{-6}，甚至低至 10^{-9} 级的目标气体快速响应，且响应较灵敏，而 p 型半导体（例如 Co_3O_4、Cr_2O_3 和 NiO 等）的载流子为空穴，具有快速的动力学恢复特性，并且温度依赖性低，湿度稳定性及热稳定性高。以 SnO_2 及 ZnO 为代表的 n 型半导体材料已被广泛用于 BTEX 的实时监测。对于 p 型器件，应提高其对气体的响应，以更灵敏地检测各种 BTEX 的痕量浓度。

(1) 苯气敏陶瓷材料

采用多种方法，例如水热合成法、燃烧合成法、气液固生长等方法可以制备出苯气敏陶瓷材料[58-60]。通过溶液法能够制备出 Au 纳米粒子功能化的 ZnO 纳米线[61]，制备过程如下：将 0.04g ZnO 纳米线、0.812mL 浓度为 0.01mol/L 的 $HAuCl_4$ 溶液加入 10mL 去离子水内，再加入氨水直至溶液的 pH 值达到 9，溶液搅拌 0.5h 后，所得产物经过去离子水、乙醇清洗至溶液 pH 值至 7，在 80℃干燥 12h。Au 纳米粒子功能化的 ZnO 纳米线对气态苯的响应和恢复时间分别为 70s 和 27s，在 340℃下对苯的灵敏度是未功能化 ZnO 的 1.4 倍。将贵金属 Pd、Au 纳米粒子负载于 SnO_2 和 ZnO 上，贵金属纳米粒子能将 O_2 离解成 O^-，随后 O^- 吸附到金属氧化物表面，可以降低反应所需活化能，缩短响应/恢复时间，同时降低工作温度[62,63]。Pd-SnO_2 对低浓度苯气体的灵敏度较高，而对其他室内污染气体的响应几乎可以忽略，因此适宜用作苯气敏材料。纳米线及核壳纳米结构的 Pd-SnO_2 对苯的检测限均低于 10^{-6}。纳米线具有大的长径比，意味着表面有更多的苯分子能够参与到表面气-固反应中，而核壳结构能最大限度地增加界面面积，最大限度地减少 SnO_2 的用量。由于苯分子吸脱附过程动力学缓慢，所以苯的响应/恢复时间较长，采用核壳结构 Pd-SnO_2 结合丝网印刷技术可以精确控制气敏薄膜的厚度，缩短了气体扩散至气敏膜底部的时间，将响应时间缩短至 5s 以内。不同金属氧化物传感器对苯的气敏性能如表 12.4 所示。

表 12.4 不同金属氧化物传感器对苯的气敏性能

成分	结构	检测限 /10^{-6}	操作温度 /℃	响应度	响应/恢复时间/s
Au-SnO_2	纳米颗粒	0.005	—	—	—
Pd-SnO_2	核壳纳米结构	0.1	350	<5	—
Pd-SnO_2	纳米线	0.25	300	25.5	—
Au-ZnO	纳米线	1	340	3.635	49～80/10～57
Co_3O_4/Pd-SnO_2	核壳纳米结构	0.25	375	88.0	3～4
Co_3O_4	多孔纳米立方体	10	300	<1.5	—
SnO_2	微孔结构	5	150	<50	—

(2) 甲苯气敏陶瓷材料

甲苯是无色液体，高浓度下有麻醉性，其毒性类似于苯，对人的中枢神经系统、肝、肾、皮肤都有影响。与苯、二甲苯和乙苯相比，用于甲苯检测的气敏传感材料得到了较多的研究。ZnO 为宽带隙 n 型半导体，室温下带隙为 3.3eV，激子束缚能高达 60meV，对甲苯具有良好的选择性，适于用作甲苯气敏材料。以 100mg 碳球、100mg 乙酸锌、200mL 蒸馏水及 0.05mol/L 氨水作为原料，通过溶液法能够制备出多孔空心核壳纳米 ZnO 球[64]。此种方法将原料混合后超声处理 30min，在水浴锅内于 40℃保温 60min，所得产物经过去离子水和乙醇清洗干燥后，在空气气氛中于 600℃煅烧 4h 去除碳球，升温速率为 5℃/min。多孔空心核壳纳米 ZnO 球对 20×10^{-6} 甲苯的灵敏度为 24.5，而对同浓度苯、二甲苯的灵敏度低于 3.0，响应/恢复时间分别为 0.3s 和 3.0s，如图 12.5 所示。多孔空心核壳结构 ZnO 的

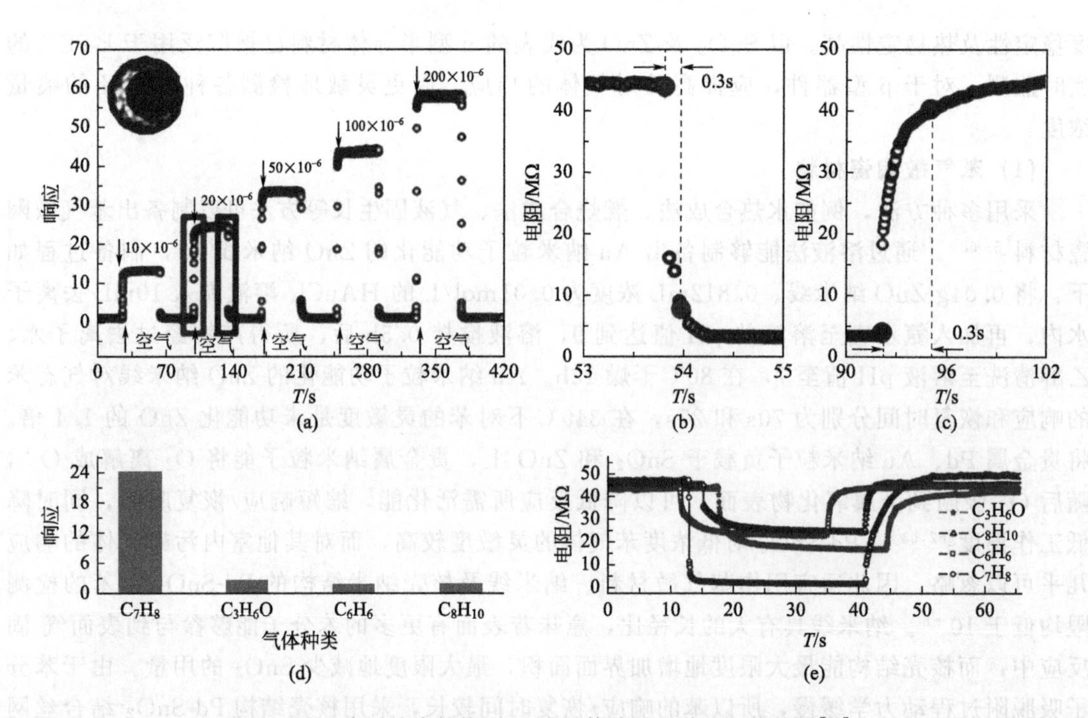

图 12.5 多层核壳结构 ZnO 半导体检测甲苯的气敏特性[64]

(a) 对甲苯的动态响应特性；(b) 响应时间；(c) 恢复时间；(d) 对体积浓度为 20×10^{-6} 不同种类气体的响应；(e) 对体积浓度为 20×10^{-6} 不同种类气体的动态响应特性

气敏性能优于刷状纳米线结构和纳米花状结构的 ZnO[65,66]，说明纳米结构变化会引起 ZnO 气敏性能的改变，纳米结构的变化包括尺寸差异、粒子间接触面积和团聚，所以难以分析各变量对 ZnO 气体检测特性的影响。

表 12.5 所示为结构不同的甲苯气敏材料，除了常见的 ZnO[67]、Pd-SnO_2、Pt-SnO_2[68]外，部分 p 型半导体也被用作甲苯气敏材料。Cr_2O_3 多孔微球传感器在 170℃下对甲苯的检测限为 1×10^{-6}，灵敏度比对苯和氯苯的灵敏度更高，但其响应/恢复时间相比其他气敏材料更长，分别为 83s 和 418s，不能达到快速响应[69]。

表 12.5 不同金属氧化物传感器对甲苯的气敏性能

成分	结构	检测限/10^{-6}	操作温度/℃	响应度	响应/恢复时间/s
Pd-SnO_2	纳米团簇	0.025	300	1720	—
Pt-SnO_2-ZnO	核壳纳米线	0.1	300	279	＜10/＜200
ZnO	核壳中空微球	1	300	24.5	0.5/3
Cr_2O_3	多孔微球	1	170	33.64	83/418
ZnO	刷状纳米线	1	240	12.7	9/4
ZnO	核壳中空微球	10	350	42.67	53/151
α-Fe_2O_3/NiO	分级中空纳米结构	5	350	8.0	1/12
Co_3O_4	中空纳米球	10	170	—	1～3/4～8
Co_3O_4	纳米立方体	10	200	＜5	—
Pt-SnO_2	薄膜	10	400	15.9	25～30/13～17

(3) 二甲苯气敏陶瓷材料

二甲苯为无色液体，不同于苯和甲苯气体，二甲苯属于低毒类化学物质，但实木家具、墙纸等装修材料会散发二甲苯，对人体健康存在潜在威胁。因为吸入二甲苯和甲苯气体后人体会产生类似的症状，从病理学上难以区分二甲苯和甲苯，所以需要制备高选择性的二甲苯气敏材料。具有酸性和碱性反应位点的复合氧化物材料具有不同的氧化还原性能，能够完全地分解二甲苯气体分子。通过水热法可以制备出 $NiO/NiMoO_4$ 分级微球[70]，制备方法如下：将 $Ni(NO_3)_2 \cdot 6H_2O$、尿素、$(NH_4)_6Mo_7O_{24} \cdot 4H_2O$ 与水混合后，置于聚四氟乙烯不锈钢反应釜内，于180℃反应9h，所得产物经去离子水、乙醇清洗，在70℃干燥24h后，于550℃煅烧4h。$NiO/NiMoO_4$ 分级微球对 5×10^{-6} 二甲苯气体的灵敏度高达101.5，检测限低至 0.02×10^{-6}。通过溶液法可以制备出 $Cr_2O_3/ZnCr_2O_4$ 复合材料，制备方法如下：将0.03g ZnO 中空球、0.75g 油酸、0.14g 油酸胺混合后加热至90℃，再加入0.37mL 浓度为2mol/L 的 $CrCl_2$ 溶液，并搅拌2h。所得产物经去离子水、乙醇清洗，在70℃干燥24h后，于600℃煅烧2h。在275℃下，$Cr_2O_3/ZnCr_2O_4$ 复合材料对 5×10^{-6} 二甲苯的响应（69.2）高于对甲苯的响应（19.0），并显著高于其他干扰气体[71]。复合材料可以结合各组分的优点，使得各组分之间相互作用具有协同效应，共同改善气敏材料的性能。

从表12.6可以看出，大部分高灵敏二甲苯传感器响应需要高温条件，一般不低于200℃，结合分子热动力学和反应动力学的基本规律可知，温度越高，吸附速度越快，达到动态平衡的时间越短，所以响应/恢复时间越短。然而，高的工作温度不仅导致高能耗，而且会带来使用上的不便，目前已有工作温度相对较低（100～200℃）的二甲苯气敏传感器。ZnO 纳米颗粒基二甲苯传感器能够在150℃下工作[72]，其响应/恢复时间分别缩短至6s和12s。花状 Co_3O_4 在150℃下对 100×10^{-6} 二甲苯具有高的响应（79.8），是商业 Co_3O_4 响应的4倍[73]，结合其高选择性和低检测限，说明花状 Co_3O_4 是一种有发展前景的二甲苯气敏材料，但是低温下响应不稳定依然是单相纯氧化物气敏材料需要解决的问题。Cr 掺杂的棉球状 Co_3O_4 分级纳米结构二甲苯气敏传感器的工作温度为139℃，适用于检测 $(1\sim20)\times10^{-6}$ 的低浓度气体[74]。Co_3O_4-TiO_2 气敏传感器在工作温度为115℃时对 5×10^{-6} 二甲苯的灵敏度为25.0[75]。气敏增强机理如图12.6所示，图12.6（a）表示 Co_3O_4 和 TiO_2 颗粒的表面形成耗尽层及其在真空中的能带图，当粒子接触时形成 Co_3O_4-Co_3O_4 p-p 同质结和 Co_3O_4-TiO_2 p-n 异质结［图12.6(b)］，电子从 n 型半导体 TiO_2 转移到 p 型半导体 Co_3O_4，同时这种电子迁移有助于增加 Co_3O_4 表面的吸附氧。此外，在 Co_3O_4-TiO_2 异质结的界面处也会形成耗尽层，导致氧气与二甲苯更容易被吸附到异质结表面。

表12.6 不同金属氧化物传感器对二甲苯的气敏性能

成分	结构	检测限/10^{-6}	操作温度/℃	响应度	响应/恢复时间/s
NiO-$NiMoO_4$	分级球	0.02	375	101.5	10～50/20～200
Cr-NiO	核壳微球	0.25	400	11.61	—
$Co_2O_3/ZnCr_2O_4$	纳米颗粒	0.25	275	69.2	—
Cr-NiO	分级纳米结构	1	220	20.9	—
$ZnO/ZnCo_2O_4$	中空核壳纳米笼	1	320	34.26	—

(4) 乙苯气敏陶瓷材料

乙苯为无色液体，对皮肤、黏膜有较强的刺激性，高浓度乙苯具有麻醉作用。由于乙苯

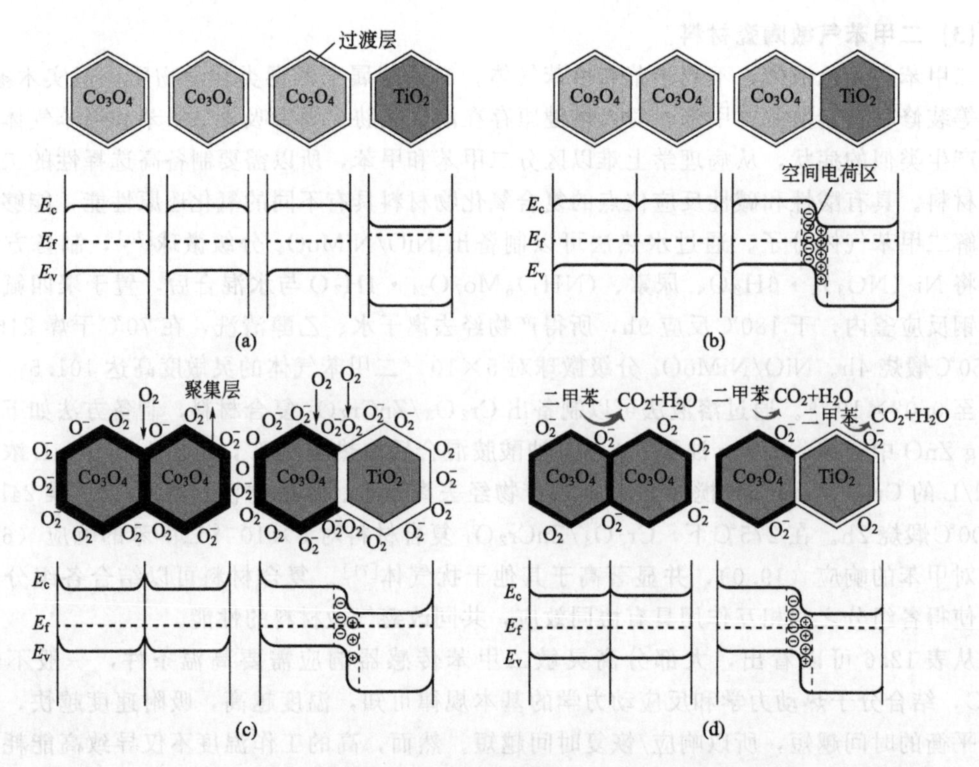

图 12.6 纯 Co_3O_4 和 Co_3O_4-TiO_2 基气敏元件的气敏机理和能带结构示意图[75]

（E_c 表示导带能；E_v 表示价带能；E_f 表示费米能）

(a) 真空中未接触；(b) 真空中接触；(c) 空气中接触；(d) 二甲苯中接触

不是主要室内污染物，因此对于乙苯的金属氧化物气敏传感器的报道较少，气敏材料对乙苯气体响应较低，选择性差，特别是与 BTEX 气体混合时无法单独响应。WO_3 厚膜基气敏传感器对乙苯的检测限低至 0.01×10^{-6}，但对甲苯和二甲苯都有高响应，选择性较差[76]。SnO_2/V_2O_5 气敏传感器在工作温度 270℃下，对 50×10^{-6} 乙苯气体响应值是纯 SnO_2 的 5 倍，检测限低至 0.5×10^{-6}[77]。CuO/SnO_2 气敏传感器对 50×10^{-6} 乙苯的响应是纯 SnO_2 的 6 倍以上[78]，此种传感器对 BTEX 灵敏度提高的同时，对甲醇、乙醇、丙酮、甲醛气体的灵敏度下降，从而显示出对 BTEX 较高的选择性，说明异质纳米结构的气敏材料适合用于苯系物检测，但对乙苯的选择性还有待提高。

12.3.2 气敏响应理论与改性机理

(1) 气敏响应理论

目标气体分子在半导体金属氧化物表面吸附和脱附而导致氧化物的电导性发生变化，根据电导或电阻的变化程度能够确定被检测气体的浓度。气敏材料暴露于空气中时，物理吸附的氧分子从气敏材料捕获电子形成不同价态的氧离子（O_2^-、O^- 和 O^{2-}），上述过程中涉及的反应方程如下[79]：

$$O_{2(吸附)} \rightleftharpoons O_{2(吸附)} \tag{12.22}$$

$$O_{2(吸附)} + e^- \rightleftharpoons O^-_{2(吸附)} \quad (T<100℃) \tag{12.23}$$

$$O^-_{2(吸附)} + e^- \rightleftharpoons 2O^-_{(吸附)} \quad (100℃<T<300℃) \tag{12.24}$$

$$O^-_{(吸附)}+e^- \rightleftharpoons O^{2-}_{(吸附)}(T>300℃) \quad (12.25)$$

当环境气体由空气变为还原性苯、甲苯、二甲苯和乙苯时，还原性气体与材料表面化学吸附氧发生氧化还原作用，气体分子的反应过程伴随着电子得失，从而改变传感器的电阻，形成响应过程。对于n型半导体氧化物，响应过程使得电子耗尽层变薄，也即自由电子浓度增加以及传感器电阻降低；对于p型半导体氧化物，响应过程将使得空穴积累层变厚，也即空穴浓度减小以及传感器电阻增加。上述过程受到工作温度的影响，当工作温度$T<100℃$时，BTEX被O^{2-}氧化为CO_2和H_2O，生成的电子将跃迁回导带，反应方程如式(12.26)～式(12.28)所示：

$$2C_6H_{6(吸附)}+15O_2^- \longrightarrow 12CO_2+6H_2O+15e^- \quad (12.26)$$

$$C_7H_{8(吸附)}+9O_2^- \longrightarrow 7CO_2+4H_2O+9e^- \quad (12.27)$$

$$2C_8H_{10(吸附)}+21O_2^- \longrightarrow 16CO_2+10H_2O+21e^- \quad (12.28)$$

当工作温度$100℃<T<300℃$时，BTEX被O^-氧化为CO_2和H_2O，反应方程如式(12.29)～式(12.31)所示：

$$C_6H_{6(吸附)}+15O^- \longrightarrow 6CO_2+3H_2O+15e^- \quad (12.29)$$

$$C_7H_{8(吸附)}+18O^- \longrightarrow 7CO_2+4H_2O+18e^- \quad (12.30)$$

$$C_8H_{10(吸附)}+21O^- \longrightarrow 8CO_2+5H_2O+21e^- \quad (12.31)$$

当工作温度$T>300℃$时，BTEX被O^{2-}氧化为CO_2和H_2O，反应方程如式(12.32)～式(12.34)所示：

$$C_6H_{6(吸附)}+15O^{2-} \longrightarrow 6CO_2+3H_2O+30e^- \quad (12.32)$$

$$C_7H_{8(吸附)}+18O^{2-} \longrightarrow 7CO_2+4H_2O+36e^- \quad (12.33)$$

$$C_8H_{10(吸附)}+21O^- \longrightarrow 8CO_2+5H_2O+42e^- \quad (12.34)$$

(2) 贵金属负载/掺杂改性

贵金属改性是提高传感器气敏性能的一种有效方法，贵金属原子d层电子轨道未被填满，因此具有较高的催化活性，表面易吸附反应物，形成活性中间体，具体的作用机理包括化学作用和电子作用两种。化学作用主要是指在负载贵金属的复合材料中，贵金属以单质形式存在，在气敏反应过程中能够提供表面活性位点优先吸附目标分子，使气体更容易被吸附并与表面反应。贵金属，例如Au、Ag、Pt、Pd纳米颗粒具有良好的电子亲和力，能够加速电子从半导体向贵金属的迁移，从而提高材料的气敏响应灵敏度[80]。电子作用主要是指在掺杂贵金属的气敏材料中，贵金属以氧化物的形式存在，并作为电子受体从金属氧化物的导带中提取电子，在氧化物材料表面形成电子耗尽层，当其与还原性气体接触时，电子返回到金属氧化物载体的导带中，贵金属氧化物被还原，完成一次气敏响应过程。Pt-SnO_2纳米线对1×10^{-6}苯的灵敏度为25.5，Pt-SnO_2纳米线对1×10^{-6}甲苯的灵敏度为40.0[81]，这是由吸附气体与金属d带耦合作用的大小所决定，d带靠近费米能级后反键轨道能级会转变到比费米能级高的位置而更倾向于成为空轨道，最终使得金属与吸附气体之间成键的键能增强。2.5% Pd负载的SnO_2纳米笼工作温度低（230℃），检测限低（0.1×10^{-6}）、响应高（41.1）、响应速度快（0.4s）[82]。

12.4 甲烷检测气敏陶瓷材料

甲烷是天然气和煤气的主要成分，属于易燃、易爆气体，在空气中的爆炸限为5%～

15%（体积分数），甲烷泄漏问题会威胁到人们的生命财产安全，造成巨大的经济损失。为了保障居民生活安全用气、天然气管道的安全运行以及煤矿安全生产，需要对甲烷浓度进行及时的监测和检测。因此，研发智能化、数字化、微型化的甲烷传感器是甲烷浓度监测和检测方面的重要研究内容。甲烷传感器主要有半导体电阻式甲烷传感器、热导式甲烷传感器、热催化式甲烷传感器、红外式甲烷传感器、电化学式甲烷传感器、光纤甲烷传感器以及气相色谱甲烷传感器等。然而，气体传感器的检测灵敏度低和成本高限制了其在安全监测检测方面的大规模应用。基于气体分子吸附和解吸从而引起特定物理量相对变化的气敏传感技术，促进了快速响应和低成本的甲烷传感器的发展。

12.4.1 气敏型甲烷传感器的分类与原理

根据甲烷传感器的气敏材料与待测甲烷气体分子作用后，引起变化的传感器的物理量不同。气敏型甲烷传感器主要分为半导体电阻式甲烷传感器、光学式甲烷传感器和质量称重式甲烷传感器等。

（1）半导体电阻式甲烷传感器

半导体电阻式甲烷传感器是一种广泛应用的甲烷气体传感器，主要是根据传感器上的甲烷气敏膜与甲烷气体接触时产生的电导率、伏安特性或表面电位发生的相对变化量，从而获得待测甲烷气体的浓度值。半导体甲烷传感器结构简单、检测灵敏度高、工作过程稳定性好，但是测量线性范围较小、工作温度较高、功耗大、受背景气体干扰较大、易受环境温度影响。半导体电阻式传感器根据外形结构可以分为烧结型、厚膜型、薄膜型、多层膜型和硅微结构型[83]。半导体电阻式传感器主要由基底、检测电极、气敏膜、加热电极四部分组成。以烧结型和薄膜型传感器为例，如图 12.7(a) 所示，此种传感器是烧结型的旁热式传感器，一般以陶瓷管作为基底，基底上面焊接电极引线，在陶瓷管内部带有加热电阻丝，再将甲烷气敏材料与少量黏合剂混合制成浆体，均匀涂抹于基底上。此种传感器制作方法简单、成本低。薄膜型传感器如图 12.7(b) 所示，利用化学气相沉积、溶胶-凝胶等方法在预先安装有电极和加热元件的陶瓷基片上镀一层甲烷气敏薄膜，薄膜型气体传感器制备过程复杂、成本高，但是气敏材料用量少、比表面积大、传感器的重复性和机械强度良好。

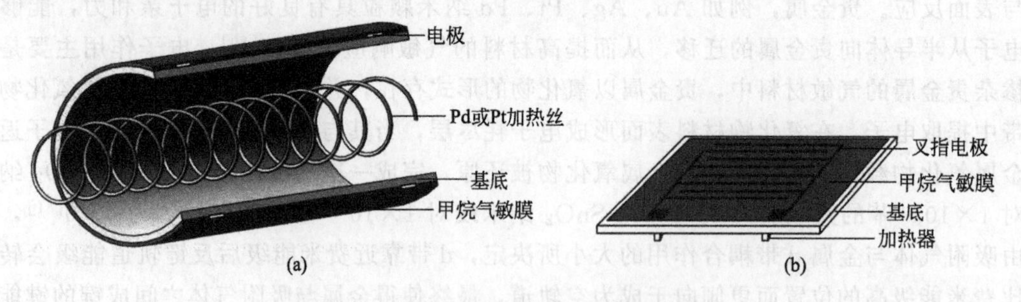

图 12.7 半导体电阻式甲烷传感器示意图[83]

(a) 烧结型甲烷气体传感器；(b) 薄膜型甲烷气体传感器

（2）光学式甲烷传感器

光学式甲烷传感器主要是指折射率变化型光纤气体传感器，此种气体传感器作为一种传光型光纤气体传感器，光纤作为传光的媒介，将甲烷气敏材料涂覆在裸露纤芯表面或是端面，主要是根据气敏材料与甲烷气体接触时产生的折射率的改变引起的光纤波导参数的变化量，通过干涉测量或者光强检测可以得到待测甲烷气体的浓度值。折射率变化型光纤气体传感器结构简单、测量精度高、可以在室温下工作、安全性好、成本和能耗较低，但是气敏材料在纤芯或断面镀膜工艺难度较大，而且气敏材料由于受到工作环境温度、湿度等因素的影响，使得工作稳定性和可靠性较低。如图 12.8 所示[84]，干涉法折射率变化型光纤气体传感器构建的甲烷气体监测系统主要由激光光源、参考臂、测量臂、甲烷敏感材料以及光谱分析仪构成，测量臂上去除包层光纤表面的气敏材料与待测甲烷气体反应，改变了测量臂上的有效折射率，使测量臂与参考臂传输的光信号之间产生相位差，通过干涉法测量输入输出光强的变化，从而确定待测甲烷气体的浓度。

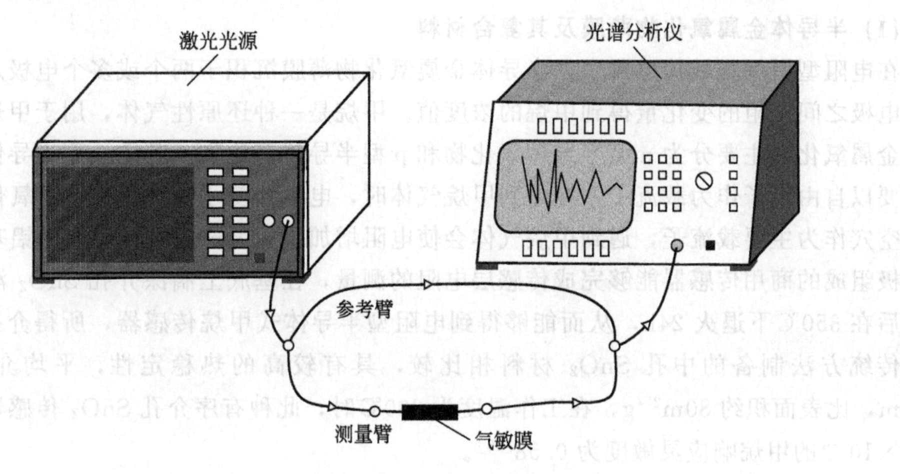

图 12.8　折射率变化型光纤气体传感器[84]

(3) 质量称重式甲烷传感器

质量称重式甲烷传感器主要分为声表面波（surface acoustic wave，SAW）甲烷气敏传感器和石英晶体微天平（quartz crystal microbalance，QCM）甲烷气敏传感器。SAW 甲烷气敏传感器和 QCM 甲烷气敏传感器都属于压电型传感器，将气敏材料通过旋涂等方法涂覆于传感器的表面，由压电性产生声波信号，根据测量振幅、频率或波速的变化，从而得到气体的浓度。质量称重式甲烷传感器结构简单、响应时间短、灵敏度高、可靠性好，但气敏材料在工作中容易吸附水蒸气或者其他气体，降低了测量结果的准确性。如图 12.9(a) 所示[85]，SAW 甲烷气敏传感器的压电晶体基底上涂覆甲烷气敏膜，当敏感膜与待测甲烷气体

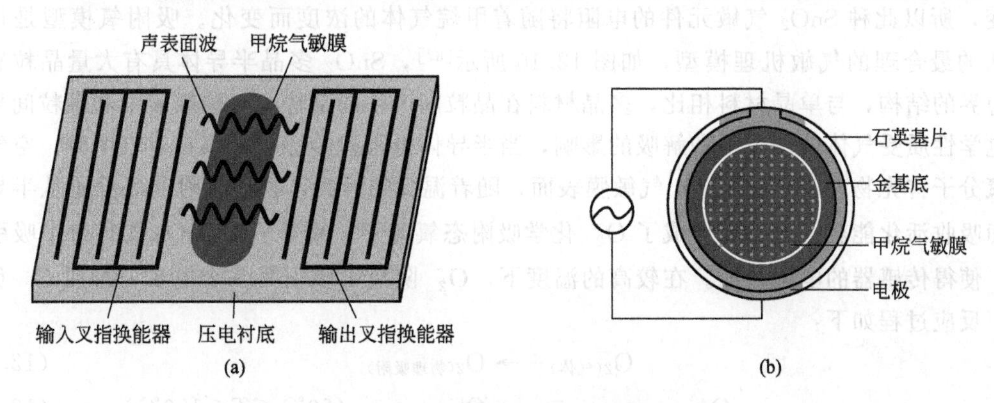

图 12.9　质量称重式甲烷传感器[85]

(a) 声表面波甲烷气敏传感器；(b) 石英晶体微天平甲烷气敏传感器

发生物理吸附或化学作用，使得气敏薄膜的自身质量或电导率发生变化，引起压电晶体上声表面波的频率发生漂移，通过外部放大及检测电路检测不同甲烷浓度下频率的漂移量，从而确定甲烷气体浓度的变化。QCM 甲烷气敏传感器主要由石英晶体谐振器、信号检测和数据处理等部分组成，如图 12.9(b) 所示，在石英晶体谐振器基片上表面涂覆甲烷敏感膜，谐振器由于敏感薄膜将被测甲烷气体分子吸附到谐振器表面而产生质量改变，从而导致石英晶体微天平谐振频率的变化，通过检测频率的方式可以得到待测甲烷气体的浓度。

12.4.2 甲烷气敏陶瓷材料的种类

(1) 半导体金属氧化物薄膜及其复合材料

在电阻型甲烷气敏传感器中，半导体金属氧化物薄膜沉积于两个或多个电极之间，通过测量电极之间电阻的变化量得到甲烷的浓度值。甲烷是一种还原性气体，用于甲烷检测的半导体金属氧化物主要分为 n 型半导体氧化物和 p 型半导体氧化物。其中 n 型半导体氧化物材料主要以自由电子作为载流子，在遇到甲烷气体时，电阻会变小。p 型半导体氧化物材料主要以空穴作为主要载流子，遇到甲烷气体会使电阻增加。由 3mm×3mm 氧化铝基底和铂叉指电极组成的商用传感器能够完成传感层电阻的测量，在基底上滴涂介孔 SnO_2 溶液，室温干燥后在 350℃下退火 24h，从而能够得到电阻型半导体式甲烷传感器，所得介孔 SnO_2 材料与传统方法制备的中孔 SnO_2 材料相比较，具有较高的热稳定性，平均介孔尺寸约 4.4nm，比表面积约 $80m^2/g$，在工作温度为 600℃时，此种有序介孔 SnO_2 传感器对浓度为 4000×10^{-6} 的甲烷响应灵敏度为 0.58[86]。

SnO_2 气敏膜的气敏机理有着多种理论模型，例如表面空间电荷模型、晶粒界面势垒模型、吸收效应模型以及吸附氧模型等。表面空间电荷模型认为半导体材料的表面存在空间电荷层，当 n 型半导体材料的表面空间电荷层与甲烷气体接触时，由于甲烷易于供给电子，使得导电电子增加，空间电荷层宽度减少，电导率增加。晶粒界面势垒模型认为半导体晶粒接触界面处存在势垒，当 n 型半导体材料的表面空间电荷层与甲烷气体接触时，由于甲烷易于供给电子，从而使得接触界面势垒高度降低，电导率增加。吸收效应模型认为 n 型半导体晶粒中部为导电电子均匀分布区，表面附近为电子耗尽区，晶粒颈部的电阻率远大于晶粒内部。当 n 型半导体材料与甲烷气体接触时，由于甲烷易于供给电子，使得空间电荷层发生变化，从而影响到晶粒颈部和表面电阻，而晶粒内部电阻基本保持不变，所以此种 SnO_2 气敏元件的电阻将随着甲烷气体的浓度而变化。吸附氧模型是目前公认的最合理的气敏机理模型，如图 12.10 所示[87]，SnO_2 多晶半导体具有大量晶粒和晶粒边界的结构，与单晶材料相比，多晶材料在晶粒间产生局部势垒，薄膜表面和颗粒间界面的电学性质受气体分子吸附和解吸的影响，当半导体电阻式传感器暴露在空气中时，空气中的氧分子首先物理吸附在 SnO_2 气敏膜表面，随着温度的升高，物理吸附的氧分子从半导体表面吸收活化能获得电子而形成了 O_2^- 化学吸附态氧离子。氧分子从 SnO_2 的导带中吸引电子，使得传感器的电阻增加。在较高的温度下，O_2^- 阴离子吸引另一个电子，形成 O^- 负离子，反应过程如下：

$$O_{2(\text{气体})} \longrightarrow O_{2(\text{物理吸附})} \tag{12.35}$$

$$O_{2(\text{物理吸附})} + e^- \longrightarrow O^-_{2(\text{化学吸附})} \quad (20℃ < T \leqslant 150℃) \tag{12.36}$$

$$O^-_{2(\text{化学吸附})} + e^- \longrightarrow 2O^-_{(\text{化学吸附})} \quad (T > 150℃) \tag{12.37}$$

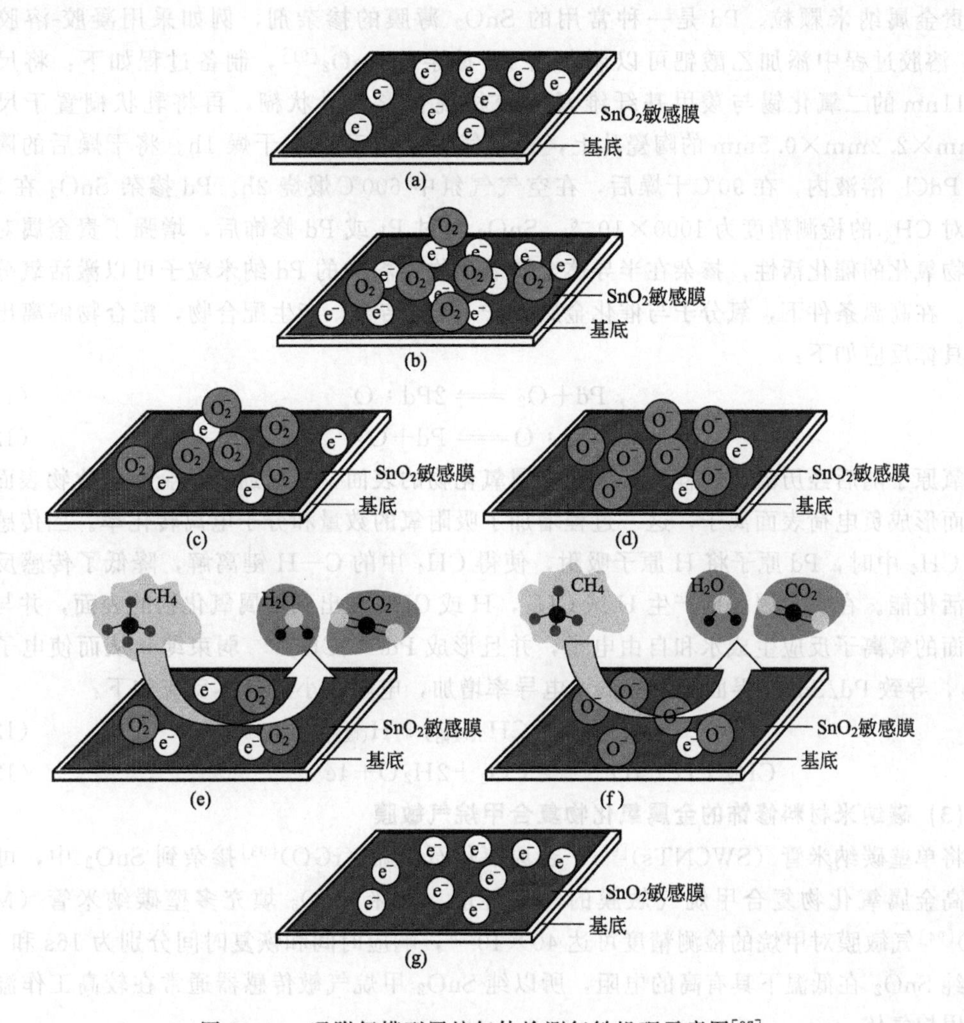

图 12.10 吸附氧模型甲烷气体检测气敏机理示意图[87]

(a) SnO_2 半导体表面存在电子；(b) 氧分子物理吸附于 SnO_2 的表面；(c) $T<150℃$时，氧分子获得 SnO_2 的电子形成 O_2^- 化学吸附；(d) $T>150℃$时，O_2^- 阴离子吸引电子形成 O^-；(e) $T<150℃$时，甲烷与 O_2^- 发生反应，释放电子；(f) $T>150℃$时，甲烷与 O^- 发生反应，释放电子；(g) 电子重新回到 SnO_2 半导体的表面

当半导体电阻式 SnO_2 气敏膜遇到甲烷气体，由于甲烷具有还原性，吸附氧与气敏膜表面的甲烷气体发生化学反应，从而释放电子回 SnO_2 导带，导带中的电子浓度增加，使得 n 型半导体表面的电阻下降，反应过程如下：

$$CH_{4(气体)}+2O^-_{2(化学吸附)} \longrightarrow CO_{2(气体)}+2H_2O_{(气体)}+4e^-\ (30℃<T\leqslant 150℃) \quad (12.38)$$

$$CH_{4(气体)}+4O^-_{(化学吸附)} \longrightarrow CO_{2(气体)}+2H_2O_{(气体)}+4e^-\ (T>150℃) \quad (12.39)$$

为了加快甲烷气体分子在半导体气敏材料表面的吸附、脱附作用，增加传感器的灵敏度，减少响应时间，所以大部分金属氧化物半导体甲烷传感器的工作温度在 150℃以上。纳米氧化锌、氧化钒、氧化钴和氧化铟等也常用于甲烷敏感膜传感器[88-90]。

(2) 贵金属掺杂的金属氧化物复合甲烷气敏膜

为了降低 SnO_2 基气体传感器的工作温度，提高对甲烷的响应灵敏度，可以在 SnO_2 中掺杂贵金属纳米颗粒。Pd是一种常用的SnO_2薄膜的掺杂剂，例如采用凝胶-溶胶法在SnO_2溶胶过程中添加乙酸钯可以制备出Pd掺杂的SnO_2[91]，制备过程如下：将尺寸为10～11nm的二氧化锡与羧甲基纤维素溶胶相混合形成乳状糊，再将乳状糊置于尺寸为2.2mm×2.2mm×0.5mm的陶瓷片上，在空气气氛中于90℃干燥1h。将干燥后的陶瓷片浸于$PdCl_2$溶液内，在90℃干燥后，在空气气氛中600℃煅烧2h。Pd掺杂SnO_2在350℃时，对CH_4的检测精度为1000×10^{-6}。SnO_2经过Pt或Pd修饰后，增强了贵金属对碳氢化合物氧化的催化活性，掺杂在半导体金属氧化物材料中的Pd纳米粒子可以激活氧分子的解离。在高温条件下，氧分子与催化金属原子Pd弱结合，产生配合物，配合物解离出氧原子，具体反应如下：

$$Pd+O_2 \rightleftharpoons 2Pd:O \tag{12.40}$$

$$Pd:O \rightleftharpoons Pd+O_2 \tag{12.41}$$

氧原子随后经历溢出过程，扩散到金属氧化物的表面，最后通过从金属氧化物表面获得电子而形成负电荷表面离子，这一过程增加了吸附氧的数量和分子电离转化率。当传感器暴露在CH_4中时，Pd原子将H原子吸附，使得CH_4中的C—H键离解，降低了传感反应所需的活化能。在贵金属表面产生H或CH_3，H或CH_3溢出到金属氧化物的表面，并与敏感膜表面的氧离子反应生成水和自由电子，并且形成$Pd^{\delta+}(CH_4)^{\delta-}$弱束缚，从而使电子返回$SnO_2$，导致$Pd/SnO_2$界面势垒降低，电导率增加，电阻减小。具体反应如下：

$$CH_4 \longrightarrow CH_{3(\text{吸附})}+H_{(\text{吸附})} \tag{12.42}$$

$$CH_3+H+4O^- \longrightarrow CO_2+2H_2O+4e^- \tag{12.43}$$

(3) 碳纳米材料修饰的金属氧化物复合甲烷气敏膜

将单壁碳纳米管（SWCNTs）[92]、还原氧化石墨烯（rGO）[93]掺杂到SnO_2中，可以显著提高金属氧化物复合甲烷气敏膜的气敏性能。纳米V_2O_5填充多壁碳纳米管（MWCNTs）[94]气敏膜对甲烷的检测精度可达40×10^{-6}，响应时间和恢复时间分别为16s和120s。由于纯SnO_2在低温下具有高的电阻，所以纯SnO_2甲烷气敏传感器通常在较高工作温度下检测甲烷气体。

也有在室温下对甲烷敏感的半导体金属氧化物复合材料，例如采用水热法可以制备出$Pd\text{-}SnO_2/rGO$[95]，制备过程如下：将1.26g $SnCl_4\cdot5H_2O$、0.9g NaOH、0.3g Na_2SO_4溶于20mL蒸馏水内，磁力搅拌5min，再加入30mL乙醇和0.035g $PdCl_2$形成Pd掺杂SnO_2。将Pd掺杂SnO_2与rGO悬浮液相混合，并置于聚四氟乙烯不锈钢反应釜内，于180℃保温24h，所得产物经去离子水、乙醇清洗后在空气中干燥。$Pd\text{-}SnO_2/rGO$在室温下检测甲烷的浓度为$(800\sim16000)\times10^{-6}$的响应为0.5%～10%。当此类传感器暴露于甲烷气体中时，传感器的电阻降低，对于$Pd\text{-}SnO_2/rGO$掺杂复合材料，此类传感材料的n型半导体行为证明了所制备的气体传感器的响应主要是由于SnO_2纳米粒子引起的。掺杂在SnO_2材料中的Pd纳米粒子能激活氧分子的解离，使原子产物扩散到金属氧化物表面，随着分子离子转化率的增加，吸附氧的量也随之增加，但SnO_2晶界处的Schottky势垒会限制SnO_2的电子传输。rGO纳米片在室温下表现出了高的载流子迁移率，rGO起到了良好的电子导体的作用，电子可以从SnO_2迁移到rGO片上，更多的电子从甲烷转移到SnO_2上，进一步降低了SnO_2晶界的势垒。由于电子-空穴复合，纳米杂化物中的$n\text{-}SnO_2$和p-rGO之间的界面势垒进一步减小，形成n-p异质结，使费米能级发生移动，形成第二耗尽区。第二耗尽区是用于扩散目标气体和吸引来自还原气体甲烷电子的额外的活跃区，这将导致电导增强和响应增加。

12.5 氨气检测气敏陶瓷材料

氨气广泛应用于化工、轻工、化肥、制药、合成纤维等领域，可以作为生物燃料来提供能源。液氨也常用作制冷剂，每年全球产量超过 100 万吨。但是当氨气排放到空气中时，会与氮化物（NO_x）和硫化物（SO_x）形成 $PM_{2.5}$ 颗粒，造成严重的空气污染。氨气本身是一种有毒气体，人体吸入一定量的氨气时，会诱发中毒症状，严重者眼睛失明，甚至致命。基于此，美国职业安全与健康管理局（OSHA）规定在 8h 工作日或 40h 工作周内允许暴露限值是 50×10^{-6}，短期暴露限值（STEL）为 35×10^{-6}[96]。美国国家职业安全与健康研究所（NIOSH）建议在 30min 内氨气浓度应限制在 300×10^{-6} 范围内[97]。氨气作为一种代谢产物，已被公认为是诊断糖尿病、哮喘、肾脏疾病、恶性肿瘤和肺癌的一种生物标记[98]。因此，在空气质量监测和医疗领域，氨气的实时监测具有重要的研究意义。氨气检测方法主要包括光学法、量热法、气相色谱法和声学法[99]。这些方法需要专用的仪器设备，存在成本高、体积大、使用不便、不能实时监测、难以广泛推广应用等问题，而气敏传感器可以克服上述传统方法存在的问题，是一种具有良好发展前景的氨气检测方法，气敏材料是氨气传感器的核心，决定着传感器的性能。

12.5.1 金属氧化物

半导体金属氧化物气体传感器具有成本低、灵敏度高、易维护、体积小及操作简单等特点。采用水热方法可以制备出 Co_3O_4 纳米棒，制备方法如下：将 0.5mmol $Co(NO_3)_2\cdot6H_2O$ 和 0.0125mmol $Na_3PO_4\cdot12H_2O$ 溶解于 35mL 去离子水内，并持续搅拌 30min，再加入 2mL 水合肼，溶液由透明的红色转变为了黑绿色。继续搅拌 30min 后，将上述溶液转移至聚四氟乙烯不锈钢反应釜内，于 180℃保温 3h，所得产物经去离子水、乙醇清洗后在空气中于 60℃干燥 24h，再于 500℃煅烧 4h。在 160℃，Co_3O_4 纳米棒对 100×10^{-6} 氨气的响应为 11.2，响应/恢复时间分别为 2s 和 10s[100]。将 $InCl_3$、柠檬酸及 $NaBH_4$ 溶液混合并搅拌均匀，经过滤、清洗及干燥后，在氧气气氛中于 550℃ 煅烧 3h 制备出了 In_2O_3 纳米管[101]。In_2O_3 纳米管在室温下对 20×10^{-6} 氨气的响应为 2500，响应/恢复时间均不超过 20s，降低了传感器使用的复杂度[102-105]。

12.5.2 金属硫化物

金属硫化物是一种重要的窄带隙无机半导体陶瓷材料，可以用作气敏材料来检测氨气，例如 PbS[106]、ZnS[107]、SnS_2/SnO_2[108]、ZnO/MoS_2[109]。采用三维花状 SnS_2 纳米片作为气敏材料能够制备出 SnS_2 气敏传感器[110]，制备过程如下：以氧化硅层厚为 300nm 的 n 型掺杂单晶硅作为基底，首先将 n 型掺杂单晶硅基底在丙酮中超声清洗 10min，然后在 N_2 气氛中干燥。通过热沉积在 n 型掺杂单晶硅基底上沉积三维花状 SnS_2 纳米片，然后将基底在丙酮中浸泡 5min 去除基底表面的污染物。在室温下，三维花状 SnS_2 纳米片气敏传感器对 50×10^{-6} 氨气的响应为 0.216。MoS_2 氨气传感器在 100℃下对 20×10^{-6} 氨气的响应为 0.1[111]。单层 $MoSe_2$ 在室温下检测氨气，响应/恢复时间较长，需要数分钟，对 500×10^{-6}

氨气的响应为 1100[112]。

12.5.3 碳材料

以葡萄糖作为原料，通过微波辅助合成法可以制备出具有石墨烯结构的碳化糖[113]，制备过程如下：采用微波炉煅烧糖粉 15～20min，微波能量为 300～350W，将所得黑色粉末在 450℃煅烧 2h。在 80℃时，碳化糖对 100×10^{-6} 氨气的响应为 0.50，响应/恢复时间分别为 180s 和 216s。在商业活性炭中加入硝酸获得氧化态的活性炭，对 100×10^{-6} 氨气的响应为 0.142[114]。氮掺杂活性炭对 500×10^{-6} 氨气的响应值为 0.29[115]。通过离子体增强化学气相沉积法在硅基底上可以制备出单壁碳纳米管[116]，制备过程如下：首先通过射频溅射在硅基底沉积厚度为 1～2nm 的催化剂铁薄膜，溅射能量为 100W，然后将沉积有铁薄膜的硅基底置于反应容器内，在 500℃时向反应室内充入 N_2 和 H_2，保持 20min，然后将碳源乙炔与 H_2 共同通入反应室，在 600℃保温 10min 及压力 20000Pa 的条件下获得了单壁碳纳米管。单壁碳纳米管在室温下对 100×10^{-6} 氨气的响应为 1.011。采用二氯苯在 4℃保持 20min、搅拌速率为 20000r/min 的条件下超亲水改性单壁碳纳米管表面，与未改性的单壁碳纳米管相比，改性后传感器的响应是未改性的 2.5 倍，当浓度为 3.6×10^{-6}时，改性后的传感器响应为 0.02[117]。

石墨烯材料具有大的比表面积和良好的电学性质，在传感器方面显示出了良好的应用前景[118]。纯氧化石墨烯在室温和湿度为 65%时，对 100×10^{-6} 氨气的响应为 0.22[119]。采用硫脲能够改性石墨烯[120]，改性过程如下：将石墨烯、0.02g 硫脲加入 15mL 蒸馏水内，石墨烯的浓度为 2mg/mL，超声分散 2h 后，离心去除溶液中聚集的颗粒。将离心后的溶液转移至聚四氟乙烯不锈钢反应釜内，于 180℃保温 20h，自然冷却至室温并在蒸馏水中浸泡 24h 获得了硫脲改性石墨烯。在室温下，硫脲改性石墨烯对 100×10^{-6} 氨气的响应为 0.83，响应/恢复时间分别为 100s 和 500s。

12.5.4 气敏响应理论与改性机理

(1) 气敏响应理论

电阻型传感器的气敏理论虽然得到了大量研究，但目前并没有统一的气敏机制。广为认可的一种理论是被检测气体在传感器上发生吸附和脱吸附，电阻发生变化，其变化程度定义为响应值或灵敏度。气敏材料吸附空气中的氧气会从气敏材料吸附电子而形成不同价态的氧离子（O_2、O^- 和 O^{2-}），反应过程如下：

$$NH_{3(gas)} \longrightarrow NH_{3(ads)} \tag{12.44}$$

$$O_{2(ads)} + e^- \longrightarrow O^{2-}_{(ads)} \tag{12.45}$$

当向检测仪器中通入还原性气体氨气时，会与材料发生氧化还原反应，反应过程中伴随着电子的得失，电阻发生变化，完成响应。对于 n 型半导体氧化物，在接触到氨气时，半导体表面发生氧化还原反应引起电子的得失，导致电子消耗层变薄，电阻降低，完成响应。对于 p 型金属氧化物，电子传输主要是依靠空穴，接触气体时发生氧化还原反应，形成空穴积累层，电阻增加，完成响应。氨气传感器涉及的反应式如下：

$$NH_{3(gas)} \longrightarrow NH_{3(ads)} \tag{12.46}$$

$$4NH_3 + 3O^{2-}_{(ads)} \longrightarrow 2N_2 + 6H_2O + 3e^- \tag{12.47}$$

(2) 贵金属掺杂改性

气敏材料存在响应差的问题，而贵金属掺杂可以明显改变这种情况。采用溶剂热合成能够制备出 Pt 掺杂 SnO_2[121]，制备方法如下：将0.8167g $SnCl_4 \cdot 5H_2O$、0.62mL 乙二胺及0.62mL 浓度为0.1214mol/L 的氯铂酸（H_2PtCl_6）溶解于5mL 甲醇内，磁力搅拌15min后形成浅黄色溶液，并转移至聚四氟乙烯不锈钢反应釜内，于150℃反应24h，所得产物经去离子水、乙醇清洗后在空气中于60℃干燥12h。Pt 掺杂可以改善 SnO_2 对氨气的气敏性能，空气中的氧分子可以吸附于 Pt 上并被分解成氧离子，然后将其输送到 SnO_2 的表面，加快了 Pt 和 SnO_2 载体之间界面发生的反应。

贵金属具有良好的催化活性，能够在 SnO_2 上提供丰富的活性位点，对目标气体优先吸附，增加了气体与材料之间的作用概率。通过制备出异质结，例如 p-p 结、p-n 结和 n-n 结也能有效提高气敏材料的气敏性能。两种半导体形成异质结可以显著提高材料的气敏响应，当两种半导体氧化物的费米能级不同时，较高能级的电子会穿过界面流向较低的能级，直到两种半导体的费米能级平衡，这被称为费米能级调制的电荷迁移。由于两种半导体的原始费米能级不同引起能带弯曲，在界面会产生势能，电子须克服势垒才能穿过界面。以 $SnCl_4 \cdot 5H_2O$、$Co(NO_3)_2 \cdot 6H_2O$ 作为主要原料，在140℃保温24h的条件下通过水热方法能够制备出 Co_3O_4/SnO_2 核壳纳米球，在200℃时，Co_3O_4/SnO_2 核壳纳米球对 50×10^{-6} 氨气的响应为7.5，响应时间只需要4s[122]。

p 型 Co_3O_4 与 n 型 SnO_2 形成 p-n 异质结，Co_3O_4 捕获 SnO_2 发射的电子，导致在异质结中形成额外的耗尽层和势垒，因此，Co_3O_4/SnO_2 的电阻增加，传感器接触 NH_3 时，随后的反应将电子释放到 Co_3O_4 和 SnO_2 的导带中，从而减少耗尽层的宽度和势垒的高度，降低了 Co_3O_4/SnO_2 气体传感器的电阻。

思考题

12.1 气敏陶瓷材料的主要性能参数是什么？

12.2 金属氧化物基气敏陶瓷材料气敏传感器有哪些特点？

12.3 金属氧化物基气敏陶瓷材料检测乙醇的气敏机制是什么？

12.4 微结构、掺杂、异质结、材料酸碱性、温度、湿度对陶瓷材料气敏性能的影响有哪些？

12.5 乙醇检测用金属氧化物基气敏陶瓷材料的种类及特点是什么？

12.6 举例说明不同形貌 MO_x 的乙醇气敏性能。

12.7 为何元素掺杂能够改善 MO_x 材料的气敏性能？

12.8 何为异质结？举例说明如何构建 MO_x 材料的异质结。

12.9 气敏陶瓷材料检测苯系物的特点是什么？

12.10 举例说明苯、甲苯或二甲苯气敏陶瓷材料的气敏性能。

12.11 为何贵金属改性能够提高气敏陶瓷材料的气敏性能？

12.12 甲烷气敏陶瓷材料的种类有哪些？

12.13 SnO_2 气敏陶瓷膜的气敏机制是什么？

12.14 为何 Pd 作为 SnO_2 陶瓷薄膜的掺杂剂能够提高其甲烷气敏性能？

12.15 举例说明碳材料检测氨气的气敏性能及气敏机制。

参考文献

[1] 张维兰，欧江，夏先均．气敏陶瓷研究进展 [J]．热处理技术与装备，2006，27（5）：15-17.

[2] Wang H，Qu Y，Li Y Z，et al. Effect of Ce^{3+} and Pd^{2+} doping on coral-like nanostructured SnO_2 as acetone gas sensor [J]. J Nanosci Nanotechnol，2013，13（3）：1858-1862.

[3] 张晓，徐瑶华，刘皓，等．基于金属氧化物的乙醇检测气敏材料的研究进展 [J]．化工进展，2019，38（7）：3207-3226.

[4] Karmaoui M，Leonardi S G，Latino M，et al. Pt-decorated In_2O_3 nanoparticles and their ability as a highly sensitive (<10ppb) acetone sensor for biomedical applications [J]. Sens Actuat B：Chem，2016，230：697-705.

[5] Mirzaei A，Janghorban K，Hashemi B，et al. Highly stable and selective ethanol sensor based on α-Fe_2O_3 nanoparticles prepared by pechini sol-gel method [J]. Ceram Int，2016，42（5）：6136-6144.

[6] Yamazoe N，Shimanoe K. Basic approach to the transducer function of oxide semiconductor gas sensors [J]. Sens Actuat B：Chem，2011，160（1）：1352-1362.

[7] Liu H H，ZHang J L. An efficient laboratory method to measure the combined effects of Knudsen diffusion and mechanical deformation on shale permeability [J]. J Contam Hydrol，2020，232（6）：103652.

[8] Chung J S，Hur S H. A highly sensitive enzyme-free glucose sensor based on Co_3O_4 nanoflowers and 3D graphene oxide hydrogel fabricated *via* hydrothermal synthesis [J]. Sens Actuat B：Chem，2016，223：76-82.

[9] Montazeri A，Jamali-sheini F. Enhanced ethanol gas-sensing performance of Pb-doped In_2O_3 nanostructures prepared by sonochemical method [J]. Sens Actuat B：Chem，2017，242：778-791.

[10] Xu J J，Li S J，Li L，et al. Facile fabrication and superior gas sensing properties of spongelike Co-doped ZnO microspheres for ethanol sensors [J]. Ceram Int，2018，44（14）：16773-16780.

[11] Xing L L，Yuan S，Chen Z H，et al. Enhanced gas sensing performance of SnO_2/α-MoO_3 heterostructure nanobelts [J]. Nanotechnology，2011，22（22）：225502.

[12] 唐伟，王兢．金属氧化物异质结气体传感器气敏增强机理 [J]．物理化学学报，2016，32（5）：1087-1104.

[13] Katoch A，Choi S W，Kim J H，et al. Importance of the nanograin size of th e H_2S-sensing properties of ZnO-CuO composiote nanofibers [J]. Sens Actuat B：Chem，2015，214：111-116.

[14] Kumar M，Bhati V S，Ranwa S，et al. Pd/ZnO nanorods based sensor for highly selective detection of extremely low concentration hydrogen [J]. Sci Rep，2017，7（1）：236-242.

[15] Prades J D，Jimenez-Diaz R，Hernandez-Ramirez F，et al. Ultralow power consumption gas sensors based on self-heated individual nanowires [J]. Appl Phys Lett，2008，93（12）：123110.

[16] Lupan O，Postica V，Labat F，et al. Ultra-sensitive and selective hydrogen nanosensor with fast response at room temperature based on a single Pd/ZnO nanowire [J]. Sens Actuat B：Chem，2018，254：1259-1270.

[17] Sun C，Su X，Xiao F，et al. Synthesis of nearly monodisperse Co_3O_4 nanocubes via a microwave-assisted solvothermal process and their gas sensing properties [J]. Sesn Actuat B：Chem，2011，157（2）：681-685.

[18] Zhou X，Qu F，Zhang B，et al. Facile synthesis of In_2O_3 microcubes with exposed（100）facets as gas sensing material for selective detection of ethanol vapor [J]. Mater Lett，2017，209：618-621.

[19] Zhang Y，He X，Li J，et al. Fabrication and ethanol-sensing properties of micro gas sensor based on electrospun SnO_2 nanofibers [J]. Sens Actuat B：Chem，2008，132（1）：67-73.

[20] Zhang L，Yin Y. Large-scale synthesis of flower-like ZnO nanorods via a wet-chemical route and the defect-enhanced ethanol-sensing properties [J]. Sens Actuat B：Chem，2013，183：110-116.

[21] Deng S，Liu X，Chen N，et al. A highly sensitive VOC gas sensor using p-type mesoporous Co_3O_4 nanosheets prepared by a facile chemical coprecipitation method [J]. Sens Actuat B：Chem，2016，233：615-623.

[22] Deng H，Li H，Wang F，et al. A high sensitive and low detection limit of formaldehyde gas sensor based on hierarchical flower-like CuO nanostructurer fabricated by sol-gel method [J]. J Mater Sci：Mater Eletctron，2016，27（7）：6766-6772.

[23] Chitra M，Uthayarani K，Rajasekaran N，et al. Rice husk templated mesoporous ZnO nanostuructures for ethanol sensing at room temperature [J]. Chin Phys Lett，2015，32（7）：078101.

[24] Wang B，Sun L，Wang Y. Template-free synthesis of nanosheets-assembled SnO_2 hollow spheres for enhanced etha-

nol gas sensing [J]. Mater Lett, 2018, 218: 290-294.

[25] Li L, Zhang C, Zhang R, et al. 2D ultrathin Co_3O_4 nanosheet array deposited on 3D carbon foam for enhanced ethanol gas sensing application [J]. Sens Actuat B: Chem, 2017, 244: 664-672.

[26] Li L, Liu M, He S, et al. Freestanding 3D mesoporous Co_3O_4@carbon foam nanostructures for ehanol gas sensing [J]. Anal Chem, 2014, 86 (15): 7996-8002.

[27] Ambardekar V, Bandyopadhyay P P, Majumder S B. Atmospheric plasma sprayed SnO_2 coating for ethanol detection [J]. J Alloy Compd, 2018, 752: 440-447.

[28] Cheng X L, Zhao H, Huo L H, et al. ZnO nanoparticulate thin film: Preparation, characterization and gas-sensing property [J]. Sens Actuat B: Chem, 2004, 102 (2): 248-252.

[29] Tamvakos A, Calestani D, Tamvakos D, et al. Effect of grain-size on the ethanol vapor sensing properties oof room-temperature sputterd ZnO thin films [J]. Microchim Acta, 2015, 182 (11/12): 1991-1999.

[30] Wen Z, Zhu L, Li Y, et al. Mesoporous Co_3O_4 nanoneedle arrays for high-performance gas sensor [J]. Sens Actuat B: Chem, 2014, 203: 873-879.

[31] Liu Y, Huang J, Yang J, et al. Pt nanoparticles functionalized 3D SnO_2 nanoflowers for gas sensor application [J]. Solid State Electron, 2017, 130: 20-27.

[32] Shaikh F I, Chikhale L P, Mulla I S, et al. Facile Co-precipitation synthesis and ethanol sensing performance of Pd loaded Sr doped SnO_2 nanoparticles [J]. Powder Technol, 2018, 326: 479-487.

[33] Guo J, Zhang J, Gong H, et al. Au nanoparticle-functionalized 3D SnO_2 microstructures for high performance gas sensor [J]. Sens Actuat B: Chem, 2016, 226: 266-272.

[34] Kim S Y, Kim J, Cheong W H, et al. Alcohol gas sensors capable of wireless detection using In_2O_3/Pt nanoparticles and Ag nanowires [J]. Sens Actuat B: Chem, 2018, 259: 825-832.

[35] Dai E, Wu S, Ye Y, et al. Highly dispersed Au nanoparticles decorated WO_3 nanoplatelets: Laser-assited synthesis and superior performance for detecting ethanol vapor [J]. J Colloid Int Sci, 2018, 514: 165-171.

[36] Zhang W, Yang B, Liu J, et al. Highly sensitive and low operating temperature SnO_2 gas sensor doped by Cu and Zn two elements [J]. Sens Actuat B: Chem, 2017, 243: 982-989.

[37] Inderan V, Arafat M M, Kumar S, et al. Study of structural properties and defects of Ni-doped SnO_2 nanorods as ethanol gas sensors [J]. Nanotechnology, 2017, 28 (26): 265702.

[38] Kumar M, Bhatt V, Abhyankar A C, et al. New insights towards strikingly improved room temperature ethanol sensing properties of p-type Ce-doped SnO_2 sensors [J]. Sci Rep, 2018, 8 (1): 8079-8087.

[39] Zhou T, Zhang T, Zhang R, et al. Highly sensitive sensing platform based on $ZnSnO_3$ hollow cubes for detection of ethanol [J]. Appl Surf Sci, 2017, 400: 262-268.

[40] Liu J, Wang T, Wang B, et al. Highly sensitive and low detection limit of ethanol gas sensor based on hkollow ZnO/SnO_2 spheres composite material [J]. Sens Actuat B: Chem, 2017, 245: 551-559.

[41] Fang J, Zhu Y, Wu D, et al. Gas sensing properties of NiO/SnO_2 heterojunction thin film [J]. Sens Actuat B: Chem, 2017, 252: 1163-1168.

[42] Gong H M, Zhao C H, Wang F. On-chip growth of SnO_2/ZnO core-shell nanosheet arrays for ethanol detection [J]. IEEE Electron Device Lett, 2018, 39 (7): 1065-1068.

[43] Wang H, Wei S, Zhang F, et al. Sea urchin-like SnO_2/Fe_2O_3 microspheres for an ethanol gas sensor with high sensitivity and fast response/recovery [J]. J Mater Sci, 2017, 28 (13): 9969-9973.

[44] Behera B, Chandra S. An innovative gas sensor incorporating ZnO/CuO nanoflakes in planar MEMS technology [J]. Sens Actuat B: Chem, 2016, 229: 414-424.

[45] Zhang H, Yi J. Enhanced ethanol gas sensing performance of ZnO nanoflowers decorated with $LaMnO_3$ perovskite nanoparticles [J]. Mater Lett, 2018, 216: 196-198.

[46] Wang T, Kou X, Zhao L, et al. Flower-like ZnO hollow microspheres loaded with CdO nanoparticles as high performance sensing material for gas sensing [J]. Sens Actuat B: Chem, 2017, 250: 692-702.

[47] Sun Y, Chen L, Wang Y, et al. Synthesis of MoO_3/WO_3 composite nanostructures for highly sensitive ethanol and acetone detection [J]. Appl Surf Sci, 2018, 432: 241-249.

[48] Hu J, Wang X, Zhang M, et al. Synthesis and characterization of flower-like MoO_3/In_2O_3 microstructures for highly sensitive ethanol detection [J]. RSC Adv, 2017, 7 (38): 23478-13485.
[49] Chatterjee S G, Chatterjee S, Ray A K, et al. Graphene-metal oxide nanohybrids for toxic gas sensor: A review [J]. Sens Actuat B: Chem, 2015, 221: 1170-1181.
[50] Li Y, Luo N, Sun G, et al. In situ decoration of Zn_2SnO_4 nanoparticles on reduced graphene oxide for high performance ethanol sensor [J]. Ceram Int, 2018, 44 (6): 6836-6842.
[51] Zito C A, Perfecto T M, Volanti D P. Impact of reduced graphene oxide on the ethanol sensing performance of hollow SnO_2 nanoparticles under humid atmosphere [J]. Sens Actuat B: Chem, 2017, 244: 466-474.
[52] Thu U T A, Cuong N D, Khieu D Q, et al. Fe_3O_4 nanoporous network fabricated from Fe_3O_4/reduced graphene oxide for high-performance ethanol gas sensor [J]. Sens Actuat B: Chem, 2018, 255: 3275-3283.
[53] Dwivedi P, Chauhan N, Vivekanandan P, et al. Scalable fabrication of prototype sensor for selective and sb-ppm level ethanol sensing based on TiO_2 nanotubes decorated porous silicon [J]. Sens Actuat B: Chem, 2017, 249: 602-610.
[54] Liu X, Chen N, Han B, et al. Nanoparticle cluster gas sensor: Pt activated SnO_2 nanoparticles for NH_3 detection with ultrahigh sensitivity [J]. Nanoscale, 2015, 7 (36): 14872.
[55] Khaleed A A, Bello A, Danbegnon J K, et al. Effect of activated carbon on the enhancement of CO sensing performance of NiO [J]. J Alloy Compd, 2017, 694: 155-163.
[56] Li X, Li X, Wang J, et al. Highly sensitive and selective room-temperature formaldehyde sensors using hollow TiO_2 microspheres [J]. Sens Actuat B: Chem, 2015, 219: 158-165.
[57] 陈明鹏，张裕敏，张瑾，等. 苯系物（BTEX）检测气敏材料研究进展 [J]. 材料导报 A，2018，32（7）：2278-2287.
[58] Wang H, Qu Y, Chen H, et al. Highly selective n-butanol gas sensor based on mesoporous SnO_2, prepared with hydrothermal treatment [J]. Sens Actuat B: Chem, 2014, 201: 153-164.
[59] Young J H, Ji W Y, Lee J H, et al. Onte-pot synthesis of Pd-loaded SnO_2, yolk-shell nanostructures for ultraselective methyl benzene sensors [J]. Chem-Eur J, 2014, 20 (10): 2737-2745.
[60] Jeong S Y, Yoon J W, Jeong H M, et al. Ultra-selective detection of sub-ppm-level benzene using Pd-SnO_2 yolk-shell micro-reactors with a catalytic Co_3O_4 overlayer for monitoring air quality [J]. J Mater Chem A, 2016, 5 (4): 1446-1453.
[61] Wang L, Wang S, Xu M, et al. A Au-functionalized ZnO nanowire gas sensor for detection of benzene and toluene [J]. Phys Chem Chem Phys, 2013, 15 (40): 17179-17188.
[62] Lu Y, Zhan W, He Y, et al. MOF-templated synthesis of porous Co_3O_4 concave nanocubes with high specific surface area and their gas sensing properties [J]. ACS Appl Mater Int, 2014, 6 (6): 4186-4192.
[63] Wang C, Yin L, Zhang L, et al. Metal oxide gas sensors: Sensitivity and influencing factors [J]. Sensors, 2010, 10 (3): 2088-2096.
[64] Wang L, Lou Z, Fei T, et al. Zinc oxide core-shell hollow microshperes with multi-shelled architecture for gas sensor applications [J]. J Mater Chem, 2011, 21 (48): 19331-19339.
[65] Suematsu K, Shin K, Hua Z, et al. Nanoparticle cluster gas sensor: Controlled clustering of SnO_2 nanoparticles for highly sensitive toluene detection [J]. ACS Appl Mater Int, 2014, 6 (7): 5319-5327.
[66] Kim J H, Kim S S. Realization of ppb-scale toluene-sensing abilities with Pt-functionalized SnO_2-ZnO core-shell nanowires [J]. ACS Appl Mater Int, 2015, 7 (31): 17199-17208.
[67] Sun Y, Wei Z, Zhang W, et al. Synthesis of brush-like ZnO nanowires and their enhanced gas-sensing properties [J]. J Mater Sci, 2016, 51 (3): 1428-1436.
[68] Kang J G, Park J S, Lee H J. Pt-doped SnO_2 thin filmnn based micro gas sensors with high selectivity to toluene and HCHO [J]. Sens Actuat B: Chem, 2017, 248: 1011-1020.
[69] Ma H, Xu Y, Rong Z, et al. Highly toluene sensing performance based on monodispersed Cr_2O_3, porous microspheres [J]. Sens Actuat B: Chem, 2012, 174 (11): 325-335.
[70] Kim B Y, Ahn J H, Yoon J W, et al. Highly selective xylene sensor based on NiO/$NiMoO_4$ nanocomposite hierar-

chical spheres for indoor air monitoring [J]. ACS Appl Mater Int, 2016, 8 (50): 34603-34609.

[71] Kim J H, Jeong H M, Chan W N, et al. Highly selective and sensitive xylene sensors using Cr_2O_3-$ZnCr_2O_4$, hetero-nanostructures prepared by galvanic replacement [J]. Sens Actuat B: Chem, 2016, 235: 498-505.

[72] Cao Y, Hu P, Pan W, et al. Methanal and xylene sensors based on ZnO nanoparticles and nanorods prepared by room-temperature solid-state chemical reaction [J]. Sens Actuat B: Chem, 2008, 134 (2): 462-470.

[73] Xu K, Yang L, Zou J, et al. Fabrication of novel flower-like Co_3O_4 structures assembled by single-crystalline porous nanosheets for enhanced xylene sensing properties [J]. J Alloy Compod, 2017, 706: 116-124.

[74] Li Y, Ma X, Guo S, et al. Hydrothermal synthesis and enhanced xylene-sensing properties of pompon-like Cr-doped Co_3O_4 hierarchical nanostructures [J]. RSC Adv, 2016, 6 (27): 22889-22895.

[75] Zhang J, Tang P, Liu T, et al. Facile synthesis of mesoporous hierarchical Co_3O_4-TiO_2 p-n heterojunctions with greatly enhanced gas sensing performance [J]. J Mater Chem A, 2017, 5 (21): 10387-10386.

[76] Kanda K, Maekawa T. Development of a WO_3, thick-film-based sensor for the detection of VOC [J]. Sens Actuat B: Chem, 2005, 108 (1-2): 97-106.

[77] Zhang F, Wang X, Dong J, et al. Selective BTEX sensor based on a SnO_2/V_2O_5 composite [J]. Sens Actuat B: Chem, 2013, 186 (6): 126-134.

[78] Ren F, Gao L, Yuan Y, et al. Enhanced BTEX gas-sensing performance of CuO/SnO_2 composite [J]. Sens Actuat B: Chem, 2016, 223: 914-926.

[79] Yamazoe N, Sakai G, Shimanoe K. Oxide semiconductor gas sensors [J]. Catal Sur Asia, 2003, 7 (1): 63-81.

[80] Koo W T, Yu S, Choi S J, et al. Nanoscale PdO catalyst functionalized Co_3O_4 hollow nanocages using MOF templates for selective detection of acetone molecules in exhaled breath [J]. ACS Appl Mater Int, 2017, 9 (9): 8201-8210.

[81] Kim J H, Wu P, Kim H W, et al. Highly selective sensing of CO, C_6H_6 and C_7H_8 gases by catalytic functionalization with metal nanoparticles [J]. ACS Appl Mater Int, 2016, 8 (11): 7173-7187.

[82] Qiao L, Bing Y, Wang Y, et al. Enhanced toluene sensing performances of Pd-loaded SnO_2 cubic nanocages with porous nanoparticle-assembled shells [J]. Sens Actuat B: Chem, 2017, 241: 1121-1132.

[83] 张强，管自生．电阻式半导体气体传感器 [J]. 仪表技术与传感器，2006，27 (7)：6-9.

[84] 张安琪．基于石墨烯增敏的微纳光纤光栅气体传感器研究 [D]. 成都：电子科技大学硕士学位论文，2015.

[85] 郭岩宝，刘承诚，王德国，等．甲烷传感器气敏材料的研究现状与进展 [J]. 科学通报，2019，64 (14)：1456-1470.

[86] Waitz T, Becker B, Wagner T, et al. Ordered nanoporous SnO_2 gas sensors with high thermal stability [J]. Sens Actuat B: Chem, 2010, 150: 788-793.

[87] 许聪．水热法制备纳米 SnO_2 及厚膜气敏元件初探 [D]. 武汉：华中科技大学硕士学位论文，2006.

[88] Li W, Liang J, Liu J, et al. Synthesis and room temperature CH_4 gas sensing properties of vanadium dioxide nanorods [J]. Mater Lett, 2016, 173: 199-202.

[89] Shaalan N M, Rashad M, Moharram A H, et al. Promising methane gas sensor synthesized by microwave-assisted Co_3O_4 nanoparticles [J]. Mat Sci Semicon Proc, 2016, 46: 1-5.

[90] Shaalan N M, Rashad M, Abdel-Rahim M A. Repeatability of indium oxide gas sensors for detecting methane at low temperatue [J]. Mater Sci Semicon Proc, 2016, 56: 7130-7141.

[91] Fedorenko G, Oleksenko L, Maksymovych N, et al. Semiconductor gas sensors based on Pd/SnO_2 nanomaterials for methane detection in air [J]. Nanoscale Res Lett, 2017, 12: 329-338.

[92] Karami H Z, Sayedi S M, Sheikhi M H. Effect of single wall carbon nanotube additive on electrical conductivity and methane sensitivity of SnO_2 [J]. Sens Actuat B: Chem, 2014, 202: 461-468.

[93] Navazani S, Shokuhfar A, Hassanisadi M, et al. Facile synthesis of a SnO_2@rGO nanohybrid and optimization of its methane-sensing parameters [J]. Talanta, 2018, 181: 422-430.

[94] Chimowa G, Tshabalala Z P, Akande A A, et al. Improving methane gas sensing properties of multi-walled carbon nanotubes by vanadium oxide filling [J]. Sens Actuat B: Chem, 2017, 247: 11-18.

[95] Nasresfahani S, Sheikhi M H, Tohidi M, et al. Methane gas sensing properties of Pd-doped SnO_2/reduced

graphene oxide synthesized by a facile hydrothermal route [J]. Mater Res Bull，2017，89：161-169.

[96] Roney N，Liados F. Toxicological prole for ammonia，U. S. Department of health and human services [S]. America：Public Health Serve，Agency for Toxic Substances and Disease Registry，2014：1-217.

[97] Guo J，Xu W S，Chen Y L，et al. Adsorption of NH_3 onto activated carbon prepared from palm shells impregnated with H_2SO_4 [J]. J Colloid Int Sci，2005，281 (2)：285-290.

[98] Yoon J W，Lee J H. Towad breath analysis on a chip for disease diagnosis using semiconductor based chemiresistors：Recent progress and future perspectives [J]. Lab on A Chip，2017，17 (21)：3337-3357.

[99] 胡继粗，陈明鹏，荣茜，等. 氨气传感材料及器件的研究进展 [J]. 功能材料，2019，50 (4)：04030-04038.

[100] Deng J N，Zhang R，Wang L L，et al. Enhanced sensing performance of the Co_3O_4 hierarchical nanorods to NH_3 gas [J]. Sens Actuat B：Chem，2015，209：449-455.

[101] Du N，Zhang H，Chen B D，et al. Porous indium oxide nanotubes：Layer-by-layer assembly on carbon-nanotube templates and application for room temperature NH_3 gas sensors [J]. Adv Mater，2010，19 (12)：1641-1645.

[102] Ponnusamy D，Madanagurusamy S. Nanostructured ZnO films for room temperature ammonia sensing [J]. J Electron Mater，2014，43 (9)：3211-3216.

[103] Li Z J，Lin Z J，Wang N M，et al. High precision NH_3 sensing using network nano-sheet Co_3O_4 arrays based sensor at room temperature [J]. Sens Actuat B：Chem，2016，235：222-231.

[104] Wang J Q，Li Z J，Zhang S，et al. Enhanced NH_3 gas-sensing performance of silica modified CeO_2 nanostructure based sensors [J]. Sens Actuat B：Chem，2017，255：862-870.

[105] Dong X，Cheng X L，Zhang X F，et al. A novel coral shaped Dy_2O_3 gas sensor for high sensitivity NH_3 detection at room temperature [J]. Sens Actuat B：Chem，2017，255：1308-1315.

[106] Subhankar B，Bappadiya C，Pooja N，et al. Nanocrystalline PbS as ammonia gas sensor：Synthesis and characterization [J]. Clean Soil Air Water，2015，43 (8)：1121-1127.

[107] Xu K，Li N，Zeng D W，et al. Interface bonds determined gas-sensing of SnO_2-SnS_2 hybrids to ammonia at room temperature [J]. ACS Appl Mater Int，2015，7 (21)：11359-11368.

[108] Zhang D Z，Jiang C X，Sun Y E. Room-temperature high-performance ammonia gas sensor based on layer-by-layer self-assembled molybdenum disulfide/zinc oxide nanocomposite film [J]. J Alloy Compd，2017，698：476-483.

[109] Shi W D，Huo L H，Wang H S，et al. Hydrothermal growth and gas sensing property of flower-shaped SnS_2 nanostructures [J]. Nanotechnology，2006，17 (12)：2918-2924.

[110] Chen H W，Chen Y T，Zhang H，et al. Suspended SnS_2 layers by light assistance for ultrasensitive ammonia detection at room temperature [J]. Adv Funct Mater，2018，28 (20)：1801035.

[111] Sooman L，Byungjin C，Jaehyun B，et al. Electrohydrodynamic printing for scalable MoS_2 flake coating：Application to gas sensing device [J]. Nanotechnology，2016，27 (43)：435501.

[112] Datta J L，Thomas D，Moussa B. Single-layer $MoSe_2$ based NH_3 gas sensor [J]. Appl Phys Lett，2014，105 (23)：233103.

[113] Balaji G G，Shoyebmohamad S，Satish U E，et al. Natural carbonized sugar as a low-temperature ammonia sensor material：Experimental，theoretical and computationalo studies [J]. ACS Appl Mater Int，2017，98 (49)：43051-43060.

[114] Nikolina T，Mykola S，Enrique R C，et al. Activated carbon-based gas sensors：Effects of surface features on sensing mechanism [J]. J Mater Chem A，2015，3 (7)：3821-3831.

[115] Nikolina A T，Christopher U，Mykola S，et al. Nitrogen-doped activated carbon-based ammonia sensors：Effect of specific surface functional groups on carbon electronic properties [J]. ACS Sens，2016，1 (5)：591-599.

[116] Alvi M A，Al-Ghamdi A A，Khan S A. Selective and uniform growth of single-wall carbon anotubes (SWC-NTs) for gas sensing application [J]. Appl Phys A，2017，123 (3)：170.

[117] Min S，Kim J，Park C，et al. Long-term stability of superhydrophilic oxygen plasma-modified single-walled carbon nanotube network surfaces and the influence on ammonia gas detection [J]. Appl Surf Sci，2017，410：105-110.

[118] Fabian S，Vasile P，Rainer A，et al. Single and networked ZnO-CNT hydrid tetrapods for selective room-temperature high-performance ammonia sensors [J]. ACS Appl Mater Int，2017，9 (27)：23107-23118.

[119] Alexander G B, Prášek J, Jašek O, et al. Investigation of pristine graphite ocxide as room-temperature chemisresistive ammonia gas sensing material [J]. Sensors, 2017, 17 (2): 320-331.

[120] Taher A, Farzaneh A. Thiouren-treated graphene aerogel as a highly selective gas sensor for sensing of trace level of ammonia [J]. Anal Chim Acta, 2015, 897: 87-95.

[121] Liu X, Chen N, Han B Q, et al. Nanoparticle cluster gas sensor: Pt activated SnO_2 nanoparticles for NH_3 detction with ultrahigh sensitivity [J]. Nanoscale, 2015, 7 (36): 14872-14880.

[122] Wang L L, Lou Z, Zhang R, et al. Hybrid Co_3O_4/SnO_2 core-shell nanospheres as real-time rapid-response sensors for ammonia gas [J]. ACS Appl Mater Int, 2016, 8 (10): 6539-6545.

第13章 压敏陶瓷材料

学习目标

通过本章的学习，掌握以下内容：(1) 压敏陶瓷材料的特性；(2) 常用压敏陶瓷材料的性能及应用；(3) ZnO 压敏陶瓷材料体系；(4) SnO_2 压敏陶瓷材料体系；(5) TiO_2 压敏陶瓷材料体系。

学习指南

(1) 压敏电压、非线性系数是压敏陶瓷材料的主要性能参数；(2) ZnO 压敏陶瓷材料在电子电路过电压及能量吸收保护领域具有广泛应用，主要包括 ZnO-Bi_2O_3、ZnO-Pr_6O_{11}、ZnO-V_2O_5 及 ZnO-玻璃；(3) 通过掺杂可以提高 ZnO 和 SnO_2 的压敏性能；(4) 改变掺杂剂的种类、含量以及制备工艺能够调控 TiO_2 的压敏性能。

章首引言

压敏陶瓷材料是指在某一特定电压范围内具有非线性 V-I 特性，其电阻值随电压的增加而急剧减小的一种半导体陶瓷材料。根据这种非线性 V-I 特性，可以用这种半导体陶瓷材料制成非线性压敏电阻器，广泛用于抑制电压浪涌、过电压保护领域。由于压敏电阻器在保护电力设备安全、保障电子设备正常稳定工作方面具有重要作用，具有成本低、制作方便的特点，所以在航空、航天、电力、邮电、铁路、汽车和家用电器等领域获得了广泛应用。目前商品化的压敏陶瓷材料主要包括 ZnO 基、TiO_2 基、$BaTiO_3$ 基等材料。本章系统阐述了压敏陶瓷材料的特性、种类及应用。

13.1 压敏陶瓷材料的特性

压敏陶瓷材料的 V-I 特性不是一条直线，其电阻值在一定电流范围内为可变值，所以压敏电阻又称为非线性电阻，采用此种陶瓷制作的器件称为非线性电阻器。这种非线性 V-I 特性可由下式表示[1]：

$$I=\left(\frac{V}{C}\right)^{\alpha} \tag{13.1}$$

式中，I 为压敏电阻电流，A；V 为施加电压，V；C、α 为常数。由上式可得：

$$\ln I=\alpha\ln V-\alpha\ln C \tag{13.2}$$

将上式两边微分：

$$\frac{\mathrm{d}I}{I}=\alpha\ \frac{\mathrm{d}V}{V} \tag{13.3}$$

即：

$$\alpha=\frac{\mathrm{d}I}{I}\Big/\frac{\mathrm{d}V}{V} \tag{13.4}$$

上式中，α 称为非线性系数，α 值越大，非线性越强，即电压增量所引起的电流相对变化越大，压敏特性越好。在临界电压以下，α 逐渐减小，到电流很小的区域，α 趋近于 1，表现为欧姆特性，压敏电阻成为欧姆器件。当 α 趋近于无穷大时，是非线性最强的变阻器。

C 值在一定电流范围内为常数，当 $\alpha=1$ 时，C 值同欧姆电阻值 R 对应，即式(13.1)与欧姆定律对应，C 值称为非线性电阻值。但是由于 C 值难以精确测定，所以一般采用在一定电流时的电压 V_C 代替 C 值。为了比较不同材料 C 值的大小，在压敏电阻器上流过 $1mA/cm^2$ 电流时，电流通路上每毫米长度上的电压降定义为此种压敏电阻材料的 C 值。因此，在厚度为 1mm 样品上通过 1mA 电流所产生的电压降，称为压敏电压 V_C。压敏陶瓷材料的特性则可以用 V_C 和 α 来表示。

压敏电阻器的电参数还有通流容量、漏电流和电压温度系数。通流容量是指满足 V_{1mA} 下降要求的压敏电阻所能承受的最大冲击电流。习惯上把压敏电阻器正常工作时流过的电流称为漏电流。为了提高压敏电阻器的可靠性，漏电流要尽量小，一般控制在 50～100μA。电压温度系数是指温度每变化 1℃时，零功率条件下测得的压敏电压的相对变化率。常用压敏陶瓷材料的性能如表 13.1 所示。

表 13.1　常用压敏陶瓷材料的性能

性能	SiC	ZnO 烧结体	$BaTiO_3$	ZnO 薄膜	Se 薄膜	Si 单晶
V-I 特性	对称	对称	非对称	对称	对称	非对称
压敏电压(V_{1mA})	5～1000	22～9000	1～3	5～150	50～1000	0.6～0.8
非线性系数 α	3～7	20～100	10～20	3～40	3～7	15～20
用途	灭火花、过电压保护、避雷器	灭火花、过电压保护、避雷器、电压稳定化	灭火花	灭火花、过电压保护	过电压保护	电压标准

13.2 ZnO 压敏陶瓷材料

在电子电路工作过程中，如果出现电压不稳、开关、雷电冲击等会导致线路出现瞬态电压过大的情况，会对电路中电压承受能力较低的器件或模块造成损害，导致电路无法正常工作，甚至发生安全事故。ZnO 压敏陶瓷材料具有独特的非线性电压-电流特性（图 13.1）[2]，当施加在压敏电阻两端的电压较低时，压敏电阻的阻值大，流经器件的电流小；当两端施加电压到达一定值（压敏电压）时，其电阻急剧下降，此时随着电压的微小增加，流经电阻器件的电流会出现几个数量级的增加。因此，ZnO 压敏电阻常与需要保护的模块并联使用，在电路中由于静电、雷击等因素出现瞬态高压时起到限压作用，从而保护电路模块。当器件两端电压恢复正常时，压敏电阻又恢复到高阻值模式，相当于开路状态，不影响电路正常工

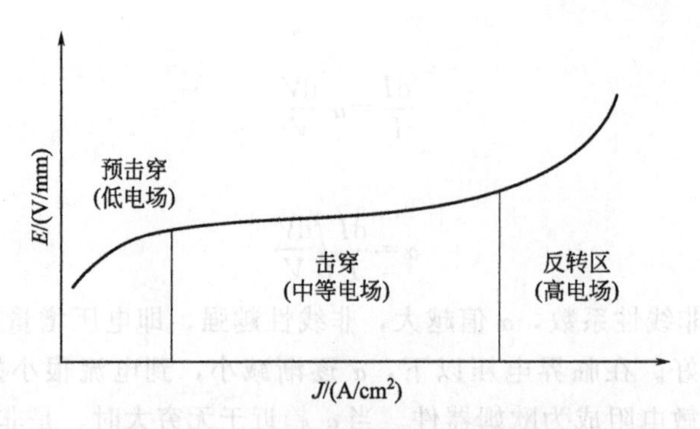

图 13.1　压敏陶瓷材料的 *E-J* 特性[2]

作。ZnO 压敏电阻在电子电路过电压及能量吸收保护领域得到了广泛应用。

多层片式 ZnO 压敏电阻器结构示意图如图 13.2 所示[3]，主要由 ZnO 陶瓷体、贵金属内电极及端电极构成。电阻器由多个薄片状的压敏电阻并联而成，压敏电压由内电极间的单层瓷片厚度及晶粒尺寸决定。压敏电阻具有体积小、能量吸收量大、响应速度快、电容量范围可选择性强、良好的温度特性及电压范围的可调控性等特点。压电电阻具有良好的静电放电（electro-static discharge，ESD）吸收能力，压电电阻被广泛用于电子设备的过电压保护和 ESD 防护领域。

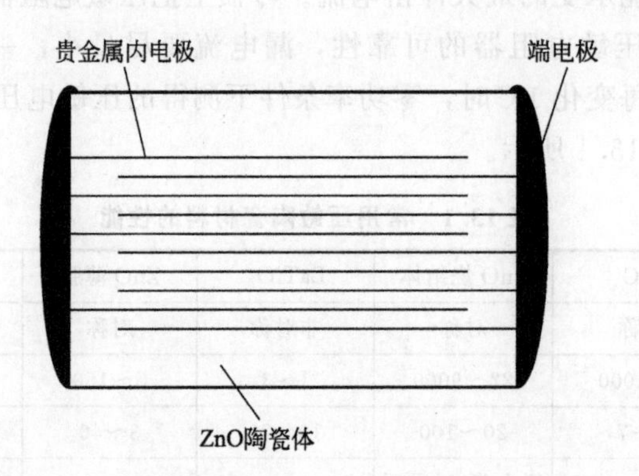

图 13.2　多层片式 ZnO 压敏电阻器结构示意图[3]

13.2.1　ZnO 压敏陶瓷的晶界特性

在 $ZnO\text{-}Bi_2O_3$ 二元体系中，压敏陶瓷的非线性特性较弱，但是在 Bi_2O_3 掺杂的压敏陶瓷中，Bi_2O_3 被称为压敏效应的形成剂，由于 $ZnO\text{-}Bi_2O_3$ 共熔体的熔点较低，在空气中高温烧结时，液相 Bi_2O_3 会对 ZnO 晶粒形成一定的润湿，溶解部分 ZnO 及其他添加物，促进 ZnO 液相传质过程，对瓷体的致密化及晶粒生长起到良好的促进作用[4]。在 $ZnO\text{-}Bi_2O_3$ 压敏陶瓷中，富 Bi_2O_3 相主要以结晶态、无定形态及焦绿石三种形式存在[5]，这三种相主要分布在多晶粒的结点及晶界处，共同构成 ZnO 压敏陶瓷的三维网状结构。Bi_2O_3 在晶界处连贯存在，在烧结过程中为氧提供快速迁移的通道，为晶界保持一定的氧分压，从而使得晶界产生过量氧，提高晶界受主态密度。

过渡金属元素 Co、Mn 对于提高 $ZnO\text{-}Bi_2O_3$ 压敏陶瓷的非线性特性具有重要作用，Co、Mn 是变价元素，在 ZnO 中存在不同的价态。通常，由于 Co 离子半径和电负性与 Zn

离子更接近，这使得 Co 在添加后会溶入到 ZnO 晶粒内，而 Mn 则偏析在晶界上[6]。过渡金属元素在带隙中处于一种特殊状态，其能量随着价态的升高而降低，因此，过渡金属元素与氧之间的共价键合会加强。Co、Mn 对 ZnO 压敏陶瓷非线性的提高是由于晶界 Co、Mn 的偏析，加固晶界的氧吸附，使得受主态密度上升，势垒高度增加引起的。其他添加物，例如 Sb_2O_3 对 ZnO-Bi_2O_3 压敏陶瓷的影响主要体现在其对晶粒生长及次晶相形成方面。当 Sb_2O_3 添加量小于 30×10^{-6}时，对晶粒生长具有促进作用[7]。当 Sb_2O_3 掺杂量在 250×10^{-6}以下时，在 ZnO-Bi_2O_3 烧结的初始阶段具有反转晶界的晶核产生，由于具有反转晶界的晶粒具备更大的生长动力因子，使得晶粒尺寸增长，而当添加量高于 250×10^{-6}时，过多的具有反转晶界的晶核在生长过程中会相互抵触，不利于晶粒的生长[8]。在商用压敏电阻器中，Sb_2O_3 添加量一般高于 10^{-6} 量级，所以其在晶粒生长过程中一般起到阻碍作用。Sb_2O_3 对晶粒生长的阻碍作用主要有两种因素：①Sb_2O_3 的熔点较低，在烧结的初始阶段，Sb_2O_3 的蒸发所产生的薄膜包覆于 ZnO 晶粒上，从而阻碍了 ZnO 的生长[9]；②尖晶石的形成在晶界起到钉扎效应，阻碍了晶粒生长[10]。在空气中烧结时，Sb_2O_3 与 ZnO 反应生成了尖晶石（$Zn_7Sb_2O_{12}$），Sb_2O_3 也会与 Bi_2O_3 发生反应生成焦绿石相（$Zn_2Bi_3Sb_3O_{14}$），在高温烧结阶段，焦绿石会转化成尖晶石相，其反应过程如下[11]：

$$2Zn_2Bi_3Sb_3O_{14}+14ZnO\xrightarrow{900\sim1050℃}3Zn_7Sb_2O_{12}+3Bi_2O_3(liq) \quad (13.5)$$

Sb_2O_3 的添加对 ZnO-Bi_2O_3 压敏陶瓷非线性的提高及漏电流的降低具有重要作用。然而，其作用机制与前面所述的 Bi_2O_3 和 Co、Mn 等添加物的作用机制不同。次晶相尖晶石的产生会使得 ZnO 晶粒尺寸分布更为均匀，从而提高了 ZnO 的压敏性能。添加不同价态 Sb 的氧化物后，在 ZnO 中没有形成单独的缺陷能级，但是对于非线性的提高有着明显作用[12]。另外，Sb_2O_5 由于携带更多的氧，可以稳定高价态的 Co 离子，提高晶界的受主态密度，对于压敏陶瓷非线性的提升具有更为明显的效果。添加物使得 ZnO 压敏陶瓷产生了独特的多晶结构，其主晶相为溶解了少量掺杂离子的 ZnO 晶粒，尖晶石及焦绿石等次晶相颗粒则主要存在于多晶粒结点处，也会有少部分夹杂在晶界或嵌于 ZnO 晶粒内，富 Bi_2O_3 相则会以不同的结晶形态或 Bi 原子层的形式存在于多晶粒结点及晶界上。

晶界也可以分为厚晶界（100～1000nm）、薄晶界（1～100nm）以及直接接触的晶界[13]，其中前两种晶界为“好”晶界，后一种则为“坏”晶界。对于压敏性能良好的压敏陶瓷而言，其整体非线性系数高于 30，认为是“好”晶界起到了主导作用，且在较低的施加电压下，“好”晶界使得压敏陶瓷漏电流较低。压敏电压及非线性随着压敏陶瓷厚度的增加而增加，厚度小的压敏陶瓷的非线性会更差，这是因为在厚度很小的样品内，电极之间电流通过“坏”晶界的可能性更高，其压敏性能被“坏”晶界所主导。

当压敏陶瓷样品在 N_2-H_2 气氛中烧结时，Bi_2O_3 被还原为金属 Bi，主要位于多晶粒的结点处，金属 Bi 中的自由电子充当晶界的导电载流子，烧结过程中较低的氧分压导致 ZnO 晶粒中产生大量的 Zn 间隙（$Zn_i^{\cdot}$）、O 空位（$V_O^{\cdot\cdot}$）以及施主杂质（$M_{Zn}^{\cdot}$取代 Zn 位的施主离子）[14]。施主提供的大量亚稳态电子以及金属 Bi 在晶粒结点处提供的自由电子作为 ZnO 中的导电载流子，使气氛中烧结的样品电阻率较低。烧结过程中较低的氧分压导致晶界受主态的缺失，晶界势垒无法形成。Bi_2O_3 被认为是 ZnO-Bi_2O_3 压敏陶瓷中的压敏效应形成剂，压敏陶瓷的非线性特性是由偏析在 ZnO 晶界之间的富 Bi_2O_3 层引起的[15]。再氧化过程中，金属 Bi 被氧化成 Bi_2O_3，所形成的富 Bi_2O_3 液相均匀分布于晶粒结点及晶界处，为晶界中氧的传输提供了快速通道。冷却过程中，晶界上部分无定形 Bi_2O_3 或 Bi 原子偏析，使晶粒表面产生大量悬挂键，有利于氧的吸附，从而在晶界周围及晶粒表面形成了过量的化学吸附氧，过量的氧吸附使得界面形成受主态 Zn 空位（V_{Zn}''）。

受主态 V_{Zn}'' 在晶界聚集，晶粒内部则被施主离子及亚稳态电子所占据。在浓度梯度的影响下，晶粒表面层的电子向晶界移动，被受主态捕获。达到平衡状态后，在晶粒表面往晶粒内部延伸很浅的区域会形成一个电子被耗尽的区域，即电子耗尽层，形成晶界势垒。因此，添加 Bi_2O_3 的样品在空气中经过再氧化处理后能够形成晶界势垒，从而具有了一定的非线性特性，而不含 Bi_2O_3 的样品，由于再氧化过程中晶界富 Bi_2O_3 相的缺失，抑制了氧在晶界的传输及吸附，难以形成晶界势垒，不具有非线性特性。

13.2.2 ZnO 压敏陶瓷材料体系

ZnO 压敏陶瓷材料体系主要包括 ZnO-Bi_2O_3、ZnO-Pr_6O_{11}、ZnO-V_2O_5 及 ZnO-玻璃。ZnO-Pr_6O_{11} 压敏陶瓷通常以 ZnO、Pr_6O_{11}、Co_2O_3、MnO_2 作为主要原料，在体系中加入适量的 Mn、Co、Dy 等元素，其非线性可以达到 66[16]。此种材料体系具有 ESD 防护能力强的特点，可以用于小型电子通信设备领域，具有较强的抗腐蚀特性，且内电极和压敏成分之间不发生反应。但是此种材料体系的烧结温度通常在 1300℃以上，而且 Pr 的含量有限，其主要原料 Pr_6O_{11}、Pr_2O_3 的价格高，所以 ZnO-Pr_6O_{11} 压敏陶瓷材料难以获得大规模的应用。

与 ZnO-Pr_6O_{11} 体系相比，ZnO-V_2O_5 压敏材料中，添加物 V_2O_5 具有较低的熔点(690℃)，所以此种体系的烧结温度可以低至 900℃，ZnO-V_2O_5 系压敏陶瓷具有高的非线性。在 ZnO-V_2O_5-MnO_2 材料中添加 Co、Dy、Nb 氧化物，在低至 925℃的烧结温度下制备出的压敏陶瓷具有良好的压敏性能[17]：$\alpha=57$，$J_L=4.6\times10^{-2}$ A/cm²，$E_{1mA/cm^2}=$ 197.2V/mm。由于此种压敏陶瓷的烧结温度较低，可以实现压敏陶瓷与 Ag 电极的共烧，在一定程度上能够降低压敏电阻的成本。ZnO-玻璃压敏陶瓷中采用预先合成的玻璃粉末作为添加剂来促进烧结和压敏特性的形成，体系多采用硼硅酸铅锌玻璃、铅硼玻璃等。此类 ZnO-玻璃压敏陶瓷的非线性特性良好，制备出的片式压敏电阻内部结构不容易受到破坏，但是此种体系材料含有对人体有害的铅元素，污染环境，烧结温度较高（1000～1250℃）。

13.2.3 ZnO-Bi_2O_3 压敏陶瓷材料的改性

(1) 掺杂改性

在 ZnO-Bi_2O_3 压敏材料体系中，Bi_2O_3 被认为是压敏陶瓷的压敏效应形成剂，只添加 Bi_2O_3 和 BN 的 ZnO 压敏陶瓷经过再氧化后并没有表现出良好的非线性特性，在传统空气中烧结得到的 ZnO-Bi_2O_3 压敏陶瓷中，Sb_2O_3 的添加对压敏陶瓷非线性的提高及漏电流密度的降低有着重要作用。Sb 的添加没有在 ZnO 中形成单独的缺陷能级，但是对于非线性的提高有明显作用，在空气中烧结时，Sb_2O_3 的添加会阻碍 ZnO 晶粒的生长，使得晶粒尺寸分布及样品微观结构更为均匀，从而提高其压敏性能[18]。Co、Mn 对 ZnO 压敏陶瓷压敏性能的提高是由于晶界 Co、Mn 的偏析，使得受主态密度上升、势垒高度增加引起的。Co 单独掺杂的情况下，Co 取代 Zn 位的能量为 3.15eV，Mn 单独掺杂的情况下，Mn 取代 Zn 位的能量为 3.64eV，在 Co、Mn 共掺杂的情况下，ZnO 晶格中同时形成 CoZn 和 MnZn 缺陷，其形成能升高到了 10.13eV，高于 CoZn、MnZn 缺陷单独形成所需能量的总和。因此，共掺杂时，Co、Mn 在晶粒内对 Zn 位的共同取代相对于单独取代要困难，Co、Mn 元素更容易在晶界偏析，所以共掺杂 ZnO 压敏陶瓷具有更优异的压敏性能。

(2) 内电极材料

由于 $ZnO-Bi_2O_3$ 压敏电阻器是由流延生坯和金属内电极交替层压而成，内电极的抗氧化性、导电性、可焊性、与瓷体的共烧匹配特性等对 ZnO 压敏电阻器的压敏性能有着重要影响。对于片式陶瓷元件的内电极材料，最初采用 Pt/Pd/Au 三元系统贵金属，但是含有 Pt、Au、Pd 的内电极材料价格高，一般只用在高压电容器中[19]。ZnO 压敏电阻器通常采用 Ag/Pd 合金作为内电极材料，Ag/Pd 合金具有较强的高温抗氧化特性，与 $ZnO-Bi_2O_3$ 材料体系具有良好的共烧匹配性，熔点可以随着 Ag/Pd 的比例而调节，随着 Ag 含量的变化，合金的熔点可以在 961～1500℃之间调节。综合考虑 ZnO 压敏电阻器的压敏性能及电极成本，目前普遍采用的是 30%的 Pd 与 70%的 Ag 合金作为内电极材料。ZnO 压敏电阻器中的添加物 Bi_2O_3 易与内电极材料 Pd 发生化学反应，一定程度上恶化了压敏电阻的压敏性能。例如采用 Ag/Pd [Ag(70%)/Pd(30%)] 合金作为 $ZnO-Bi_2O_3$ 压敏电阻器的内电极，将坯片在 1200℃烧结 1h 后，在 ZnO 陶瓷中存在 $PdBi_2O_4$ 相，随着 Ag/Pd 合金中 Ag 的比例上升，其在 ZnO 陶瓷中的扩散会导致 ZnO 压敏电阻器性能的恶化[20]。随着 Ag 比例的上升，尤其是 Ag 含量达到 100%时，压敏电阻的压敏性能急剧恶化，这是由于 Ag 在烧结时容易扩散入 ZnO 晶粒中，降低 ZnO 晶粒的电导率，使晶界势垒降低引起的[21]。

为了降低 ZnO 压敏电阻器的内电极成本，可以采用贱金属作为内电极来解决此问题，其最大难题是将 ZnO 压敏电阻器的制造工艺与传统大规模生产工艺相结合。通过还原再氧化工艺能够制备出以 Ni 为内电极的 ZnO 压敏电阻器，在 N_2 中烧结后，样品中的 Ni 内电极没有被氧化，内电极与 ZnO 陶瓷之间没有产生分层及裂纹，黏结紧密，Ni 电极在 ZnO 陶瓷内没有发生明显的扩散，说明可以共烧兼容。

13.3 SnO_2 压敏陶瓷材料

SnO_2 与 ZnO 类似，为 n 型半导体，在不掺杂的情况下难以烧结，内部呈多孔状，1400℃保温 1h 无压高温烧结所得 SnO_2 陶瓷的密度仅为理论密度的 50%～60%，被广泛用于气敏传感器和湿敏传感器[22]。

13.3.1 SnO_2 压敏陶瓷的致密化

SnO_2 具有金红石结构，难以烧结，通常在无掺杂的情况下由于高温烧结时 SnO_2 内产生高的蒸汽压 [参见反应式(13.6)]，其烧结机制属于蒸发、凝聚过程，无法得到高致密度的 SnO_2 陶瓷烧结体。

$$SnO_2(s) \rightleftharpoons SnO(g) + \frac{1}{2}O_2 \tag{13.6}$$

氧化物可以显著改善 SnO_2 陶瓷的烧结性，提高其致密度，所用氧化物主要包括 NiO、Bi_2O_3、ZnO、CuO、CoO、Co_3O_4、MnO 和 MnO_2 等，添加量一般低于 5% (摩尔分数)。在这些氧化物添加剂中，NiO 和 Bi_2O_3 作用较差，只能将 SnO_2 的烧结密度提高到理论密度的 70%～80%。ZnO、CuO、CoO 和 MnO 的作用显著，可将 SnO_2 的相对烧结密度提高到 95%以上。这些添加剂的助烧机制有所不同，例如 Bi_2O_3 和 CuO 是形成液相烧结，而 NiO、ZnO、CoO 和 MnO 是在 SnO_2 晶格上形成氧空位［见反应式(13.7)，式中 M 为二价金属离子，例如 Ni^{2+}、Zn^{2+}、Co^{2+} 和 Mn^{2+}］，使得 SnO_2 以体扩散烧结为主。采用高温等静压法也可以显著提高纯 SnO_2 陶瓷的致密度，将 SnO_2 粉末在 150MPa 压力下，于 1400℃经过 12h 的热等静压烧结可以得到致密度为 97%理论密度的 SnO_2 陶瓷[23]。

$$MO \longrightarrow M_{Sn}^{\cdot\cdot} + V_O^{\cdot\cdot} + O_O^{\times} \quad (13.7)$$

13.3.2 SnO_2 压敏陶瓷的掺杂

高致密度的 SnO_2-ZnO、SnO_2-CuO、SnO_2-CoO 和 SnO_2-MnO 陶瓷并不具有明显的压敏特性。在 SnO_2-CoO（1.0%）中添加 0.05%（摩尔分数）的 Nb_2O_5，可以得到非线性系数为 8 的 SnO_2 压敏陶瓷，其电位梯度为 187V/mm。在此基础上添加三价金属氧化物，例如 0.05%（摩尔分数）的 Cr_2O_3，可以进一步提高 SnO_2 压敏陶瓷的非线性，非线性系数达到了 41，电位梯度为 400V/mm[24]。三、五价金属氧化物添加剂主要包括 SnO_2-ZnO、SnO_2-CoO 和 SnO_2-MnO 三种材料体系。所涉及的三价金属氧化物主要有 Cr_2O_3、Sb_2O_3、Fe_2O_3 和镧系金属氧化物（例如 La_2O_3、Pr_2O_3、Ce_2O_3、Er_2O_3、Sc_2O_3 和 Y_2O_3 等）。五价金属氧化物添加剂主要包括 Nb_2O_5 和 Ta_2O_5。三、五价金属氧化物的添加量一般≤0.5%（摩尔分数），SnO_2 压敏陶瓷的非线性系数一般为 8～50。

SnO_2 压敏陶瓷的烧结温度高于 ZnO 压敏陶瓷的烧结温度，通常在 1300～1400℃。虽然 SnO_2 的烧结温度较高，但是 SnO_2 压敏陶瓷的电位梯度是 ZnO压敏陶瓷电位梯度的 2～3 倍，通常高于 500V/mm。SnO_2 压敏陶瓷的压敏性能不仅取决于烧成温度，烧成气氛也有重要作用。在氧化气氛中烧结有助于氧分子通过晶界扩散与 V_{Sn}''、Sn_{Sn}''或 Co_{Sn}''反应生成 O' 和 O''，能够增加势垒表面态密度，提高非线性[25]。

13.4 TiO_2 压敏陶瓷材料

TiO_2 压敏陶瓷材料具有良好的非线性伏安特性和高的介电常数，制备工艺简单、成本低，在高频噪声的消除、继电器触头的保护、集成电路和彩色显像管回路的放电等领域具有广泛的应用[26,27]。通过改变掺杂剂的种类、含量以及烧结温度、保温时间来调控 TiO_2 压敏陶瓷材料的压敏性能[28]。

13.4.1 制备工艺的影响

TiO_2 压敏陶瓷的制备工艺如下：原料→球磨→造粒→成型→烧结→印电极→成品。当原料的成分确定以后，烧结温度、保温时间和冷却时间等工艺参数是影响 TiO_2 压敏陶瓷压敏性能的主要因素。合理的工艺流程可以使晶粒充分而均匀地生长，得到均匀致密的显微结构，形成高而窄的晶界势垒，从而能够得到低的压敏电压和高的非线性系数。在制备 TiO_2 压敏陶瓷过程中，主要通过改变原料颗粒的尺寸、烧结温度和保温时间来改变其压敏性能。

(1) 粉末尺寸的影响

与其他传统的晶体材料相比，纳米材料由于存在高界面特性而拥有多种优良的特性，使其在敏感材料等方面有着广泛应用。在制备 TiO_2 压敏陶瓷时，当原料粉末粒度达到纳米级时，纳米粉末会具有大的比表面积和高的表面能，可以在较低的烧结温度下得到均匀致密的压敏陶瓷材料。对于 TiO_2 压敏陶瓷，随着纳米 TiO_2 的增加，压敏电压升高，非线性系数下降，所以在制备低压 TiO_2 压敏陶瓷时，不宜掺杂纳米级 TiO_2。与未掺杂纳米 TiO_2 的压敏陶瓷相比较，TiO_2-La_2O_3-Ta_2O_3 压敏陶瓷的非线性系数和压敏电压均较高，具有高的介电常数，晶粒尺寸小，所以纳米 TiO_2 具有抑制晶粒生长的作用[29]。随着 TiO_2 压敏陶瓷中晶粒尺寸的减小，压敏电压和非线性系数增加，介电常数减小。当纳米 TiO_2 的掺杂量在6%（摩尔分数）时，压敏电压 V_{1mA} 为11.3V/mm，非线性系数 α 为5.5，TiO_2 压敏陶瓷具有超高的介电常数和较低的介质损耗，分别为 7.11×10^4 和0.28。纳米 TiO_2 颗粒具有大的比表面积和高的流动性，能够促进纳米晶粒的重排和大量纳米晶粒的相互转移，从而降低了微米晶粒的反应活性，抑制了晶界的迁移和微米晶粒的生长，使微米晶粒生长过大的概率大大降低，提高了 TiO_2 陶瓷的致密性。

(2) 烧结方法的影响

烧结是陶瓷材料坯件生产的最后一道工序，决定着坯件的最终性能。对于压敏陶瓷，一般采用常规烧结和微波烧结。常规烧结是采用常规的加热方式，在传统电炉中进行烧结，具有烧结过程简单、成本低的特点。除了常规烧结以外，还可以采用微波烧结方法[30]。微波烧结是利用微波电磁场中材料的介质损耗使陶瓷及其复合材料整体加热至烧结温度，并最终实现致密化的快速烧结方法。相比于常规烧结，微波烧结能够有效降低 TiO_2-Ta_2O_5-SiO_2 压敏陶瓷的烧结温度（约250℃），缩短烧结周期，显著提高 TiO_2 压敏陶瓷的相对密度，改善晶体结构[31]。这是由于在微波烧结过程中，电磁能够提高材料中分子和离子的动能，降低烧结活化能，加速材料的致密化过程，同时由于扩散速率的增加，晶界的扩散能力也得到了提高，最终提高了陶瓷的相对密度。烧结 TiO_2 陶瓷时通常将陶瓷片堆叠起来，堆叠方式分为平面垂直堆叠和侧面垂直堆叠两种，此种方法不仅可以节省空间，还可以提高效率。

(3) 烧结温度、保温时间的影响

晶粒的半导体化、晶界绝缘化以及势垒结构都是在高温烧结过程中形成的，所以烧结温度和保温时间对于获得优良压敏性能的 TiO_2 压敏电阻具有重要作用。对于 TiO_2-Nb_2O_5-SiO_2-La_2O_3 压敏陶瓷，烧结温度必须高于材料实现致密化的初始温度，如果烧结温度过高，则会形成大量氧空位而在晶粒中形成气孔，影响显微结构的均匀性和致密性，较适合的烧结温度为1350℃，所得 TiO_2-Nb_2O_5-SiO_2-La_2O_3 压敏陶瓷的压敏电压为6V/mm，非线性系数 α 为4.1，介电常数为 1.1×10^4[32]。随着烧结温度的升高，压敏陶瓷的晶粒尺寸长大，Nb^{5+} 的固溶度增加，势垒高度与势垒宽度增加，压敏电压降低，非线性系数 α 和介电常数增大。随着烧结温度（1350～1450℃）的升高，Y_2O_3-Ta_2O_3 陶瓷的压敏电压下降，非线性系数 α 上升，当烧结温度为1400℃时，压敏陶瓷的非线性系数最大，压敏电压最低，分别为4.4V/mm和10.8V/mm[33]。对于 TiO_2-$SrCO_3$-SiO_2-Bi_2O_3-Ta_2O_5 压敏陶瓷，将球磨后的原料在2.5MPa的压力下压制成直径11mm、厚2mm的圆形试样，将圆形试样在1250℃烧结1～5h，随着保温时间由0.5h延长至5h，此种二氧化钛基压敏陶瓷的压敏电压先减小后增大，非线性系数 α 则先增大后减小，最佳保温时间为2h，此时压敏电压为1.7V/mm，非线性系数 α 为2.62[34]。

13.4.2 掺杂剂的影响

掺杂剂主要包括施主掺杂剂、受主掺杂剂以及烧结助剂，掺杂剂的主要作用如表 13.2 所示[35]。

表 13.2 掺杂剂的种类及主要作用[35]

掺杂剂种类	主要作用	掺杂剂中的主要成分
施主掺杂剂	减小晶粒电阻，当晶界被击穿后整个体系变为低阻状态，从而使体系发生半导体化	Nb^{5+}、Ta^{5+}、W^{5+}等
受主掺杂剂	使晶界势垒足够高，晶界宽度足够窄，便于发生击穿	La^{3+}、Sr^{2+}、Ba^{2+}、Y^{3+}等
烧结助剂	在烧结时形成液相，使晶粒均匀生长，降低烧结温度，加速烧结过程	Si^{4+}、Bi^{3+}、Sb^{3+}等

(1) 施主掺杂剂的影响

施主掺杂剂主要是与 Ti^{4+} 半径相近的一些离子，例如 Nb_2O_5、Ta_2O_5、WO_3 等，其种类与含量对 TiO_2 陶瓷的压敏性能具有重要影响。当 Nb_2O_5 的掺杂量为 0.1%时，TiO_2-Cr_2O_3-Nb_2O_5 压敏陶瓷的压敏电压为 4.41V/cm，非线性系数 α 为 4.6。当 Nb_2O_5 的掺杂量为 0.25%时，压敏电压为 9.71V/cm，非线性系数 α 为 15.3[36]。随着 Nb_2O_5 含量的增加，晶粒之间的气孔变少，平均尺寸减小，说明 Nb_2O_5 具有抑制晶粒生长的作用。由于晶粒尺寸越小，单位体积的样品中所含晶界数量越多，从而使晶界总势垒升高，所以压敏电压也升高。

TiO_2-Bi_2O_3-B_2O_3-Ta_2O_5 陶瓷的压敏电压随着 Ta_2O_5 含量的增加而降低，当 Ta_2O_5 的含量超过 0.75%后，压敏电压平缓下降，而非线性系数 α 则先上升后下降，转折点在 Ta_2O_5 含量 0.51%，当 Ta_2O_5 的掺杂量为 0.5%时，能够得到良好压敏性能的 TiO_2-Bi_2O_3-B_2O_3-Ta_2O_5 压敏陶瓷，压敏电压为 14.9V/mm，非线性系数 α 为 4.48，介电常数 ε_r 为 9.68×10^4，介质损耗 $\tan\delta$ 为 0.36[37]。由于 Ta^{5+} (0.064nm) 和 Ti^{4+} (0.061nm) 的半径相近[38]，所以 Ta^{5+} 能够固溶于 TiO_2 晶格中，从而形成固溶体。当 Ta^{5+} 固溶于 TiO_2 晶格中后，发生缺陷反应，产生自由电子，从而使得 TiO_2 具有半导体特性。随着 Ta_2O_5 含量的增加，自由电子也随之增多，从而降低了晶粒电阻率和晶界间的击穿电压，晶粒电阻率的下降使得非线性系数 α 增加。

(2) 受主掺杂剂的影响

受主掺杂剂的粒子中存在一些尺寸比 Ti^{4+} 大得多的离子，例如 La^{3+}、Sr^{2+}、Ba^{2+}、Y^{3+} 和 Ce^{3+} 等，在压敏陶瓷体系中掺杂受主掺杂剂时，由于受主掺杂剂的离子半径远大于 Ti^{4+} 的半径，所以取代 Ti^{4+} 时会产生大量的氧空位和杂质离子，这些离子的扩散，加上掺杂剂离子的掺杂所引起的晶格畸变共同促进了晶粒的生长。随着掺杂剂离子含量的增加，掺杂剂离子会偏析在结构疏松的晶界上，从而使晶界层变得更加致密，晶界势垒升高。对于 TiO_2-SrO 陶瓷，在同一烧结温度下，随着 SrO 掺杂量的增加，TiO_2-SrO 压敏陶瓷的密度和压敏电压均是先上升后下降，非线性系数 α 先上升后下降，最后趋于平缓下降[39]。当 SrO 的含量为 1.0%时，压敏电压为 328V/cm，非线性系数 α 达到最大值 6.66。在烧结过程中，SrO 发生缺陷反应，产生氧空位，晶粒与晶粒之间的距离减小，促进了压敏陶瓷的致密化。

(3) 烧结助剂的影响

烧结助剂主要包括 SiO_2、Bi_2O_3 和 Sb_2O_3 等。烧结助剂主要有以下两个作用：①烧结助剂的熔点比较低，在烧结过程中易形成液相，从而促进晶粒的长大，这些液相会吸收杂质离子，从而使杂质离子均匀分布在晶界上，起到净化晶格的作用；②Bi_2O_3 或 SiO_2 作为一种电阻率较低的物质在晶界间偏析而产生晶界第二相，它们并不能直接形成势垒，而是添加 Sr^{3+} 或 Ba^{2+} 等来形成势垒。对于 Bi_2O_3 掺杂 TiO_2-Ta_2O_5-MnO_2 压敏陶瓷，在 TiO_2-Ta_2O_5-MnO_2 体系中未发现第二相的存在，而对 TiO_2-Ta_2O_5-MnO_2 体系掺杂 $BaO+Bi_2O_3$ 时，TiO_2-Ta_2O_5-MnO_2 陶瓷中存在钡、钽和铋组成的第二相，此种第二相会影响有效势垒的形成[40]。对于 Bi_2O_3 掺杂 TiO_2-Bi_2O_3-Nb_2O_5-SrO 陶瓷，随着 Bi_2O_3 掺杂量的增加，压敏陶瓷的压敏电压上升，非线性系数先升高后下降，当掺杂量为 0.4%时，非线性系数 α 最大（6.2），此时的势垒高度也达到了最高值，为 0.48[41]，因此，掺杂适量的 Bi_2O_3 可以产生有效势垒，提高压敏陶瓷的压敏性能。

采用 CuO、MnO_2 和 $CaCO_3$ 等掺杂剂也可以改善压敏陶瓷的非线性系数。在高温烧结时，这类掺杂剂会分解生成氧气，氧气是一种电负性强的气体，能够吸附靠近晶界层中的电子，形成 O^- 或者 O^{2-} 结构，单位表面积上吸附的氧越多，界面态密度越大。对于 MnO_2 掺杂 TiO_2 压敏陶瓷，MnO_2 掺杂量低于 0.5%时，所得压敏陶瓷的结构均匀致密，非线性系数 α 随着 MnO_2 掺杂量的增加先增大后减小[42]。与未掺杂 MnO_2 的 TiO_2 压敏陶瓷相比，掺杂 MnO_2 的压敏陶瓷的非线性系数均增大，当 MnO_2 掺杂量为 0.5%时，α 值达到最大，为 5.07。通过掺杂 MnO_2、$CaCO_3$ 或者 CuO，所得 TiO_2 压敏陶瓷致密度高，具有足够的氧空位和有效的晶界势垒，从而获得优良的压敏性能。

13.5 其他压敏陶瓷材料

$BaTiO_3$ 压敏电阻陶瓷基片是在 $BaCO_3$ 和 TiO_2 的等摩尔混合物中添加微量 Ag_2O、SiO_2、Al_2O_3 等金属氧化物，加压成型后在 1300～1400℃的惰性气氛中烧结获得的电阻率为 0.4～1.5Ω·cm 的半导体[43]。在此半导体的一个面上于 800～900℃在空气中烧覆银电极，在另一面上制成欧姆电极。因此，$BaTiO_3$ 系压敏电阻是利用添加微量金属氧化物而半导体化的 $BaTiO_3$ 系烧结体，与银电极之间存在整流作用正向特性的压敏电阻。这种压敏电阻实际上是半导体化的 $BaTiO_3$ 电容器的一种变相应用。由于 $BaTiO_3$ 的半导体特性，其压敏电压仅为几伏，适合低压范围使用。$BaTiO_3$ 系压敏电阻与 ZnO 系压敏电阻相比，具有并联电容大（0.01～0.1F）、寿命长及成本低等优点。

WO_3 系压敏材料是一种低压压敏陶瓷材料，具有压敏电压低（≤10V/mm）、工作电流小（约 10μA）及非线性系数较大（约 6）的特点。WO_3 陶瓷与 ZnO 陶瓷不同，不掺杂任何成分时已具有非线性特性，这说明在 WO_3 陶瓷中具有固有的界面态[44]。掺入 MnO_2 和 Na_2CO_3 可以显著提高 WO_3 陶瓷的非线性，WO_3-MnO_2-Na_2CO_3-$CoCO_3$ 陶瓷中四种成分的摩尔比例为 95.5∶3∶0.5∶1，掺入 Al_2O_3 可以显著改善 WO_3 的电学稳定性，但同时也降低了 WO_3 陶瓷的非线性。

$SrTiO_3$ 系压敏陶瓷的组成可以分为主要成分和添加成分。主要成分为 $Sr_{1-x}Ca_xTiO_3$，其中 x 在 0～0.3 之间[45]。添加成分为：①半导体化元素氧化物，例如 Nb_2O_5、WO_3、

La_2O_3、CeO_2、Nd_2O_3、Y_2O_3 和 Ta_2O_5 等；②改性元素氧化物，Na_2O 可以提高耐电涌冲击能力和改善压敏电压比，$MnCO_3$、SiO_2、Ag_2O 和 CuO 等可以提高电阻器的温度稳定性。适当选取添加成分的种类和含量可以得到不同参数的电阻器，但是添加成分的总含量（摩尔分数）应控制在10%以内。经过 Ca^{2+} 掺杂改性后的 Na^+ 扩散型（Sr，Ca）TiO_3 陶瓷比未掺杂的 $SrTiO_3$ 陶瓷具有更高的非线性系数和更强的吸收浪涌能量的能力，其压敏电压可以在25～400V/mm 范围内调节，压敏电压具有正的温度系数[46]。$SrTiO_3$ 系压敏陶瓷材料虽然非线性系数较低（$\alpha<10$），但是介电常数大，具有压敏和电容双功能，吸收高频噪声和瞬态浪涌等，所以在电子线路的保护和消除电噪声等方面具有广泛的应用。

思考题

13.1 压敏陶瓷材料的主要性能参数有哪些？

13.2 举例说明压敏陶瓷材料的性能及应用。

13.3 ZnO 压敏陶瓷材料在电子电路保护方面的工作原理是什么？

13.4 为什么 Bi_2O_3 被称为氧化锌压敏效应的形成剂？

13.5 举例说明 ZnO 压敏陶瓷材料体系的特点。

13.6 为什么需要对氧化锌压敏陶瓷材料进行掺杂改性？

13.7 如何提高 SnO_2 压敏陶瓷材料的致密度？

13.8 举例说明制备工艺对氧化钛压敏性能的影响。

13.9 氧化钛压敏陶瓷常用的烧结助剂以及对其压敏性能的影响有哪些？

参考文献

[1] 徐政，倪宏伟．现代功能陶瓷［M］．北京：国防工业出版社，1998.

[2] 陈涛，傅邱云，付振晓．ZnO 压敏电阻及其片式化技术［J］．现代技术陶瓷，2018，39（6）：390-402.

[3] Puyane R. Applications and product development in varistor technology [J]. J Mater Process Technol，1995，55（3-4）：268-277.

[4] Daneu N，Recnik A，Bernik S. Grain-growth phenomena in ZnO ceramics in the presence of inversion boundaries [J]. J Am Ceram Soc，2011，94（5）：1619-1626.

[5] Elfwing M，Österlund R，Olsson E. Differences in wetting characteristics of Bi_2O_3 polymorphs in ZnO varistor materials [J]. J Am Ceram Soc，2000，83（9）：2311-2314.

[6] Gupta T K. Application of zinc oxide varistors [J]. J Am Ceram Soc，1990，73（7）：1817-1840.

[7] Daneu N，Recnik A，Bernik S. Grain growth control in Sb_2O_3-doped zinc oxide [J]. J Am Cerm Soc，2003，86（8）：1379-1384.

[8] Bernik S，Bernard J，Daneu N，et al. Microstructure development in low-antimony oxide-doped zinc oxide ceramics [J]. J Am Ceram Soc，2007，90（10）：3239-3247.

[9] Ito M，Tanahasmi M，Uehara M，et al. The Sb_2O_3 addition effect on sintering ZnO and ZnO+Bi_2O_3 [J]. Jap J Appl Phys，1997，36（11A）：1460-1463.

[10] Sendaa T，Bradt R C. Grain growth of zinc oxid eudring the sintering of zinc oxide-antimony oxide ceramics [J]. J Am Ceram Soc，1991，74（6）：1296-1302.

[11] Inada M. Microstructure of nonohmic zinc oxide ceramics [J]. Jap J Appl Phys，1978，17（4）：673-678.

[12] Ezhilvalavan S，Kutty T R N. Effect of antimony oxide stoichiometry on the nonlinearity of zinc oxide varistor ceramics [J]. Mater Chem Phys，1997，49（3）：258-269.

[13] Eda K. Zinc oxide varistors [J]. IEEE Electr Insul Mag，1989，5（6）：28-41.

[14] Leite E R，Longo E. A new interpretation for the degradation phenomenon of ZnO varistors [J]. J Mater Sci，1992，27 (19)：5325-5329.

[15] Carlsson J M，Domingos H S，Bristowe P D，et al. An interfacial complex in ZnO and its influence on charge transport [J]. Phys Rev Lett，2003，91 (16)：79-88.

[16] Nahm C W，Park J A，Kim M J，et al. Microsturcutre and electrical properties of ZnO-Pr_6O_{11}-CoO-Cr_2O_3-Dy_2O_3-based varistors [J]. J Mater Sci，2004，39 (1)：307-309.

[17] Nahm C W. The DC accelerated aging behavior of the Co-Dy-Nb doped Zn-V-Mn-based varistors with sintering process [J]. J Mater Sci：Mater Electron，2011，22 (4)：444-451.

[18] Bernik S，Zupancic P，Kolar D. Influence of Bi_2O_3/TiO_2，Sb_2O_3 and Cr_2O_3 doping on low-voltage varistor ceramics [J]. J Eur Ceram Soc，1999，19 (6-7)：709-713.

[19] Wang S F，Huebner W. Interaction of Ag/Pd metallization with lead and bismuth oxide-based fluxes in multilayer ceramic capacitors [J]. J Am Ceram Soc，1992，75 (9)：2339-2352.

[20] Kuo S T，Tuan W H，Lao Y W，et al. Investigation into the interactions between Bi_2O_3-doped ZnO and AgPd electrode [J]. J Eur Ceram Soc，2008，28 (13)：2557-2562.

[21] 钟明锋，苏达根，庄严，等．低温烧结多层片式ZnO压敏电阻内电极Ag扩散对电性能的影响 [J]. 无机材料学报，2005，20 (6)：1373-1378.

[22] 范积伟，黄海，夏良．氧化锡压敏陶瓷 [J]. 功能材料，2007，38：557-560.

[23] Park S J. Densitication of nonadditive SnO_2 by hot isostatic pressing [J]. Ceram Int，1984，10 (3)：115-116.

[24] Pianaro S A. A new SnO_2-based varistor system [J]. J Mater Sci Lett，1995，14：692-694.

[25] Santos M R C. Effect of oxidizing and reducing atmospheres on the electrical properties of dense SnO_2-based varistors [J]. J Eur Ceram Soc，2001，21：161-167.

[26] Kang K Y，Gan G Y，Yan J K，et al. Effect of Ge-GeO_2 Co-doping on non-ohmic behavior of TiO_2-V_2O_5-Y_2O_3 varistor ceramics [J]. J Semicond，2015，36 (7)：073005.

[27] Sousa V C，Oliverira M M，Orlandi M O，et al. Microstructure and electrical properties of (Ta，Co，Pr) doped TiO_2 based electroceramics [J]. J Mater Sci：Mater Electron，2010，21 (3)：246-251.

[28] 王宇，张可敏，李文戈，等．TiO_2压敏陶瓷电性能的研究现状 [J]. 机械工程材料，2017，41 (1)：1-6.

[29] Wang T G，Qin Q，Zhang W J. Effect of TiO_2 nanopowder on the microstructure and electrical properties of TiO_2 capacitor-varistor ceramics [J]. Adv Mater Res，2011，341-342：94-97.

[30] Badev A，Marinel S，Heuguet R，et al. Sintering behavior and non-linear properties of ZnO varistors processed in microwave electric and magnetic fields at 2.45 GHz [J]. Acta Mater，2013，61 (20)：7849-7858.

[31] Zhao J，Wang B，Lu K. Influence of Ta_2O_5 doping and microwave sintering on TiO_2-based varistor properties [J]. Ceram Int，2014，40 (9)：14229-12234.

[32] 严继康，甘国友，陈海芳，等．烧结温度对TiO_2压敏陶瓷结构和性能的影响 [J]. 压电与声光，2008，37 (3)：332-334.

[33] Wang T G，Qin Q，Zhang W J. Effect of temperature on microstructure and electrical properties of (Y，Ta) -doped TiO_2 capacitor-varistor ceramics [J]. Adv Mater Res，2011，214：173-177.

[34] Meng F M，Aun Z Q. Influence of soaking time on semiconductivity and nonlinear electrical properties of TiO_2-based varistor ceramics [J]. Journal of Chongqing University (English Edition)，2008，7 (4)：297-301.

[35] 王晓青．TiO_2基低压压敏陶瓷材料的制备与性能研究 [D]. 广州：华南理工大学硕士学位论文，2012.

[36] Follador N R，Souza E，Andrade A，et al. Influence of Nb_2O_5 on the varistor behavior of TiO_2-Cr_2O_3 system [J]. J Mater Sci：Mater Electron，2013，24 (3)：938-944.

[37] Sousa V C D，Oliceira M M，Orlandi M，et al. (Ta，Cr) -doped TiO_2 electroceramic systems [J]. J Mater Sci：Mater Electron，2006，17 (1)：79-84.

[38] Shannon R D. Revised effective ionic radii and systematic studies of interatomic distances in halides and chalcogenides [J]. Acta Crystallographica，1976，32 (5)：751-767.

[39] Delbrucke T，Schmidt I，Cava S，et al. Electrical properties of a TiO_2-SrO varistor system [J]. Adv Mater Res，2014，975：168-172.

[40] Bomio M R D，Sousa V C，Letto E R，et al. Nonlinear behavior of $TiO_2 \cdot Ta_2O_5 \cdot MnO_2$ material doped with BaO and Bi_2O_3 [J]. Mater Chem Phys，2004，85 (1)：96-103.
[41] 李莉，屈晓田．Bi_2O_3 对 TiO_2 系压敏陶瓷性能的影响 [J]. 电子元件与材料，2007，32 (3)：49-51.
[42] Gong Y Y，Chu R Q，Xu Z J，et al. Nonlinear electrical properties of MnO_2-doped TiO_2 capacitor varistor ceramics [J]. J Mater Sci：Mater Electron，2015，26 (9)：7232-7237.
[43] 邢晓东，谢道华，胡明．压敏电阻陶瓷材料的研究进展 [J]. 电子元件与材料，2004，23 (2)：21-24.
[44] 扎卡利亚，王豫，姚凯伦，等．新型低压 WO_3 基压敏电阻掺杂及制备条件研究 [J]. 功能材料，1999，30 (3)：299-301.
[45] 朱俊鑫．$SrTiO_3$ 陶瓷电阻器 [J]. 压电与声光，1992，14 (2)：22-27.
[46] Zhang L L，Wang X S，Liu H，et al. Structural and dielectric properties of $BaTiO_3$-$CaTiO_3$-$SrTiO_3$ ternary system ceramics [J]. J Am Ceram Soc，2009，93 (4)：1049-1055.